普通高等教育“十三五”规划教材

模具材料

第二版

李有才　主编
刘　兵　袁小会　主审

化学工业出版社
·北京·

本书将工程材料及热处理与模具材料及表面处理有机地整合为一体，适应了目前教学改革的需要，可以满足教学课时数为 30～72 学时的教学需要。

本书各章内容基本上是按照材料性能、制造加工工艺、材料应用的顺序编写的。全书除绪论外共分为 6 章，包括工程材料基础、模具材料与模具失效分析、冷作模具材料、热作模具材料、塑料模具材料、模具表面强化技术等内容。各章配有一定量的实例和复习思考题供学习时选用。

本书主要适应于模具设计与制造专业的本科生、专科生使用，也可供从事模具设计与制造的工程技术人员、中等职业学校模具专业的学生和自学者参考。

图书在版编目（CIP）数据

模具材料/李有才主编. —2 版. —北京：化学工业出版社，2017.6（2025.2重印）
普通高等教育“十三五”规划教材
ISBN 978-7-122-29398-5

Ⅰ.①模… Ⅱ.①李… Ⅲ.①模具-工程材料-高等学校-教材 Ⅳ.①TG76

中国版本图书馆 CIP 数据核字（2017）第 066683 号

责任编辑：高　钰
责任校对：宋　玮　　　　装帧设计：刘丽华

出版发行：化学工业出版社（北京市东城区青年湖南街 13 号　邮政编码 100011）
印　　装：北京天宇星印刷厂
787mm×1092mm　1/16　印张 15¼　字数 372 千字　2025 年 2 月北京第 2 版第 4 次印刷

购书咨询：010-64518888　　　　售后服务：010-64518899
网　　址：http://www.cip.com.cn
凡购买本书，如有缺损质量问题，本社销售中心负责调换。

定　　价：58.00 元

前言

本书是在总结编者多年教学经验的基础上进行编写的，在编写过程中充分考虑了现代企业对人才知识与能力的要求，遵循了教育的基本规律，注重培养学生分析问题、解决问题的能力，本书是模具设计与制造专业本科生和专科生的必备书，也可供从事模具设计与制造的工程技术人员、中等职业学校模具专业学生和自学者参考。本书具有如下特点。

① 内容新：吸收了许多已经成功使用的新材料和新的工艺。

② 整合：将工程材料及热处理与模具材料及表面处理两门课程进行整合，删繁就简，使工程材料的基本理论有针对性地为模具材料所用。

③ 系统性强：从工程材料的基本理论到常用的模具钢，从传统的材料到新开发的材料，从常规加工工艺到改进性热处理，结构上层次分明，内容上环环相扣。

④ 主题明确：始终保持着论述模具材料、选用模具材料、加工模具材料的三条主线。达到了多一句嫌累赘，少一句则表达不透彻的境界。

⑤ 直观性强：图表并茂，案例讲解，使学生能直接找出各种材料的性能特点、应用范围、加工方法，以及各种模具材料间的异同，易于理解和记忆，便于教学和自学。

⑥ 衔接性：能将冲压模设计、塑料模设计、模具制造工艺学等核心专业课程紧密联系在一起，形成扎实的专业技能，达到专业培养目标的要求。

本书配有一份48课时的电子教案和一份多媒体课件，将免费提供给采用本书作为教材的院校使用。如有需要，请发电子邮件至cipedu@163.com获取或登录www.cipedu.com.cn免费下载。

参加本书编写的人员有刘兵、袁小会、程婧璠、吴元祥、李有才、刘金铁和湖北华中方程农业设备有限公司罗炀。全书由李有才担任主编，刘兵、袁小会担任副主编。本书参考了国内外许多同行所编著的教材和其他著作，在此一并表示衷心感谢。

由于编者水平有限，书中疏漏和欠妥之处在所难免，恳请专家、同行、读者不吝赐教。

编　者

2017年2月

目录

绪论

(1) 模具材料的概况

模具是国民经济各工业部门发展的重要基础之一，而模具材料及其热处理、表面处理是影响模具寿命诸因素中的主要因素。世界各国都在采用先进设备和制造工艺的同时，不断地开发模具新材料，应用强韧化热处理新工艺和表面强化新技术，以降低模具生产成本，保证高质量，提高模具寿命。

我国在模具材料的研究开发、强韧化处理和表面强化技术方面已收到明显成效，同时也存在一些问题，主要表现在以下几个方面。

① 模具钢年产量已居世界前列，但系列化程度低，品种、规格较少，冶金质量不高。

② 现已研究开发了许多新的模具材料，如具有较高强韧性、耐磨性和良好综合工艺性能的冷作模具钢 LD（7Cr7Mo2V2Si）、ER5（Cr8MoWV3Si）、65Nb（6Cr4W3Mo2VNb）、GD（6CrNiMnSiMoV）钢等；具有高的热稳定性、高温强度、热疲劳性及耐磨性的热作模具钢 4CrMnSiMoV、5Cr2NiMoVSi、GR（4Cr3Mo3W4VNb）、H13（4Cr5MoSiV1）、HM3（3Cr3Mo3VNb）、冷热兼用的 012Al（5Cr4Mo3SiMnVAl）、CG-2（6Cr4Mo3Ni2WV）、RM2（5Cr4W5Mo2V）等；具有强韧性适当、热处理工艺较简便、变形小、易于切割加工的塑料模具用钢预硬钢 SM1（Y55CrNiMnMoV）、5NiSCa，时效硬化钢 25CrNi3MoAl，耐蚀钢 PCR（0Cr16Ni4Ca3Nb），镜面塑料模具钢 PMS（06Ni6CrMoVTiAl）等。但重视新材料的应用不够，如国外早已很少使用的模具钢，如 Cr12、3Cr2W8V 在国内还在广泛使用。

③ 有很多强韧化处理新工艺，如片状珠光体组织预处理工艺，细化碳化物和消除链状碳化物组织的预处理工艺，Cr12 型冷作模具钢的低温淬火回火工艺，热作模具中温回火（≤450℃）等都显著提高了模具的综合性能和使用寿命，但我国轻视材料加工过程中的质量控制，如模具钢材出厂时通常为退火状态，大多数用户需要对这些钢材进行改锻后再用，但是，目前厂家对改锻工艺和锻造后的退火处理工艺执行不严，甚至在采用 Cr12 钢时不经锻造而直接加工成模。另外，模具粗加工后的消除应力处理，电加工后降低变质层脆性的处理，使用过程中的中间去应力退火处理，也往往被忽略，致使钢材使用性能的潜力难以发挥，导致模具使用寿命缩短。

④ 表面处理技术有了很大发展。提高模具寿命的表面强化处理技术，除了传统的渗碳、渗氮、碳氮共渗、渗硫、渗硼、渗金属等被广泛利用外，还发展了各种涂覆技术。如热锻模应用 Ni-Co-ZrO_2 符合电刷镀，可提高模具寿命 50%～200%；采用化学沉积 Ni-P 复合涂层后的耐磨性相当于硬质合金，对于填充玻璃纤维的塑压膜有很好的效果。采用 DVC、PVC 在各种模具上沉积 TiC、TiN 可有效地改善模具表面的抗黏着性和抗咬合性，延长模具寿

命。但不重视新热处理新工艺的应用。模具设计人员习惯应用传统的模具钢和传统的热处理工艺而忽视新工艺的应用。

（2）本课程的性质和任务

本课程是模具设计与制造专业的一门专业课。本教材系统介绍了模具行业常用材料的化学成分、力学性能、工艺性能及应用范围，既介绍传统的材料和传统的热处理方法，又介绍新材料、新工艺、新表面处理技术和选用模具材料的思路，加强模具设计与模具制造的联系，是高等院校、职业技术院校和成人教育院校模具设计与制造专业学生的必备书，也可供从事模具设计与制造的工程技术人员、中等职业学校模具专业学生和自学者作参考书。

通过本课程的学习，以期能达到如下要求。

① 掌握各类模具材料的性能、强韧化方法、应用范围。

② 根据模具的工作条件和模具结构正确合理选用模具材料。

③ 根据模具的工作条件和模具结构制定模具材料的加工工艺，特别是模具材料的热处理工艺和表面处理技术。明确模具的质量、寿命、成本与模具材料选择及强化技术之间的关系。

（3）本课程的学习方法

① 本门课程的理论性很强，工程材料基础中的“热处理原理”、“合金钢知识”是其重要的理论基础。因此，在学习本课程时，必须注意上述两部分的学习。

② 本门课程的实践性较强，通过金相实验、硬度测试实验、力学性能实验以增加学生对材料的感性认识；再通过参观一些模具制造厂家和模具使用厂家，以进一步增加学生对模具材料的了解。

③ 选用材料结果的多样性和加工工艺的多样化。选用模具材料是系统性很强的工作，同一副模具，其成型零件（模具材料）可选用多种模具材料来进行设计和制造，需经过对模具材料的力学性能、采购成本、加工方法、加工难易、生产周期、模具的工作条件和结构、使用性能要求等进行比较，方能确定出较为合理的选材结果；同一种模具材料又可用来制造多种结构类型的模具，因其性能要求等的不同，其热处理工艺等要求也不同。要做到这些，需要积累一定的经验。学生通过学习，建立综合选材的思想，掌握模具材料的加工方法。

第1章

工程材料基础

工程上所涉及的材料统称为工程材料，它应用在机械制造、交通运输、国防工业、石油化工和日常生活各个领域。工程材料分为金属材料和非金属材料，其中金属材料应用得最广泛。本章主要介绍金属材料，论述金属材料的基础理论，为合理选用材料、制定制造工艺、充分利用材料性能奠定基础。

1.1 金属材料的机械性能

金属材料制件在工作时，常受到各种外力的作用。金属材料在外力作用下抵抗破坏的能力称为金属材料的机械性能。一般机械制造中主要考虑的常温机械性能指标包括：强度、塑性、硬度、冲击韧度、耐磨性和耐疲劳性等。

1.1.1 强度

强度是指材料在载荷作用下抵抗塑性变形或断裂的能力。材料的强度愈高，所能承受的载荷愈大。按照载荷作用方式不同，强度可分为抗拉强度、抗压强度、抗弯强度和抗剪强度等。工程上常以常温下的屈服强度和抗拉强度作为强度指标。

① 屈服点 σ_s：材料产生屈服时的最小应力，单位为 MPa。

屈服点表明材料抵抗塑性变形的能力。而绝大多数机械零件及工程构件在工作时都不允许产生明显的塑性变形。因此，它是机械设计的主要依据，也是评定材料优劣的重要指标之一。对于无明显屈服现象的金属材料（如铸铁、高碳钢等），测定 σ_s 很困难，通常规定产生 0.2%塑性变形时的应力作为条件屈服点，用 $\sigma_{0.2}$ 表示。

② 抗拉强度 σ_b：材料在拉断前所能承受的最大应力，单位为 MPa。

抗拉强度表示材料抵抗均匀塑性变形的最大能力，表明材料在拉伸条件下，单位截面积上所能承受的最大载荷，是设计机械零件和选材的主要依据。

对于脆性材料，$\sigma_{0.2}$ 通常较难测量，因此在使用脆性材料制作零件时，一般也用 σ_b 作为选材和设计的依据。零件在较高的温度下工作时（如热作模具），零件材料的塑性变形抗力指标则是高温屈服点或高温抗拉强度，同时还应考虑断裂韧度的影响。

影响强度的因素较多。钢的成分、晶粒的大小、金相组织、碳化物的类型、形状、大小及分布、残余奥氏体量、内应力状态等都对强度有显著影响。

1.1.2 塑性

材料在载荷作用下产生塑性变形而不断裂的能力称为塑性，塑性指标也是通过拉伸试验测定的。常用塑性指标有断后伸长率和断面收缩率。

① 断后伸长率δ：拉伸试验试样拉断后，标距长度的相对伸长值，即

$$\delta=(l_1-l_0)/l_0\times100\%$$

式中 l_0——试样原始标距长度，mm；

l_1——试样拉断时标距的长度，mm。

② 断面收缩率ψ：试样拉断后缩颈处横截面积的最大缩减量与原始横截面积的百分比，即

$$\psi=(A_0-A_1)/A_0\times100\%$$

式中 A_0——试样原始横截面积，mm^2；

A_1——试样拉断后缩颈处最小横截面积，mm^2。

通常认为断后伸长率$\delta\geqslant5\%$，或者断面收缩率$\psi\geqslant10\%$为塑性材料；反之称为脆性材料。

1.1.3 硬度

硬度是衡量材料软硬程度的指标，其物理含义与试验方法有关。硬度值实际上是一种工程量或技术量而不是物理量。一般认为，硬度是指材料局部表面抵抗塑性变形和破坏的能力。

工程上应用广泛的是静载荷压入法硬度试验，即在规定的静态试验力下将压头压入材料表面，用压痕深度或压痕表面面积来评定硬度。常用的主要有布氏硬度、洛氏硬度、维氏硬度等。

(1) 布氏硬度

布氏硬度是用一定直径的淬火钢球或硬质合金球，以相应的试验力压入试样表面，并保持规定的时间，然后卸除试验力；用读数显微镜测量试样表面的压痕直径，试验力除以压痕球形表面积所得的商即为布氏硬度。

压头为淬火钢球时，布氏硬度用符号 HBS 表示，它适用于布氏硬度值在 450 以下的材料；压头为硬质合金球时，用 HBW 表示，它适用于布氏硬度值在 650 以下的材料。通常用硬度值＋符号（HBS 或 HBW）表示，如 217HBS 表示用淬火钢球测定的布氏硬度值为 217。

(2) 洛氏硬度

用顶角为 120°的金刚石圆锥体或直径 1.588mm 的淬火钢球作压头，以规定的试验力使其压入试样表面，根据压痕的深度确定被测金属的硬度值。

根据所加的载荷和压头不同，洛氏硬度值有三种标度：HRA、HRB、HRC。HRA 通常用于测量硬质合金、表面淬火钢、渗碳钢等；HRB 通常用于测量非铁金属、退火钢、正火钢等；HRC 通常用于测量调质钢、淬火钢等。

洛氏硬度是在洛氏硬度试验机上进行的，其硬度值可直接从表盘上读出。洛氏硬度符号 HR 前面的数字为硬度值，后面的字母表示级数，如 60HRC 表示 C 标尺测定的洛氏硬度值为 60。

(3) 维氏硬度

维氏硬度试验原理与布氏硬度相同，同样是根据压痕单位面积上所受的平均载荷计量硬度值，不同的是维氏硬度的压头采用金刚石制成的锥面夹角为136°的正四棱锥体。

维氏硬度试验是在维氏硬度试验机上进行的，用符号HV表示，其标注方法与布氏硬度相同。维氏硬度的适用范围宽，从极软的材料到极硬的材料都可以测量，能够更好地测量极薄试件的硬度，尤其是化学热处理的渗层硬度等。

材料的硬度主要决定于材料的化学成分和组织。例如钢完全淬成马氏体时的硬度取决于马氏体中的含碳量，而合金元素的含量影响不大；淬火组织中的残余奥氏体量（体积分数）>10%时，淬火硬度显著下降；钢材淬透性不足，造成不完全淬火时，则组织中会出现珠光体或下贝氏体而引起淬火硬度下降；如果球化退火后的渗碳体粗大，则在淬火加热时，难以溶入奥氏体中，也使淬火硬度下降。

实际上，硬度是材料的弹性、塑性、形变强化率、强度和韧性等一系列不同物理量组合的一种综合性能指标，硬度与其他力学性能指标之间存在一定的关系，因主要的力学性能指标测定较难，所以常常由硬度来间接反映零件的强度、塑性、韧性、疲劳抗力和耐磨性。

1.1.4 冲击韧度

许多机械零件是在冲击载荷下工作的，例如，锻锤的锤杆、冲床的冲头等。冲击载荷比静载荷的破坏能力大，对于承受冲击载荷的材料，不仅要求具有高的强度和一定塑性，还必须具备足够的冲击韧度。金属材料抵抗冲击载荷作用而不破坏的能力称为冲击韧度，冲击韧度通常用一次摆锤冲击试验来测定，用a_K表示冲击韧度，单位为J/cm^2。冲击韧度a_K值愈大，表明材料的韧性愈好，受到冲击时不易断裂。因此冲击韧度值一般只作为选材时参考，而不作为计算依据。冲击韧度是材料的强度和塑性的综合表现，其影响因素有材料的化学成分、金相组织和冶金质量。含碳量越低、杂质越少、晶粒越细，材料的韧性越高。

工程实际中，在冲击载荷作用下工作的机械零件，很少因受大能量一次冲击而破坏，大多数是经千百万次的小能量多次重复冲击导致断裂的。例如，冲模的冲头，凿岩机上的活塞等，所以用a_K值来衡量材料的冲击抗力，不符合实际情况，而应采用小能量多次重复冲击试验来测定。试验证明，材料在多次冲击下的破坏过程是裂纹产生和扩展过程，它是多次冲击损伤积累发展的结果。因此材料的多次冲击抗力是一项取决于材料强度和塑性的综合性指标，冲击能量高时，材料的多次冲击抗力主要取决于塑性；冲击能量低时，主要取决于强度。除了用a_K表示冲击韧度外，还有用静弯曲挠度f、断裂韧度K_{ic}和多次小能量冲击寿命N来表示材料抗冲击的能力。

1.1.5 耐磨性

耐磨性是指材料抗磨损的能力，常用常温下的磨损量或相对耐磨性来表示。

耐磨性的主要影响因素有硬度、金相组织和冶金质量。当冲击载荷较小时，耐磨性与硬度成正比，即可用硬度来判断材料的耐磨性好坏；当冲击载荷较大时，耐磨性受强度和韧性的影响，此时表面硬度不是越高越好，而是存在一个合适的范围，硬度超过一定值后耐磨性反而下降。

材料组织中碳化物的性质、数量和分布状态对耐磨性也有很大影响。在钢的基体组织中，铁素体的耐磨性最差，马氏体的耐磨性较好，下贝氏体的耐磨性最好；对于淬火回火钢，一般认为在含有少量残余奥氏体的回火马氏体的基体上均匀分布着细小碳化物的组织，其耐磨性为最好；在冲击力较大的情况下，细晶马氏体由于强韧性高，故耐磨性较好。

1.1.6 疲劳强度

许多机械零件是在交变应力作用下工作的，如轴类、弹簧、齿轮、滚动轴承等。虽然零件所承受的交变应力数值小于材料的屈服强度，但在长时间运转后也会发生断裂，这种现象叫疲劳断裂。疲劳断裂不管是脆性材料还是韧性材料，都是突然发生，事先均无明显的塑性变形，具有很大的危险性，常常造成严重事故。据统计，机械零件断裂中，有80%是由于疲劳引起的。因此，研究疲劳现象对于正确使用材料，合理设计零件具有重要意义。

工程上规定，材料经无数次重复交变载荷作用而不发生断裂的最大应力称为疲劳强度。当应力低于一定值时，试样经无限周次循环也不破坏，此应力值称为材料的疲劳强度，常用σ_r表示，如对称循环$r=-1$，疲劳强度用σ_{-1}表示。材料的疲劳极限与其抗拉强度之间存在着一定的经验关系，如碳钢$\sigma_{-1}\approx(0.4\sim0.5)\sigma_b$，灰铸铁$\sigma_{-1}\approx0.4\sigma_b$，非铁金属$\sigma_{-1}\approx(0.3\sim0.4)\sigma_b$，因此在其他条件相同的情况下，材料的疲劳强度随其抗拉强度的提高而增加。

研究表明，疲劳断裂的产生原因是在零件应力集中部位、表面划痕、残余内应力或内部某一薄弱部位（如夹杂、气孔、疏松等）产生微裂纹即裂纹源，然后在变应力作用下，裂纹不断向纵深扩展，使零件有效承载截面不断减小，最终当减小到不能承受外加载荷作用时，产生突然断裂。

1.1.7 工艺性能

材料的工艺性能是物理、化学和力学性能的综合，是指材料对各种加工工艺的适应能力。它包括铸造性能、锻压性能、焊接性能、切削加工性能和热处理性能等。工艺性能好坏直接影响零件的加工质量和生产成本，所以在设计时的选材和制定零件加工工艺必须加以考虑。不同的材料对应不同的加工工艺，材料的工艺性能好坏，对于零件加工的难易程度、生产效率、生产成本等方面起着决定性的作用。因此，工艺性能是选材时必须同时考虑的另一个重要因素。材料的工艺性能主要包括下列几个方面。

① 铸造性能：指金属能否用铸造的方法获得合格铸件的能力。一般是根据流动性、收缩性和偏析倾向进行综合评定。不同的材料其铸造性能不同。在常用的几种铸造合金中，铸造铝合金和铸造铜合金的铸造性能优于铸铁，铸铁的铸造性能优于铸钢。在铸铁中灰铸铁（$w_C=2.7\%\sim3.6\%$）的铸造性能最好。

② 焊接性能：指材料在一定焊接条件下获得优质焊接接头的难易程度。一般用焊缝处出现裂纹、脆性、气孔或其他缺陷的倾向来衡量焊接性能。焊接性能优良的材料除焊接时不易产生各种缺陷外，其焊接工艺简单，且焊缝处具有足够的强度和韧性。通常低碳钢和低合金钢（当量碳≤0.4%）具有良好的焊接性能；高碳钢、高合金钢、铜合金和铝合金的焊接性能较差；铸铁基本上不能焊接。

③ 压力加工性能：包括锻造性能、冷冲压性能等。材料塑性高，成形性好，则压力加工后表面质量优良，不易产生裂纹；变形抗力低，则变形比较容易，金属易于实现固态下的流动，易于充填模腔，不易产生缺陷。一般低碳钢的压力加工性能比高碳钢好（w_C越低，压力加工性能越好），非合金钢的压力加工性能比合金钢好（合金含量越低，压力加工性能

越好）。

④ 切削加工性能：指材料接受切削加工而成为合格工件的难易程度。一般用切削抗力大小、零件表面粗糙度值的大小、加工时切屑排除的难易程度以及刀具磨损大小来衡量其性能好坏。一般情况下，$w_C \approx 0.4\%$的碳钢其切削加工性能最好，材料切削时的硬度在170～230HBS之间时其切削加工性能较好。

⑤ 热处理工艺性能：主要包括淬透性、淬硬性、变形开裂倾向、回火脆性、回火稳定性、氧化脱碳的倾向性等。材料的热处理操作容易（即淬火温度范围宽）、淬透性和淬硬性好、淬火变形小、加工成本低，即材料的热处理工艺性能好。

1.2 晶体的结构与结晶

1.2.1 金属的晶体结构

（1）晶体结构的基本概念

① 晶体与非晶体：在自然界中，除了少数固体物质（如松香、沥青、玻璃等）属于非晶体外，大多数固态物质都是晶体。常见的固态金属一般都是晶体，其内部的原子排列具有规律性。

晶体与非晶体的区别表现在许多方面。非晶体没有规则的外形，没有固定的熔点，在各方向上的原子聚集密度大致相同，因此表现出各向同性或等向性；而晶体物质有规则的外形，有固定的熔点，在不同方向上具有不同的性能，即表现出各向异性的特征。

② 晶格与晶胞：为了描述晶体内部原子排列的规律，可以把原子假想成为刚性小球，晶体则是许多小球堆积而成的物质，如图 1-1（a）所示。如果把原子看成是一个点，并用假想的线条把原子连接起来构成一个几何格架，这种用以描述原子在晶体中排列方式的几何格架称为晶格，如图 1-1（b）所示。由于晶格中原子的排列具有周期性变化的特点，通常从晶格中取出一个能够反映晶格特征的最小的几何单元来研究晶体中原子排列的规律，这个最小的几何单元称为晶胞，如图 1-1（c）所示。由观察可知，晶格是由晶胞在空间重复堆积排列而成的。因此，晶胞的特征就可以反映出晶格和晶体的特征。在晶体学中，用来描述晶胞大小与形状的几何参数称为晶格常数。包括晶胞的三个棱边 a、b、c 和三个棱边夹角 α、β、γ 共六个参数。

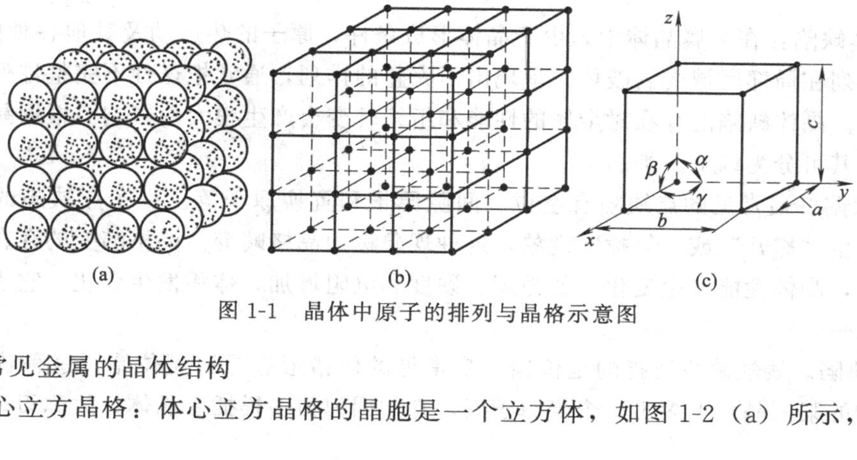

图 1-1 晶体中原子的排列与晶格示意图

（2）常见金属的晶体结构

① 体心立方晶格：体心立方晶格的晶胞是一个立方体，如图 1-2（a）所示，即在晶胞

的中心和八个顶角各有一个原子，因每个顶角上的原子同属于周围八个晶胞所共有，所以每个体心立方晶胞的原子数为：1/8×8+1=2。

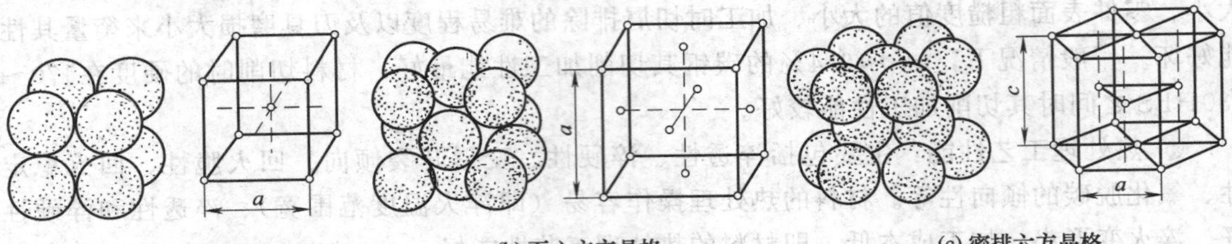

图 1-2 常见晶格结构

具有这类晶格的金属有铁（α-Fe）、铬、钼、钨、钒等，这类金属的塑性较好。

② 面心立方晶格：面心立方晶格的晶胞也是一个立方体，如图 1-2（b）所示，即在立方晶格的晶胞的八个顶角和六个面的中心各有一个原子。因每个面中心的原子同属于两个晶胞所共有，故每个面心立方晶胞的原子数为 1/8×8+1/2×6=4。

具有这类晶格的金属有铝、铜、金、镍、铁（γ-Fe）等，这类金属的塑性优于具有体心立方晶格的金属。

③ 密排六方晶格：密排六方晶格的晶胞是一个六棱柱体，如图 1-2（c）图所示。原子位于两个底面的中心处和 12 个顶点上，棱柱内部还包含着三个原子，其晶胞的实际原子数为 12×1/6+2×1/2+3=6。

具有这类晶格的金属有镁、锌、铍等，这类金属通常较脆。

金属的晶格类型不同，其性能必然存在差异。即使晶格类型相同的金属，由于元素的原子直径及原子间距不同等原因，其性能也不尽相同。

（3）金属的实际晶体结构

① 多晶体结构：前面讨论金属的晶体结构时，把晶体看成是原子按一定几何规律作周期性排列而成，即晶体内部的晶格位向是完全一致的，这种晶体称为单晶体。目前，只有采用特殊方法才能获得单晶体。

实际使用的金属材料绝大都是多晶体结构，即它是由许多不同位向的小晶体组成，每个晶体内部晶格位向基本上是一致的，而各小晶体之间位向却不相同，这种外形不规则，呈颗粒状的小晶体称为晶粒。晶粒与晶粒之间的界面称为晶界。由许多晶粒组成的晶体称为多晶体。

② 晶体缺陷：在金属晶体中，由于晶体形成条件、原子的热运动及其他各种因素影响，原子规则排列在局部区域受到破坏，呈现出不完整的排列，通常把这种不完整排列的区域称为晶体缺陷。晶体缺陷的存在对金属的性能和组织转变会产生很大的影响。根据晶体缺陷的几何特征，其可分为以下三类。

a. 点缺陷。最常见的点缺陷有空位、间隙原子和置换原子等。由于点缺陷的出现，使周围原子发生“撑开”或“靠拢”现象，这种现象称为晶格畸变。晶格畸变的存在，使金属产生内应力，晶体性能发生变化，如强度、硬度和电阻增加，体积发生变化，它也是强化金属的手段之一。

b. 线缺陷。线缺陷主要指的是位错。最常见的位错形态是刃型位错。这种位错的表现形式是晶体的某一晶面上多出一个半原子面，它如同刀刃一样插入晶体，故称刃型位错，在位错线附近一定范围内，晶格发生了畸变。

位错的存在对金属的力学性能有很大影响，例如金属材料处于退火状态时，位错密度较低，强度较差；经冷塑性变形后，材料的位错密度增加，故提高了强度。位错在晶体中易于移动，金属材料的塑性变形是通过位错运动来实现的。

c. 面缺陷。通常指的是晶界和亚晶界。实际金属材料都是多晶体结构，多晶体中两个相邻晶粒之间晶格位向是不同的，所以晶界处是不同位向晶粒原子排列无规则的过渡层，晶界原子处于不稳定状态，能量较高。因此晶界与晶粒内部有着一系列不同特性，例如，常温下晶界有较高的强度和硬度；晶界处原子扩散速度较快；晶界处容易被腐蚀、熔点低等。亚晶界处原子排列也是不规则的，其作用与晶界相似。

1.2.2 金属的结晶

液态纯金属在冷却到结晶温度时，其结晶过程是：先在液体中产生一批晶核，已形成的晶核不断长大，同时继续产生新的晶核并长大，直到全部液体转变成固体为止。最后形成由许多外形不规则的小晶粒所组成的多晶体，如图 1-3 所示。

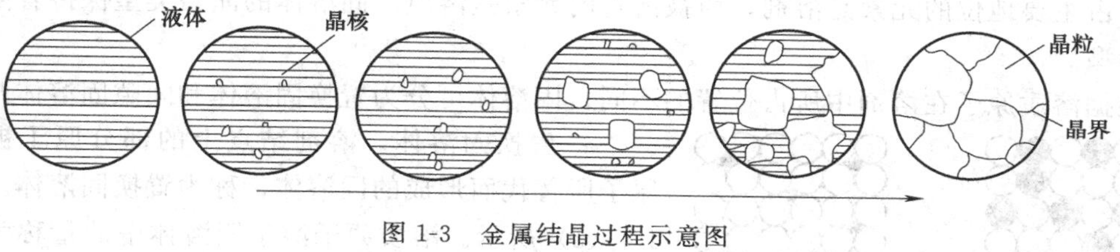

图 1-3 金属结晶过程示意图

在晶核开始长大的初期，因其内部原子规则排列的特点，其外形也是比较规则的。随着晶棱长大和晶体棱角的形成，在棱角处优先长大，其生长方式像树枝状一样，先长出枝干，然后再长出分枝，最后把晶间填满，得到的晶体称为树枝状晶体，简称为枝晶。

晶粒大小影响到金属力学性能，在常温下的细晶粒金属比粗晶粒金属具有较高的强度、硬度、塑性和韧性。生产中，细化晶粒的方法如下。

① 增加过冷度。结晶时增加过冷度 ΔT（理论结晶温度 T_0 与实际结晶温度 T_1 之差）会使结晶后晶粒变细。增加过冷度，就是要提高金属凝固的冷却转变速度。实际生产中常常是采用降低铸型温度和采用导热系数较大的金属铸型来提高冷却速度。但是，对大型铸件，很难获得大的过冷度，而且太大的冷却速度，又增加了铸件变形与开裂的倾向。因此工业生产中多用变质处理方法细化晶粒。

② 变质处理。变质处理是在浇注前向液态金属中加入一些细小的难熔的物质（变质剂），在液相中起人工晶核的作用，使形核率增加，晶粒显著细化。如往钢液中加入铝、钒、硼；向铸铁液中加入 Si-Fe、Si-Cu；向铝液中加入钛、锆等。

③ 附加振动。金属结晶时，利用机械振动、超声波振动、电磁振动等方法，既可使正在生长的枝晶熔断成碎晶而细化，又可使破碎的枝晶尖端起晶核作用，以增大形核率。

1.2.3 合金的晶体结构与组织

（1）合金的基本概念

① 合金：一种金属元素与其他金属元素或非金属元素，经熔炼、烧结或其他方法结合成的具有金属特性的物质。例如碳钢就是铁和碳组成的合金。

② 组元：组成合金的最基本的独立物质称为组元，简称元。组元可以是金属元素或非金属元素，也可以是稳定化合物。由两个组元组成的合金称为二元合金，三个组元组成的合金称为三元合金。

③ 合金系：由两个或两个以上组元按不同比例配制成一系列不同成分的合金，称为合金系。例如，铜和镍组成的一系列不同成分的合金，称为铜-镍合金系。

④ 相：合金中具有同一聚集状态、同一结构和性质的均匀组成部分称为相。例如，液态物质称为液相；固态物质称为固相；同样是固相，有时物质是单相的，而有时是多相的。

⑤ 组织：用肉眼或借助显微镜观察到材料具有独特微观形貌特征的部分称为组织。组织反映材料的相组成、相形态、大小和分布状况，因此组织是决定材料最终性能的关键。在研究合金时通常用金相方法对组织加以鉴别。

(2) 合金的组织

多数合金组元液态时都能互相溶解，形成均匀液溶体。固态时由于各组分之间相互作用不同，形成不同的组织。通常固态时合金中形成固溶体、金属化合物和机械混合物三类组织。

① 固溶体：合金由液态结晶为固态时，一组元溶解在另一组元中，形成均匀的相称固溶体。占主要地位的元素是溶剂，而被溶解的元素是溶质。固溶体的晶格类型保持着溶剂的晶格类型。

根据溶质原子在溶剂中所占位置的不同，固溶体可分为置换固溶体和间隙固溶体两种。

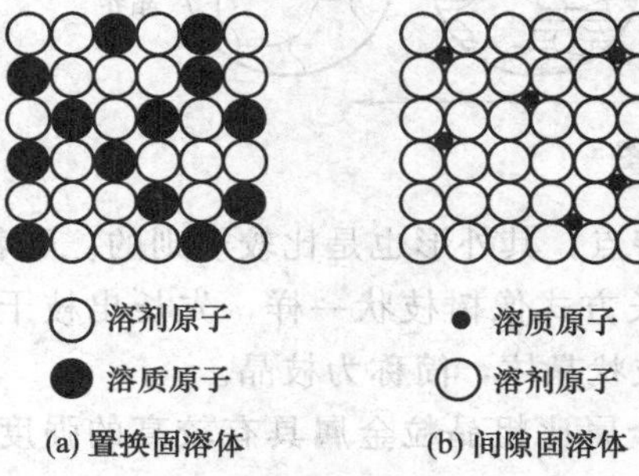

图 1-4　固溶体结构

a. 置换固溶体。溶剂结点上的部分原子被溶质原子所替代而形成的固溶体，称为置换固溶体。如图 1-4（a）所示。溶质原子溶于固溶体中的量称为固溶体的溶解度，通常用质量百分数或原子百分数来表示。按固溶体溶解度不同，置换固溶体可分为有限固溶体和无限固溶体两类。例如，在铜镍合金中，铜与镍组成的为无限固溶体；而锌溶解在铜中所形成的固溶体为有限固溶体，当质量分数 w 大于 39%时，组织中除了固溶体外，还出现了铜与锌的化合物。置换固溶体中溶质在溶剂中的溶解度主要取决于两组元的晶格类型、原子半径和原子结构特点。通常两组元原子半径差别较小，晶格类型相同，原子结构相似，固溶体溶解度较大。事实上，大多数合金都为有限固溶体，并且溶解度随温度升高而增大。

b. 间隙固溶体。溶质原子溶入溶剂晶格之中而形成的固溶体，称为间隙固溶体，如图 1-4（b）所示。由于溶剂晶格的间隙有限，通常形成间隙固溶体的溶质原子都是原子半径较小的非金属元素，例如，碳、氮、氢等非金属元素溶入铁中形成的均为间隙固溶体。间隙固溶体的溶解度都是有限的。

无论是置换固溶体还是间隙固溶体，溶质原子的溶入，都会使点阵发生畸变，同时晶体的晶格常数也要发生变化，原子尺寸相差越大，畸变也愈大。畸变的存在使位错运动阻力增加，从而提高了合金的强度和硬度，而塑性下降，这种现象称为固溶强化。固溶强化是提高金属材料力学性能的重要途径之一。

② 金属化合物：合金组元间发生相互作用而形成一种具有金属特性的物质称为金属化合物，它的晶格类型和性能完全不同于任一组元，一般可用化学分子式表示，如 Fe_3C，TiC，CuZn 等。Fe_3C 就具有与铁及碳不同的复杂斜方晶格类型。

金属化合物具有熔点高、硬度高、脆性大的特点，在合金中主要作为强化相，可以提高材料的强度、硬度和耐磨性，但塑性和韧性有所降低。

③ 机械混合物：两种或两种以上的相按一定质量百分数组合成的物质称为机械混合物。混合物中各组成相仍保持自己的晶格，彼此无交互作用，其性能主要取决各组成相的性能以及相的分布状态。工程上使用的大多数合金的组织都是固溶体与少量金属化合物组成的机械混合物。通过调整固溶体中溶质含量和金属化合物的数量、大小、形态和分布状况，可以使合金的力学性能在较大范围变化，从而满足工程上的多种需求。

1.3 铁碳合金

铁碳合金是以铁和碳为基本组元组成的合金，它是目前现代工业中应用最为广泛的金属材料。要熟悉并合理地选择铁碳合金，就必须了解铁碳合金的成分、组织和性能之间的关系。而铁碳合金相图正是研究这一问题的重要工具。

1.3.1 铁碳合金的基本组织及性能

为了提高纯铁的强度、硬度，常在纯铁中加入少量碳元素，由于铁和碳的交互作用，可形成下列五种基本组织：铁素体、奥氏体、渗碳体、珠光体和莱氏体。

① 铁素体。碳溶于 α-Fe 中所形成的间隙固溶体称为铁素体，用符号 F 表示，它仍保持 α-Fe 的体心立方晶格结构。因其晶格间隙较小，所以溶碳能力很差，在 727℃时最大 w_C 仅为 0.0218%，室温时降至 0.0008%。铁素体由于溶碳量小，力学性能与纯铁相似，即塑性和冲击韧度较好，而强度、硬度较低。

② 奥氏体。碳溶于 γ-Fe 中所形成的间隙固溶体称为奥氏体，用符号 A 表示，它保持 γ-Fe的面心立方晶格结构。由于其晶格间隙较大，所以溶碳能力比铁素体强，在 727℃时碳的质量分数 w_C 为 0.77%，1148℃时 w_C 达到 2.11%。奥氏体的强度、硬度较低，但具有良好塑性，它是绝大多数钢高温进行压力加工的理想组织。

③ 渗碳体。渗碳体是铁和碳组成的具有复杂斜方结构的间隙化合物，用化学式 Fe_3C 表示。渗碳体中的碳的质量分数 w_C 为 6.69%，硬度很高，塑性和韧性几乎为零。主要作为铁碳合金中的强化相存在。

④ 珠光体。珠光体是铁素体和渗碳体组成的机械混合物，用符号 P 表示。在缓慢冷却条件下，珠光体中 w_C 为 0.77%，力学性能介于铁素体和渗碳体之间，以层片状出现，具有良好综合力学性能。

⑤ 莱氏体。莱氏体是碳的质量分数 w_C 为 4.3%的铁碳合金，缓慢冷却到 1148℃时从液相中同时结晶出奥氏体和渗碳体的共晶组织，用符号 Ld 表示。冷却到 727℃温度时，奥氏体将转变为珠光体，所以室温下莱氏体由珠光体和渗碳体组成，称为变态莱氏体，用符号 Ld′表示。莱氏体中由于有大量渗碳体存在，其性能与渗碳体相似，即硬度高，塑性差。

由此可以看出，铁碳合金在不同的温度条件下具有不同的晶体结构，这是对钢进行热处理的基础所在。

1.3.2 铁碳合金状态图

铁碳合金相图是表示在缓慢冷却的条件下，表明铁碳合金成分、温度、组织变化规律的简明图解，它也是选择材料和制定有关热加工工艺时的重要依据。

由于 w_C>6.69%的铁碳合金脆性极大，在工业生产中没有使用价值，所以我们只叙述 w_C 小于 6.69%的部分。w_C=6.69%对应的正好全部是渗碳体，把它看作一个组元，实际上我们研究的铁碳相图是 $Fe-Fe_3C$ 相图。$Fe-Fe_3C$ 相图左上部分实用意义不大，为了便于研究分析将其简化，便得到了简化的 $Fe-Fe_3C$ 相图，如图 1-5 所示。

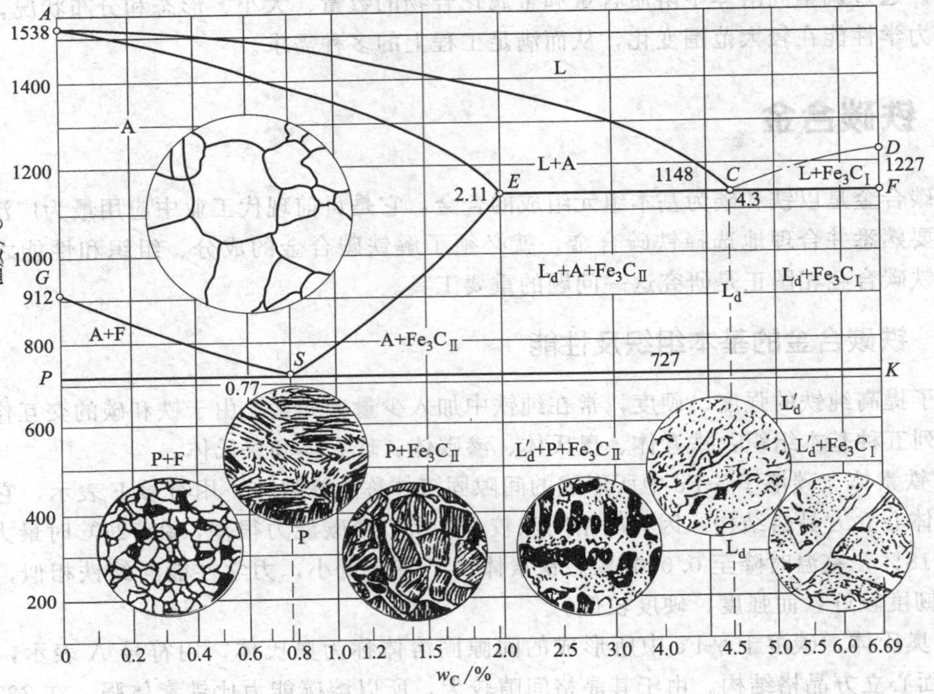

图 1-5 简化后的 $Fe-Fe_3C$ 相图

(1) 铁碳合金相图分析

简化的 $Fe-Fe_3C$ 相图纵坐标为温度，横坐标为碳的质量百分数，其中包含共晶和共析两种典型反应。

① $Fe-Fe_3C$ 相图中特性点的含义见表 1-1。

应当指出，$Fe-Fe_3C$ 相图中特性的数据随着被测试材料纯度的提高和测试技术的进步而趋于精确，因此不同资料中的数据会有所出入。

表 1-1 $Fe-Fe_3C$ 相图中的特性点

符号	温度/℃	碳的质量分数 w_C/%	说　明	符号	温度/℃	碳的质量分数 w_C/%	说　明
A	1538	0	纯铁的熔点	G	912	0	纯铁的同素异构转变点，α-Fe↔γ-Fe
C	1148	4.3	共晶点，L_C↔$A+Fe_3C$	P	727	0.0218	碳在 α-Fe 中的最大溶解度
D	1227	6.69	渗碳体的熔点	S	727	0.77	共析点，A_S↔$F+Fe_3C$
E	1148	2.11	碳在 γ-Fe 中的最大溶解度				

② $Fe\text{-}Fe_3C$ 相图中特性线的意义。将简化 $Fe\text{-}Fe_3C$ 的相图中各特性线的符号、名称、意义均列于表 1-2 中。

表 1-2 简化的 $Fe\text{-}Fe_3C$ 相图中的特性线

特性线	含 义	特性线	含 义
ACD	液相线	*ES*	碳在奥氏体中的固溶线，常称为 A_{cm} 线
AECF	固相线	*ECF*	共晶线，$L_C \leftrightarrow A+Fe_3C$
GS	冷却时，不同含碳量的奥氏体中结晶出铁素体的开始线，常称为 A_3 线	*PSK*	共析线，A_1 线。$A_S \leftrightarrow F+Fe_3C$

表中出现的 Fe_3C_{I}、Fe_3C_{II}、Fe_3C_{III} 的含碳量、晶体结构和自身性能均相同，主要区别是形成条件不同，分布形态各异，所以对铁碳合金性能的影响也不同。

③ $Fe\text{-}Fe_3C$ 相图相区分析。依据特性点和线的分析，简化 $Fe\text{-}Fe_3C$ 相图主要有四个单相区：L、A、F、Fe_3C；五个双相区：$L+A$、$A+F$、$L+Fe_3C$、$A+Fe_3C$、$F+Fe_3C$。单相区和双相区具体区域见图 1-5 所示。

④ 铁碳合金分类。根据含碳量和室温组织特点，铁碳合金可分为以下三类。

a. 工业纯铁：$w_C<0.0218\%$。

b. 钢：$0.0218\% \leqslant w_C \leqslant 2.11\%$。特点是高温固态组织为奥氏体，根据其室温组织特点不同，又可分为三种。

亚共析钢：$0.218\% \leqslant w_C < 0.77\%$，组织为 $F+P$。

共析钢：$w_C=0.77\%$，组织为 P。

过共析钢：$0.77\% < w_C \leqslant 2.11\%$，组织为 $P+Fe_3C_{\mathrm{II}}$。

c. 白口铸铁：$2.11\% < w_C < 6.69\%$。特点是高温均发生共晶反应生成莱氏体。按白口铁室温组织特点，也可分为三种。

亚共晶白口铁：$2.11\% < w_C < 4.3\%$，组织为 $P+Fe_3C_{\mathrm{II}}+Ld'$。

共晶白口铁：$w_C=4.3\%$，组织为 Ld'。

过共晶白口铁：$4.3\% < w_C < 6.69\%$，组织为 $Ld'+Fe_3C$。

(2) 典型铁碳合金结晶过程分析

依据成分垂线与相线相交情况，分析几种典型 Fe-C 合金结晶过程中组织转变规律。铁碳合金在 $Fe\text{-}Fe_3C$ 相图中的位置参见图 1-5。

① 共析钢：在图 1-6 中合金Ⅰ（$w_C=0.77\%$）为共析钢。当合金冷到 1 点时，开始从液相中析出奥氏体，降至 2 点时全部液体都转变为奥氏体，合金冷到 3 点时，奥氏体将发生共析反应，即 $A_{0.77\%} \rightarrow P(F+Fe_3C)$。温度再继续下降，珠光体不再发生变化。共析钢冷却过程如图 1-6 所示，其室温组织是珠光体。珠光体的典型组织是铁素体和渗碳体呈片状叠加而成。

② 亚共析钢：在图 1-6 中合金Ⅱ（$w_C=0.4\%$）为亚共析钢。合金在 3 点以上冷却过程同合金Ⅰ相似，缓冷至 3 点（与 *GS* 线相交于 3 点）时，从奥氏体中开始析出铁素体。随着温度降低，铁素体量不断增多，奥氏体量不断减少，并且成分分别沿 *GP*、*GS* 线变化。温度降到 *PSK* 温度，剩余奥氏体含碳量达到共析成分（$w_C=0.77\%$），即发生共析反应，转变成珠光体。4 点以下冷却过程中，组织不再发生变化，因此亚共析钢冷却到室温的显微组织是铁素体和珠光体。

凡是亚共析钢结晶过程均与合金Ⅱ相似，只是由于含碳量不同，组织中铁素体和珠光体的相对量也不同。随着含碳量的增加，珠光体量增多，而铁素体量减少。珠光体的含量 $w_P=(w_C/0.77)\times100\%$。

③ 过共析钢：图1-6中合金Ⅲ（$w_C=1.20\%$）为过共析钢。合金Ⅲ在3点以上冷却过程与合金Ⅰ相似，当合金冷却到3点（*ES*线相交于3点）时，奥氏体中碳含量达到饱和，继续冷却，奥氏体成分沿*ES*线变化，从奥氏体中析出二次渗碳体，它沿奥氏体晶界呈网状分布。温度降至*PSK*线时，奥氏体 w_C 达到0.77%即发生共析反应，转变成珠光体。4点以下至室温，组织不再发生变化。其室温下的显微组织是珠光体和网状二次渗碳体。过共析钢的结晶过程均与合金Ⅲ相似，只是随着含碳量不同，最后组织中珠光体和渗碳体的相对量也不同。渗碳体的含量 $w_{Fe_3C}=(w_C-0.77)/(6.69-0.77)\times100\%$。

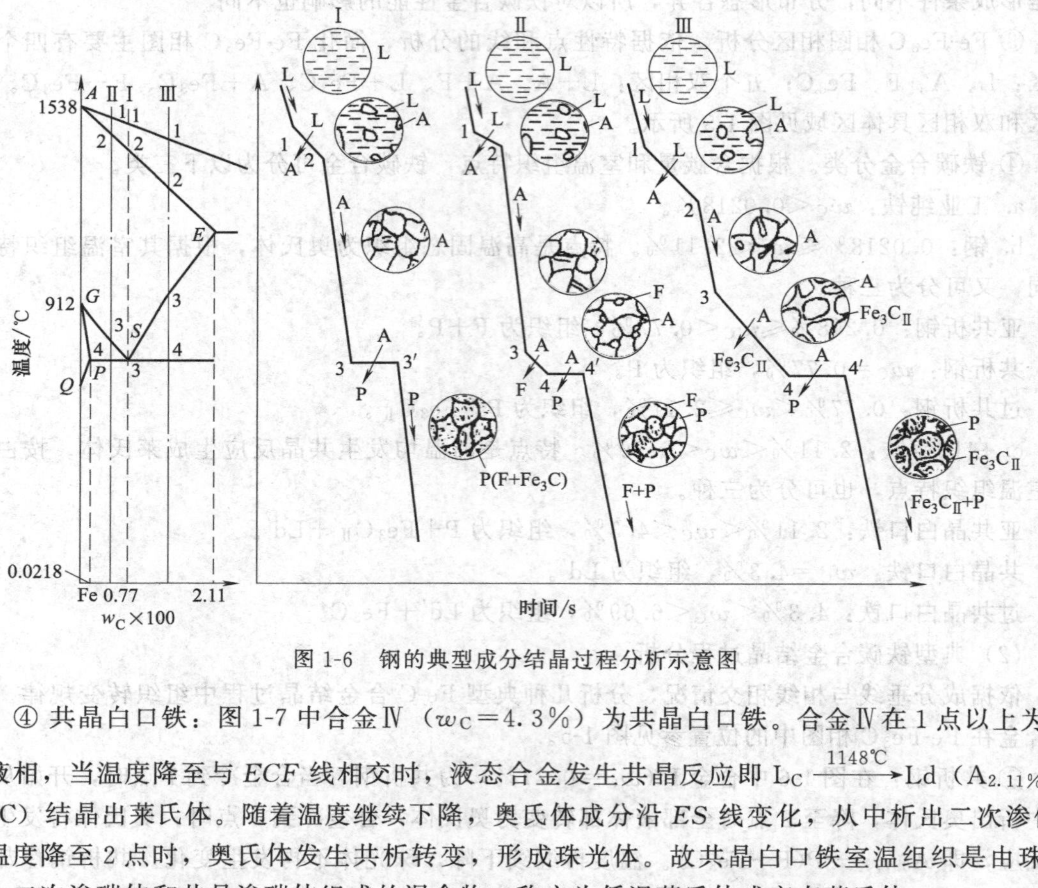

图1-6　钢的典型成分结晶过程分析示意图

④ 共晶白口铁：图1-7中合金Ⅳ（$w_C=4.3\%$）为共晶白口铁。合金Ⅳ在1点以上为单一液相，当温度降至与*ECF*线相交时，液态合金发生共晶反应即 $L_C \xrightarrow{1148℃} Ld\ (A_{2.11\%}+Fe_3C)$ 结晶出莱氏体。随着温度继续下降，奥氏体成分沿*ES*线变化，从中析出二次渗体。当温度降至2点时，奥氏体发生共析转变，形成珠光体。故共晶白口铁室温组织是由珠光体、二次渗碳体和共晶渗碳体组成的混合物，称之为低温莱氏体或变态莱氏体。

⑤ 亚共晶白口铁：图中1-7中合金Ⅴ（$2.11\%<w_C<4.3\%$）为亚共晶白口铁，其结晶过程同合金Ⅳ基本相同，区别是共晶转变之前有先析出A相，因此其室温组织为 $P+Fe_3C+Ld'$。

⑥ 过共晶白口铁：图1-7中合金Ⅵ（$4.3\%<w_C<6.69\%$）为过共晶白口铁，结晶过程与合金Ⅳ相似，只是在共晶转变前先从液体中析出一次渗碳体，其室温组织为 Fe_3C+Ld'。

(3) 铁碳合金相图的应用

① 含碳量对平衡组织的影响：铁碳合金在室温的组织都是由铁素体和渗碳体两相组成，

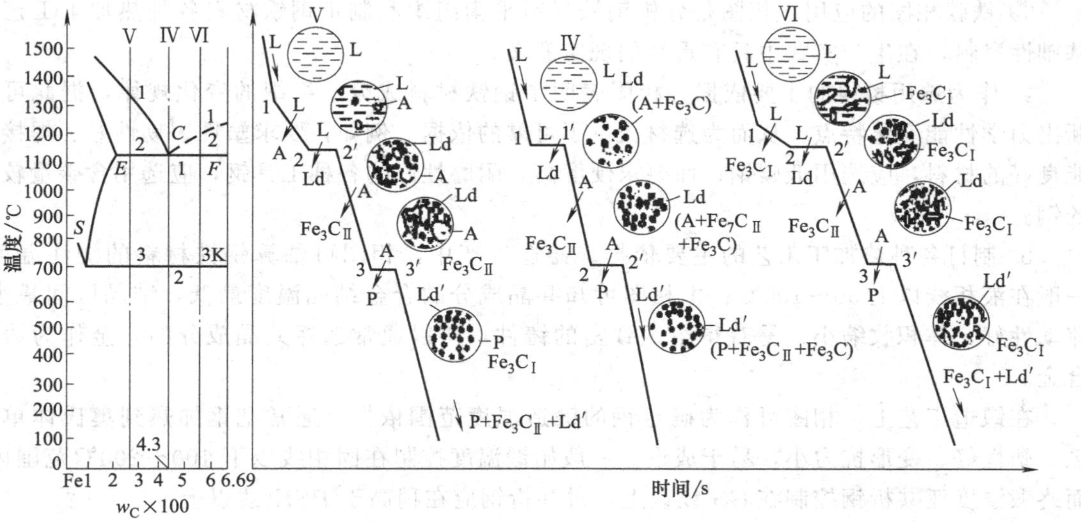

图 1-7　白口铸铁典型成分合金结晶过程分析示意图

随着含碳量增加，铁素体不断减少，而渗碳体逐渐增加，并且由于形成条件不同，渗碳体的形态和分布有所变化。室温下随着含碳量增加，铁碳合金平衡组织变化规律如下

$$F \rightarrow F+P \rightarrow P \rightarrow P+Fe_3C_{II} \rightarrow P+Fe_3C_{II}+Ld' \rightarrow Ld' \rightarrow Ld'+Fe_3C$$

② 含碳量对力学性能的影响：如图 1-8 所示，随着钢中含碳量增加，钢的强度、硬度升高，而塑性和韧性下降（一般来说，材料的强度、硬度高，其塑性、韧性就低），这是由于组织中渗碳体量不断增多，铁素体量不断减少的缘故。但当 $w_C \geqslant 0.9\%$时，由于网状二次渗碳体的存在，强度明显下降。工业上使用的钢的 w_C 一般不超过 1.3%～1.4%；而 w_C 超过 2.11%的白口铸铁组织中大量渗碳体的存在，使性能硬而脆，难以切削加工，一般以铸态使用。

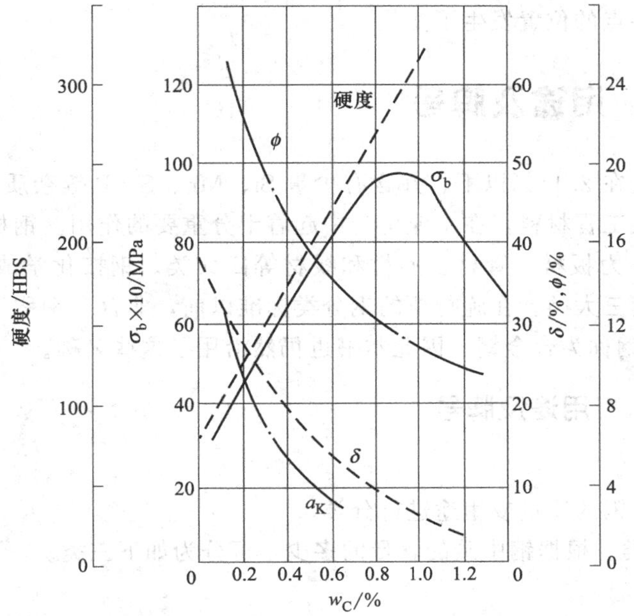

图 1-8　含碳量对钢的力学性能的影响

③ 铁碳相图的应用：相图是分析钢铁材料平衡组织和制定钢铁材料各种热加工工艺的基础性资料，在生产实践中具有重大的现实意义。

a. 作为选用材料的主要依据。相图表明了钢铁材料成分、组织的变化规律，据此可判断出力学性能变化特点，从而为选材提供了可靠的依据。例如，要求塑性、韧性好、焊接性能良好的材料，应选用低碳钢；而要求硬度高、耐磨性好的各种工具钢，应选用含碳量较高的钢。

b. 制订各种热加工工艺的主要依据。铸造生产中，相图可估算钢铁材料的浇注温度，一般在液相线以上 50～100℃；由相图可知共晶成分的合金结晶温度最低，结晶区间最小，流动性好，体积收缩小，易获得组织致密的铸件，所以通常选择共晶成分的合金作为铸造合金。

在锻造工艺上，相图可作为确定钢的锻造温度范围依据。通常把钢加热到奥氏体单相区，塑性好、变形抗力小，易于成形。一般始锻温度控制在固相线以下 100～200℃范围内，而终锻温度亚共析钢控制在 *GS* 线以上；过共析钢应在稍高于 *PSK* 线以上。

在焊接工艺中，焊缝及周围热影响区受到不同程度的加热和冷却，组织和性能会发生变化，相图可作为研究变化规律的理论依据。

热处理工艺中，相图是制定各种热处理工艺加热温度的重要依据。

铁碳合金相图尽管应用广泛，但仍有一些局限性，主要表现在以下几方面。

a. 相图只是反映了平衡条件下组织转变规律（缓慢加热或缓慢冷却），它没有体现出时间的作用，因此实际生产中，冷却速度较快时不能用此相图分析问题。

b. 相图只反映出了二元合金中相平衡的关系，若钢中有其他合金元素，其平衡关系会发生变化。

c. 相图不能反映实际组织状态，它只给出了相的成分和相对量的信息，不能给出形状、大小、分布等特征。

d. 若在 Fe-C 合金中加入其他合金元素后形成了合金钢，合金钢的状态图与铁碳合金状态图类似，只是图中各点的位置发生了变化。

1.4 钢的分类、用途及牌号

钢是碳的质量分数在 2.11％以下、并含有少量 Si、Mn、S、P 等杂质元素的铁碳合金。钢是应用最广泛的机械工程材料，在工业生产中起着十分重要的作用。钢材的品种很多，常用钢材一般按其外形分为板材、管材、型材和线材等四大类。钢按化学成分可分为非合金钢、低合金钢、合金钢三大类。在施行新的钢分类标准以前，非合金钢称为碳素钢（简称碳钢），低合金钢与合金钢称为合金钢。因此本书也仍然沿用了这些名称。

1.4.1 碳钢的分类、用途及牌号

(1) 碳钢的分类

通常按碳的含量、钢的质量或用途进行分类。

① 按碳的含量分类。根据钢中碳的含量的多少，可分为如下三类。

低碳钢：$w_C < 0.25\%$。

中碳钢：$0.25\% \leqslant w_C \leqslant 0.60\%$。

高碳钢：w_C＞0.60％。

② 按钢的质量分类。根据钢中有害杂质硫、磷质量分数的多少，可分为如下三类。

a. 普通质量碳钢。钢中S、P含量较高（w_S≤0.050％，w_P≤0.045％），主要包括一般用途碳素结构钢、碳素钢筋钢、铁道用一般碳钢等。

b. 优质碳钢。钢中S、P含量较低（w_S≤0.035％，w_P≤0.035％），主要包括机械结构用优质碳钢、工程结构用碳钢、冲压薄板的低碳结构钢、焊条用碳钢、非合金易切削结构钢、优质碳素铸钢等。

c. 特殊质量碳钢。钢中S、P含量很低（w_S≤0.020％，w_P≤0.030％），主要包括保证淬透性碳钢、碳素弹簧钢、碳素工具钢和中空钢、特殊易切削钢、特殊焊条用碳钢、铁道用特殊碳钢等。

③ 按钢的用途分类。根据钢的用途不同，可分为如下三类。

碳素结构钢：这类钢主要用于制造机械零件和工程结构，一般属低、中碳钢。

碳素工具钢：这类钢主要用于制造各种刃具、量具和模具，一般属于高碳钢。

碳素铸钢：这类钢主要用于制造形状复杂、难以用锻压等方法成形的铸钢件。

（2）碳钢的编号

① 碳素结构钢的编号。碳素结构钢的牌号由代表钢材屈服点的汉语拼音首字母、屈服点数值、质量等级符号、脱氧方法符号四部分按顺序组成。其中，质量等级用字母A、B、C、D、E分别表示：A级S、P含量最高，质量等级最低；E级S、P含量最低，质量等级最高。脱氧方法分别用汉语拼音字母F（沸腾钢）、b（半镇静钢）、Z（镇静钢）、TZ（特殊镇静钢）表示，在钢号中"Z"和"TZ"可以省略。

例如：Q235-AF，表示σ_s≥235MPa、质量为A级的碳素结构钢（属沸腾钢）。

② 优质碳素结构钢的编号。优质碳素结构钢的牌号用两位数字表示，这两位数字表示钢中平均碳的质量分数的万分数。若钢中含锰量较高，则在两位数字后面加锰元素的符号"Mn"。若为沸腾钢，则在两位数字后面加符号"F"。

例如，45表示平均碳质量分数为0.45％的优质碳素结构钢；65Mn表示平均碳质量分数为0.65％，含锰量较高（w_{Mn}＝0.9％～1.2％）的碳素结构钢；08F表示平均碳质量分数为0.08％的优质碳素结构钢，属沸腾钢。

③ 碳素工具钢的编号。碳素工具钢的牌号是在"碳"的汉语拼音前缀"T"的后面加一位或两位数字表示，数字表示钢中平均碳质量分数的千分数，如果是高级优质碳素工具钢，则在数字后面再标注A。

例如，T8钢表示平均碳的质量分数为0.8％的优质碳素工具钢，T10A表示平均碳的质量分数为1.0％的高级优质碳素工具钢。

④ 铸造碳钢的编号。工程用铸造碳钢的牌号用"铸钢"两字的汉语拼音前缀"ZG"加两组数字表示，第一组数字表示最小屈服点，第二组数字表示最小抗拉强度值。若牌号末尾标注"H"，则表示是焊接结构用铸造碳钢。

例如，ZG310-570表示最小屈服点为310MPa，最小抗拉强度为570MPa的铸钢。

1.4.2 合金钢的分类、用途及牌号

合金钢是在Fe-C合金钢中加入一定量的合金元素形成具有特殊用途的钢。合金钢的分类通常根据其用途、合金元素含量、冶金质量等进行分类。按其用途、冶金质量等进行分类

与碳钢相近。这里只介绍按合金元素含量分类。

(1) 合金钢的分类

① 按合金元素的总量来分：合金总量<5%称为低合金钢，5%≤合金总量≤10%称为中合金钢，合金总量>10%称为高合金钢。

② 按主要合金钢元素来分：如：3Cr3Mo3W2V 钢称为铬钼钨硅系钢。

(2) 合金钢的牌号

首位表示含碳量 w_C，若是一位数，则是用千分数表示 w_C，若是二位数，则是用万分数表示 w_C，若没有数字，则表示 $w_C \geqslant 1\%$（具体是多少要查资料但高速工具钢除外）；当平均含碳量 $w_C \leqslant 0.08\%$时用“0”表示，当平均含碳量 $w_C \leqslant 0.03\%$时用“00”表示。元素后面的数字表示该元素的平均百分数含量。没有数字表示该元素的含量<1.5%。

以 8Cr2MnWMoVS 为例，8 表示 $w_C \approx 0.8\%$，Cr2 表示 $w_{Cr} \approx 2\%$，Mn、W、Mo、V、S 的含量均<1.5%。

(3) 常用合金元素的作用

钢中加入合金元素后，能形成一定数量的合金碳化物，细化晶粒，提高淬透性，增加回火稳定性，以达到增加耐磨性和提高强韧性的要求。所加入的主要合金元素及其作用如下。

① Mn 的作用：锰强烈地增加钢的淬透性，大幅度降低钢的马氏体转变温度，增加淬火后残余奥氏体量，这对防止工件淬火变形、淬裂、稳定尺寸有利。但降低钢的导热性，有较大的过热敏感性，并加剧第二类回火脆性。Mn 宜与 Mo、V、Cr、W 等复合添加。在抗冲击及高强韧性模具钢中受到限制。

② Si 的作用：硅增加钢的淬透性和回火稳定性，显著提高变形后抗力及冲击疲劳抗力；也可提高钢的抗氧化性和耐腐蚀性。但硅促使钢中碳以石墨形式析出，造成脱碳倾向比较严重，并增加钢的过热敏感性和第二类回火脆性。

③ Cr 的作用：铬显著增加钢的淬透性，有效提高钢的回火稳定性。钢中随着含铬量的增加，依次生成 $(Fe \cdot Cr)_3C$、$(Fe \cdot Cr)_7C$、$(Fe \cdot Cr)_{23}C$ 等碳化物，这些碳化物稳定性较好，从而减小钢的过热敏感性，提高钢的耐磨性。铬对钢表面具有钝化作用，使钢具有抗氧化能力。但铬含量较高会增加碳化物不均匀性和残余奥氏体量。一般在低合金钢中，铬的质量分数为 0.5%～1.5%；在高强韧性模具钢中，铬的质量分数为 4%～5%；在高耐磨微变形模具钢中，铬的质量分数为 6%～12%。

④ Mo 的作用：钼可提高淬透性和高温蠕变强度，回火稳定性和二次硬化效果也强于铬；并能抑制 Cr、Mn、Si 引起的第二类回火脆性。但钼增加脱碳倾向。常用模具钢中钼的质量分数为 0.5%～5%。

⑤ W 的作用：钨的一大优点是造成二次硬化，显著提高钢的热硬性；其提高耐磨性和降低钢的过热敏感性优于钼。但钨能强烈降低钢的导热性，过量的钨使得钨的碳化物不均匀、钢的强度和韧性降低。在高承载能力的冷作模具钢中，钨的质量分数小于 18%，并且有以 Mo、V 代替 W、减少 W 含量的趋势。

⑥ V 的作用：钒主要以 V_4C_3 的形式存在于钢中。由于 V_4C_3 稳定难溶，硬度极高，所以钒能显著提高钢的耐磨性和热硬性；同时钒还可细化晶粒、降低过热敏感性。但钒量过多，会降低可锻性和磨削性。故钒的质量分数一般控制在 0.2%～2%。

⑦ Co 的作用：钴的主要作用是提高高速钢的红硬性，增加二次硬化效果，在硬质合金材料中，钴是重要的黏结剂。

⑧ Ni 的作用：镍既能提高钢的强度，又能提高钢的韧性，同时提高钢的淬透性；含量较高时，可显著提高钢的耐腐蚀性。但镍有增加第二类回火脆性的倾向。

每一个合金钢的牌号都是合金元素含量和合金元素的最佳组合方案之一。分析合金钢的性能和特点时，可从分析合金钢的合金元素和合金元素的组合等进行分析。

1.5 铸铁

铸铁是指由铁、碳、硅等组成的合金系的总称，在这些合金中，碳含量超过了在共晶温度时奥氏体中的饱和含碳量。从成分上看，铸铁与钢的主要区别在于铸铁比碳钢含有更高的碳和硅，同时硫、磷等杂质元素含量也较高，一般铸铁中的 $w_C=2.5\%\sim4.0\%$、$w_{Si}=1.0\%\sim3.0\%$、$w_{Mn}=0.3\%\sim1.2\%$、$w_S\leqslant0.05\%\sim0.15\%$、$w_P\leqslant0.05\%\sim1.0\%$。常用铸铁具有优良的铸造性能，生产工艺简便，成本低，所以应用广泛。在此主要介绍常用铸铁的牌号、性能特点及应用。

1.5.1 铸铁的分类

铸铁中的碳除少量可溶于铁素体外，其余部分因结晶条件不同可以形成渗碳体或者石墨。根据碳在铸铁中的存在形式，铸铁可分为以下三类。

① 灰口铸铁：碳全部或大部分以石墨存在于铸铁中，断口呈灰黑色。这类铸铁是工业上最常用的铸铁。

② 白口铸铁：碳主要以渗碳体存在，断口呈白亮色，其性能硬而脆，很难进行切削加工，故这种铸铁很少直接使用。但在某些特殊场合可使零件表面获得一定深度的白口层，这种铸铁称为“冷硬铸铁”，它可用作表面要求高耐磨性的零件，如气门挺杆、球磨机磨球、轧辊等。

③ 麻口铸铁：碳一部分以石墨存在，另一部分以渗碳体存在，断口呈黑白相间，这类铸铁的脆性较大，故很少使用。

工业上最常用的灰口铸铁，根据其石墨的存在形式不同，灰口铸铁可分为如下四类。

灰铸铁：碳主要以片状石墨形式存在的铸铁。

球墨铸铁：碳主要以球状石墨形式存在的铸铁。

可锻铸铁：碳主要以团絮状石墨形式存在的铸铁。

蠕墨铸铁：碳主要以蠕虫状石墨形式存在的铸铁。

1.5.2 石墨在铸铁中的作用

铸铁的性能和使用价值与碳的存在形式有着密切联系。常用铸铁中碳主要以石墨的形式存在，石墨用符号“G”表示，其强度、硬度、塑性、韧性很低，硬度仅为 3～5HBS，σ_b 约为 20MPa，伸长率 δ 近于零；石墨具有不太明显的金属性能（如导电性等）。

常用铸铁的性能与其组织具有密切关系，常用铸铁的组织可以看成是由钢的基体与不同形状、数量、大小及分布的石墨组成，因而铸铁的力学性能不如钢。铸铁中石墨的存在使力学性能下降，一般铸铁的抗拉强度、屈服点、塑性和韧性比钢低（但抗压强度与钢相当），且不能锻造，石墨的数量越多，越粗大，分布越不均匀，石墨的边缘部位越尖锐，铸铁力学性能越差。

但是石墨的存在也使铸铁具有许多钢所不及的优良性能，如良好的铸造性能、切削加工性能、良好的减振性和减摩性等，同时还有低的缺口敏感性。

1.5.3 灰铸铁

灰铸铁生产工艺简单，铸造性能优良，是生产中最广泛应用的一种铸铁，约占铸铁总量的80%。

(1) 灰铸铁的成分、组织及性能

灰铸铁的化学成分一般为 $w_C=2.7\%\sim3.6\%$；$w_{Si}=1.0\%\sim2.5\%$；$w_{Mn}=0.5\%\sim1.3\%$；$w_P\leqslant0.3\%$；$w_S\leqslant0.15\%$。

灰铸铁的组织特征是片状石墨分布于钢的基体上。由于化学成分和冷却速度的综合影响，灰铸铁的组织有以下三种：铁素体＋片状石墨（F＋G片）；珠光体＋铁素体＋片状石墨（P＋F＋G片）；珠光体＋片状石墨（P＋G片）。

灰铸铁的力学性能主要取决于石墨的形状、大小及分布状态，同时也与基体的组织有关。由于石墨的力学性能几乎为零，在铸铁中相当于孔洞和裂纹，破坏了基体的连续性，使基体的有效承载面积减小，且片状石墨的端部容易造成应力集中，因此灰铸铁的力学性能明显低于碳钢，也明显低于其他铸铁件。灰铸铁中的石墨数量越多、尺寸越大、分布越不均匀，对基体的割裂作用越强烈，其力学性能越差，生产时应尽量获得适量细小的石墨片。同时灰铸铁的力学性能还与基体的组织有关，具有珠光体基体的灰铸铁强度较高。灰铸铁的抗压强度比较高，约为抗拉强度的3～4倍，故灰铸铁适宜制造承受简单压应力的构件，如机床床身、底座、支柱等。

(2) 灰铸铁的孕育处理

在铸铁液中加入少量的孕育剂（一般加入铁液质量4%的硅铁或硅钙合金）以形成大量的结晶核心，获得极为细小的片状石墨和珠光体基体。经这样处理后的铸铁称为孕育铸铁。孕育铸铁的抗拉强度高于普通灰铸铁，同时由于结晶时冷却速度对孕育铸铁的结晶影响较小，故铸件各个部位的组织较均匀，性能也趋于一致。孕育铸铁适用于制造性能要求较高、截面尺寸变化较大的大型铸件。

(3) 灰铸铁的牌号及应用

灰铸铁的牌号、力学性能及应用见表1-3。牌号中的“HT”是“灰铁”两字的拼音首字母，后面的数字表示最低抗拉强度，如HT200表示最低抗拉强度为200MPa的灰铸铁。灰铸铁的强度与铸件的壁厚有关，同一牌号的铸铁，随壁厚的增加，强度和硬度下降。

表1-3 常用灰铸铁的牌号、力学性能及应用

类别	牌号	铸件壁厚/mm	σ_b/MPa (≥)	硬度/HBS	应用
铁素体灰铸铁	HT100	2.5～10 10～20 20～30 30～50	130 100 90 80	110～166 93～140 87～131 82～122	低载荷和不重要的零件，如盖、外罩、手轮、支架、底板、手柄等
铁素体＋珠光体灰铸铁	HT150	2.5～10 10～20 20～30 30～50	175 145 130 120	13～205 119～179 110～166 105～157	承受中等应力的铸件，如普通机床的柱、底座、齿轮箱、刀架、床身、轴承座、作台、带轮、泵壳、阀体、法兰、管路及一般工作条件的零件

续表

类别	牌号	铸件壁厚/mm	σ_b/MPa (≥)	硬度/HBS	应用
珠光体灰铸铁	HT200	2.5～10	220	157～236	承受较大应力和要求一定气密性或耐蚀性的较重要铸件，如汽缸、齿轮、机座、机床床身、立柱、汽缸体、汽缸盖、活塞、刹车轮泵体、阀体、化工容器等
		10～20	195	148～222	
		20～30	170	134～200	
		30～50	160	129～192	
	HT250	4～10	270	175～262	
		10～20	240	164～247	
		20～30	220	157～236	
		30～50	200	150～225	
孕育铸铁	HT300	10～20	290	182～272	承受高的应力、要求耐磨、高气密性的重要铸件，如剪床、压力机、自动机床和重型机床床身、机座、机架、齿轮、凸轮、衬套、大型发动机曲轴、汽缸体、缸套、高压油缸、水缸、泵体、阀体等
		20～30	250	168～251	
		30～50	230	161～241	
	HT350	10～20	340	199～298	
		20～30	290	182～272	
		30～50	260	171～257	

1.5.4 球墨铸铁

球墨铸铁是指铸铁液经过球化处理，使石墨全部或大部分呈球状分布的铸铁。

球化处理方法是在浇注前的铸铁液中，加入一定量的球化剂（镁或稀土镁合金）和促进石墨化的孕育剂（硅铁），以改变石墨的结晶条件，促使石墨形成球状。我国目前主要应用的球化剂是稀土镁合金。

（1）球墨铸铁的化学成分、组织和性能

为保证获得数量较多、形状圆整、分布均匀的球状石墨，球墨铸铁中的碳和硅含量一般高于灰铸铁，其中 $w_C=3.6\%\sim3.9\%$，$w_{Si}=2.0\%\sim3.1\%$，$w_{Mn}=0.6\%\sim0.8\%$，硫与磷应严格控制，一般 $w_S\leqslant0.07\%$，$w_P\leqslant0.1\%$。

球墨铸铁的组织是钢的基体上分布着球状石墨，铸态下基体是由铁素体和珠光体组成，通过热处理可获得以下不同基体的组织：铁素体球墨铸铁（F＋G 球）、铁素体＋珠光体球墨铸铁（F＋P＋G 球）、珠光体球墨铸铁（P＋G 球）、贝氏体球墨铸铁（$B_下$＋G 球）等。

由于球状石墨边缘的应力集中小，对基体的割裂作用也较小，因此能充分发挥基体的性能，球墨铸铁基体强度的利用率可达 70%～90%，而灰铸铁只有 30%～50%，所以球墨铸铁的力学性能明显优于灰铸铁。球墨铸铁中的石墨球直径越小，形状越圆整，分布越均匀，则力学性能越好。球墨铸铁的力学性能还与基体有关，珠光体、贝氏体球墨铸铁具有高的强度、硬度，其抗拉强度、屈服点和疲劳强度可与钢相媲美，可用于制造柴油机曲轴、连杆、凸轮、齿轮、机床主轴、蜗杆、蜗轮等。铁素体基体的球墨铸铁塑性和韧性较高，其伸长率可达 18%，常用于制作受压阀门、机器底座、汽车后桥壳等。

因此，生产中球墨铸铁可用于代替钢制作力学性能要求高、受力复杂的重要零件，如齿轮、曲轴、凸轮轴、连杆等。

（2）球墨铸铁的牌号及应用

球墨铸铁的牌号、性能及应用见表 1-4。牌号中“QT”是“球铁”拼音字母的首位，后面的两组数据分别为最低抗拉强度和最小伸长率，例 QT600-3 表示最低抗拉强度为 600MPa，最小伸长率为 3%的球墨铸铁。

表 1-4 常用球墨铸铁的牌号、力学性能及应用

基体类型	牌号	力学性能				应用
		σ_b/MPa	$\sigma_{0.2}$/MPa	δ/%	硬度/HBS	
		$\geqslant$				
铁素体	QT400-18	400	250	18	120～180	农机具犁铧、犁柱；汽车拖拉机轮毂、离合器壳、差速器壳、拨叉；阀体、阀盖、汽缸；铁路垫板、电机壳、飞轮壳等
	QT400-15	400	250	15	130～180	
	QT450-10	450	310	10	160～210	
铁素体＋珠光体	QT500-7	500	320	7	170～230	液压泵齿轮、阀门体、轴瓦、机器底座、支架、传动轴、链轮、飞轮、电动机机架等
	QT600-3	600	370	3	190～270	
珠光体	QT700-2	700	420	2	225～305	柴油机、汽油机曲轴、凸轮轴、汽缸套、连杆，部分磨床、铣床、车床主轴，农机具脱粒机齿条、负荷齿轮，起重机滚轮、小型水轮机主轴等
珠光体或回火组织	QT800-2	800	480	2	245～335	
贝氏体或回火马氏体	QT900-2	900	600	2	280～360	曲线齿和弧齿锥齿轮、减速器齿轮、凸轮轴、传动轴、转向节、犁铧、耙片等

1.5.5 可锻铸铁

可锻铸铁一般是先浇铸成完全白口铸铁，然后通过高温石墨化退火，使渗碳体分解得到团絮状石墨。

可锻铸铁的组织为钢的基体上分布着团絮状石墨，根据石墨化退火工艺不同，有铁素体基体可锻铸铁和珠光体基体可锻铸铁。铁素体基体的可锻铸铁具有较好的塑性和韧性，珠光体基体的可锻铸铁具有较高的强度。由于团絮状石墨对基体的割裂作用较小，可锻铸铁的力学性能普遍比灰铸铁好，通常可锻铸铁具有较高的强度和韧性，它适宜于制造薄壁、形状复杂且要求有一定韧性的小型铸件，如水管接头、汽车后桥壳、轮毂、差速器壳、散热器进水管等。由于石墨化退火工艺复杂，生产率低，可锻铸铁的应用受到了限制，有时采用球墨铸铁来代替。

可锻铸铁的牌号、力学性能及应用见表 1-5。牌号中“KTH”表示黑心可锻铸铁（以铁素体为基体）、“KTZ”表示珠光体可锻铸铁（以珠光体为基体），符号后的第一组数据为最低抗拉强度值，第二组数据为最小伸长率。例如，KTZ550-04 表示最低抗拉强度为550MPa，最小伸长率为 4%的珠光体可锻铸铁。

表 1-5 可锻铸铁的牌号、力学性能及应用

类别	牌号	试样直径 d/mm	σ_b/MPa	δ/%	硬度/HBS	应用
			$\geqslant$			
铁体可锻铸铁	KTH300-06	12或15	300	6	$\leqslant$150	弯头、三通管件、中低压阀门
	KTH330-08		330	8		扳手、犁刀、犁柱、车轮壳等
	KTH350-10		350	10		汽车、拖拉机前后轮壳、减速器壳、转向节壳、制动器、铁道零件
	KTH370-12		370	12		

续表

类别	牌号	试样直径 d/mm	σ_b/MPa	δ/%	硬度/HBS	应用
			≥			
珠体可锻铸铁	KTZ450-06	12或15	450	6	150～200	载荷较高的耐磨零件，如曲轴、凸轮轴、连杆。齿轮、摇臂、活塞环、轴套、万向接头棘轮、扳手、传动链条、矿车轮等
	KTZ550-04		550	4	180～230	
	KTZ650-02		650	2	210～260	
	KTZ700-02		700	2	240～290	

1.5.6 蠕墨铸铁

蠕墨铸铁中的石墨呈蠕虫状，与灰铸铁中的片状石墨相比，蠕虫状石墨的端部圆滑，且分布较均匀，蠕墨铸铁生产需进行蠕化处理，即在铸铁液中加入适量的蠕化剂（稀土镁铁、稀土硅铁合金、稀土钙硅铁合金），促使石墨呈蠕虫状分布，同时加入孕育剂进行孕育处理。

蠕墨铸铁的力学性能介于灰铸铁与球墨铸铁之间。而铸造性能、减振性能、耐热疲劳性能优于球墨铸铁，与灰铸铁相近。蠕墨铸铁是一种新型铸铁，目前已较广泛地应用于结构复杂、强度和热疲劳性能要求高的铸件，如大功率柴油机排气管、汽缸盖、钢锭模、阀体、汽车和拖拉机底盘零件、玻璃模具等。

常用蠕墨铸铁的牌号、性能及应用见表 1-6。牌号中“RuT”是“蠕铁”二字的拼音前缀，后面的数据为最低抗拉强度值。例如 RuT420 表示最低抗拉强度为 420MPa 的蠕墨铸铁。

表 1-6 蠕墨铸铁的牌号、力学性能及应用

牌号	基体类型	σ_b/MPa	σ_s/MPa	δ/%	硬度/HBS	应用
		≥				
RuT420	珠光体	420	335	0.75	200～280	活塞环、制动盘、钢珠研磨盘、吸淤泵体等
RuT380		380	300	0.75	193～274	
RuT340	珠光体＋铁素体	340	270	1.0	170～249	重型机床件、大型齿轮箱体、盖、座、飞轮、起重机卷筒等
RuT300	铁素体＋珠光体	300	240	1.5	140～217	排气管、变速箱体、汽缸盖液压件等
RuT260	铁素体	260	195	3	121～197	增压机废气进气壳体、汽车底盘零件

1.5.7 合金铸铁

在铸铁中加入一定量的合金元素，使之具有某种特殊性能的铸铁称为合金铸铁。常用的有耐磨铸铁、耐热铸铁、耐蚀铸铁。

（1）耐磨铸铁

耐磨铸铁中通常需加入铜、钼、锰、磷等合金元素以形成一定数量的硬化相，提高其耐磨性能。根据工作条件不同，可分为抗磨铸铁和减摩铸铁。

① 抗磨铸铁：在干摩擦条件下工作的零件如轧辊、犁铧、球磨机磨球等，应具有高的

硬度，“冷硬铸铁”是采用激冷的方法使铸件的表面或局部获得白口组织，具有高的硬度和耐磨性，这类铸铁可用于制作车轮、轧辊等。也可在白口铸铁中加入铬、钼、钨、钒、硼等元素，使之形成碳化物或合金渗碳体，提高抗磨性，这种铸铁称为高铬白口耐磨铸铁。

中锰球铁是在球墨铸铁中加入了锰 $w_{Mn}=5.0\%\sim9.5\%$，经球化和孕育处理后适当控制冷却速度，从而获得马氏体、残余奥氏体、碳化物、球状石墨的组织，这种铸铁可代替高锰钢制作在干摩擦条件下工作的零件，如矿山、水泥、煤粉加工设备，球磨机中的磨球，农机中的犁铧等。

② 减摩铸铁：在润滑条件下工作的零件应具有良好的耐磨性、减摩性、贮油性等，如汽缸套、活塞环、机床导轨等。

高磷铸铁是在普通珠光体灰铸铁中加入少量的磷，使组织中形成高硬度的磷共晶，有效地提高其硬度和耐磨性，还可加入适量的铬、钼、钨、铜、钛、钒等元素来细化组织，提高韧性。这类铸铁的基体为珠光体组织，使用时珠光体中的铁素体和石墨首先磨损形成凹坑起贮油作用，而渗碳体可起支承作用。

(2) 耐热铸铁

耐热铸铁是指可在高温下使用的铸铁，这类铸铁应具有抗氧化性和抗热生长性。热生长是指由于渗碳体分解为石墨以及氧化性气体沿石墨片边界和裂纹渗入铸铁内部引起氧化造成的不可逆体积膨胀。为提高耐热性，可在铸铁中加入铝、铬、硅等合金元素使铸件的表面形成一层致密的氧化膜（SiO_2、Al_2O_3、Cr_2O_3），保护内层不被继续氧化。耐热铸铁中的石墨最好呈球状，因为球状石墨一般都独立分布，互不相连，使氧化性气体不易渗入铸铁内部。合金元素还可形成稳定的碳化物，提高铸铁的热稳定性。耐热铸铁的基体大多采用铁素体，铁素体基体的铸铁具有较好的耐热性。

常用的耐热铸铁有中锰耐热铸铁、中硅球墨铸铁、高铝球墨铸铁、铝硅球墨铸铁和高铬耐热铸铁等。耐热铸铁常用于制作加热炉底板、坩埚、换热器等。

(3) 耐蚀铸铁

在铸铁中加入硅、铝、铬等合金元素能使铸件的表面形成一层致密氧化膜，还可提高铁素体基体的电极电位，有效地提高铸铁的耐腐蚀能力。

常用的耐蚀铸铁有高硅耐蚀铸铁、高铝耐蚀铸铁、高铬耐蚀铸铁等。高硅耐蚀铸铁应用较广泛，这种铸铁在含氧酸中的耐蚀性不亚于 1Cr18Ni9 不锈钢，而在碱性介质中的耐腐蚀性较差。高硅铜耐蚀铸铁中加入了铜元素，可提高在碱性介质中的耐腐蚀性。耐蚀铸铁广泛应用于化学工业，如管道、容器、阀门、泵、泵体、反应釜、盛贮器。

1.6 钢的热处理

金属的热处理是将金属材料在固态下进行加热、保温和冷却，以改变其内部组织，从而获得所需要性能的一种工艺方法。

钢的热处理分预备热处理和最终热处理。预备热处理包括退火、正火、调质等，正火和退火的作用是消除热加工毛坯的内应力、细化晶粒、调整组织、改善切削加工性，为后续的热处理工序做好组织准备。调质是为了提高零件的综合力学性能，为最终热处理做好组织准备。其工序位置一般安排在毛坯生产完成之后，切削加工之前；或粗加工之后，精加工之前。最终热处理包括各种淬火＋回火及化学热处理。零件经这类热处理后硬度较高，除可以磨削加工外，一般不宜进行其他切削加工，故其工序位置一般均安排在半精加工之后、磨削加工（精加工）之前。要求精度高的零件，在切削加工之后，为了消除加工引起的残余应力，以减小零件变形，在粗加工后可安排去应力退火。

金属的热处理的目的不仅可改进金属材料的加工工艺性能，更重要的是能充分发挥金属材料的潜力，提高金属材料的使用性能，节约成本，延长工件的使用寿命。

根据加热和冷却方法不同，将常用热处理分类如下：

① 整体热处理：退火、正火、淬火、回火等。

② 表面热处理：表面淬火、物理气相沉积和化学气相沉积等。

③ 化学热处理：渗碳、渗氮、碳氮共渗等。

本节只介绍整体热处理，其他的热处理方法在第六章介绍。尽管热处理种类很多，但最基本的热处理工艺曲线如图 1-9 所示。要了解各种热处理方法对金属的组织和性能的影响，必须研究金属在加热（含保温）、冷却过程中组织转变的规律。

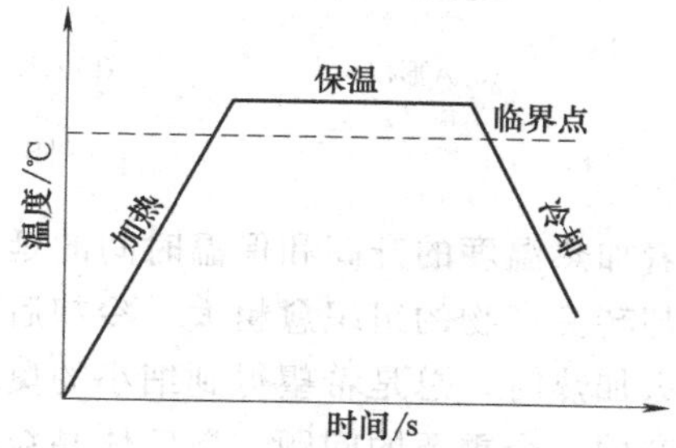

图 1-9 热处理工艺曲线

1.6.1 钢在加热和冷却时的组织转变

研究钢在加热和冷却时的相变规律是以 $Fe\text{-}Fe_3C$ 相图为基础。$Fe\text{-}Fe_3C$ 相图临界点 A_1、A_3、A_{cm} 是碳钢在极缓慢地加热或冷却情况下测定的。但在实际生产中，加热和冷却并不是极其缓慢的，因此，钢的相变过程不可能在平衡临界点进行。加热转变在平衡临界点以上进行，冷却转变在平衡临界点以下进行。升高和降低的幅度，随加热和冷却速度的增加而变化。通常把实际加热温度标为 Ac_1、Ac_3、Ac_{cm}，冷却时标为 Ar_1、Ar_3、Ar_{cm}，如图 1-10 所示。

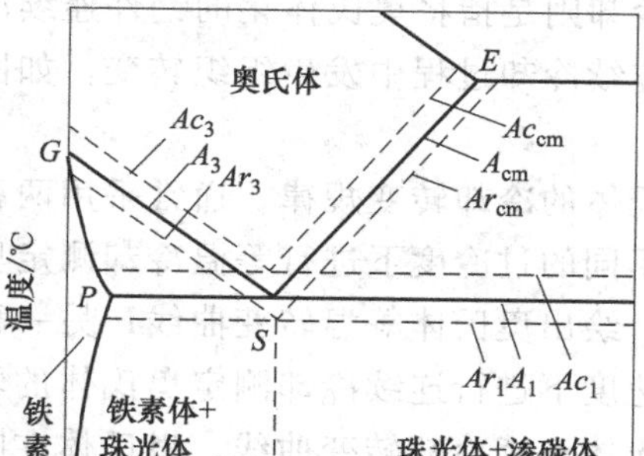

图 1-10 钢加热和冷却时临界点的位置

（1）钢在加热时的转变

钢加热到 Ac_1 点以上时会发生珠光体向奥氏体的转变，加热到 Ac_3 和 Ac_{cm} 点以上时，便全部转变为奥氏体，热处理加热最主要的目的就是为了得到奥氏体，因此这种加热转变过程称为钢的奥氏体化。

① 钢的奥氏体化。共析钢在室温下的组织为单一的珠光体，加热到 Ac_1 点以上时，由于铁原子的晶格改组和渗碳体逐步溶解而形成奥氏体，随后在保温的过程中，通过碳原子的扩散使奥氏体成分均化，最后得到单相均匀的奥氏体，如图 1-11 所示。

亚共析钢和过共析钢加热时的组织转变与共析钢相似。不同的是亚共析钢（或过共析钢）在 $Ac_1 \sim Ac_3$（或 $Ac_1 \sim Ac_{cm}$）时尚有一部分未溶的先共析铁素体（或二次渗碳体）存在，因此亚共析钢和过共析钢都必须加热到 Ac_3 或 Ac_{cm} 以上才能完全奥氏体化，得到单相的奥氏体组织，这种加热称为完全奥氏体化加热。否则，加热温度在 $Ac_1 \sim Ac_3$ 或 $Ac_1 \sim Ac_{cm}$ 时称为不完全奥氏体加热。

② 奥氏体晶粒的长大及其控制。奥氏体晶粒的大小对随后冷却时的转变及转变产物的性能有重要的影响。在珠光体刚转变为奥氏体时，大量的晶核造就了细小的奥氏体晶粒，但

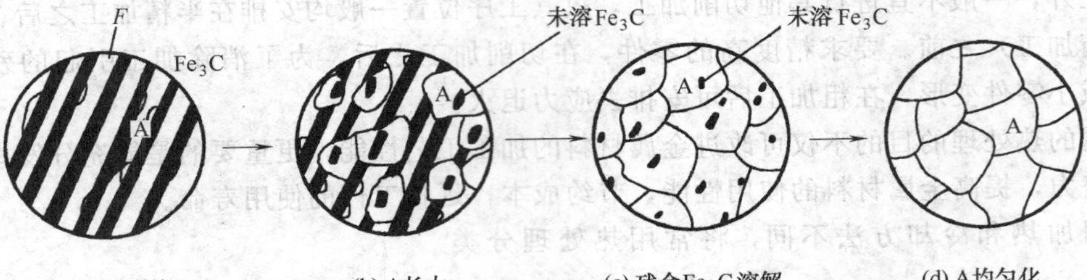

图 1-11 奥氏体的形成过程

随着加热温度的升高和保温时间的延长，奥氏体晶粒就会自发地长大。奥氏体晶粒愈粗大，冷却转变产物的组织愈粗大，冷却后钢的力学性能愈差，特别是冲击韧度明显降低，所以在淬火加热时，总是希望得到细小的奥氏体晶粒。因此，严格控制奥氏体的晶粒度，是热处理生产中一个重要的问题。奥氏体晶粒的大小是评定加热质量的指标之一。凡是晶粒度超过规定时就成为一种加热缺陷（过热），必须进行返修。重要的刃具淬火时都要对奥氏体晶粒度进行金相评定，以保证淬火后有足够的强度和韧性。

在工程实际中，常从加热温度、保温时间和加热速度几方面来控制奥氏体晶粒的大小。在加热温度相同时，加热速度愈快，保温时间愈短，奥氏体晶粒愈小。因而利用快速加热、短时保温来获得细小的奥氏体晶粒。

(2) 钢在冷却时的转变——同素异构转变

冷却过程是热处理的关键工序，其冷却转变温度决定了冷却后的组织和性能。实际生产中采用的冷却方式主要有连续冷却（如炉冷、空冷、油冷、水冷等）和等温冷却等。

所谓等温冷却是指将奥氏体化的钢件迅速冷至 Ar_1 以下某一温度并保温，使其在该温度下发生组织转变，然后再冷却到室温，如图 1-12 中 a 所示。连续冷却则是指将奥氏体化的钢件连续冷却至室温，并在连续冷却过程中发生组织转变，如图 1-12 中 b 所示。

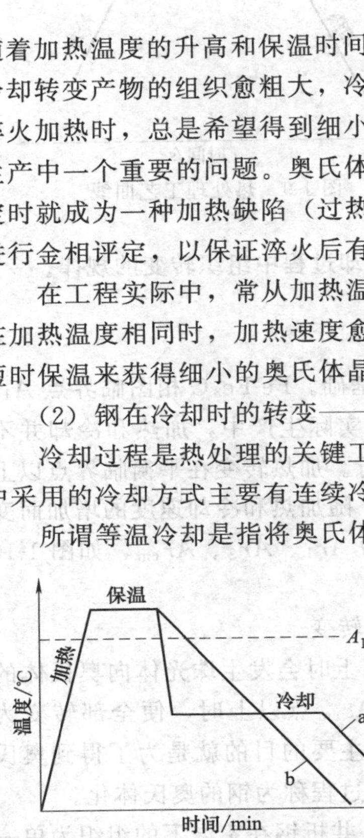

图 1-12 冷却方式及其曲线

为了研究奥氏体的冷却转变规律，通常采用两种方法：一种是在不同的过冷度下进行等温冷却测定奥氏体的转变过程，绘出奥氏体等温转变曲线；另一种是在不同的冷却速度下进行连续冷却测定奥氏体的转变过程，绘出奥氏体连续冷却转变曲线。奥氏体在临界点以上为稳定相，能够长期存在而不发生转变，但过冷到 Ar_1 线以下的奥氏体并不立即转变，要经过一段孕育期才开始转变，这种在孕育期暂时存在的奥氏体称为过冷奥氏体。钢在冷却时的组织转变实质上是过冷奥氏体的组织转变。

① 过冷奥氏体的等温冷却转变。在不同的过冷度下，反映过冷奥氏体转变产物与时间关系的曲线称为过冷奥氏体等温转变的动力学曲线。由于曲线的形状像字母 C，故又称为 C 曲线。如图 1-13 所示为共析碳钢过冷奥氏体等温转变曲线。

共析碳钢过冷奥氏体在 Ar_1 线以下不同的温度会发生三种不同的转变，即珠光体转变、贝氏体转变和马氏体转变。

a. 珠光体转变（A_1～550℃）。共析成分的奥氏体过冷到 Ar_1～550℃之间等温停留时，将发生共析转变，转变产物为珠光体型组织，都是由铁素体（F）和渗碳体（Fe_3C）组成的层片相间机械混合物。由于过冷奥氏体向珠光体转变温度不同，珠光体中 F 和 Fe_3C 片的厚度也不同。在过冷度较小时（Ar_1～650℃），片间距较大（＞0.4μm），称为珠光体（P）；在 650～600℃ 范围内，片间距较小（0.4～0.2μm），称为索氏体（S）；在 600～550℃ 范围内，由于过冷度较大，片间距很小（＜0.2μm），这种组织称为托氏体（T）。珠光体组织中的片间距愈小，相界面愈多，塑性变形抗力愈大，强度和硬度愈高；同时由于渗碳体变薄，使得塑性和韧性也有所改善。

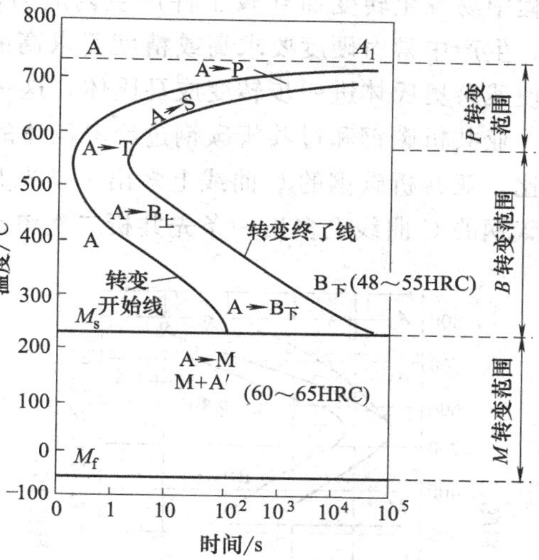

图 1-13　共析钢过冷奥氏体等温转变曲线

b. 贝氏体转变（550℃～M_S）。共析成分的奥氏体过冷到大约 550～230℃的中温区内停留，便发生过冷奥氏体向贝氏体的转变，形成贝氏体（B）。由于过冷度较大，转变温度较低，贝氏体转变时只发生碳原子的扩散而不发生铁原子的扩散。因而，贝氏体是由含过饱和碳的铁素体和碳化物组成的两相混合物。

按组织形态和转变温度，可将贝氏体组织分为上贝氏体（$B_上$）和下贝氏体（$B_下$）两种。上贝氏体是在 550～350℃温度范围内形成的，由于其脆性较高，基本无实用价值，在此不予讨论；下贝氏体是在 350℃～M_S 点温度范围内形成的。它由含过饱和的细小针片状铁素体和在铁素体片内弥散分布的碳化物组成。因此，它具有较高的强度和硬度、塑性和韧性。在实际生产中常采用等温淬火来获得下贝氏体，以提高材料的强韧性。

c. 马氏体转变（M_S 以下）。当过冷奥氏体被快速冷却到 M_S 点以下时便发生马氏体（M）转变，它是奥氏体冷却转变最重要的产物。奥氏体为面心立方晶体结构。当过冷至 M_S 以下时，其晶体结构将转变为体心立方晶体结构。由于转变温度较低，原奥氏体中溶解的过多碳原子没有能力进行扩散，致使所有溶解在原奥氏体中的碳原子难以析出，从而使晶格发生畸变，含碳量越高，畸变越大，内应力也越大。马氏体实质上就是碳溶于 α-Fe 中的过饱和间隙固溶体。

马氏体的强度和硬度主要取决于马氏体的碳含量，其强度与硬度随碳含量的增加而增加。当 w_C 低于 0.2%时，可获得呈一束束尺寸大体相同的平行条状马氏体，称为板条状马氏体。当钢的组织为板条状马氏体时，具有较高的硬度和强度、较好的塑性和韧性。当马氏体中 w_C 大于 0.60%时，得到针片状马氏体。针片状马氏体具有很高的硬度，但塑性和韧性很差，脆性大。当 w_C 在 0.2%～0.6%之间时，低温转变得到板条状马氏体与针片状马氏体混合组织。随着碳含量的增加，板条状马氏体量减少而针片状马氏体量增加。

马氏体相变是在 M_S～M_f 之间进行的（如共析碳钢为 240～－50℃）。M_S 是马氏体开始形成的温度，它随淬火温度增加而稍有下降。M_f 是马氏体转变终止的温度，它通常为零下几十度。实际进行马氏体转变的淬火处理时，冷却只进行到室温，这时，奥氏体不能全部转变成为马氏体，还有少量的奥氏体未发生马氏体转变而残留下来，称为残余奥氏体。过多的残余奥氏体会降低钢的强度、硬度和耐磨性。由于残余奥氏体为不稳定组织，在钢件使用过程中易发生转变而导致工件产生内应力，引起变形、尺寸变化，从而降低工件精度。因此，生产中常对硬度要求高或精度要求高的工件，淬火后迅速将其置于接近 M_f 的温度下，促使残余奥氏体进一步转变成马氏体，这一工艺过程称为“冷处理”。

亚共析碳钢和过共析碳钢过冷奥氏体的等温转变曲线与共析碳钢的奥氏体等温转变曲线相比，亚共析碳钢的 C 曲线上多出一条先共析铁素体析出线，如图 1-14（a）所示；而过共析碳钢的 C 曲线上多出一条先共析二次渗碳体的析出线，如图 1-14（b）所示。

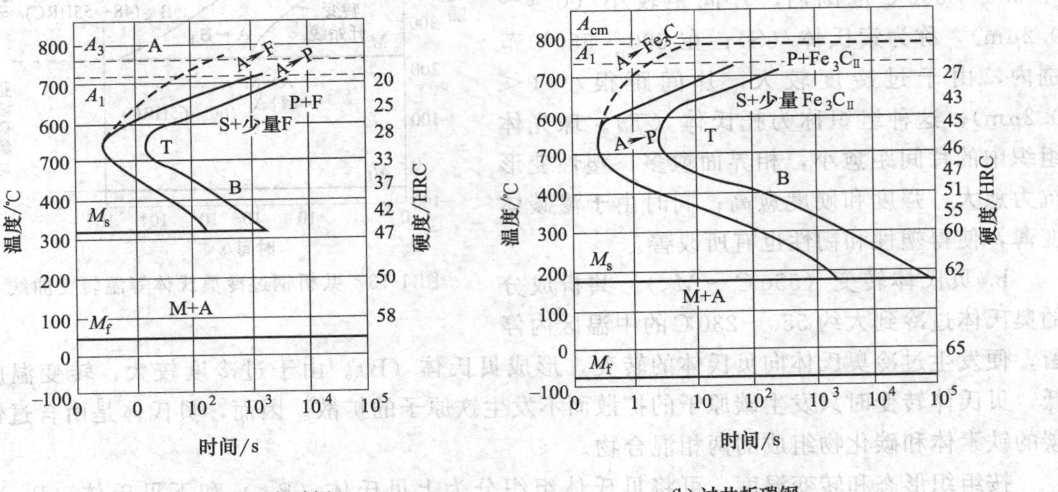

(a) 亚共析碳钢 (b) 过共析碳钢

图 1-14 亚共析碳钢和过共析碳钢的等温转变曲线

通常，亚共析碳钢的 C 曲线随着含碳量的增加而右移，过共析碳钢的 C 曲线随着含碳量的增加而左移。故在碳钢中，共析碳钢的 C 曲线最靠右，其过冷奥氏体最稳定。

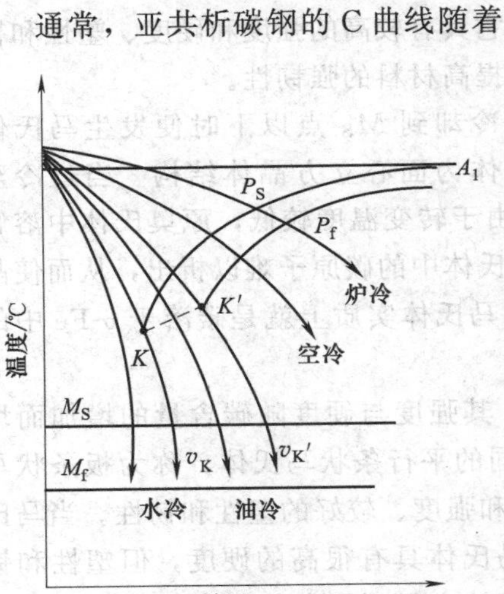

图 1-15 共析碳钢连续冷却转变曲线

② 过冷奥氏体连续冷却转变。在实际生产中，过冷奥氏体大多是在连续冷却中转变的。如钢退火时的炉冷，正火时的空冷，淬火时的水冷等。因此，研究过冷奥氏体在连续冷却时的组织转变规律有重要的意义。如图 1-15 所示是通过实验方法测定的共析碳钢的连续冷却 C 曲线。由图可见，共析碳钢的连续冷却转变过程中，只发生珠光体和马氏体转变，而不发生贝氏体转变。珠光体转变区由三条线构成：P_S、P_f 线分别表示 A→P 转变开始线和终了线；K 线为 A→P 终止线，它表示冷却曲线碰到 K 线时，过冷奥氏体即停止向珠光体转变，剩余部分一直冷却到 M_S 线以下发生马氏体转变。过冷奥氏体在连续冷却过程中不发生分解而全部过冷到马氏体区的最小冷却速度，称为马氏体临界冷却速度，用 v_K 表示。钢在淬火时的冷却速度应大于 v_K。

过共析碳钢的连续冷却转变 C 曲线与共析碳钢相比，除了多出一条先共析渗碳体的析出线以外，其他基本相似。但亚共析碳钢的连续冷却转变 C 曲线与共析碳钢却大不相同，它除了多出一条先共析铁素体析出线以外，还出现了贝氏体转变区。因此，亚共析碳钢在连续冷却后可以出现由更多产物组成的混合组织。

1.6.2 钢的退火

退火经常作为钢的预先热处理工序，安排在铸造、锻造和焊接之后或粗加工之前，以消除前一工序所造成的某些组织缺陷及内应力，为随后的切削加工及热处理作好组织上的准备。

将钢件加热到适当温度，保持一定时间，然后缓慢冷却的热处理工艺称为退火。钢经退火后将获得接近于平衡状态的组织。退火的主要目的如下。

① 降低硬度，提高塑性。经铸、锻、焊或冷变形加工后的钢件，一般硬度偏高，需经退火降低硬度，提高塑性，以利于切削加工或继续冷变形。

② 细化晶粒，消除组织缺陷。热加工后的钢件组织中往往存在有过热组织、魏氏组织或带状组织等缺陷，需经退火进行重结晶，以消除上述组织缺陷，改善钢的性能，并为以后的淬火等最终热处理做好组织准备。

③ 消除内应力。钢件在冷热加工过程中往往会产生内应力，如不及时消除，将会引起变形甚至开裂。退火可消除内应力，稳定工件尺寸，防止变形与开裂。

按退火目的不同，分为完全退火、球化退火、去应力退火等。

① 完全退火：将钢加热完全奥氏体化后，随之缓慢冷却，获得接近平衡状态组织的热处理工艺称为完全退火。

完全退火的加热温度为 Ac_3 以上 30～50℃，保温时间按钢件的有效厚度计算。保温后的冷却一般是关闭电源让钢件在炉中缓慢冷却，当冷至 500～600℃时即可出炉空冷。

完全退火时，由于加热时钢的组织完全奥氏体化，在以后的缓冷过程中奥氏体全部转变为细小而均匀的平衡组织，从而降低钢的硬度，细化晶粒，充分消除内应力。

完全退火主要用于中碳钢和中碳合金钢的铸、焊、锻、轧制件等。对于过共析钢，因缓冷时沿晶界析出二次渗碳体，其显微形态为网状，空间形态为硬薄壳，会显著降低钢的塑性和韧性，并给以后的切削加工、淬火加热等带来不利影响，因此，过共析钢不宜采用完全退火。

② 球化退火：使钢中碳化物球状化而进行的退火工艺称为球化退火。钢经球化退火后，将获得由大致呈球形的渗碳体颗粒弥散分布于铁素体基体上的球状组织，称为球状珠光体。

球化退火的加热温度为 Ac_1 以上 20～30℃，保温后的冷却有两种方式。普通球化退火时采用随炉缓冷，至 500～600℃出炉空冷；等温球化退火则先在 Ar_1 以下 20℃等温足够时间，然后再随炉缓冷至 500～600℃出炉空冷。等温球化退火比普通球化退火相比能得到更均匀的组织和硬度，多用于冷作、热作模具钢，但生产周期要长一些。

球化退火时，由于加热温度较低，渗碳体开始溶解但未全部溶解，弥散分布在奥氏体的基体上。在随后的缓冷过程中，以未溶碳化物质点为核心，均匀地长成颗粒状的碳化物，形成球状组织。

与层状珠光体相比，球状珠光体硬度低、塑性好，有利于切削加工。并且在后续的淬火过程中，奥氏体晶粒不容易长大，冷却时钢件产生变形和裂纹的倾向也小。

球化退火主要用于共析钢和过共析钢的锻轧件（有时也用于亚共析钢）。若原始组织中存在有较多的渗碳体网，则应先进行正火消除渗碳体网后，再进行球化退火。

③ 去应力退火：为了去除由于塑性变形加工、机械粗加工、焊接等而造成的应力以及铸件内存在的残余应力而进行的退火称为去应力退火。去应力退火的加热温度一般为 500～

600℃，保温后随炉缓冷至室温。

由于加热温度在 A_1 以下，去应力退火过程中一般不发生相变。去应力退火广泛用于消除铸件、锻件、焊接件、冷冲压件以及机加工件中的残余应力，以稳定钢件的尺寸，减少变形，防止开裂。

④ 再结晶退火：将钢等加热到 A_1 以下、再结晶温度以上，如 420℃，经保温后缓慢冷却以消除冷加工硬化现象，提高钢的塑性而进行的退火处理。主要用于冷加工后的材料。

1.6.3 钢的正火

将钢件加热到 Ac_3（或 Ac_{cm}）以上 30～50℃，保温适当的时间后，在静止的空气中冷却的热处理工艺称为正火。

正火的目的与退火相似，如细化晶粒，均匀组织，调整硬度等。与退火相比，正火冷却速度较快，因此，正火组织的晶粒比较细小，强度、硬度比退火后要略高一些。

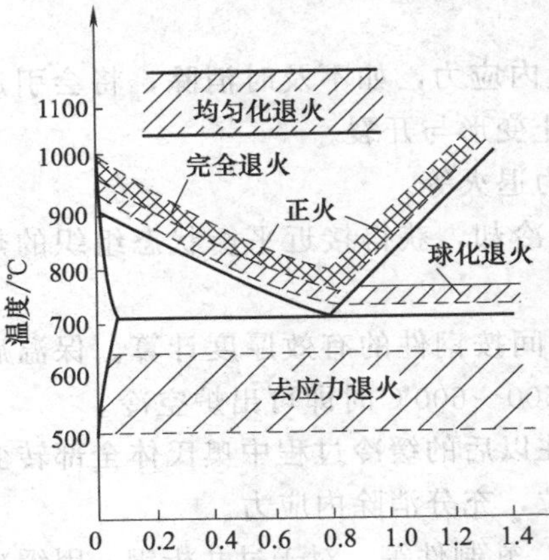

图 1-16 加热温度范围

正火的主要应用范围有：

① 消除过共析钢的碳化物网，为球化退火做好组织准备；

② 作为低、中碳钢和低合金结构钢消除应力、细化组织和淬火前的预备热处理；

③ 用于某些碳钢、低合金钢工件在淬火返修时消除内应力和细化组织，以防止重新淬火时产生变形和裂纹；

④ 对于力学性能要求不太高的普通结构零件，正火也可代替调质处理作为最终热处理使用。

常用退火和正火的加热温度范围如图 1-16 所示。

退火和正火的选择：退火与正火都属于钢的预备热处理，它们的工艺及其作用有着许多相似之处。因此，在实际生产中有时两者可以相互替代，选用时主要从如下三个方面考虑。

① 从切削加工性考虑：一般情况下，钢的硬度在 170～230HBS 范围内时，切削加工性能较好。各种碳钢退火和正火后的硬度范围如图1-17所示（图中阴影线部分为切削加工性能较好的硬度范围），由图可见，对于碳的质量分数 w_C 小于 0.50%的结构钢选用正火为宜；对于碳的质量分数 w_C 大于 0.50%的结构钢选用完全退火为宜；而对于高碳工具钢则应选用球化退火作为预备热处理。

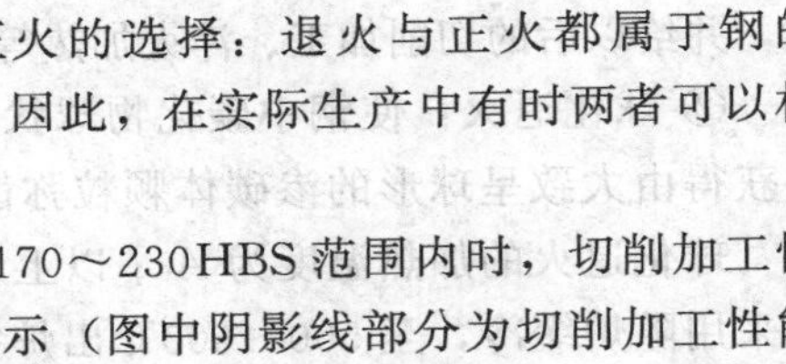

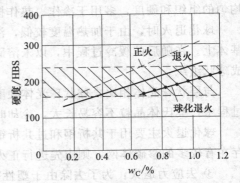

图 1-17 碳钢退火和正火后的硬度范围

② 从零件的结构形状考虑：对于形状复杂的零件或尺寸较大的大型钢件，若采用正火因冷却速度太快，可能产生较大内应力，导致变形和裂纹，宜采用退火。

③ 从经济性能考虑：因正火比退火的生产周期短，成本低，操作简单，在可能条件下应尽量采用正火，以降低生产成本。

1.6.4 钢的淬火

将钢件加热到 Ac_3 或 Ac_1＋(30～50℃) 以上，保持一定时间，然后以适当速度冷却获得马氏体或下贝氏体组织的热处理工艺称为淬火。淬火是在生产中广泛应用的热处理工艺，它是强化钢材、提高机械零件使用寿命的重要手段。通过淬火和适当温度的回火相配合，可以获得不同的组织和性能，满足各类零件或工具对于使用性能的不同要求。

(1) 钢的淬火工艺

① 淬火加热温度的选择。碳钢的淬火加热温度可根据 $Fe\text{-}Fe_3C$ 相图来确定。适宜的淬火温度是：亚共析钢为 Ac_3＋(30～50)℃，共析钢、过共析钢为 Ac_1＋(30～50)℃，如图 1-18 所示。

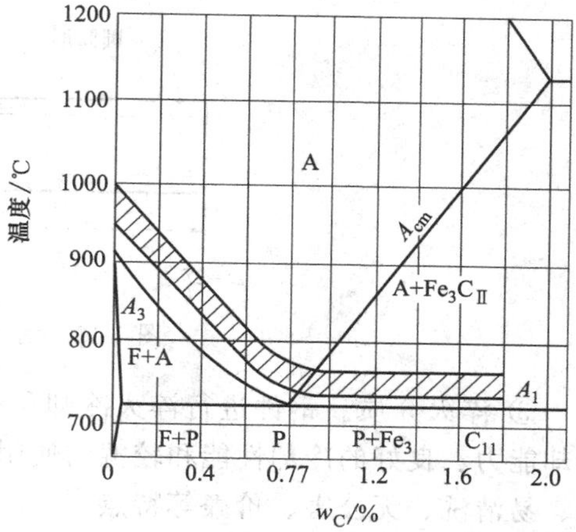

图 1-18 碳钢淬火加热温度范围

合金钢的淬火加热温度可根据其相变点来选择，但由于大多数合金元素在钢中都具有细化晶粒的作用，因此合金钢的淬火加热温度可以适当提高。其目的是既要使奥氏体中固溶一定的碳和合金元素，以保证淬透性、淬硬性、强度和热硬性，又要有适当的过剩碳化物，以细化晶粒，提高工件的耐磨性、保证工件一定的韧性。

② 加热保温时间的选择。淬火加热的保温时间一般根据工件的材料、有效厚度、加热介质、装炉方式、装炉量等具体情况而定。一般按下列公式计算

$$\tau = KaD$$

式中 τ——保温时间，min；

K——装炉系数；

a——加热系数，min/mm；

D——工件的有效厚度，mm。

装炉系数反映炉中同时装入的工件数量及摆放情况，通常取 1～1.5；加热系数 a 表示工件单位有效厚度所需的加热时间，其值大小主要与钢的化学成分、钢件尺寸和加热介质有关，见表 1-7；工作有效厚度 D 是指加热时在工件最快传热方向上的截面厚度，如图 1-19 所示。

表 1-7 钢在不同介质中的加热系数

工件材料	直径/mm	加热系数 a/min·mm^{-1}		
		盐浴炉加热 (750～850℃)	空气炉加热 (＜900℃)	高温盐浴炉加热 (1100～1300℃)
碳素钢	≤50	0.3～0.4	1.0～1.2	—
	＞50	0.4～0.5	1.2～1.5	—
低合金钢	≤50	0.45～0.5	1.2～1.5	—
	＞50	0.5～0.55	1.5～1.8	—
高合金钢	—	0.3～0.35	—	0.17～0.2
高速钢	—	0.3～0.35	—	0.16～0.18

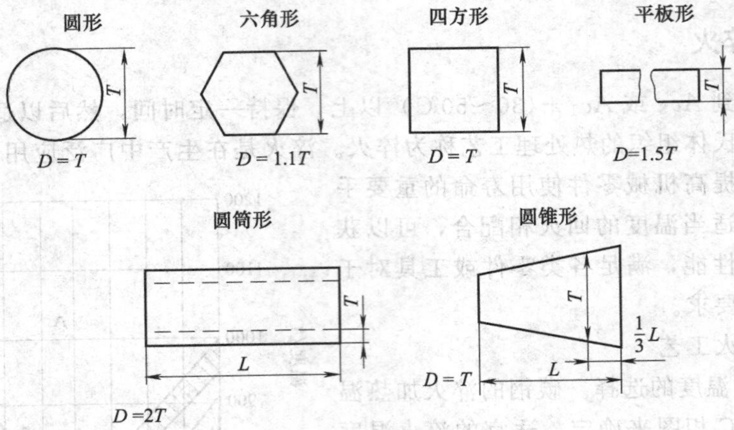

图 1-19 钢件加热时有效厚度的确定

③ 淬火介质。钢件进行淬火冷却所使用的介质称为淬火介质，淬火介质应具有足够的冷却能力、良好的冷却性能和较宽的使用范围，同时还应具有不易老化、不腐蚀零件、不易燃、易清洗、无公害、价廉等特点。

由碳钢的等温转变图可知，为避免珠光体型转变，过冷奥氏体在C曲线的鼻尖处（550℃左右）需要快冷，而在650℃以上或400℃以下（特别是在M_S点附近发生马氏体转变时）并不需要快冷。钢在淬火时理想的冷却曲线如图1-20所示，能使工件达到这种理想冷却曲线的淬火介质称为理想淬火介质。目前常用的淬火介质有水、水溶性的盐类和碱类、矿物油、空气等。淬火介质冷却能力由强到弱的顺序为：（NaOH）水溶液→水→机油（熔融）→硝盐或碱→空气。

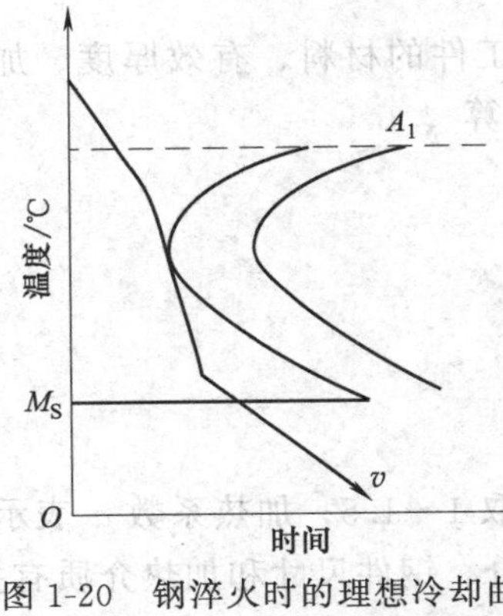

图 1-20 钢淬火时的理想冷却曲线

为保证钢件淬火后得到马氏体组织，淬火介质必须使钢件淬火冷却速度大于马氏体临界冷却速度。但过快的冷却速度会产生很大的淬火应力，引起钢件变形和开裂。因此，在选择冷却介质时，既要保证使钢件淬火后得到马氏体组织，又要尽量减小淬火应力。如5CrNiMo的淬火工艺为：加热到830～860℃，经保温后先预冷（空气中冷却）至750～780℃（减少淬火的温差应力）再入30～70℃的机油中冷却至150～200℃出油，并立即回火处理。

（2）淬火方法

为保证工件淬火后得到马氏体，同时又防止产生变形和开裂，生产中应根据工件的化学成分、形状、尺寸、技术要求以及选用的淬火介质的特性等，选择合适的淬火方法。

① 单介质淬火：单介质淬火是将工件奥氏体化后，浸入某一种淬火介质中连续冷却到室温的淬火，如碳钢件水冷、合金钢件油冷等。此法操作简单，容易实现机械化和自动化生产，但水冷容易产生淬火变形与裂纹，油冷则容易产生淬火后硬度不足等淬火缺陷，主要适用于形状较简单的工件。

② 双介质淬火：双介质淬火是将工件奥氏体化后，先浸入一种冷却能力强的介质，在工件还未到达该淬火介质温度之前即取出，马上浸入另一种冷却能力弱的介质中冷却，如碳钢件先水后油、合金钢件先水后空气等。此法既能保证淬硬，又能减少产生变形和

裂纹的倾向。但操作较难掌握，主要用于形状较复杂的碳钢件和形状简单、截面较大的合金钢件。

③ 马氏体分级淬火：马氏体分级淬火是将工件加热奥氏体化后，先放入温度为 M_s 点（150～260℃）附近的盐浴或碱浴中短暂停留（约 2～5min），待工件整体温度趋于均匀时，再取出空冷以获得马氏体的淬火工艺。此法可更有效地避免工件产生淬火变形和开裂，并且比双介质淬火易于操作控制，主要用于形状复杂、尺寸较小的工件。

④ 贝氏体等温淬火：贝氏体等温淬火是将工件加热奥氏体化后，随即快冷到贝氏体转变温度区间（260～400℃）等温，使奥氏体转变为贝氏体的淬火工艺。此法产生的内应力很小，不易产生变形与开裂，所得到的下贝氏体组织具有较高的硬度和韧性，但生产周期较长，常用于形状复杂，尺寸要求精确，强度、韧性要求较高的小型工件，如各种模具、成形刃具和弹簧等。

(3) 钢的淬透性

① 淬透性的概念。工件在淬火时，截面上各处的冷却速度是不同的。表面的冷却速度最大，越到中心冷却速度越小，如图 1-21(a) 所示。如果工件中心部分低于临界冷却速度，则心部将获得非马氏体组织，即工件没有被淬透，如图 1-21 (b) 所示。

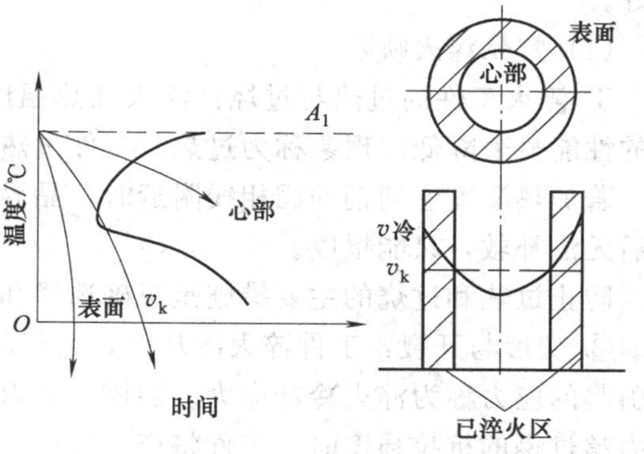

(a) 冷却速度示意图　　(b) 工件截面淬火区示意图

图 1-21　工件淬硬深度及硬度分布与冷却速度的关系

在规定条件下，决定钢材淬硬深度和硬度分布的特性称为钢的淬透性，通常以钢在规定条件下淬火时获得淬硬深度的能力来衡量。所谓淬硬深度，就是从淬硬的工件表面量至规定硬度处的垂直距离。

钢的淬透性大小常用临界直径表示。临界直径是指钢材在某种介质中淬火后，心部得到全部马氏体或50%马氏体的最大直径，以 Dc 表示。钢的临界直径愈大，表示钢的淬透性愈高。但淬火介质不同，钢的临界直径也不同，同一成分的钢在水中淬火时的临界直径大于在油中的临界直径。

② 影响淬透性的因素。钢的淬透性主要取决于过冷奥氏体的稳定性。因此，凡影响过冷奥氏体稳定性的诸因素，都会影响钢的淬透性。主要有以下几个方面。

a. 钢的化学成分：碳钢中含碳量越接近于共析成分，钢的淬透性越好。合金钢中绝大多数合金元素溶于奥氏体后，都能提高钢的淬透性。

b. 奥氏体化温度及保温时间：适当提高钢的奥氏体化温度或延长保温时间，可使奥氏体晶粒更粗大，成分更均匀，增加过冷奥氏体的稳定性，提高钢的淬透性。

③ 淬透性的实用意义。淬透性对钢热处理后的力学性能有很大影响。若工件被淬透，经回火后整个截面上的性能均匀一致；若淬透性差，钢件未被淬透，经淬火＋回火后钢件表里性能不一，心部强度和韧性均较低。因此，钢的淬透性是一项重要的热处理工艺性能，对于合理选用钢材和正确制定热处理工艺均具有重要意义。

对于多数的重要结构件，如发动机的连杆和连杆螺栓等，为获得良好的使用性能和最轻的结构重量，调质处理时都希望能淬透，需要选用淬透性足够的钢材；对于形状复杂、截面变化较大的零件，为减少淬火应力和变形与裂纹，淬火时宜采用冷却较缓和的淬火介质，也需要选用淬透性较好的钢材；而对于焊接结构件，为避免在焊缝热影响区形成淬火组织，使焊接件产生变形和裂纹，增加焊接工艺的复杂性，则不应选用淬透性较好的钢材。

④ 淬硬性的概念。淬硬性是钢在理想条件下进行淬火硬化所能达到的最高硬度的能力。钢的淬硬性主要取决于钢在淬火加热时固溶于奥氏体中的含碳量，奥氏体中含碳量愈高，则其淬硬性越好。淬硬性与淬透性是两个意义不同的概念，淬硬性好的钢，其淬透性并不一定好。

(4) 常见淬火缺陷

① 淬火工件的过热与过烧：淬火加热温度过高或保温时间过长，晶粒过分粗大，以致钢的性能显著降低的现象称为过热。工件过热后可通过正火细化晶粒予以补救。

若加热温度达到钢的固相线附近时，晶界氧化和开始部分熔化的现象称为过烧。工件过烧后无法补救，只能报废。

防止过热和过烧的主要措施是正确选择和控制淬火加热温度和保温时间。

② 变形与开裂：工件淬火冷却时，由于不同部位存在着温度差异及组织转变的不同时所引起的应力称为淬火冷却应力。当淬火应力超过钢的屈服点时，工件将产生变形；当淬火应力超过钢的抗拉强度时，工件将产生裂纹，从而造成废品。

为防止淬火变形和裂纹，需从零件结构设计、材料选择、加工工艺流程、热处理工艺等各方面全面考虑，尽量减少淬火应力，并在淬火后及时进行回火处理。

如在进行热处理零件的结构设计时，一般应注意以下几点：

避免截面厚薄相差悬殊，合理安排孔洞和键槽；避免尖角和棱角；尽量采用封闭、对称结构；采用组合结构等。

③ 氧化与脱碳：工件加热时，介质中的氧、二氧化碳和水等与金属反应生成氧化物的过程称为氧化。加热时由于气体介质和钢铁表层碳的作用，使表层含碳量降低的现象称为脱碳。氧化脱碳使工件表面质量降低，淬火后硬度不均匀或偏低。防止氧化脱碳的主要措施是采用保护气氛或可控气氛加热（如真空炉、装箱法等），也可在工作表面涂上一层防氧化剂。

④ 硬度不足与软点：工件淬火硬化后，表面硬度低于应有的硬度，称为硬度不足；表面硬度偏低的局部小区域称为软点。引起硬度不足和软点的主要原因有淬火加热温度偏低、保温时间不足、淬火冷却速度不够、表面氧化脱碳以及工件加热后表面清洗不完全等。

1.6.5 钢的回火

钢件淬火后，再加热到 A_1 以下的某一温度，保温一定时间，然后冷却到室温的热处理工艺称为回火。工件经淬火后虽然具有高的硬度和强度，但脆性较大，并存在有较大的淬火应力，一般情况下必须经过适当的回火后才能使用。

(1) 回火的目的

① 稳定组织，消除淬火应力，防止工件在以后的加工和使用过程中产生变形和裂纹；

② 减少脆性，调整硬度，以满足各种工件对力学性能的不同要求。

(2) 钢在回火时组织和性能的变化

钢经淬火后的组织（马氏体+残余奥氏体）为不稳定组织，有着向稳定组织自发转变的倾向。但在室温下，这种转变的速度极其缓慢。回火加热时，随着温度的升高，原子活动能力加强，使组织转变能较快地进行。淬火钢在回火时的组织转变可以分为马氏体的分解、残余奥氏体的转变、碳化物类型的转变和渗碳体的聚集长大等四个阶段，如图1-22所示。与此同时，力学性能变化的基本趋势是，随着回火温度的提高，钢的强度和硬度下降，而塑性和韧性增加。决定淬火钢回火后组织和性能的主要因素是回火温度。

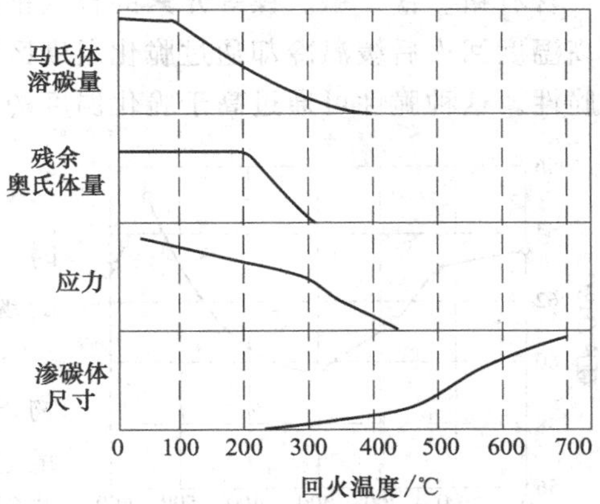

图1-22 淬火钢在回火时的组织和应力的变化

(3) 回火的分类

根据回火温度的不同，通常将回火方法分为如下三类。

① 低温回火（150～250℃）：低温回火的目的是保持淬火钢的高硬度和高耐磨性，降低淬火应力，减少钢的脆性。低温回火时，淬火马氏体中的碳已经部分地从固溶体中析出并形成了过渡碳化物，残余奥氏体也转变为由含碳过饱和的α固溶体和弥散析出的过渡碳化物组成的复相组织，称为回火马氏体，其硬度一般为58～64HRC。低温回火主要用于刃具、量具、冷作模具、滚动轴承、渗碳淬火件和表面淬火件等。

② 中温回火（350～500℃）：中温回火的目的是获得高的弹性极限、屈服点和较好的韧性。中温回火时，马氏体中过饱和的碳完全析出，马氏体转变为铁素体，此时的组织是在铁素体基体内分布着极细小的渗碳体颗粒，称为回火托氏体，其硬度一般为35～50HRC。中温回火主要用于弹性零件及热锻模具等。

③ 高温回火（500～650℃）：高温回火的目的是获得良好的综合力学性能。通常把工件淬火及高温回火的复合热处理工艺称为调质处理。高温回火时，渗碳体聚集长大而粗化，得到在铁素体基体上分布着细小球状渗碳体的组织称为回火索氏体，硬度一般为220～330HBS。调质处理广泛应用于各种重要的结构零件，如螺栓、连杆、齿轮及轴类等。

调质处理后的组织力学性能（强度、韧性）比相同硬度的正火组织好，这是因为前者的渗碳体呈粒状，后者为片状。

调质一般作为最终热处理，但也作为表面淬火和化学热处理的预先热处理。调质后的硬度不高，便于切削加工，并能获得较低的表面粗糙度值。

除了以上三种常用回火方法外，某些精密的工件，为了保持淬火后的硬度及尺寸的稳定性，常进行低温（100～150℃）、长时间（10～50h）保温的回火，称为时效处理。

生产中制定回火工艺时，首先根据工件所要求的硬度范围确定回火温度。然后再根据工件材料、尺寸、装炉量和加热方式等因素确定回火时间，一般为1～3h。回火后的冷却一般为空冷，某些具有高温回火脆性的合金钢在高温回火时必须快冷。

(4) 回火脆性

有一些淬火钢（查资料）在某些温度回火或从回火温度缓慢冷却通过该温度区间时的脆化现象（即韧性反而下降的现象）称为回火脆性。

钢淬火后在250～350℃回火时所产生的回火脆性称为第一类回火脆性，也称为低温回火脆性。第一类回火脆性一旦产生就无法消除，因此生产中一般不在此温度范围内回火。

含有铬、锰、铬、镍等元素的合金钢淬火后，在脆化温度（450～600℃）区回火，或经更高温度回火后缓温冷却通过脆化温度区所产生的脆性，称为第二类回火脆性，又称高温回火脆性。这种脆性可通过高于脆化温度的再次回火后的快冷来消除。

(5) 二次硬化现象

含有W、Mo、V等元素的合金钢，在高温回火时，其硬度不仅不降低，反而有所上升，即再次硬化的现象。

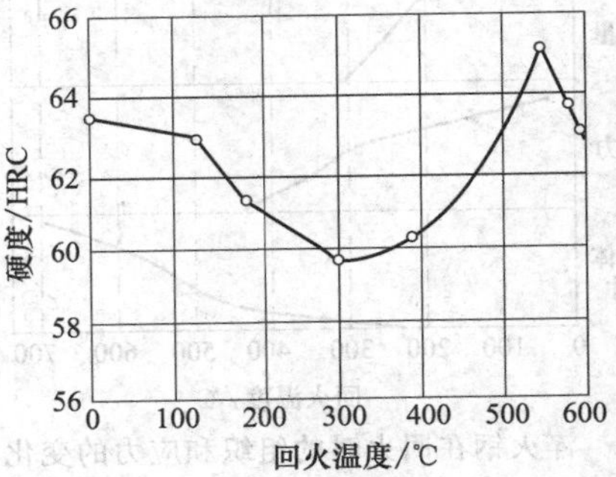

图 1-23 W18Cr4V 钢硬度与回火温度的关系

如高速钢淬火后的组织为马氏体＋未溶合金碳化物＋残余奥氏体。高速钢经高温淬火后的残余奥氏体量达20%～30%（体积分数），为消除残余奥氏体并获得最高硬度和热硬性，需进行多次回火。W18Cr4V钢淬火回火后硬度与回火温度的关系如图1-23所示，由图可见，在550～570℃回火时，由于二次硬化的发生，可获得最高硬度。因此，W18Cr4V钢淬火后通常采用560～570℃三次回火。高速钢淬火回火后的组织为回火马氏体＋碳化物＋少量残余奥氏体。

1.6.6 热处理设备

(1) 箱式电阻炉

箱式电阻炉适用于单件、小批量的大、中、小型零件（如板料）的热处理，能适应多种热处理工艺的要求。箱式电阻炉按使用温度的不同可分为高温炉、中温炉和低温炉。

① 高温箱式电阻炉：高温箱式电阻炉一般是以碳化硅棒为电热元件，最高工作温度为1350℃，其结构图如图1-24所示。

高温箱式电阻炉主要用于高合金钢的淬火加热，由于炉内温度高，炉子内外温差比较大，容易散热，因此，炉衬比较厚。

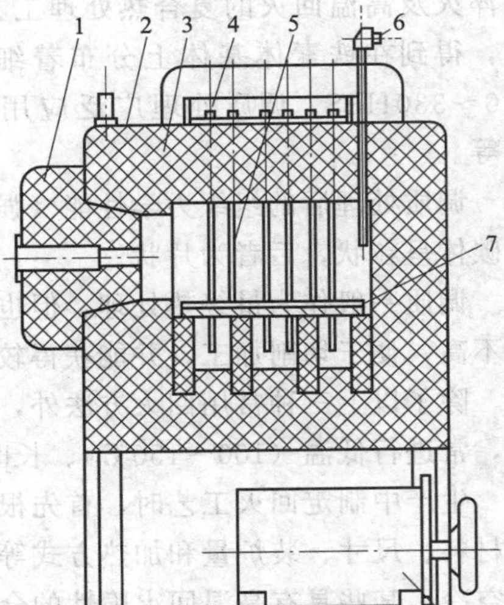

图 1-24 高温箱式电阻炉结构图

1—炉门；2—外壳；3—炉衬；4—电源接线；5—电热元件；6—热电偶；7—炉底板；8—变压器

② 中温箱式电阻炉：中温箱式电阻炉的结构简图如图1-25所示。主要由炉壳、炉衬、炉门升降机构及加热元件等组成。

由于中温电阻炉最高工作温度是950℃，所以炉衬厚度较高温炉要薄，内衬为轻质耐火砖，外层为保温砖，保温砖和炉壳之间填满隔热材料（蛭石粉或硅酸铝纤维）。炉壳是用角钢、槽钢及钢板焊接而成。所用电热元件一般是铁铬铝合金或镍铬合金，放置在炉膛两侧的搁砖上和炉底上，炉底电热元件的上方是用耐热合金制成的炉底板。炉门由铸铁制成，内衬为轻质耐火砖。炉门上有观察孔，提升机构用手摇装置组成。热电偶从炉顶小孔处插入炉膛。

中温箱式电阻炉可用于碳钢和低合金钢的正火、退火、淬火、调质、渗碳、回火等。

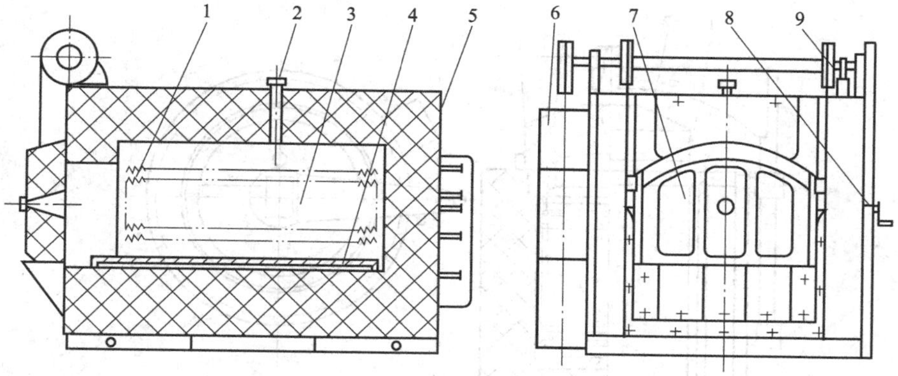

图 1-25 中温箱式电阻炉结构简图

1—电热元件；2—热电偶孔；3—工作室；4—炉底板；5—外壳；
6—重锤筒；7—炉门；8—手摇链轮；9—行程开关

箱式电阻炉在使用过程中也存在一些问题，如升温时间长，生产效率低，炉膛温度不均，特别是炉门口温度低，炉子密封性不好，工件的氧化脱碳严重，以及装卸工件（水平方向送料）的劳动强度大等。为了克服这些缺点，目前采用了一些新的炉型，如滚动底式炉、台车式炉、台车翻转式炉等。

滚动底式炉的结构与箱式电阻炉基本相似，只是在炉底上有数条耐热钢制成的轨道，在轨道上放有特制的滚轮。炉底板或工件放在滚球上面，可大大减少工件进出的摩擦力。为操作方便，在炉门外还设有带滚轮结构的装料台。这种炉子适用于锻模的正火、退火、淬火及回火。

（2）井式电阻炉

长形工件（如轴类零件）如在箱式炉中水平放置加热，由于工件自重易变形，而将这类工件悬挂起来垂直加热，则可避免上述缺点，井式电阻炉就是这样的加热设备。

井式电阻炉炉口开在顶面，可以利用起重设备垂直装卸工件，降低劳动强度。由于炉体较高，为操作方便设备一部分放在地坑中。井式电阻炉分为中温井式电阻炉、低温井式电阻炉、气体渗碳炉和碳氮共渗炉等。

① 中温井式电阻炉：中温井式电阻炉的外壳是由钢板及型钢焊接而成，炉衬由轻质耐火砖砌成，电热元件呈螺旋状分布在炉膛内壁上，炉盖的提升是由装在炉顶上的千斤顶或液压缸、汽缸操纵的。中温井式电阻炉结构图如图 1-26 所示。

中温井式电阻炉主要用于长形工件的退火、正火和淬火加热，以及高速钢工件（如拉刀）的淬火预热及回火等。

② 低温井式电阻炉：低温井式电阻炉和中温井式电阻炉结构相似，所不同的是，由于低温炉热传递以对流为主，所以在炉盖上安装有风扇，以促使炉气均匀流动循环。

低温井式电阻炉的主要缺点是由于小工件堆放在一起容易阻碍气体流动，使工件受热不均，靠近电热元件的工件容易过热。

③ 井式气体渗碳炉：井式气体渗碳炉除用于气体渗碳外，还可用于渗氮、碳氮共渗等化学热处理。所以，其炉膛应有良好的密封性，以保证活性介质稳定的成分和压力。活性介质要与电热元件隔离开，因此炉内放置一个耐热钢罐。为使介质均匀，炉盖上装有风扇。井式气体渗碳炉的结构如图 1-27 所示。

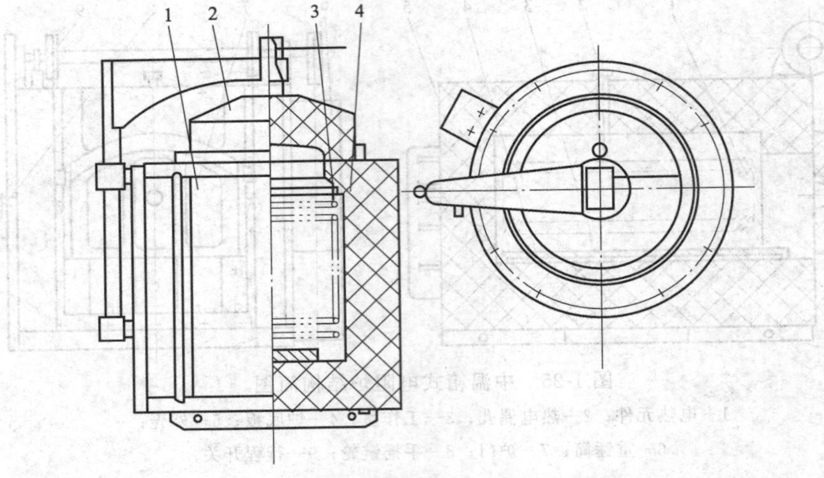

图 1-26 中温井式电阻炉结构图

1—炉壳；2—炉盖；3—电热元件；4—炉衬

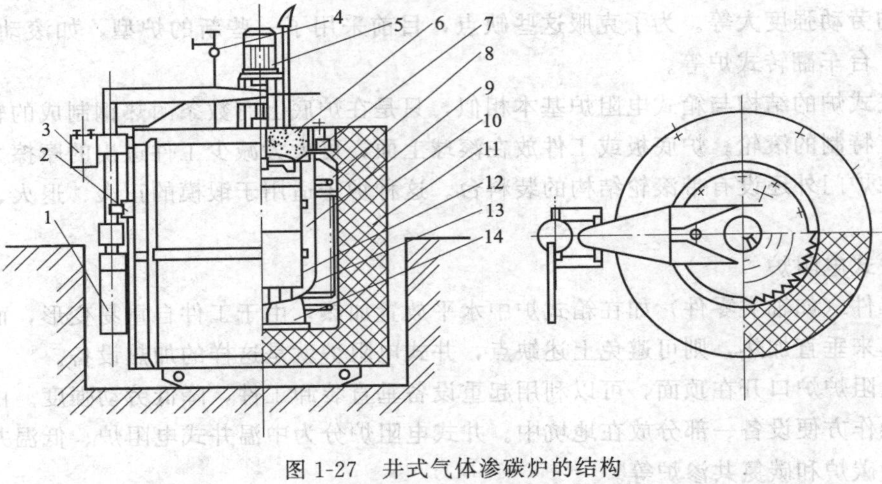

图 1-27 井式气体渗碳炉的结构

1—液压机构；2—行程开关；3—液压泵；4—滴量器；5—电动机；6—炉盖；7—风扇；8—电热元件；9—炉膛；10—外壳；11—炉衬；12—装料筐；13—炉罐；14—炉罐座

耐热钢炉罐内放置装工件用的耐热钢料筐，炉盖与炉罐之间用石棉布和螺钉紧固，以保证炉子的密封性。炉盖上装有两根管子，一根用作滴入渗碳剂，另一根用作排除废气。工作时将废气点燃，可根据火焰的颜色和长短判断炉内气氛和压力。

(3) 盐浴炉

盐浴炉用中性盐作为加热介质，因此工作范围很大，根据盐的种类和比例，可在 150～1350℃范围内应用，在盐浴炉中可完成多种热处理工艺，如淬火、回火、局部加热以及化学热处理等。

同一般电阻炉相比，盐浴炉具有许多优点：加热速度快、均匀，工件不易氧化脱碳，工件变形小等。

盐浴炉的缺点是：劳动条件较差，有的介质有毒，对健康有害；操作不够安全，水滴入炉内会引起熔盐飞溅，易发生事故。盐浴炉按其加热方式可分为内热式和外热式两种。

① 内热式电极盐浴炉。内热式电极盐浴炉是以熔盐本身作为电阻发热体，当低电压大电流的交流电经电极通过电极间的熔盐时，熔盐是导电的，并有较大的电阻值，这样熔盐的电阻产生大量的热，把熔盐加热到所要求的温度，用以加热工件。

a. 插入式电极盐浴炉。插入式电极盐浴炉是电极由盐浴面插入浴槽的，其结构如图 1-28 所示。

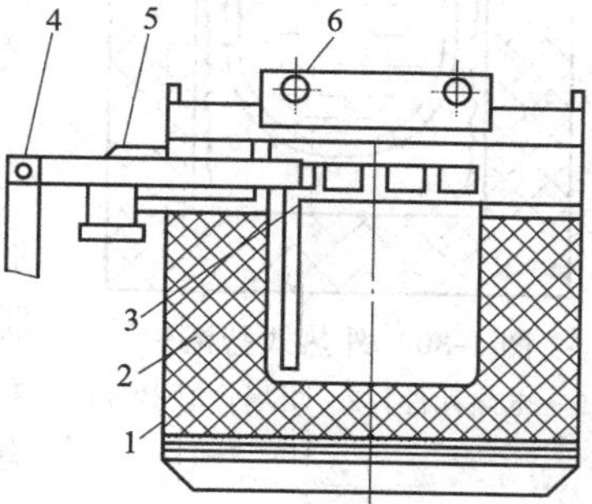

图 1-28 插入式电极盐浴炉结构

1—炉壳；2—炉衬；3—电极；4—连接变压器的铜排；5—风管；6—炉盖

插入式电极盐浴炉所用的电极一般都是棒状的，电极材料一般用低碳钢，个别也有用不锈钢（抗硝盐腐蚀）或高铬钢（抗高温氧化）的。盐浴炉工作室的形状有正方形、长方形、圆形或多角形，电极由盐浴面垂直插入炉膛。盐浴炉功率小的电源用单相，功率大的用三相。

电极的数目和分布情况视工作室情况而定。

插入式电极盐浴炉也存在一些缺点。炉温不均匀，靠近电极的熔盐温度较高，距电极越远，熔盐温度越低。电极占用一部分炉膛容积，产量低，耗量大。电极寿命短，由于电极与盐浴面接触，高温盐浴的作用和空气的氧化使电极极易腐蚀、烧损，需经常更换电极。同时，电极烧损增加了盐浴中的氧化物，因此需经常捞渣。小工件易被电极吸走，而造成工件过热。

b. 埋入式电极盐浴炉为了节约电能、增加工作间的有效面积，把电极埋在炉膛下部的侧壁内称为埋入式电极盐浴炉。埋入式电极盐浴炉的工作原理与插入式电极盐浴炉的工作原理大体相同。其结构如图 1-29 所示。

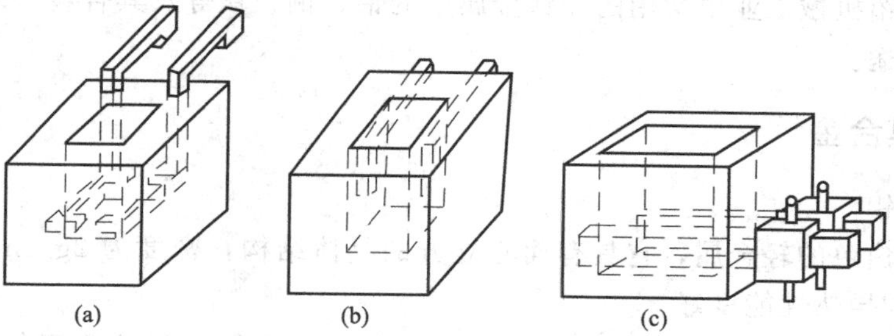

图 1-29 埋入式电极盐浴炉结构

埋入式电极盐浴炉具有以下优点：

炉温均匀，加热质量好，由于电极位于炉膛下部的侧壁，靠下部的熔盐导电发热，有利于自然对流，而且工件一般均位于电极区以上加热，不会由于电流通过引起工件过热；

炉膛容积有效利用率高，产量大，耗电少；

电极寿命长，埋入式电极盐浴炉的电极不存在熔盐盐浴界面处的损坏；

操作方便，由于炉膛中没有电极，工件装、出炉比较方便。

电极盐浴炉因固体盐不导电，所以盐浴炉的启动很重要。一般采用启动电阻来启动，启动电阻通常采用 ϕ6～20mm 的低碳钢绕制成螺旋状，将启动电极放入盐中靠近电极的地方，两个引出端接在电极上，启动时使熔盐迅速熔化，当两电极间有熔盐连通时主电极开始工作，盐很快熔化。

② 外热式盐浴炉结构如图 1-30 所示。它主要由炉体和坩埚组成，生产时，放在电炉中

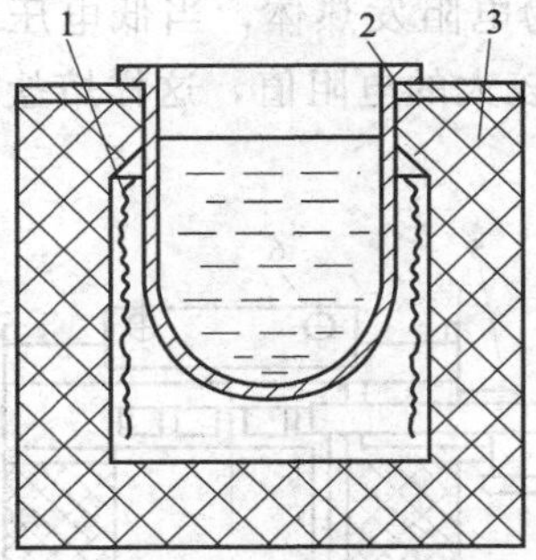

图 1-30 外热式盐浴炉
1—电热元件；2—坩埚；3—炉衬

的坩埚被加热，坩埚受热使盐熔化，加热放在熔盐中的工件。在这里盐只是一种介质，不起导体的作用。这种炉子可用于碳钢、合金钢的预热、等温淬火、分级淬火和化学热处理等。其优点是热源不受限制，不需要变压器。缺点是坩埚寿命较短。

(4) 真空热处理炉

真空热处理炉是在1.33～0.0133Pa真空度的真空介质中加热工件，使工件表面无氧化、不脱碳、表面光洁，并使钢脱氧、脱氢和净化表面，从而显著提高耐磨性和疲劳极限；真空加热主要靠辐射，加热速度缓慢，工件截面温差小，可有效减少工件变形；真空化学热处理速度快，能显著缩短生产周期，节约能源，同时无公害，劳动条件好。但真空热处理设备投资大。

真空热处理是指在低于一个大气压（98066.5Pa）的环境中进行加热的热处理，包括真空退火、真空淬火、真空回火和真空化学热处理（真空渗碳、渗铬等）。目前主要用于模具、精密零件和某些特殊金属零件的热处理。

1.7 非铁金属

非铁金属是指除钢铁以外其他金属的总称，也称有色金属。非铁金属具有特殊的物理、化学及力学性能，是工业生产中不可缺少的金属材料。

在此主要介绍机械工业中常用的非铁金属中的铝、铜、钛等及其合金，以及轴承合金的牌号、性能及用途。

1.7.1 铝及其合金

(1) 工业纯铝

铝是一种银白色的轻金属，它具有面心立方的晶体结构，密度为2g/cm^3，铝的熔点为657℃，导电性和导热性能良好。

铝具有良好的耐腐蚀性能，由于铝与氧的亲和力很大，形成致密的Al_2O_3氧化膜附着在铝的表面，阻止了铝的继续氧化，因此铝在大气、淡水、含氧酸、汽油及各类有机化合物中具有足够的耐腐蚀性。但在盐或碱中氧化膜被破坏，所以铝不耐盐和碱的腐蚀。

铝的强度、硬度不高（σ_b＝80～100MPa），但塑性、韧性良好（δ＝50%）。由于纯铝在固态下无同素异晶转变，故不能进行热处理强化，但能进行冷变形强化，经加工硬化后抗拉强度可提高至150～250MPa。

工业纯铝中尚含有少量的杂质元素铁和硅等。纯铝可分为冶炼产品（铝锭）和加工产品（变形铝）。铝锭按纯度不同，其牌号有Al99.7、Al99.6、Al99.5、Al99.0、Al98.0五种；纯铝加工产品牌号用四位数字或四位字符表示，见表1-8。纯铝的冶炼产品主要用于冶炼铝合金，作为合金元素用于冶炼合金钢或作为变形铝坯料。加工产品则常制成各种规格的线、管、棒、板、型材等供应，用于制造电线、电缆、散热器、导电和导热体，也可用于要求耐蚀和质轻的器皿等。

（2）铝合金

根据铝合金的性能特点可将其分为变形铝合金和铸造铝合金两大类。

① 变形铝合金。

a. 变形铝合金及其牌号。根据铝合金的性能特点和应用场合不同，变形铝合金可分为如下四类：防锈铝、硬铝、超硬铝、锻铝。

用“四位数字”或“四位字符”表示变形铝及铝合金的牌号。“四位数字”体系牌号用四个阿拉伯数字表示。第一位数字表示组别：1×××表示纯铝，纯铝牌号中第二个数表示杂质含量的控制情况，最后两位数字表示铝质量百分数小数点后的两位数，例如1060表示铝的质量分数为99.60%的纯铝；2×××、3×××、…9×××分别表示变形铝合金中的主要元素分别为Cu、Mn、Si、Mg、Mg+Si、Zn、其他元素、备用组，变形铝的第二位数表示铝合金的改型情况，如果第二位数为0，则表示原始合金，1～9表示改型合金（即该合金的化学成分在原始合金的基础上允许有一定的偏差），最后两位数字没有特殊的意义，仅用来识别同一组中的不同铝合金，如牌号5056表示主要合金元素为镁的56号原始铝合金。

“四位字符”体系牌号的第一、三、四位为阿拉伯数字，第二位为英文大写字母。其中第一、三、四位数字的意义与“四位数字”体系牌号表示法的规则相同，第二位字母表示纯铝或铝合金的改型情况，A表示原始铝或铝合金，B～Y表示原始合金的改型合金。例如2A11表示主要合金元素为Cu的11号原始铝合金。

b. 常用变形铝合金。按GB 3190—82变形铝合金根据其性能特征分为防锈铝、硬铝、超硬铝、锻铝四类。它们常由工厂加工成为各种规格的型材、板、带、线等供应，故亦称为加工铝合金。常用变形铝合金的牌号、代号、成分、力学性能及应用见表1-8。

表1-8 常用变形铝合金的牌号、代号、力学性能及应用

组别	新牌号	旧牌号	力学性能			应用
			σ_b/MPa	δ/%	硬度/HBS	
工业纯铝	1060	L2	—	—	—	电缆、导电体、铝制器具、中间合金
	1035	L4	—	—	—	铝合金配料、中间合金、铝制器具、日用品
	1200	L5	—	—	—	
防锈铝	5A05	LF5	265	15	70	焊接油箱、油管、焊条、铆钉及中等载荷零件及制品
	5056	LF5-1				
	3A21	LF21	167	20	30	焊接油箱、油管、焊条、铆钉及轻载荷零件及制品
硬铝	2A01	LY1	1600 300	24 24	38 70	中等强度工作温度不超过100℃的结构用铆钉
	2A11	LY11	235 373	12 15	— 100	中等强度结构件，如螺旋桨叶片、螺栓、铆钉滑轮等
超硬铝	7A04	LC4	245 490 549	10 7 6	150	主要受力构件，如飞机大梁、桁条、加强框、接头及起落架等
锻铝	2A50	LD5	382	10	105	形状复杂的中等强度的锻件、冲压件及模锻件、发动机零件等
	6A02	LD2	304	8	95	形状复杂的模锻件、压气机轮和风扇叶轮

防锈铝（LF）：防锈铝有Al-Mn系和Al-Mg系两类，防锈铝合金比纯铝具有更好的耐腐蚀性并具有良好的焊接性能和塑性（断后伸长率δ为13%～23%）；但时效强化效果极

弱，强度不高（抗拉强度小于 380MPa），故一般不能热处理强化，只能采用冷变形使之产生加工硬化。

防锈铝合金常用拉延法制成各种高耐腐蚀性的薄板容器（如焊接油箱）、防锈蒙皮、客车装饰条、窗框、灯具等；也用于制造受力小、质轻、耐腐蚀的结构件，如导油管、铆钉等。

硬铝（LY）：硬铝是 Al-Cu-Mg 系合金，加入铜与镁的主要作用是形成强化相，这类铝合金经固溶、时效处理后能获得高的强度。

常用代号 LY1、LY10 中铜和镁的含量低，固溶处理后时效过程缓慢，孕育期长，常用作各种铆钉，故也有“铆钉硬铝”之称；LYll 的抗拉强度可达 420MPa（与 Q235 钢相当），应用广泛，又称为“标准硬铝”，它主要用作中等强度的结构零件。

超硬铝（LC）：超硬铝是 Al-Cu-Mg-Zn 系合金，与硬铝合金相比，超硬铝在时效过程中能形成更多种强化相，强化效果更显著，这就是超硬铝热处理后的强度超过硬铝的原因，常用代号有 LC4 等。

硬铝合金和超硬铝合金的耐腐蚀性能较差，常采用压延法在其表面包覆铝，以提高耐腐蚀性。

硬铝和超硬铝是制造飞机的重要结构材料，用于制造飞机大梁、桁条、隔框、蒙皮、空气螺旋桨叶片等。

锻铝（LD）：锻铝包括 Al-Cu-Mg-Si 和 Al-Cu-Mg-Ni 系合金，锻铝合金热处理强化后力学性能与硬铝合金相当，经软化退火后热塑性和耐腐蚀性良好，适合于锻造成形，常用代号有 LD2、LD5 等，锻铝主要用作形状复杂的中等负荷零件，如压缩机叶片、飞机桨叶等。

② 铸造铝合金。铸造铝合金有下列四个系列：Al-Si 系、A1-Cu 系、Al-Mg 系、Al-Zn 系。铸铝合金代号用“ZL＋三位数字”表示，第一位表示合金的类别：1—铸造铝硅合金、2--铸造铝铜合金、3—铸造铝镁合金、4—铸造铝锌合金；第二和第三位数字表示合金顺序号。例如，ZLl02 表示 2 号铸造铝硅合金。铸造铝合金的牌号用“ZAL＋主加合金元素符号及质量分数＋附加合金元素及质量分数＋……”表示。常用铸造铝合金代号、牌号、化学成分、力学性能及应用见表 1-9。

表 1-9 常用铸造铝合金代号、牌号、力学性能及应用

类别	新 牌 号	旧牌号	力学性能			应 用
			σ_b/MPa	δ_5/%	硬度/HBS	
铝硅合金	ZAlSi7Mg	ZL101	205 195	2 2	60 60	形状复杂的中等负荷的零件，如飞机仪表零件、抽水机壳体、工作温度不超过 185℃的气化器等
	ZAlSi12	ZL102	155 145 135	2 4 4	50 50 50	形状复杂的低负荷零件，如仪表、抽水机壳体，工作温度在 200℃以下的气密性零件
	ZAlSi5Cu1Mg	ZL105	235 195 225	0.5 1.0 0.5	70 70 70	形状复杂、在 225℃以下工作的零件，如汽缸头、汽缸盖、油泵壳体、液压泵壳体等
	ZAlSi2Cu2Mg1	ZL108	195 255	— —	85 90	要求高温强度及低膨胀系数的内燃机活塞及耐热零件

续表

类别	新牌号	旧牌号	力学性能			应用
			σ_b/MPa	δ_5/%	硬度/HBS	
铝铜合金	ZAlCu5Mn	ZL201	295 335	8 4	70 90	175～300℃以下工作的零件，如内燃机汽缸头、活塞、挂架梁、支臂等
	ZAlCu5MnA	ZL201A	390	8	100	
铝镁合金	ZAlMg10	ZL301	280	10	60	在大气或海水中工作的零件，承受大振动负荷，工作温度低于150℃的零件，如氨用泵体、船用配件
	ZAlMg5Si1	ZL303	145	1	55	在寒冷大气或腐蚀介质中承受中等载荷的零件，如海轮配件和各种壳体
铝锌合金	ZAlZn11Si7	ZL401		2 1.5	80 90	工作温度不超过200℃，形状结构复杂的飞机汽车零件，仪器零件和日用品

a. 铸造铝硅合金。铸造铝硅合金又称硅铝明，它具有优良的铸造性能，即流动性好、收缩率小、热裂倾向小、密度小、强度较高、耐腐蚀性和导热性良好，因此应用最广泛。

ZL102为典型的铸造铝硅二元合金，含硅量为$w_{Si}=10\%\sim13\%$，属共晶合金，铸造组织为（α+Si）共晶体，其中硅呈粗大针状，由于硅的脆性大，所以力学性能差，一般不直接使用。进行变质处理可提高力学性能，即在浇注前加入氟化钠和氯化钠的复合盐作为变质剂，可细化共晶组织，使组织中的硅呈细密分布。经变质处理后强度可提高30%～40%（变质前$\sigma_b=130$MPa，变质后$\sigma_b=180$MPa，断后伸长率为$\delta=8\%$）。

若在铝硅合金中加入铜、镁、锰等元素，经固溶时效处理后强化效果更显著。

铸造铝硅合金主要用于制造质量轻、形状复杂、耐蚀但强度要求一般的结构件，如汽车发动机活塞、汽缸头及油泵壳体均可采用这种材料。

b. 其他铸造铝合金。铝铜合金的成分接近于硬铝，可进行时效强化，热处理后是强度最高的铝合金，且耐热性能良好（在300℃能保持高的强度），但铸造性能和耐蚀性较差，主要用于制造较高温度下使用且强度要求较高的铸件，常用代号有ZL201、ZL202等，主要用于内燃机汽缸盖和活塞等。

铝镁合金强度高、耐腐蚀性好、密度小（<2.55g/cm³），但铸造性能差、耐热性差。常用代号有ZL301、ZL302等，主要用于在腐蚀介质中工作的零件，如船舶、动力机械等零件。

铝锌合金的铸造性能好，经变质处理和时效处理后强度较高，且价廉，但耐蚀性和耐热性较差，热裂倾向大。常用的代号有ZL401等，主要用于制造形状复杂、温度不超过200℃、在腐蚀介质中工作的零件，如汽车零件、仪表零件、医疗器械等。

1.7.2 铜及其合金

（1）工业纯铜

工业纯铜（简称纯铜）的纯度$w_{Cu}=99.5\%\sim99.9\%$，呈玫瑰红色，表面氧化形成Cu_2O氧化膜后呈紫色，又称紫铜。纯铜是一种重金属，其密度为8.9g/cm³，熔点为1083℃，纯铜具有良好的导电性、导热性，并且是一种抗磁性物质，在要求抗磁、防磁的仪器中有重要的意义。纯铜具有面心立方晶体结构。

纯铜的化学性能稳定，在大气、淡水中具有良好的耐腐蚀性能。

纯铜的强度、硬度不高（σ_b＝230～250MPa、布氏硬度为30～40HBS），塑性、韧性良好（δ＝40%～50%），焊接性良好，适宜于进行各种冷热加工，经塑性变形后可产生明显的加工硬化，强度可提高至400～500MPa，但塑性δ降至5%。

工业纯铜分未加工产品（铜锭和电解铜）和加工产品，未加工产品代号有Cu-1和Cu-2两种；加工产品用T1、T2、T3表示，代号中顺序号越大，其纯度越低，铜中的杂质越多，导电、导热性越差。纯度越高冶炼工艺越复杂，成本越高。工业纯铜主要应用于电气工业，制造电线、电缆、电刷、铜管及通信器材等。纯铜和铜合金低温力学性能良好，所以是深冷冻的主要材料。由于纯铜的价格高，又受到力学性能的限制，生产中应用较多的是铜合金。

（2）铜合金

按化学成分不同，铜合金可分为黄铜、白铜和青铜三类：黄铜是指以铜为基、以锌为主要添加元素的铜合金；白铜是指以铜为基、以镍为主要添加元素的铜合金；青铜是指除黄铜和白铜以外的铜合金，主要有锡青铜、铝青铜、铍青铜等。铜合金还可以按制造方法来分类，分为加工铜合金和铸造铜合金。

① 加工铜合金。

a. 黄铜。黄铜中铜锌二元合金称为普通黄铜，若还加入了其他元素则称为特殊黄铜。常用加工黄铜的牌号、力学性能及用途见表1-10。

表1-10 常用加工黄铜的牌号、力学性能及应用

类别	牌号	加工状态	力学性能			应用
			σ_b/MPa	δ/%	硬度/HBS	
普通黄铜	H90	软 硬	260 480	45 4	— —	双金属片、水管、艺术品、散热器、冷凝器管道等
	H80	软 硬	320 640	52 5	54 136	金属网、薄壁管、波纹管、镀层及装饰品
	H68	软 硬	320 660	53 3	— 150	各类冷冲件、深冲件、冷凝器管及各种工业用零件
	H62	软 硬	330 600	49 3	— —	散热器、垫圈、螺母、铆钉、销钉、导管、夹线板等
铅黄铜	HPb59-1	软 硬	400 650	45 16	44HRB 80 HRB	散热器、垫圈、螺母、铆钉、销钉、导管、夹线板等
锰黄铜	HMn57-2	软 硬	400 700	40 10	85 175	耐腐蚀和弱电流工业用零件
硅黄铜	HSi80-3	软 硬	300 600	58 4	90 110	船舶零件和水管零件
镍黄铜	HNi65-5	软 硬	400 700	65 4	35 HRB 90 HRB	压力表管和冷凝器管等
铝黄铜	HAl60-1	软 硬	450 750	45 8	95 180	在海水中工作的高强度零件、化学稳定性好的高强度零件

注：软—600℃退火；硬—变形度50%。

普通黄铜：黄铜中锌元素的含量对组织、性能会产生影响，当w_{Zn}<39%时，组织为单相α固溶体，具有良好的塑性，适合于冷热塑性加工；当w_{Zn}在39%～45%时，组织为α+β两相，实际生产中当w_{Zn}>32%时即出现两相组织，具有较高的强度；当黄铜中w_{Zn}>47%时黄铜的塑性、强度都很低，没有实用价值。

普通黄铜的代号以“H＋数字”表示，H表示黄铜，数字表示铜的质量分数。例H62表示铜的质量分数为62%的普通黄铜。常用的普通黄铜有以下几种。

H80、H92 色泽金黄，并具有良好的耐腐蚀性、导热性和冷热塑性变形能力，且呈金黄色，可用作艺术装饰品、纪念章、镀层、散热器、双金属片等。

H68 具有优良的塑性和冷热塑性变形能力，适合于冷冲压制成各种形状又耐蚀的管、套类零件，如弹壳、冷凝器管、散热器管等冷冲压件。

H62 具有高的强度和良好的切削加工性能，且价廉、易焊接，工业上应用较多，广泛应用于散热器、油管、垫片、螺钉、弹簧等。

特殊黄铜：在普通黄铜中加入铅、锡、铝、锰、硅等合金元素的铜合金称特殊黄铜，特殊黄铜也可根据加入的第二元素来命名，如铅黄铜、锡黄铜、铝黄铜等。一般合金元素的加入可提高强度，铅可改善可切削性，锡、铝、锰、硅等元素可提高耐腐蚀性，硅可改善铸造性能。

特殊黄铜代号用“H＋主加元素符号＋铜的质量分数＋主加元素质量分数＋其他元素质量分数”表示。例 HPb59-1 表示铜的质量分数为 59％，主加元素铅的质量分数为 1％，其余为锌的铅黄铜。

b. 青铜。青铜原指铜锡合金，因铜锡合金呈黑青色而得其名，但现在应用的青铜种类很多，常用的还有铝青铜、铍青铜、铅青铜、锰青铜、硅青铜等。常见加工青铜的牌号及力学性能见表 1-11。

表 1-11 常见加工青铜的牌号及力学性能

类别	牌号	状态	力学性能			用途
			σ_b/MPa	δ/％	硬度/HBS	
锡青铜	QSn4-3	软 硬	350 550	40 4	60 160	弹簧材料、耐磨抗磁组件、管配件等
	QSn6.5-0.1	软 硬	400 700	65 9	80 180	弹簧、接触器、振动片、电刷匣等耐磨抗磁零件
	QSn7-0.2	软 硬	360 —	64 8	63 165	弹性组件坯料、仪表用管材耐磨件
铝青铜	QAl7	软 硬	470 980	70 3	70 154	重要用途的弹簧和弹性组件
	QAl10-4-4	软 硬	650 1000	40 12	140 190	齿轮、轴套、阀座、导向套等重要零件
铍青铜	QBe2	软 硬	500 850	40 3	90HV 250HV	重要的弹簧和弹性组件、弹性膜片、钟表零件、波纹管、深拉冲件、高速、高温下工作的轴承衬套
硅青铜	QSi3-1	软 硬	370 700	55 3	80 180	弹簧、在腐蚀介质中的零件、蜗轮、蜗杆、齿轮、衬套、制动销等

注：软—600℃退火；硬—变形度 50％。

压力加工青铜的代号表示方法为“Q＋主加元素符号及质量分数＋其他元素质量分数”。例如 QSn4-3 表示主加元素锡的质量分数为 4％、辅加元素 Zn 的质量分数为 3％的锡青铜；QBe2 表示主加元素铍的质量分数为 2％的铍青铜。

锡青铜：锡青铜中锡的质量分数对力学性能有较大影响。

当 $w_{Sn}<5\%\sim6\%$时，锡能溶于铜中形成单相 α 固溶体，合金的强度和塑性随锡含量增加而增加；$w_{Sn}>5\%\sim6\%$时，合金中出现硬而脆的化合物 δ 相，这时塑性下降；$w_{Sn}>20\%$时，大量的 δ 相不仅使塑性下降，强度也急剧下降，合金变得很脆。因此，工业用锡青铜中，锡的质量分数 w_{Sn}一般为 3％～14％。

当 $w_{Sn}<7\%$时，锡青铜的塑性良好，适宜于压力加工；$w_{Sn}>10\%$的锡青铜塑性差，强度较高，可用于铸造。

锡青铜的耐腐蚀性比纯铜和黄铜都好，且具有高的强度、硬度和耐磨性。锡青铜主要用于耐磨、耐蚀及弹性组件，如轴承、弹簧、蜗轮、丝杠螺母等。

铝青铜：与锡青铜相比，铝青铜具有更高的强度、硬度、耐磨性和耐腐蚀性，还能进行热处理强化，铝青铜的价格也比较低，所以可作为锡青铜的代用品，常用来制作高强度的耐磨、耐蚀件和弹性组件。

铍青铜：铍青铜具有很好的综合性能，弹性极限、疲劳极限、耐磨性、耐腐蚀性都很好；还具有良好的导电、导热、抗磁性；撞击时不产生火花等特性。铍青铜主要用来制造重要用途的弹性组件、耐磨组件等，如精密仪器、仪表的弹簧，钟表齿轮、电接触器、航海罗盘等。但铍青铜的价格昂贵，生产工艺复杂，故应用受到了限制。

② 铸造铜合金。铸造铜合金牌号表示方法为“ZCu＋主加合金元素符号及质量分数＋其他元素及质量分数＋……”。例如 ZCuZn38 表示铸造铜锌合金（黄铜），其中锌的质量分数为 38%；余为铜。ZCuSn10Pb1 表示铸造铜锡合金（锡青铜），其中锡的质量分数为 10%；铅的质量分数为 1%；其余为铜。

a. 铸造黄铜。黄铜的铸造性能良好，它的熔点比纯铜低，且结晶温度范围小，因而有较好的流动性和较小的偏析倾向，且铸件的组织致密。

b. 铸造锡青铜。锡青铜的铸造收缩率小，有利于获得尺寸接近铸型的铸件，适宜铸造形状复杂、壁厚较大的铸件，但铸件比较疏松，致密度差，不宜制造要求高致密度的密封铸件。常用铸造铜合金的牌号、力学性能及应用见表 1-12。

表 1-12 常用铸造铜合金的牌号、力学性能及应用

类别	牌号	力学性能			应用
		σ_b/MPa	$\sigma_{0.2}$/MPa	δ_5/%	
铸造普通黄铜	ZCuZn38	295 295	— —	30 30	一般结构件和耐蚀零件，如法兰、阀座、支架、手柄和螺母等
铸造铝黄铜	ZCuZn25Al6Fe3Mn3	725 740	380 400	10 7	适用于耐磨、高强度零件，如桥梁支承板、螺母、螺杆、耐磨板、滑块和蜗轮等
铸造锡青铜	ZCuSn10P1	220 310	130 170	3 2	用于高负荷、高滑动速度下的耐磨零件，如连杆、衬套、轴瓦、齿轮、蜗杆等
铸造锡青铜	ZCuSn5Pb5Zn5	200	200	13	用于高负荷、中等滑动速度下工作的耐磨、耐蚀件，如轴瓦、衬套、缸套、活塞离合器、泵件压盖及蜗轮等
铸造铅青铜	ZCuPb30	—	—	—	要求高滑动速度的双金属轴瓦、减摩零件等
铸造铝青铜	ZCuAl10Fe3	490 540	490 540	13 15	要求强度高、耐磨、耐蚀的重型铸件，如轴套、螺母、蜗轮以及 250℃ 以下工作的管配件

1.7.3 滑动轴承合金

滑动轴承合金是用来制造滑动轴承中轴瓦及内衬的金属材料。

（1）滑动轴承合金的组织和性能

滑动轴承中轴瓦与内衬直接和轴颈配合使用，相互间有摩擦，由于轴是重要的零件，应确保其受到最小的磨损，所以要求轴瓦的硬度比轴颈低得多，但为保证机器正常运转，轴承合金应具备足够的抗压强度，良好的减摩性（摩擦系数要小）；良好的磨合性（指在经过不长时间工作后，轴与轴承能自动吻合，使载荷均匀地作用于工作面上，避免局部磨损）；还应具备一定的塑性、韧性、导热性及耐腐蚀性。滑动轴承一般采用有色金属制造。

为满足上述性能要求，滑动轴承还应具备软硬兼备的组织，轴承合金的组织大致可分为如下两类。

① 软基体上分布硬质点：工作时组织中的软基体首先磨损形成凹坑，可贮存润滑油，硬质点则相对凸起，可起支撑作用。

② 硬基体上分布软质点：工作时组织中的软质点被磨损，构成油路，形成连续的油膜，保证良好的润滑。

（2）常用轴承合金

常用轴承合金有锡基轴承合金、铅基轴承合金、铜基轴承合金、铝基轴承合金以及粉末冶金含油轴承等。

① 锡基和铅基轴承合金（又称巴氏合金）：轴承合金牌号表示方法为“Z＋基体元素符号＋主加元素符号和质量分数＋其他元素符号和质量分数”，牌号中的“Z”表示铸造。例如：ZSnSb12Pb10Cu4 表示铸造锡基轴承合金，其中主加元素锑的质量分数是 12%，其他元素铅的质量分数为 10%、铜的质量分数为 4%。

a. 锡基轴承合金。主要成分是锡中加入锑，并加入铜等元素，锑能溶入锡中，形成固溶体，又能形成化合物 SnSb（硬质点），铜也能与锡形成化合物 Cu6Sn5（硬质点）。

锡基轴承合金具有小的膨胀系数与摩擦系数，减摩性、耐腐蚀性、导热性均好，但疲劳强度和工作温度较低，且价格昂贵，一般用作机械重要轴承，如发动机、汽轮机等高速轴承。

b. 铅基轴承合金。主要成分是铅中加入锑、锡、铜等合金元素，同样具有软基体加硬质点的显微组织。

与锡基轴承合金相比，铅基轴承合金的强度、硬度、耐磨性、耐蚀性、导热性都较低，且摩擦系数较大，但价格便宜，因此常用作中低载荷的中速轴承，如汽车、拖拉机的曲轴和连杆轴承及电动机轴承。常用铸造轴承合金的牌号、力学性能及应用见表 1-13。

表 1-13 常用铸造轴承合金牌号、力学性能及应用

类别	牌号	力学性能			应用
		σ_b/MPa	δ_5/%	硬度/HBS	
锡基	ZSnSb12Pb10Cu4	—	—	29	一般发动机的主轴承，但不适合于高温工作
	ZSnSb12Cu6Cd1	—	—	34	
	ZSnSb11Cu6	90	6.0	27	1500kW 以上蒸汽机、370kW 涡轮机、涡轮泵及高速内燃机轴承
	ZSnSb8Cu4	80	10.6	24	一般大机器轴承及高载荷汽车发动机的高载荷轴承
	ZSnSb4Cu4	80	7.0	20	蜗轮内燃机的高速轴承及轴承衬
铅基	ZPbSb16Sn16Cu2	78	0.2	30	110～880kW 蒸汽涡干机，150～750kW 电动机和小于 1500kW 起重机及重载荷推力轴承
	ZPbSb15Sn5Cu3Cd2	68	0.2	32	船舶机械、小于 250kW 电动机、抽水机轴承
	ZSb15Sn10	60	1.8	24	中等压力的机械，也适合于高温轴承
	ZPbSb15Sn15	—	0.2	20	低速、轻压力机械轴承
	ZPbSb10Sn6	80	5.5	18	重载、耐蚀、耐磨轴承

② 铜基轴承合金：铜基轴承合金主要有锡青铜和铅青铜。

ZCuSn10Pb1（10-1 锡青铜）具有高的强度，可承受较大的载荷，适用于中速及受力较大的轴承，如电动机、泵、金属切削机床轴承。

ZCuPb30（30 铅青铜）具有较高的疲劳强度、良好的导热性能及低的摩擦系数，适用于高速高压下工作的轴承，如航空发动机、高速柴油机轴承等。

③ 铝基轴承合金：铝基轴承合金具有密度小、导热性好、疲劳强度高、耐腐蚀性好等一系列优点，并且原料丰富，价格低廉，可代替上述几类轴承合金，广泛应用于高速重载的汽车、拖拉机、柴油机轴承。它的主要缺点是线膨胀系数大，运转时易与轴咬合。

1.8 非金属材料

通常将金属及合金以外的其余材料称为非金属材料。非金属材料具有其独特的性能，在生产和生活中有着广泛的用途。近年来，非金属材料无论从数量和品种上都有较大发展，特别是合成高分子材料在上个世纪 80 年代，其世界产量（体积）已经与钢产量相等，并越来越多的应用在各个领域，且部分取代了金属材料。在此简要介绍机械工程常用的高分子材料。

1.8.1 工程塑料

（1）塑料的组成

塑料是以合成树脂为主要成分加入某些添加剂而制成的高分子材料，是目前工业上应用最多的非金属材料。

① 合成树脂：树脂是组成塑料的基本组成物，一般占 30%～100%，塑料的基本性能决定于树脂的种类，树脂在塑料中又起黏结剂的作用，故又称黏料。许多塑料都是以树脂的名称来命名的，如聚氯乙烯塑料中的树脂就是聚氯乙烯，聚苯乙烯中的树脂是聚苯乙烯等。

② 添加剂：塑料中添加剂的作用主要是改善某些性能或降低成本，常用的有以下几种。

a. 填充剂：是塑料的重要组成部分，一般占总量的 40%～70%，它的用途是赋予塑料新的性能，如加入铜、银等金属粉末可使塑料具有导电性，加入云母可使塑料具有电绝缘性，加入磁粉可制成磁性塑料，加入石棉可改善塑料的耐热性，加入玻璃纤维可提高塑料的强度和硬度，加入金属化合物可提高硬度和耐磨性等。

b. 增塑剂：树脂的塑性取决于其分子间的距离大小，加入增塑剂后增大了分子之间的距离，减小了分子间的结合力，增加了大分子链柔性和分子链间的可移动性，从而使塑料的弹性、韧性、塑性提高，而强度、热硬性、耐热性降低。如加入增塑剂的聚氯乙烯比较柔软，而未加入增塑剂的聚氯乙烯比刚硬。

增塑剂通常是用低熔点的固体或高沸点的液体，加入量可占塑料总重量的 5%～20%。对增塑剂的主要性能要求是与树脂的混溶性好，不易从制品中挥发出来。最好是无色、无味、对光和热比较稳定的物质，常用的增塑剂有邻苯二甲酸酯类、癸二酸酯类、磷酸酯类、氧化石蜡等。

c. 稳定剂（又称防老化剂）：为了防止塑料在加工和使用过程中受到光、热、氧气等的作用而过早老化，防止塑料发硬、变脆、开裂等，延长使用寿命而加入的某些物质称为稳定剂。常用的稳定剂有抗氧化剂（如酚类和胺类等有机物）、抗紫外线吸收剂（如炭黑等）以及热稳定剂（防止塑料热成形时分解）等。

d. 润滑剂：润滑剂的作用是防止塑料在成型过程中粘在模具或其他设备上，还可使制品表面光洁美观。常用的润滑剂有硬脂酸及其盐类。

e. 固化剂：在热固性塑料中加入固化剂能使高聚物固结硬化，制成坚硬稳定的塑料制品，常用的固化剂有胺类、酸类及过氧化物等化合物，如环氧树脂中加入乙二胺。

f. 着色剂：为使塑料具有美丽的色彩，可加入有机或无机染料等着色剂，着色剂应具有着色力强、色彩鲜艳、不易与其他组分产生化学作用、耐热、耐旋光性好等性能。

除上述添加剂外，有些塑料中还可加入阻燃剂（阻止塑料燃烧或自熄）、抗静电剂（防止静电积聚，保证加工和使用安全）、发泡剂（生产泡沫塑料，降低密度）等。

（2）塑料的分类

① 按热性能分类。

a. 热塑性塑料：该类材料加热后软化或熔化，冷却后硬化成型，且这一过程可反复进行，具有可塑性和重复性。常用的材料有聚乙烯、聚丙烯、ABS塑料等。

b. 热固性塑料：材料成型后，受热不变形软化，但当加热至一定温度则会分解，故只可一次成型或使用，如环氧塑料、酚醛塑料、氨基塑料等。

② 按使用性能分类。

a. 工程塑料：可用作工程结构或机械零件的一类塑料，它们一般有较好的稳定的力学性能，耐热耐蚀性较好，且尺寸稳定性好，如ABS、尼龙、聚甲醛等。

b. 通用塑料：是主要用于日常生活用品的塑料，其产量大、成本低、用途广，占塑料总产量的3/4以上。

c. 特种塑料：具有某些特殊的物理化学性能的塑料，如耐高温、耐蚀、耐光化学反应等。其产量少、成本高，只用于特殊场合，如聚四氟乙烯（PTFE）具有润滑、耐蚀和电绝缘性。

（3）常用工程塑料

常用工程塑料有聚乙烯（PE）、聚氯乙烯（PVC）、聚苯乙烯（PS）、聚丙烯（PP）、ABS塑料、聚酰胺（PA）、聚甲醛（POM）、聚碳酸酯（PC）、聚苯醚（PPO）、聚砜（PSF）、聚氨酯（PUR）、有机玻璃（PMMP）、聚四氟乙烯（PTFE或F-4）、环氧塑料（EP）。

1.8.2 橡胶

橡胶也是一种高分子材料，是高聚物中具有高弹性的一种物质。目前世界上生产的橡胶制品多达5万多种。橡胶在受到较小力作用下能产生很大的变形（一般在100%～1000%），取消外力后又能恢复原状，这是橡胶区别于其他物质的主要标志。除了高弹性外，橡胶还具有很高的可挠性、良好的耐磨性、电绝缘性、耐腐蚀性、隔音、吸振以及与其他物质等的黏结性。

橡胶的应用很广泛，可用于制作轮胎，密封组件（旋转轴密封、管道接口密封），各种胶管（输送水、油、气、酸、碱），减振、防振件（机座减振垫片、汽车底盘橡胶弹簧），传动件（如三角胶带、传动滚子），运输胶带，电线、电缆和电工绝缘材料，制动件等。

（1）橡胶的组成

① 生胶（纯橡胶）：未加配合剂的天然或合成橡胶称为生胶，是橡胶制品的主要组分，

生胶不仅决定了橡胶的性能，还能把各种配合剂和增强材料粘成一体。不同的生胶可制成不同性能的橡胶制品。

② 配合剂：加入配合剂的主要目的是为了提高橡胶制品的使用性能和工艺性能。配合剂的种类很多，一般有硫化剂、硫化促进剂、增塑剂、填充剂、防老化剂等。

a. 硫化剂：硫化剂的作用是使橡胶的线型分子间产生交联，形成三维网络结构，使具有极大可塑性的胶料变为富有弹性的硫化胶，目前生产中多采用硫黄作为硫化剂。

b. 硫化促进剂：主要作用是促进硫化，缩短硫化时间并降低硫化温度。常用的硫化促进剂有 MgO、ZnO、CaO 等。

c. 增塑剂：主要作用是增强橡胶的塑性，使之易于加工和与各种配料混合，并降低橡胶的硬度，提高耐寒性等。常用增塑剂主要有硬脂酸、精制蜡、凡士林等。

d. 防老化剂：橡胶制品受光、热、介质的作用会出现变硬、变脆现象称为老化，为减缓老化，提高使用寿命，可在橡胶中加入石蜡、密蜡或其他比橡胶更易氧化的物质，在橡胶表面形成稳定的氧化膜，抵抗氧的侵蚀。

e. 填充剂：提高橡胶的强度和降低成本。常用的有炭黑、MgO、ZnO、CaO 等。

③ 增强材料：主要是提高橡胶的力学性能，如强度、硬度、耐磨性和刚性等。常用的增强材料是各种纤维织物、金属丝及编织物。如在传送带、胶管中加入帆布、细布，在轮胎中加入帘布、在胶管中加入钢线等。

（2）橡胶的分类

① 按来源不同分类。

a. 天然橡胶：天然橡胶是橡胶树的液状乳汁经采集、凝固、干燥等工序加工制成的弹性固状物，其主要化学成分是聚异戊二烯。

b. 合成橡胶：合成橡胶主要成分是合成高分子物质。

② 按用途分类。

a. 通用橡胶：通用橡胶主要品种有丁苯橡胶、氯丁橡胶、乙丙橡胶等，主要用于制作轮胎、输送带、胶管、胶板等。

b. 特种橡胶：特种橡胶主要有丁腈橡胶、硅橡胶、氟橡胶等，主要用于高温、低温、酸、碱、油和辐射介质条件下的橡胶制品。

（3）常用橡胶材料

① 天然橡胶：具有很好的弹性，但强度、硬度不高。为提高强度并硬化，需进行硫化处理。天然橡胶是优良的绝缘体，但耐热老化性和耐大气老化性较差，不耐臭氧、油和有机溶剂，且易燃。天然橡胶广泛用于制造轮胎、胶带和胶管等。

② 合成橡胶：合成橡胶有丁苯橡胶、顺丁橡胶、氯丁橡胶、丁腈橡胶、聚氨酯橡胶、硅橡胶、氟橡胶、乙丙橡胶、氯磺化聚乙烯橡胶、聚氨基甲酸酯橡胶。

1.9 工程材料的选择

工程材料是机械制造工业中用以制造机械零件和工具的基本材料。合理地选择和应用材料对于保证产品质量、降低生产成本有着决定性的作用。要做到合理地选择材料，就必须全面分析零件的工作条件、受力情况及失效形式等，综合各种因素提出能满足零件工作条件的性能要求，再选择合适的材料并进行相应的热处理来予以满足。本节主要介绍正确选择工程材料的基本原则和步骤。

1.9.1 零件的失效分析

失效指产品丧失其规定功能，即使用价值。零件的失效，特别是那些事先没有明显征兆的失效，常常带来巨大的损失，甚至导致重大事故。因此，对零件进行失效分析，找出失效的原因，并提出防止和延缓失效的措施，具有非常重要的意义。

（1）失效的概念和形式

机械零件都有其预定的功能，或完成规定的运动，或传递力、力矩、能量等。失效是指机械零件由于某种原因丧失预定功能的现象，包括如下三种情况：零件完全破坏，不能继续工作；虽能继续工作，但不能保证安全；虽能安全工作，但不能保证机器的精度或起到预定的作用。

一般机械零件和工具的失效形式主要有过量变形失效、断裂失效、表面损伤。

① 过量变形失效：过量变形失效是指零件在工作过程中产生超过允许值的变形量而导致整个机械设备无法正常工作，或者虽能正常工作但产品质量严重下降的现象。主要包括过量的弹性变形失效和塑性变形失效两种。

② 断裂失效：断裂失效是指零件在工作过程中完全断裂而导致整个机械设备无法工作的现象。断裂失效的主要形式有塑性断裂失效、低应力脆性断裂失效、疲劳断裂失效、蠕变断裂失效、介质加速断裂失效等。

a. 塑性断裂：是指零件在产生较大塑性变形后的断裂。由于这是一种有先兆的断裂，比较容易预防，故危险性较小。材料的屈强比（σ_s/σ_b）越小，断裂前的塑性变形量越大。

b. 低应力脆性断裂：在断裂前不产生明显塑性变形，且工作应力远低于材料的屈服点。强度高、塑性和韧性差的材料发生脆性断裂的倾向较大。脆性断裂常发生在有尖锐缺口或裂纹的零件中，特别是在低温或冲击载荷下最容易发生。因此，对于可能含有裂纹的零件（如大型零件）和高强度材料，断裂韧度是衡量材料抵抗脆性断裂能力的可靠判据。在工程材料中，钢和钛的断裂韧度较高，如果进行韧化处理，还可进一步提高韧性。

c. 疲劳断裂：在循环交变应力的作用下，机械零件将会产生疲劳断裂。疲劳断裂一般发生较突然，危害性大。疲劳断裂主要发生在零件的应力集中的局部区域，因此，减少零件上各种会引起应力集中的缺陷，如刀痕、尖角、截面突变等，或采用表面强化方法（如喷丸等）在零件表面造成残余压应力，都可提高零件的抗疲劳能力。在工程材料中，金属材料，特别是钢和钛的疲劳强度较高。

d. 蠕变断裂：是零件在高温下长期负载工作引起的。因此，在高温下工作的零件，其材料应具有足够的蠕变抗力。在常用工程材料中，陶瓷和难熔金属的蠕变抗力高，铁基和镍基合金的蠕变抗力也较高；塑料的蠕变抗力差，某些塑料甚至在室温下也会发生蠕变。

③ 表面损伤失效：表面损伤失效是指机械零件因表面损伤而造成机械设备无法正常工作或失去精度的现象，主要包括磨损失效、腐蚀失效、接触疲劳失效等。

此外，还有发生于有机高分子材料中的老化失效。老化失效是指高聚物零件在长期使用或存放过程中，由于受光、热、应力、氧、水、微生物等的作用，其性能逐渐恶化，直至丧失使用价值的现象。

（2）零件失效的原因

机械零件失效的原因很多，一般主要从设计、材料、加工工艺和安装使用等几个方面来进行分析。

① 设计不合理：机械零件的结构形状和尺寸设计不合理容易引起失效。如存在尖角、尖锐缺口、过渡圆角太小等均可造成较大的应力集中。另外，安全系数过小，在实际工作中机械零件的承载能力不够，或者对工作环境的变化情况估计不足等均属于设计不合理。

② 选材不合理：在设计中对机械零件可能出现的失效方式判断有误，使所选用材料的性能不能满足工作条件的要求；或者所选材料名义性能指标不能反映材料对实际失效形式的抗力，错误地选择了材料。另外，所选用材料的质量太差，也容易造成机械零件的失效。

③ 加工工艺不当：机械零件在加工和成形过程中，由于采用的工艺方法、工艺参数不正确，可能造成各种缺陷。如冷加工中常出现表面粗糙值过大、刀痕较深、磨削裂纹等；热成形过程中容易产生过热、过烧、带状组织等；热处理工序中容易产生氧化、脱碳、淬火变形与开裂等；另外，还有球墨铸铁中的球化不良、白口组织等都是导致机械零件早期失效的原因。

④ 安装使用不正确：机械设备在安装过程中配合过紧、过松或对中不准，固定不紧，重心不稳，润滑条件不良，密封不好等都会引起机械零件的失效。另外，不按工艺规程进行操作，维护、保养不善等均会使零件在不正常条件下工作而造成失效。

(3) 失效分析的一般过程

机械零件失效的原因是多方面的，一个零件的失效往往不只是单一原因造成的，可能是多种因素共同作用的结果。因此，失效分析是一项系统工程，必须对零件设计、选材、工艺、安装使用等各个方面进行系统分析，才能找出失效原因。

在进行失效分析时，首先要注意收集失效零件的残骸，全面调查了解失效的部位、特点、环境和时间，然后根据失效零件损坏的特征进行综合分析，有时还要利用各种测试手段或模拟实验，最后判定失效原因，提出改进措施，并写出分析报告。

1.9.2 工程材料的选用

合理地选择和使用材料是一项十分重要的工作，它不仅要考虑材料的性能应能够适应零件的工作条件，使零件经久耐用，而且还要求材料有较好的加工工艺性能和经济性，以便提高机械零件的生产率、降低成本等。

(1) 材料选用的一般原则

① 使用性原则：材料的使用性原则是指材料所能提供的使用性能指标对零件功能和寿命的满足程度。零件在正常工作条件下，应完成设计规定的功能并达到预期的使用寿命。当材料的使用性能不能满足零件工作条件的要求时，零件就会失效。因此，材料的使用性能是选材的首要条件。不同零件所要求的使用性能是不一样的，有的要求高强度、高硬度、高耐磨性；有的要求塑性好、耐冲击。因此，选材时的主要任务是准确地判断出零件所要求的主要使用性能指标。

一般情况下，零件所要求的使用性能主要是材料的力学性能。零件的工作条件不同，失效形式不同，要求的力学性能指标也就不同，使用时应进行认真的分析判断，并根据具体情况对有关数据进行修正。在可能的情况下，尤其是大量生产的重要零件，可用零件实物进行强度和寿命的模拟试验，以提供可靠的选材资料。

② 工艺性原则：工艺性原则是指所选用的工程材料能保证顺利地加工成合格的机械零

件。不同的材料对应不同的加工工艺，材料的工艺性能好坏，对于零件加工的难易程度、生产效率、生产成本等方面起着决定性的作用。因此，工艺性能是选材时必须同时考虑的另一个重要因素。材料的工艺性能主要包括铸造性能、焊接性能、压力加工性能、切削加工性能、热处理工艺性能。

③ 经济性原则：经济性原则是指所选用的材料加工成零件后，应使零件生产和使用的总成本最低，经济效益最好。这里讲的总成本包括原材料价格、零件加工费用、零件成品率、材料利用率、材料回收率、零件寿命以及材料供应与管理费用等。

在满足零件使用性原则和工艺性原则的前提下，应考虑材料的经济性原则。

a. 材料的价格：尽可能选用价格比较便宜的材料。通常情况下，材料的直接成本为产品价格的 30%～70%，因此，能用非合金钢制造的零件就不用合金钢，能用低合金钢制造的零件就不用高合金钢，能用钢制造的零件就不用有色金属等，这一点对于大批量生产的零件尤为重要。

我国目前常用工程材料的相对价格见表 1-14。

表 1-14 常用工程材料的相对价格

材 料	相对价格	材 料	相对价格
碳素结构钢	1	碳素工具钢	1.4～1.5
低合金高强度钢	1.2～1.7	量具刃具合金钢	2.4～3.7
优质碳素结构钢	1.4～1.5	合金模具钢	5.4～7.2
易切削结构钢	2	高速工具钢	13.5～15
合金结构钢	1.7～2.9	铬不锈钢	8
镍铬合金结构钢	3	铬镍不锈钢	20
轴承钢	2.1～2.9	球墨铸铁	2.4～2.9
合金结构钢	1.6～1.9	普通黄铜	13

b. 材料加工费用：应当合理地安排零件的生产工艺，尽量减少生产工序，并尽可能采用无切屑或少切屑加工新工艺（如精铸、模锻、冷拉毛坯等），提高材料的利用率，降低生产成本。

零件的加工费用还与零件数量有关。例如，对机床床身，批量生产时选用廉价的铸铁，用铸造方法生产成本较低；但对于单件生产，如果还是用铸造方法生产则成本太高，只能选择较贵的低碳钢板，用焊接方法生产。

c. 资源供应条件：应立足于国内和货源较近的地区，同时尽量减少所选材料的品种、规格，以便简化采购供应、保管及生产管理等各项工作。

d. 注意选用非金属材料：许多零件都可以用工程塑料代替金属材料，不仅降低了零件成本，而且性能可能更加优异。

考虑经济性还应从长远的观点出发，不能只看到眼前利益，一些暂时看起来成本较高的材料，但由于其寿命长、维护保养费用少，从长远的观点来看，经济性还是好的。如对于那些重要的、加工复杂的零件和使用周期长的工具，就不能单纯从材料本身的成本考虑，而忽视整个加工过程及零件和工具的质量、寿命等。在这种情况下，采用价格比较昂贵的合金钢或硬质合金等材料，往往比采用成本低但使用寿命不长的非合金钢更为经济。

同时，还要考虑用户的喜爱和需求，如果材料价格稍贵，但用户喜欢，市场销量大，也应该按市场规律来办。

（2）选材的方法与步骤

① 选材的方法。大多数机械零件都是在多种应力条件下进行工作的，对力学性能的要求也是比较复杂的。因此，在零件设计选材时，应以零件最主要的性能要求作为选材的主要依据，同时兼顾其他性能要求，这是选材的基本方法。下面主要介绍生产中最常见的非标准结构件的选材方法。

a. 以综合力学性能为主时的选材。在机械制造中有相当多的结构零件，如轴、杆、套类零件等，在工作时均不同程度地承受着静、动载荷的作用，这就要求零件具有较高的强度和较好的塑性与韧性，即良好的综合力学性能。对于这类零件的选材，可根据其受力大小选用中碳钢或中碳合金钢，并进行调质或正火处理即可满足性能要求。有些零件也可选用球墨铸铁经正火或等温淬火处理后使用。

b. 以疲劳强度为主时的选材。疲劳破坏是零件在交变应力作用下最常见的破坏形式，如发动机曲轴、齿轮、弹簧及滚动轴承等零件的失效，大多数是因疲劳破坏引起的。因此，类似上述零件的选材，应主要考虑疲劳强度。实践证明，材料的抗拉强度越高，其疲劳强度也越高；在抗拉强度相同的条件下，调质后的组织比退火、正火后的组织具有更高的塑性和韧性，对应力集中的敏感性小，具有较高的疲劳强度。因此，对于承受较大载荷的零件应考虑选用淬透性较高的材料，以便通过调质处理提高零件的疲劳强度，另外，改善零件的结构形状，避免应力集中，降低零件表面粗糙度值，采取表面强化，使表层存在残余应力等方法，也可以提高零件的疲劳强度。

c. 以磨损为主时的选材。根据零件工作条件的不同可分为两种情况。一种是磨损较大、受力较小的零件和各种量具，如钻套、顶尖等，选用高碳钢或高碳合金钢，进行淬火和低温回火处理，获得高硬度的回火马氏体和碳化物组织，即能满足耐磨的要求。另一种是同时受磨损及交变应力作用的零件，为使其耐磨并具有较高的疲劳强度，应选用能进行表面淬火、渗碳、渗氮等处理的钢材，经热处理后使零件具有“外硬内韧”的特性，既耐磨又能承受冲击。例如，机床中的主轴和齿轮广泛采用中碳钢，经正火或调质处理后再进行表面淬火可获得较高的表面硬度和较好的心部综合力学性能；而对于承受高冲击载荷和强烈磨损的汽车、拖拉机变速齿轮，则应采用低碳钢或合金渗碳钢，经渗碳后再进行淬火和低温回火处理，使表面具有高硬度的高碳马氏体和碳化物组织，同时具有高的耐磨性，而心部是低碳马氏体组织，具有高的强度和良好的塑性与韧性，能承受较大的冲击；对于要求硬度和耐磨性更高以及热处理变形小的零件，如高精度磨床主轴及镗床主轴等，常选用专门的渗氮用钢并进行相应的热处理。另外，在满足零件力学性能要求的前提下，还应充分考虑材料的工艺性和经济性。

② 选材的步骤。

a. 分析零件的工作条件及其失效形式，根据具体情况或用户要求确定零件的性能要求（包括使用性能和工艺性能）和最关键的性能指标。一般主要考虑力学性能，必要时还应考虑物理、化学性能。

b. 对同类产品的用材情况进行调研，并从使用性能、原材料供应和加工工艺等各个方面分析其选材的合理性，以供选材时参考。

c. 通过查有关设计手册，结合力学计算或试验，确定零件应具有的力学性能指标值或其他性能指标。

d. 初步选择出具体的材料牌号，并决定其热处理方法或其他强化方法。

e. 审核所选材料的经济性，确认其是否能适应高效加工和组织现代化生产。

f. 对于关键性零件，投产前应先在实验室对所选材料进行试验，初步检验所选材料与热处理方法能否达到各项性能指标的要求，冷热加工有无困难等。对试验结果基本满意后，便可逐步批量投产。

上述选材步骤只是一般过程，并非一成不变。如对于某些重要零件，如果有同类产品可供参考，则可不必试制而直接投产；对于某些不重要的零件或小批量生产的非标准设备及维修中所用的材料，若对材料选择与热处理方法有成熟的经验和资料，则可不进行试验和试制。

复习思考题

1. 金属材料的机械性能有哪些？

2. 什么是固溶体、铁素体、奥氏体、渗碳体、珠光体、马氏体，写出它们的符号及性能特点。

3. 试说明下列现象的原因。

① $w_C=1.0\%$的钢比$w_C=0.5\%$的钢硬度高；

② 钢是以压力加工成形，而铸铁适宜于铸造成形；

③ 在退火状态，$w_C=0.77\%$的钢比$w_C=1.2\%$的钢的强度高；

④ 在相同条件下，$w_C=0.1\%$的钢切削后表面质量不如$w_C=0.45\%$的钢；

⑤ 钳工锯削 T10 钢比锯削 10 钢费力，且锯条容易磨钝。

4. 随着含碳量的增加，钢的力学性能是如何变化的？为什么？

5. 已知珠光体硬度为 200HBS，$\delta=20\%$，铁素体硬度为 80HBS，$\delta=50\%$。试计算含碳量为 0.45%的碳钢的硬度和伸长率。

6. 热处理加热时的奥氏体晶粒的大小与哪些因素有关？奥氏体晶粒大小对钢热处理后冷却的组织及性能有何影响？

7. 试指出下列材料的化学成分和类型，并预测其机械性能。

T10A、CrWMn、4Cr5MoSiV、9Cr6W3Mo2V2、6W6Mo5Cr4V。

8. 正火与退火有何区别？生产中如何选择正火与退火？

9. 普通球化退火与等温球化退火有什么不同？

10. 淬火的方法有哪些？淬火常用的介质有哪些？

11. 等温淬火与分级淬火的异同是什么？

12. 简述含有 W、Mo、V、Si 等元素合金钢的性能特点。

13. 如何理解回火时产生的回火脆性和二次硬化现象？

14. 填写下表，说出各牌号或代号含义、性能特点、应用。

牌号或代号	含　义	性能特点	用　途
ZL108			
LY11			
H68			
QSn4-3			
ZCuPb30			
ZSnSb12Pb10Cu4			

15. 机械零件的实效形式有哪些？引起零件失效的主要原因是什么？

16. 试简述机械零件选材的一般原则、方法和步骤。

第 2 章

模具材料与模具失效分析

模具材料是一种特殊的工程材料，它是指生产模具零件所使用的材料，模具零件又分为工作零件和辅助工作零件。工作零件一般是指与制件直接相接触的模具零件，如凸模、凹模、型芯、型腔件等。人们常说的模具材料是指模具工作零件的材料，而辅助工作零件材料则属于常用工程材料的范畴。

2.1 模具及模具材料分类

2.1.1 模具的分类

模具是一种高效率的工艺装备。它的分类方法很多，根据成形材料、成形方法和成形设备的不同可综合分为十类，即冲压模具、塑料成型模具、压铸模具、锻造成形模具、铸造用金属模具、粉末冶金模具、玻璃制品用模具、橡胶制品成型模具、陶瓷模具、经济模具。这种分类方法虽然较为严密，但与模具材料的选用缺乏联系。为了便于模具材料的选用，按照模具的工作条件来分类较为合适。据此，将上述十类模具又分为如下三大类。

① 冷作模具：包括冲裁模、弯曲模、拉深模、冷挤压模、冷镦模、成形模等。

② 热作模具：包括热锻模、热精锻模、热挤压模、压铸模、热冲裁模等。

③ 成型模具：包括塑料模、橡胶模、陶瓷模、玻璃模、粉末冶金模等。

2.1.2 模具材料的分类

模具材料的品种繁多，分类方法也不尽相同。我们将模具材料分为模具钢和其他模具材料，具体分类如下：

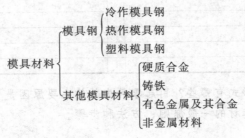

- 模具材料
  - 模具钢
    - 冷作模具钢
    - 热作模具钢
    - 塑料模具钢
  - 其他模具材料
    - 硬质合金
    - 铸铁
    - 有色金属及其合金
    - 非金属材料

模具钢的分类是相对的，有的模具钢既可用做冷作模具钢，又可用做热作模具钢和塑料模具钢，只是用作不同类型模具时，其力学性能要求不同，热处理方法不同。

2.2 模具失效形式及失效分析

2.2.1 模具失效形式

模具失效是指模具工作部分发生严重磨损或损坏而不能用一般修复方法（刃磨、抛磨）使其重新服役的现象。

模具的失效分偶然失效（因设计错误、使用不当引起模具过早破损）和工作失效（因正常破损而结束寿命）两类。

模具寿命是指模具自正常服役至工作失效期间内所能完成制件加工的次数。若模具在使用中需刃磨或翻修，则模具总寿命为各次刃磨或翻修间隔内完成制件加工次数的总和。

模具零件的主要失效形式是断裂、过量变形、表面损伤和冷热疲劳。冷热疲劳主要出现于热作模具，在冷作模具上不出现。其他三种形式在冷、热作模具上均可能出现，并按具体的损伤形态还可进一步分类如下：

- 模具零件失效
  - 断裂失效
    - 塑性断裂
    - 脆性断裂
    - 疲劳断裂
  - 过量变形失效
    - 过量弹性变形
    - 过量塑性变形（局部塌陷、局部镦粗、型腔涨大等）
    - 蠕变超限
  - 表面损伤失效
    - 表面磨损（黏着磨损、磨料磨损、氧化磨损、疲劳磨损等）
    - 表面腐蚀（点腐蚀、晶间腐蚀、冲刷腐蚀、应力腐蚀等）

图 2-1～图 2-3 集中列举了模具经常出现的损伤形式。

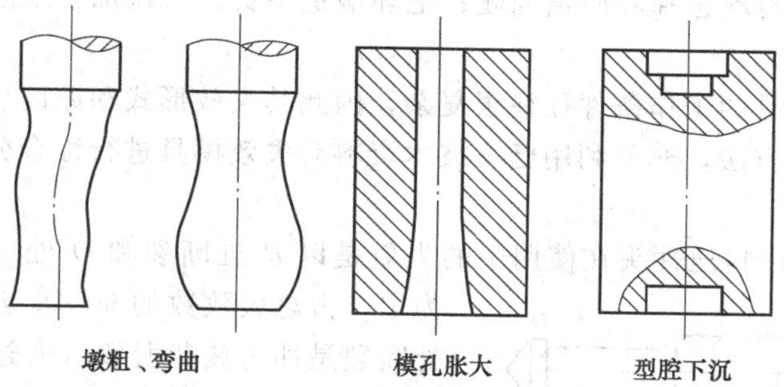

图 2-1 冷冲压模具的损伤形式

2.2.2 模具失效分析

模具的失效分析是对已经失效的模具进行失效过程的分析，以探索并解释模具的失效原因。其分析结果可以为正确选择模具材料，合理制定模具制造工艺，优化模具结构设计，以及为模具新材料的研制和新工艺的开发等提供有指导意义的数据，并且可预测模具在特定使用条件下的寿命，因而这是一项有重要实际意义的工作。

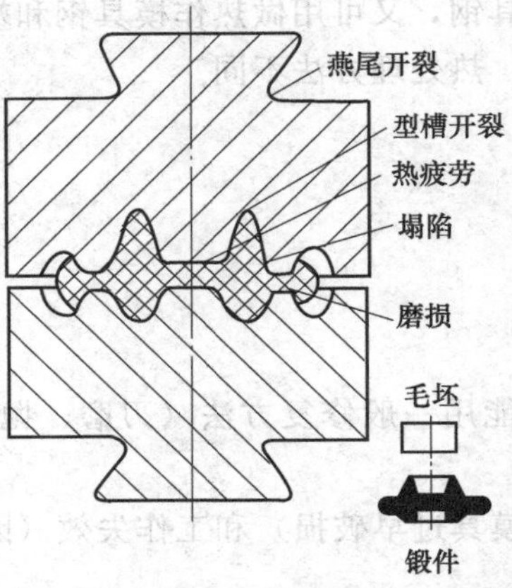

图 2-2 热锻模损伤形式

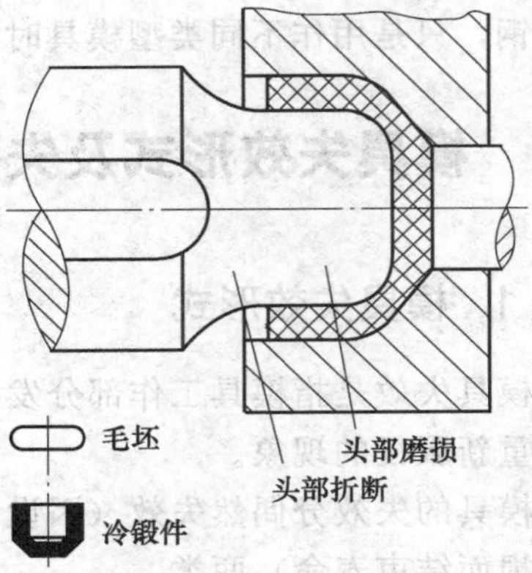

图 2-3 冷墩冲头损伤形式

模具失效分析的步骤一般如下。

① 生产现场调查：在模具使用现场了解设备状况和操作工艺，统计模具的寿命和失效形式，收集并保存那些失效模具供分析使用。

② 模具用材和制造工艺调查：复查模具材料的化学成分和冶金质量，详细了解模具的锻造、机械加工、热处理工艺及操作过程，其中应重点了解热处理工艺与锻造工艺及其质量检验。

③ 对模具进行失效分析：对失效模具损伤处进行外观分析（了解损伤种类，寻找损伤起源，观察损伤部位的表面粗糙度和几何形状等）、断口分析以及金相分析，综合各方面的分析结果，判断模具失效的原因以及影响失效过程的各个因素。

模具失效的原因可以认为有四个方面，即工作环境、操作人员经验或水平、模具本身质量和生产管理制度。其中最重要的原因是模具本身的质量。考虑到这点，对模具失效原因进行分析时，重点应放在影响模具质量的制造过程。制造过程方面的原因可以认为有以下几方面：结构设计不当；材料选择和质量问题；毛坯锻造不良；机械加工缺陷；热处理不当；装配精度不高。

在实际生产中模具的工作条件往往很复杂，因此其失效形式和原因也不是单一的。但只要掌握了失效分析的方法，充分利用已有技术资料对失效模具进行综合分析，就能准确找出其失效原因。

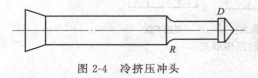

如图 2-4 所示的冷挤压冲头在使用中的失效是以 R 处断裂和 D 处（工作带）磨损超差为主，占总失效数的 90%。经分析研究表明，R 处断裂是冲击疲劳所致（通过断口分析和冲击疲劳试验结果判定），而 D 处的不均匀磨损则是由于该处表面硬度不足所造成。根据这些结果，对结构设计加以优化（修改了 R 处的形状），并在 D 处进行了表面强化处理，从而使模具寿命比原来提高了一倍以上。

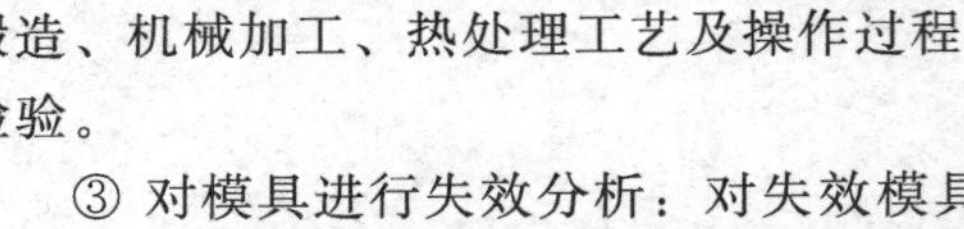

图 2-4 冷挤压冲头

2.2.3 模具失效分析实例

Cr12MoV 钢制电机冷冲硅钢片凹模的热处理工艺改进如下。

冷冲硅钢片用凹模，多系 Cr12 型高碳高铬钢制造。由于 Cr12 型钢铸态组织中存在共晶莱氏体，属于莱氏体钢。为减轻或消除共晶碳化物分布不均匀对冷作模具的不良影响，应该对毛坯材料进行多次镦拔、改锻，由于 Cr12 型钢含碳高且含有质量分数为 12%的 Cr，导热性和塑性低，高温变形抗力高，锻造性能很差，使凹模坯料锻造困难，锻造成本很高。冷冲硅钢片用凹模形状复杂，精度要求高，其形状如图 2-5 所示。为保证精度，凹模工作部位的孔全是由钼丝切割加工而成，所以硅钢片凹模冷加工工艺复杂，加工量大，制造成本很高。为保证冲裁硅钢片时刃口的锋利，要求凹模具有高硬度和高耐磨性。Cr12MoV 钢制硅钢片凹模经 1030℃淬火＋180℃回火的常规热处理，使用中耐磨性较差，中间需频繁磨削修刃，致使凹模发生大量早期断裂失效。为此对凹模进行了失效分析，并提出了克服凹模早期断裂和提高使用寿命的方法。

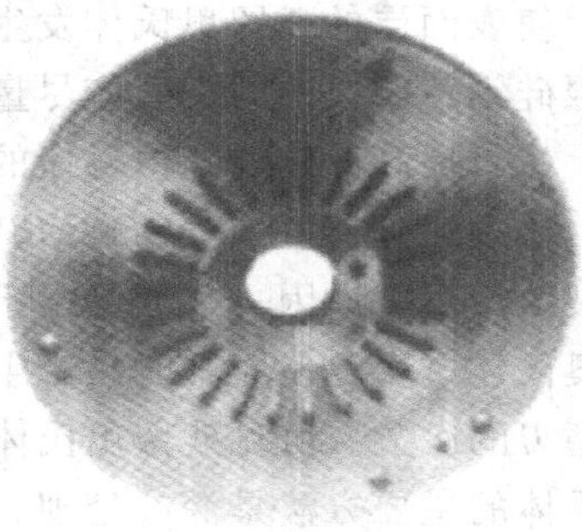
图 2-5 冷冲硅钢片凹模

(1) 冷冲硅钢片凹模失效分析

① 宏观分析。对失效的 15 副冷冲硅钢片凹模进行了失效分析。宏观分析发现：其中 1 副是如同拉伸断裂的脆性断口，是因操作不当，凸模过于歪斜引起的断裂；另 1 副是由于使用中刃口磨损，在磨床上磨削修刃，经过多次刃口磨损和多次的磨削修刃，使凹模厚度达到最低尺寸而报废，属于正常磨损失效；其余的 13 副属早期断裂，从宏观断口上可见到“贝壳”状花样，“贝壳”状花样的外围是结晶状的断口，根据断口的宏观形貌可以判定凹模的早期断裂是疲劳断裂。按照“贝壳”状花样即疲劳线的走向，寻找疲劳源，发现疲劳源多在磨削裂纹处。磨削裂纹虽然很浅，深度只有 0.3mm 左右，但裂纹尖端非常尖锐，引起应力高度集中。以磨削裂纹作为策源地的疲劳裂纹由于应力集中严重，裂纹扩展区很小而最后断裂区相对都很大。所以凹模的使用寿命不高。15 副凹模的平均寿命只有 9.2 万次，不足 10 万次。

② 组织、性能和制造工艺。对失效的凹模抽样进行化学成分分析，其成分（质量分数）为：$w_C = 1.55\%$，$w_{Cr} = 12\%$，$w_{Mo} = 0.50\%$，$w_{Mn} = 0.35\%$，$w_{Si} = 0.38\%$，$w_V = 0.25\%$，$w_P = 0.021\%$，$w_S = 0.027\%$。由其成分可知，硅钢片冷冲凹模材料系 Cr12MoV 钢。

凹模制造工艺流程为：下料→改锻→球化退火→机加工→最终热处理→钼丝切割加工→磨削。最终热处理工艺为：1030℃油淬＋180℃回火 2h。对凹模进行硬度检验，测得工作表面平均硬度为 57.4HRC。进行金相组织抽样分析知凹模的金相组织为回火马氏体＋残留奥氏体＋碳化物。其中残留奥氏体含量较多，碳化物大小不均，且大块的碳化物带有棱角，不圆整。

③ 失效原因分析。凹模在工作过程中因刃口磨损变钝，在平面磨床上磨削修刃，上述凹模在工作时，平均每个班（8h）需磨刃 2 次，这不仅降低了劳动生产率，而且频繁的磨削修刃在磨削面（凹模的工作面）产生了磨削裂纹。磨削裂纹一经产生，就成为疲劳裂纹源。在交变应力的作用下，裂纹继续向前扩展，形成“贝壳”状花样的疲劳裂纹扩展区。因反复挤压摩擦疲劳裂纹扩展区，有的断口已光亮得像细瓷断口一样。当疲劳裂纹扩展到临界尺寸时发生了瞬间断裂，形成了结晶状的最后断裂区。磨削裂纹是磨削时最容易出现的缺陷。Cr12MoV 钢制凹模经 1030℃油淬＋180℃回火 2h 后仍然存在残余应力，磨削过程中会引起附加应力，当总的拉应力超过凹模的断裂抗力时，便会引起磨削裂纹。Cr12MoV 钢制凹模经 1030℃油淬＋180℃回火 2h 后硬度应为 60HRC 以上，而失效凹模工作表面硬度测试结果

只有 57.4HRC。可见凹模在反复磨削过程中磨削热已使回火马氏体发生了分解，致使凹模工作表面硬度下降。而硬度的下降必加快凹模刃部的磨损，增加磨削修刃的频率，造成恶性循环，促成凹模早期断裂。磨削热不仅使回火马氏体组织分解，同时也使残留奥氏体发生转变，而残留奥氏体转变引起的附加应力是凹模产生磨削裂纹的主要原因。因为 Cr12MoV 钢制凹模经 1030℃油淬＋180℃回火后的残留奥氏体量可达 30%以上，凹模在中间磨削修刃时，表面薄层在磨削的瞬间温度可达 900～1100℃，磨削时表面升温速度可达每秒一千多度，此温度保持十分之几秒后，热量即被下层冷金属带走，加之冷却液的冷却，冷却速度很快，使表面层的残留奥氏体发生马氏体转变，产生残余应力，为产生磨削裂纹创造条件。为克服硅钢片凹模的断裂，应尽量减少凹模工作中的刃磨次数，降低凹模中的残留奥氏体。

(2) 提高硅钢片凹模寿命的工艺改进

从上述分析可知，Cr12MoV 钢制硅钢片凹模早期断裂是由于磨削裂纹导致的疲劳，磨削裂纹产生的原因一方面是由于凹模硬度不足，中间磨削修刃频繁，另一方面是由于凹模残留奥氏体过多，使磨削时易产生磨削裂纹。而残留奥氏体过多，也必使凹模的硬度不高，增加磨刃的次数。可见残留奥氏体过多是凹模寿命不高的根本原因。而减少 Cr12MoV 钢残留奥氏体的主要方法是深冷处理。为此对 15 副新凹模进行 1100℃加热油淬，油淬后在 25min 内将凹模放入液氮中进行深冷处理，深冷处理后进行 520℃的回火。其中提高淬火加热温度可使奥氏体中溶入较多的碳和其他合金元素，淬火后可减少组织中的块状碳化物；深冷处理可使残留奥氏体含量降到最低程度，显著提高凹模的硬度；520℃的高温回火可使碳化物从马氏体中弥散析出产生二次硬化，实现碳化物呈颗粒状的均匀分布，提高凹模的强韧性、硬度和耐磨性。按上述工艺方法处理的 15 副凹模，测得其平均硬度为 67.4HRC。

(3) 改进后的效果

用新工艺处理的 15 副凹模在冲裁同一批硅钢片的条件下，与原工艺处理的凹模进行了比较试验。试验结果表明：经二次硬化深冷处理的 15 副凹模在使用中无一出现断裂失效，全部是正常磨损失效。由于硬度提高，耐磨性提高，中间刃磨次数为每 2 个班磨刃 1 次。在磨削中没有出现磨削裂纹。15 副凹模的平均寿命为 84.3 万次，避免了磨削裂纹的产生，避免了凹模的断裂，显著提高了凹模的使用寿命，降低了电机用硅钢片的生产成本，提高了生产厂的经济效益。

2.3 模具材料的选用

模具材料的选择和使用一直是模具制造业的一大难题，因为其影响因素较多。在模具设计和制造过程中，模具材料的选择是首要的问题，材料是产品的基础。

模具材料的选择应根据模具的生产条件和工作条件的需要，结合模具材料的基本性能和相关因素，来选择适合模具需要、经济上合理、技术上先进的模具材料。

2.3.1 模具材料选用的一般原则

① 首先满足模具钢的使用性能要求。根据模具的工作条件、失效形式、寿命要求和可靠性的高低等提出材料的强度、硬度及塑性等使用性能要求（见表 2-1），同时考虑尺寸效应及主要、关键的性能指标，应保证能满足生产的需要。

② 工艺性能良好。模具所用的材料应从实际情况出发，首先能制造出来，再者要具有

良好的工艺性能（见表 2-1），以便于加工。

表 2-1 模具钢的性能要求

性能		冷作模具钢	热作模具钢	塑料模具钢
使用性能	耐磨性	A	A	A
	强度	A	A	A
	韧度	B	A	B
	硬度	A	B	B
	耐蚀性	—	B	A
	热稳定性	B	A	A
	抗热疲劳龟裂性	—	A	A
	组织均匀性、各向同性	A	A	A
	尺寸稳定性	A	A	A
	抗黏着性、抗擦伤性	A	B	B
	热传导性	B	B	A
工艺性能	冷、热加工成形性	A	A	A
	淬硬性	A	B	B
	淬透性	A	A	A
	镜面性和蚀刻性	—	—	A
	焊接性	—	—	B
	抗氧化性	—	A	—
	电加工性	—	B	B

注：1. A 表示主要性能要求，B 表示次要性能要求，“—”为不作要求。
2. 钢的良好性能是通过正确、良好的热处理工艺获得的。

③ 材料来源方便。模具报选材料应在当地即可采购，尽可能选用优质钢材，品种、规格应少而集中，以便采购管理。

④ 经济上合理。在同等情况下，要尽量选用优质价廉的钢材，要求所选材料的生产加工工艺过程简单、成品率高、成本低。要综合考虑总成本，千万不要追求一次性成本的高低。在满足性能、寿命要求等前提下，尽可能选用价格低的材料，以便降低模具的成本。

2.3.2 影响模具材料选用的具体因素

在模具设计制造过程中，选材时首先满足一般的选材原则，同时还要考虑一些具体因素。

(1) 模具的工作条件因素

① 模具承载力大小及冲击状况：受力大，材料强度要求高；冲击大，则材料韧度要求好。

② 模具工作温度：模具的工作温度不同，所选模具材料的抗热性能要求也不同。

③ 腐蚀状况：模具工作条件腐蚀严重时，应选用不锈钢。

(2) 模具结构因素

① 模具的大小：大、中、小型模具应选用不同材料。大型模具应选用淬透性好的材料，大型热作模具应选用高耐热的材料。

② 模具形状：形状简单、公差要求不高的模具，可以选用一般的碳素工具钢，因其加工成本低，形状复杂的模具，应选用淬透性好的材料，采用缓冷淬火介质以免变形开裂，同时还应考虑冷加工性能。

③ 模具的不同组件及不同部位：模具组件可分为工作零件和辅助工作零件，模具工作零件与加工材料直接接触，其性能要求比辅助零件高。同一零件，如锻模的工作部位与燕尾部分要求不同，工作部位的硬度、耐磨性、抗热性比燕尾部分高，燕尾部分的硬度可适当降低，以增加其韧度。

（3）加工产品的批量

加工批量大，应选用高质量、性能好的材料；加工批量小，则可选用性能一般、加工方便、价格低的材料。

（4）加工材料的材质

模具加工的材料可以是金属，也可以是非金属材料，不同的加工材料其变形抗力、工作温度有很大的不同，模具的工作条件也不同，所选用的材料也不同。

（5）模具的设计因素

应根据具体情况来考虑。

① 大型、复杂的模具：可采用组合或镶嵌结构，在刃口、型面或某些经受强烈磨损、冲击或高温的部位，应采用贵重的、高性能的材料，其他的模体部位，可选用较低级材料。

② 低级材料的强化处理：选用低级材料制造的模具可采用表面强化的方法，在型面或局部进行离子渗入、堆焊、气相沉积、或其他涂覆处理，以获得高性能的表层。

（6）模具的制造因素

制造模具应根据所采用的热加工、冷加工方法和工艺的不同，选择适当的、与其相适应的材料，满足工艺性能的要求；另外，还应兼顾到工厂现有的设备和技术水平。

2.4 影响模具寿命的主要因素

模具的使用寿命与模具的服役条件、设计与制造过程、安装使用及维护有关，因此要提高模具寿命，需要采用能改善这些条件的相应措施。

2.4.1 模具结构设计对模具寿命的影响

模具结构的合理性，对模具的承载能力有很大的影响，不合理的结构可能引起严重的应力集中或是过高的工作温度，从而恶化了模具的工作条件，导致模具过早失效。

（1）模腔结构的影响

冷墩、冷挤、热锻模一类受力大、冲击力高的模具，采用整体式模腔引起局部开裂的整体开裂，采用组合式模腔就可避免开裂现象。如塔形锻造凹模，采用组合式凹模后，就可降低模具表面拉应力，避免应力集中导致的早期断裂，见图 2-6。再如高速钢制的 M12 螺栓冷墩凹模，图 2-7（a）为整体式的，寿命约为 1 万件。图 2-7（b）为预应力组合式的，由于避免了尖角处的应力集中，降低了模具受力时的应力梯度，其寿命达到 6 万件，克服了整体式的早期胀裂现象。

（2）模腔过渡圆角半径 R 的影响

模腔大多含有过渡圆角，合理的过渡圆角 R 对模具寿命影响很大。图 2-8 是冷挤凹模的金属入口处的形状和内径圆角 R 对模具寿命的影响。由图可见增大圆角半径 R，可提高模具寿命。热锻模的圆角半径同样对模具寿命影响很大，如模腔外圆角半径 R 由 1mm 增大到 5mm 时，最大比较应力可减少近 40%，显著地提高模具寿命。热锻模的内圆角半径也要合

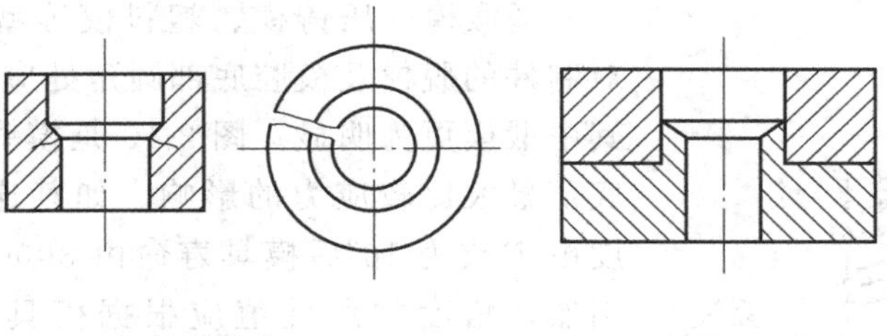

图 2-6 塔形锻造凹模的结构

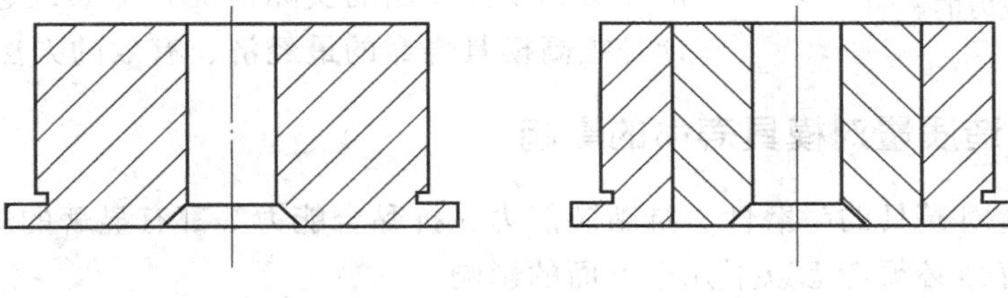

图 2-7 螺栓冷镦凹模的结构

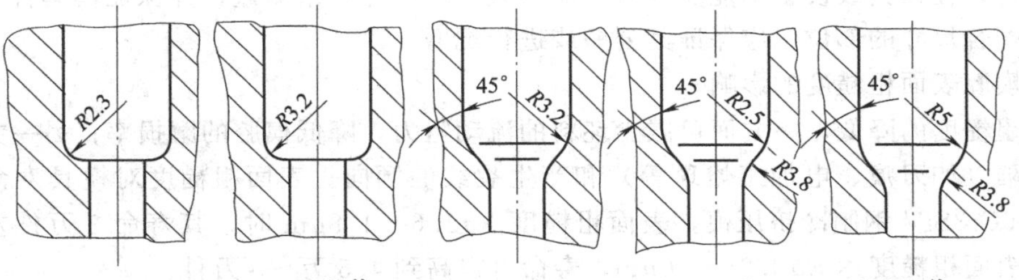

图 2-8 冷挤凹模几何形状及尺寸对模具寿命的影响

理选择，过小易使模锻工作条件恶化，锻模易于磨损。根据经验，内圆角半径值可按 $r=(2\sim3.5)R$ 选取（R 为外圆角半径）较为合适。

（3）模具工作部位角度的影响

图 2-9 是反挤压凸模的集中结构形式，采用图 2-9（a）、图 2-9（b）结构时比采用图 2-9（c）结构的单位挤压力下降 20%，模具寿命显著提高，但其顶部斜角也不宜过大，否则易因偏裁而导致模具弯曲折断。

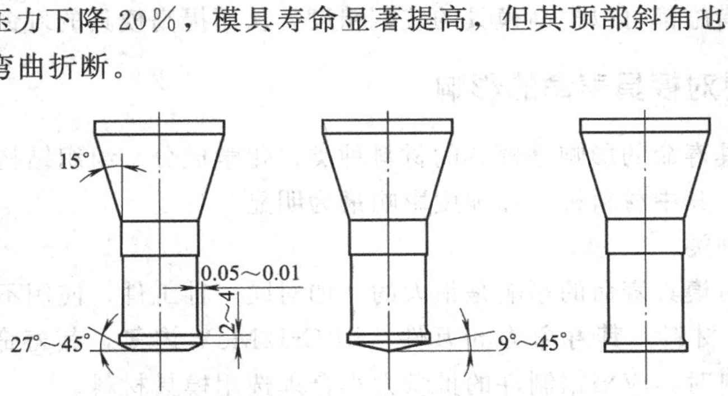

图 2-9 反挤压凸模结构对寿命的影响

锤锻模、压铸模、塑料模等型腔模具的拔模斜度对制件的脱模及模腔底部圆角处应力状态有直接影响，其中锻模更为明显。图 2-10 是模锻斜角及圆角半径对底部最大比较应力的影响。如某连杆锻模，当拔模斜度由 7°改为 10°后模具寿命由 3000 件提高到 5000 件。当然，角度的最佳值应根据模具的部位做出分析和选择。

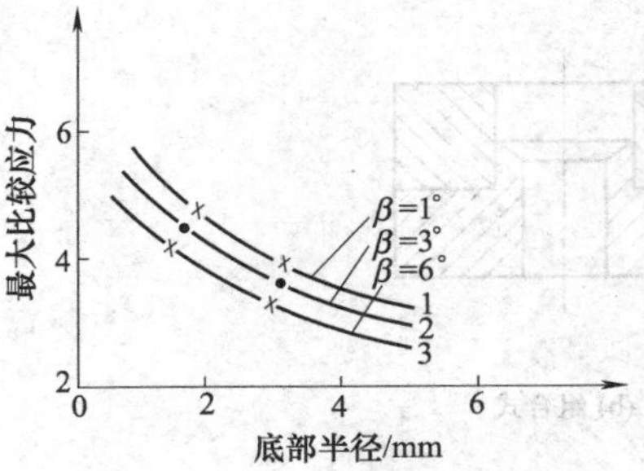

图 2-10 模锻斜角 β 及圆角半径对应力的影响

与模具寿命有关的结构因素是多种多样的。根据理论分析和模具使用的实际情况，不断改进和优化结构设计是提高模具寿命的最经济、有效的方法。

2.4.2 模具制造质量对模具寿命的影响

模具制造质量对模具的耐磨性、抗断裂能力、抗黏合能力等都有显著的影响。因此，为保证模具的使用寿命必须考虑以下几个方面的影响。

（1）模具零件加工精度的影响

模具零件工作部位的几何形状，如圆角半径、出模斜度、刃口角度的加工应严格按照设计要求进行，在刀具或设备不能实现时，应由人工修磨并严格测量，并保证模具合理的受力状态，有配合尺寸的部位，应保证其公差或进行配磨。

（2）模腔表面粗糙度的影响

表面粗糙度的降低，一方面可减少坯料的流动阻力，降低模腔的磨损率；另一方面可减小表面缺陷（如刀痕、电加工熔斑等）和产生裂纹的倾向。表面粗糙度对模具寿命影响很大，如用 6Cr3SiV 钢制冷挤压模，表面粗糙度 $Ra1.6 \sim 1.8\mu m$ 时，其寿命 3 万件左右；如经精抛光表面粗糙度达 $Ra0.2 \sim 1.0\mu m$，寿命可提高到 4.5 万～5 万件。

（3）模具硬度均匀性的影响

模具在热处理过程中应保证加热均匀，冷却均匀，并应防止模具表面产生氧化和脱碳，淬火后应及时且充分回火，以提高模具硬度的均匀性，从而获得良好的耐磨性和高的疲劳抗力或高的冷热疲劳寿命。

（4）模具装配精度的影响

模具间隙量及均匀性的调整，增加配合承载面及合模面的接触，保证凸模和凹模受力中心的一致性，这些措施都可以提高模具的装配精度，从而提高模具的寿命。

2.4.3 模具材料对模具寿命的影响

模具材料对模具寿命的影响是模具的材料种类、化学成分、组织结构、硬度和冶金质量等因素的综合反映，其中材料种类和硬度影响最为明显。

（1）模具材料种类

模具材料种类对模具寿命的影响是很大的，如对同一种工件，使用不同的模具材料作弯曲试验，用 9Mn2V 材料，其寿命为 5 万件；用 Cr12MoV 渗氮，其寿命可达 40 万件。因此，在选用模具材料时，应根据制件的批量大小合理选用模具材料。

（2）模具工作零件的硬度

模具工作零件的硬度对模具寿命的影响也很大，但并不是硬度愈高，模具寿命愈长。如采用T10A钢制造硅钢冲模，硬度为52～56HRC，只冲几千件，冲件毛刺就很大。如果将硬度提高到60～64HRC，则刃磨寿命可达2万～3万件。但如果继续提高硬度，则会出现早期断裂。有的冲模硬度不宜过高，如采用Cr12MoV钢制造六角螺母冷墩凸模，硬度为56～60HRC，一般寿命为2万～3万件，失效形式是崩裂；如将硬度降到50～54HRC，寿命提高到6万～8万件。

由此可见，模具硬度必须根据成形性质和失效形式而定，应使硬度、强度、韧性、耐磨性、耐疲劳强度等达到成形所需要的最佳配合。

(3) 材料的冶金质量

材料的冶金质量对模具寿命的影响也不容忽视，尤其是高碳高合金钢，冶金缺陷较多，往往是模具淬火开裂和模具早期破坏的根源。因而，提高材料的冶金质量也是提高模具寿命的重要方面。

(4) 采用新的热处理工艺

采用新的热处理工艺来挖掘现有材料的潜力，对提高模具寿命是有效的，不过也是有限的。特别是加工工艺的发展越来越趋向高温、高压、高速、模具的服役条件更加苛刻，因此要大幅度提高模具寿命，则必须研制和应用新的模具材料。

针对模具的工作条件和已有材料的不足，近年来，已研制了多种新的模具材料，其中以合金钢为主，如HM1、HM3、RM2、012Al、CG2、65Nb、LM1、LM2、LD、CH-1、8Cr2S等。新研制的钢结硬质合金（DT）、合金铸铁（SMRI-86）、高温合金（如TZM）等也取得了较好的应用效果。如用HM3钢制的锻模，比用3Cr2W8V钢制的模具寿命提高1倍；用CH-1钢制的中厚板冲模寿命比用T10A钢制的提高3～5倍；用012Al制的热挤压模比用3Cr2W8V钢制的提高寿命3～5倍等。

2.4.4 模具热处理与表面处理对模具寿命的影响

在模具结构、材料和使用条件不变的情况下，保证热处理质量、采用最佳的热处理工艺是充分发挥模具材料的潜力、提高模具使用寿命的关键。如果热处理工艺不合理或者操作不当而引起热处理缺陷，则会严重损害模具的使用性能，并导致早期失效。

模具工作零件毛坯的预先热处理，视材料和要求的不同有退火、正火、调质等几种工艺。正确的预先热处理规范，对改善组织，消除锻造毛坯的组织缺陷，改善切削加工性，提高模具承载能力和模具寿命起着很大的作用。

模具材料的淬火和回火是保证模具工作零件性能的中心环节。淬火与回火工艺合理与否对模具承载能力与寿命有直接的影响，应严格控制热处理工艺规范或采用先进的热处理方法。

模具工作零件表面强化的目的是获得外硬内韧的效果，从而得到硬度、耐磨性、韧性、耐疲劳强度的良好配合。模具表面强化处理方法很多，表面处理的新技术工艺发展很快。除氮碳共渗、离子渗氮、渗硼、渗碳、渗硫、渗铌、渗钒外，电火花强化、激光热处理、化学气相沉积（CVD）、物理气相沉积（PVD）等已逐步开发应用。经CVD、PVD处理后，模具表面覆盖一层超硬物质如TiC、TiN等，硬度极高，耐磨性、耐蚀性、抗黏合性很好，可提高模具寿命几倍至几十倍。

模具材料选定后，往往是按照该材料的常规热处理方法来制订其热处理工艺。经模具失效分析后再制订该材料的改进性热处理工艺。

2.4.5 模具的使用对模具寿命的影响

模具在使用过程中，有很多因素影响模具的使用寿命，这些因素包括以下几点。

① 锻压设备的特性，如压力机的精度和刚度，精度低、刚度差将加速模具的磨损。

② 被加工材料的性质，如坯料的表面状态差，强度、硬度高都加速模具的磨损，但硬度过低又会产生粘模现象。

③ 模具的安装和使用条件，如安装精度高，正确选用润滑剂、对热作模具采用适当的冷却措施等，都可有效地提高模具使用寿命。

④ 模具的操作规程及维护，如热作模具在工作前应进行预热，中途停工应保温，这样可以防止热应力引起开裂。有些模具使用中积累了很大内应力，应进行中间去应力回火，以提高模具的安全性。

此外，模具入库的防锈处理、及时修磨，也可以延长模具的使用寿命。

复习思考题

1. 模具及模具材料一般可以分哪几类？
2. 模具零件失效的形式有哪些？
3. 模具失效分析的方法是什么？模具失效分析的意义是什么？
4. 改进和优化模具结构设计的作用是什么？举例说明这种作用对模具寿命的影响？
5. 简述各类模具钢的性能要求。
6. 模具材料选用的一般原则是什么？
7. 影响模具寿命的主要因素有哪些？
8. 模具结构设计对模具寿命的影响有哪些？
9. 模具材料对模具寿命的影响有哪些？
10. 正确使用和维护模具应注意哪些方面？

第3章

冷作模具材料

冷作模具是指在室温下完成对金属或非金属材进行塑性变形加工的工艺装备。它包括冷冲裁模具、冷挤压模具、冷镦模具、冷拉深模具、拉丝模具、弯曲模具等，其完成的工序有冲孔、落料、挤压、冷镦、拉深、滚丝、拉丝、弯曲、成形等。冷作模具质量直接影响到模具的使用、加工生产率和生产成本。模具材料是模具制造的基础，合理选用冷作模具材料，正确制定热处理工艺是保证模具寿命、提高模具质量和使用效能的关键所在。冷作模具材料有冷作模具钢、硬质合金、陶瓷、合金铸铁等。本章重点介绍目前使用较多的冷作模具钢和硬质合金材料。

3.1 冷作模具材料的性能要求

3.1.1 冷作模具材料的使用性能要求

冷作模具的种类繁多，结构复杂，在工作中受到拉伸、弯曲、压缩、冲击、摩擦等机械力的作用，其主要的失效形式为断裂、磨损、过量变形、咬合等。为了能保证模具正常工作，冷作模具材料应满足下列基本要求。

① 良好的耐磨性：模具在工作时承受相当大的压应力和摩擦力，致使模具表面产生划痕，划痕与坯料相咬合，使模具表面逐渐产生切应力形成机械破损而磨损。因此，要求冷作模具在此工作条件下保持其尺寸和形状不变，冷作模具应具有高的硬度，材料的基体组织应为回火马氏体或下贝氏体，碳化物为细小、均匀的粒状。

② 高的强度：强度是设计和选材的重要依据，强度指标分为屈服点 σ_s 或 $\sigma_{0.2}$、抗拉强度 σ_b、抗压强度 σ_c、抗弯强度 σ_{bb} 和抗剪强度等。模具具备高的强度是减少断裂和过量变形的重要措施，钢的含碳量与合金元素的含量、晶粒的大小、金相组织、碳化物的类型、形状、大小及分布、残余奥氏体量、内应力状态等都对强度有极大的影响。选定材料后，可通过适当的热处理工艺获取高的强度。

③ 足够的韧性：模具材料具有足够的韧性使模具受到冲击时不易断裂。冲击韧度值一般只作为选材时参考，而不作为设计计算的计算依据。冲击韧度是材料的强度和塑性的综合表现，其影响因素有材料的化学成分、金相组织和冶金质量。含碳量越低、杂质越少、晶粒越细，材料的韧性越高。常用的指标有 a_K 值（冲击韧度）、f（静弯曲挠度）和 K_{ic}（断裂

韧度）等来表示材料抗冲击的能力。

④ 良好的抗疲劳性：冷作模具承受交变载荷的作用，所以要求模具具有较高的疲劳抗力。影响疲劳破坏的因素很多，如钢中带状或网状碳化物、粗大晶粒、脱碳、零件应力集中的部位、表面划痕、残余内应力或内部某一薄弱部位等。在选用模具材料和模具的加工过程中多加留意。

⑤ 良好的抗咬合能力：抗咬合能力是指对“冷焊”的抵抗能力。在高摩擦情形下，润滑油膜被破坏，被冲压工件“冷焊”在模具型腔表面形成金属瘤，从而在成形工件表面划出道痕。影响抗咬合能力的主要因素是成形材料的性质、模具材料、润滑条件等，抗咬合能力要求高的模具材料常作渗氮或氮碳共渗等处理。

3.1.2 冷作模具材料的工艺性能要求

冷作模具材料必须具备适宜的工艺性能，以降低模具的加工成本，保证模具的制造质量。冷作模具材料的工艺性能主要包括可锻性、可切削性、可磨削性、热处理工艺性等。

（1）可锻性

锻造不仅可减少模具成形零件的机械加工余量，更重要的是改善坯料的内部组织缺陷，如晶粒度、碳化物的分布等，锻造质量直接影响到模具的制造质量。

可锻性要求材料热锻时变形抗力小，塑性好，锻造温度范围宽（始锻与终锻的温差值要大），锻裂、冷裂及析出网状碳化物的倾向小。

（2）可切削性

可切削性要求切削力小，切削用量大，刀具磨损小，切削工时少，加工表面光洁。大多数模具材料的切削加工都比较困难，故需要进行正确的热处理，以保证切削加工的顺利进行。

（3）可磨削性

可磨削性要求对砂轮质量及冷却条件不敏感，不易发生磨伤与磨裂。模具成形零件的最后加工往往是精磨，以达到模具的尺寸精度和表面粗糙度的要求。

（4）热处理工艺性

热处理工艺性主要包括：淬透性、淬硬性、回火稳定性、脱碳倾向、过热敏感性、淬火变形与开裂倾向等。

① 淬透性和淬硬性：淬透性和淬硬性要求模具材料经淬火后能获得较深的硬化层和较高的硬度，以满足承载和耐磨的需要。对于大型模具除了要求有高的硬度外，还要求心部有良好的强韧性配合，这就要求模具材料具有高的淬透性和淬硬性。对于形状复杂的小型模具，为使其淬火后能获得较均匀的应力状态，以避免开裂或较大的淬火变形，要求模具材料具有高的淬透性。

② 回火稳定性：回火稳定性反映了冷作模具受热软化的抗力。可以用软化温度（保持硬度为58HRC的最高回火温度）和二次硬化来评定。回火稳定性愈高的钢热硬性愈好，在相同的硬度情况下，其韧性也较好。所以对于受到强烈挤压和摩擦的冷作模具，要求模具材料具有较高的耐回火性。一般对于高强韧性模具钢，二次硬化硬度不应低于60HRC，对于高承载的模具钢不低于62HRC。

③ 脱碳倾向、过热敏感性：脱碳严重降低模具的耐磨性和疲劳寿命，过热会使马氏体粗大，降低韧性，增加模具早期断裂的危险性。所以要求冷作模具钢脱碳倾向和过热敏感性

要小。

④ 淬火变形与开裂倾向：要求冷作模具钢的淬火变形与开裂倾向要小。冷作模具钢的淬火变形与开裂倾向与材料的化学成分、原始组织、零件的几何尺寸和结构形状、热处理的工艺方法和参数有关。由材料特性等引起的淬火变形与开裂主要通过正确选材、控制原始组织状态和最终组织状态来解决；由热处理的工艺引起的淬火变形与开裂可以通过控制加热方法、加热温度、冷却方法等来控制。

3.1.3　冷作模具材料的成分特点

① 钢的含碳量：含碳量是影响冷作模具钢性能的决定性因素。一般情况下，含碳量越高，钢的强度、硬度、耐磨性越高，塑性、韧性越低。对于高耐磨的冷作模具钢，钢的碳质量分数为0.7%～2.3%，以获得高碳马氏体，并形成一定量的碳化物；对于抗冲击的高强韧性的冷作模具钢，其碳质量分数为0.5%～0.7%，以保证模具具有足够的韧性。

② 合金化特点：冷作模具钢中通常含有一定量的合金，形成足够数量的合金碳化物，以增加钢的淬透性和回火稳定性，达到耐磨性和强韧性的要求。模具钢中常加入的合金元素有Cr、Mn、W、Mo、V、Si、Ni、Nb、Al等。

3.2　冷作模具材料

冷作模具钢是应用最为广泛的冷作模具材料。按照其化学成分、工艺性能、力学性能及应用场合可分为低淬透性冷作模具钢、低变形冷作模具钢、高耐磨微变形冷作模具钢、高强度高耐磨冷作模具钢、抗冲击冷作模具钢、高强韧性冷作模具钢、高耐磨高强韧性冷作模具钢。

3.2.1　低淬透性冷作模具钢

低淬透性冷作模具钢即淬透性低（淬硬的深度值小）的冷作模具钢。常用的有碳素工具钢和GCr15（轴承钢）等，其化学成分和相对性能见表3-1。

表3-1　碳素工具钢、GCr15钢的化学成分及相对性能

钢号	化学成分 w/%				性能相对顺序①			
	C	Mn	Si	Cr	淬透性	韧性	耐磨性	淬火工艺性
T7A	0.65～0.74	≤0.40	≤0.35	—	1	5	1	1
T8A	0.75～0.84	≤0.35	≤0.35	—	4	4	2	3
T10A	0.95～1.04	≤0.40	≤0.35	—	3	2	3	4
T12A	1.15～1.24	≤0.40	≤0.35	—	2	1	4	2
GCr15	0.95～1.10	≤0.40	≤0.40	1.30～1.65	5	3	5	5

① 顺序1→5表示性能由低→高，T10A的综合性能最好。

3.2.1.1　碳素工具钢

此类钢常用的钢种有T7A、T8A、T10A、T12A。T表示碳素工具钢，数字是用千分数表示的含碳量，A表示高级优质钢（其w_S≤0.020%、w_P≤0.030%）。

（1）碳素工具钢的力学性能

钢的力学性能主要取决于钢的最终热处理工艺，同一种材料经不同的热处理后表现出来

的力学性能不同；而且同一种材料用于加工不同类型的模具，其最终热处理工艺也不同。

① 淬火温度的影响。碳素工具钢的力学性能受淬火温度的影响基本相同。以 T10A 钢为例，当淬火温度升至 780℃时，钢的抗弯强度 σ_{bb}、韧性（用 f 静弯曲挠度表示）、硬度为最高；再提高淬火温度，淬火马氏体变粗，钢的强度、韧性下降，如图 3-1 所示；表面硬度不再提高，材料中心硬度提高，如图 3-2 所示。

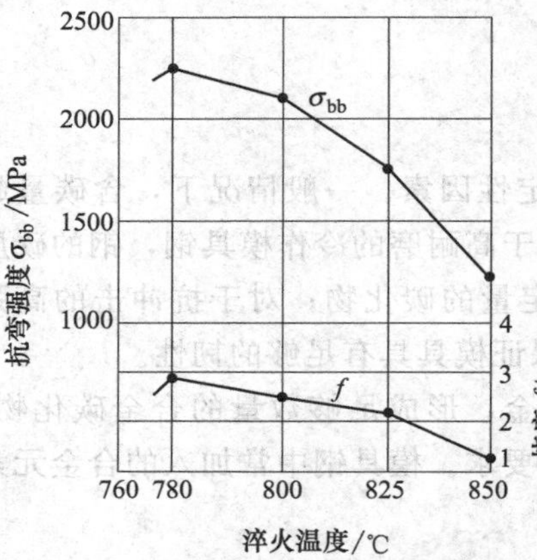

图 3-1 力学性能与淬火温度的关系

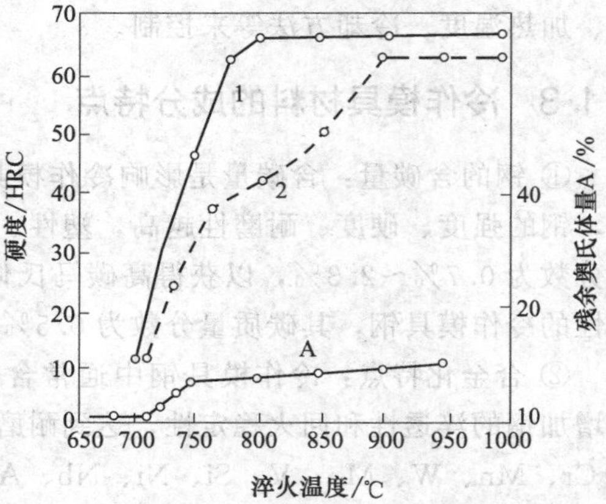

图 3-2 淬火硬度、残余奥氏体量与淬火温度的关系（试样直径 20mm）

1—试样表面硬度；2—试样中心硬度

② 回火温度的影响。回火温度超过 100℃以后，随着回火温度的升高，钢的抗弯强度 σ_{bb} 增加，硬度下降；抗弯强度 σ_{bb} 在 220～250℃之间达到极值，如图 3-3、图 3-4 所示。为了获得高的硬度，冷作模具一般在 150～200℃之间回火。碳素工具钢经淬火、回火后可获得较高的硬度（≥58～61HRC），但耐磨性较差。在常规淬火情况下，碳素工具钢的耐磨性随着牌号的增大而增加，这是残留碳化物数量增加之故。

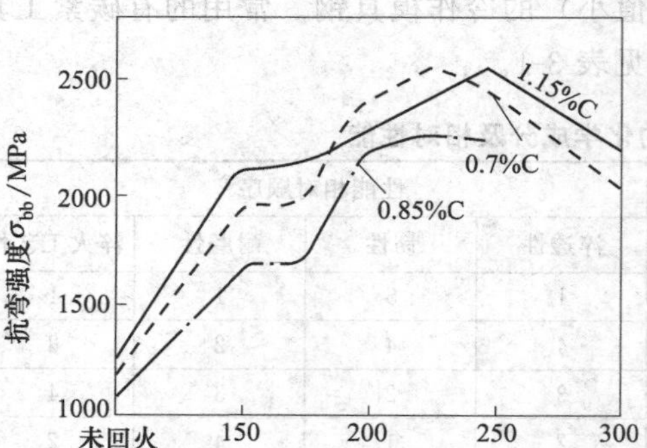

图 3-3 抗弯强度与回火温度的关系

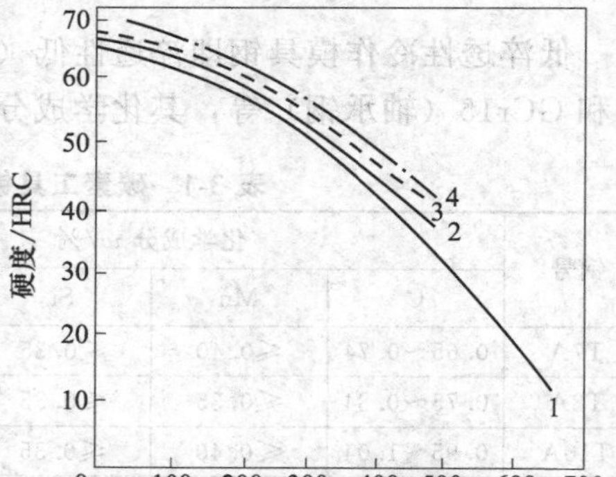

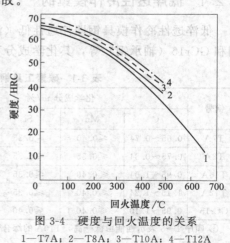

图 3-4 硬度与回火温度的关系

1—T7A；2—T8A；3—T10A；4—T12A

（2）碳素工具钢的工艺性能

① 锻造性能：碳素工具钢的变形抗力小，锻造温度范围宽，锻造工艺性能良好，如表 3-2 所示。对于 T10A、T12A 钢在锻造时，必须严格控制终锻温度和锻后的冷却速度。如果终锻温度过高，锻后冷却过缓，容易析出网状渗碳体，从而增加模具淬火开裂、磨削裂纹

和使用时出现脆断的倾向。实际生产中，一般采用锻后空冷来抑制网状碳化物的析出，并采用适当的锻造比（≥4）细化碳化物。

表 3-2 碳素工具钢的锻造工艺

钢 号	始锻温度/℃	终锻温度/℃	冷却方式
T7A、T8A	1130～1160	≥800	空冷
T10A、T12A	1100～1140	800～850	空冷至 650～700℃再缓冷

② 预备热处理：为了消除锻坯的锻造应力，细化组织，降低硬度，便于切削加工，为淬火作好组织准备，必须进行预备热处理。预备热处理采用球化退火，一般采用等温球化退火，如表 3-3 和图 3-5、图 3-6 所示。退火后的组织为球状珠光体，硬度≤197HBS，切削加工性较好。

若钢坯锻造后出现了晶粒粗大或网状渗碳体，则应先进行正火处理后再退火处理。正火处理工艺如表 3-4 所示。

③ 淬火工艺性：碳素工具钢的常规淬火温度为 780～800℃，较低的淬火温度为 760～780℃，较高的淬火温度为 800～820℃，或更高的温度；其淬火方法、淬火介质及其应用范围如表 3-5 所示。

表 3-3 碳素工具钢的等温退火工艺

钢号	相变点/℃		加热温度/℃	保温时间/h	等温时间/℃	保温时间/h	退火后硬度/HBS
	Ac_1	Ar_1					
T7A、T8A	730	700	750～770	1～2	680～700	2～3	163～187
T10A、T12A	730	700	750～770	1～2	680～700	2～3	179～207

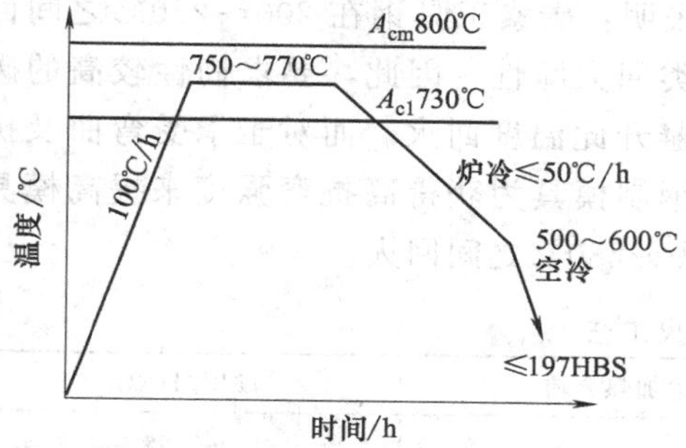

图 3-5 T10A 钢的球化退火工艺

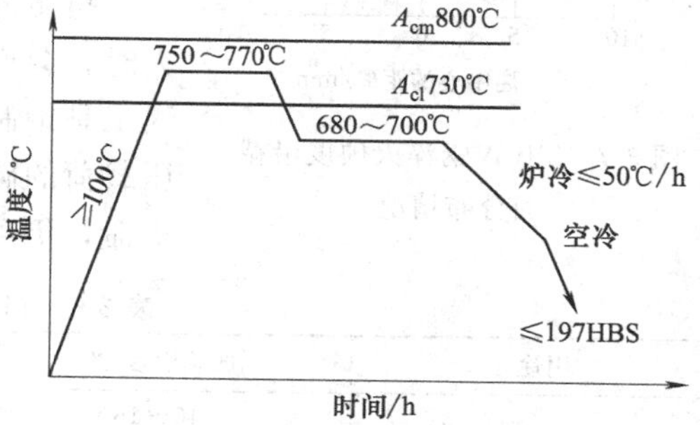

图 3-6 T10A 钢的等温球化退火工艺

表 3-4 碳素工具钢的正火工艺

钢号	正火温度/℃	硬度/HBS	正火目的
T7A	800～820	229～285	促进球化
T8A	800～820	241～302	改进硬度
T10A	830～850	255～321	加速球化，提高淬透性
T12A	830～850	269～341	消除网状渗碳体

表 3-5 碳素工具钢的淬火方法、淬火介质和应用范围

冷却方式	常用冷却介质	介质温度/℃	停留时间	应用范围
单液淬火	40%～50%（质量分数）NaOH 水溶液 5%～10%（质量分数）NaCl 水溶液	≤40	1s/(3～5mm)	＞12mm 形状简单模具
	L-AN2 或 L-AN20 全损耗系统用油	20～120	至 150℃以下	＜5mm 的模具

续表

冷却方式	常用冷却介质	介质温度/℃	停留时间	应用范围
双液淬火	水溶液-油	≤40	1s/(4～7mm)	>12mm 形状较复杂
	水溶液-硝盐液(或碱浴)	≤40	1s/(3～6mm)	>12mm 形状较复杂
马氏体分级淬火	50%(质量分数)KNO_3＋50%(质量分数)$NaNO_2$	150～200	2～10min	>12mm 形状较复杂
	85%(质量分数)KOH＋15%(质量分数)$NaNO_2$＋3%(质量分数)水(占总量)	150～180	2～10min	<25mm 形状较复杂
贝氏体等温淬火	硝盐	150～200	20～40min	>12mm 形状复杂
	碱浴	150～180	20～60min	<25mm 形状复杂

注：等温淬火工件淬火应力小，变形开裂几率小，从等温槽取出冷却到室温时形成的马氏体被细化，马氏体中微裂纹也很少。因此，等温淬火可以有效提高工件的韧性（约 1 倍），等温淬火的加热温度可以高于常规淬火温度 30～50℃，等温温度稍高于 M_S 点，但工件尺寸不能过大。

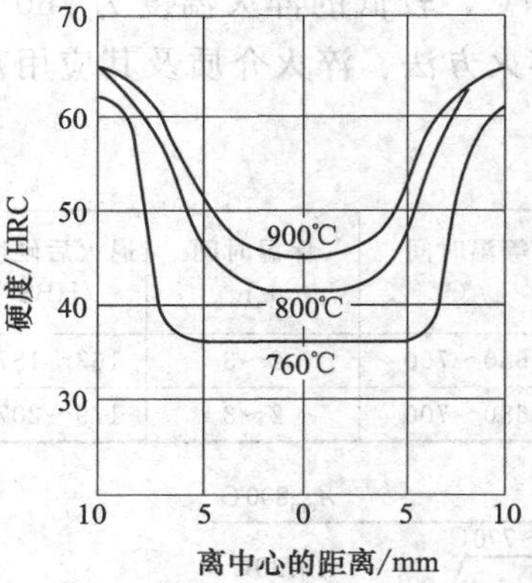

图 3-7 T10A 钢淬火硬度沿截面分布情况

碳素工具钢的淬透性较低，油淬临界直径为 4～5mm，水淬临界直径为 5～15mm。T10A 钢淬火硬度沿截面分布情况如图 3-7 所示。碳素工具钢的淬火变形大，淬火开裂倾向大。

④ 回火工艺：碳素工具钢经淬火后，存在较大的内应力，强度、韧性不够高，必须再经低温回火（150～250℃）。以 T10A 钢的回火工艺为例说明回火温度与硬度的关系，如表 3-6 所示。

扭转冲击实验表明：碳素工具钢在 200～250℃之间回火时，会产生第一类回火脆性。因此，要求韧性较高的碳素工具钢制模具应避开此温度回火。而对于承受弯曲及抗压载荷的碳素工具钢制模具为获得高抗弯强度来提高模具寿命，仍可采用 220～280℃之间回火。

表 3-6 T10A 钢的回火工艺

用途	加热温度/℃	加热介质	硬度/HRC
消除应力、稳定组织与尺寸	140～160	油 硝盐 碱	62～64
	160～180		60～62
	180～200		59～61
	200～250		56～60

注：1. 高精度工件（R_a 为 1～2μm），粗加工后，应进行去应力退火。
2. 高于 250℃的回火温度，能同时保证工件尺寸的稳定。

（3）碳素工具钢的应用范围

碳素工具钢价格便宜，在退火状态下具有较好的切削加工性能，通过热处理能获得较高的硬度和一定的耐磨性。但其淬透性低、淬火变形大、淬火开裂倾向大、耐磨性较差。因此，碳素工具钢适宜于制造尺寸较小、形状简单、载荷较轻、生产批量不大的冷作模具，如小型的切边模、落料模、拉深模等。

3.2.1.2 GCr15 钢（轴承钢）

G 表示轴承专用钢，Cr15 是用千分数表示铬的含量为 1.5%。从表 3-1 中可以看出，GCr15 是在 T10A 钢（该类钢中综合性能为最好的）中加入了少量的铬而形成的（与 Cr2 钢相近）。少量的铬加入，提高了钢的淬透性，增加了回火稳定性，减少了淬火变形和淬火开裂倾向。

（1）GCr15 钢的力学性能

① 淬火温度的影响。GCr15 钢的常规淬火组织为隐晶马氏体、均匀分布的球状碳化物以及少量的残余奥氏体，奥氏体中碳的质量分数为 0.5%～0.6%。当淬火温度升至 840℃时，钢的抗弯强度 σ_{bb} 和冲击韧度为最高，如图 3-8、图 3-9 所示。当淬火温度为 860℃时，钢的硬度达到极值，如图 3-10 所示。

淬火温度超过 860℃时，由于残余奥氏体量的增加和奥氏体晶粒的粗化，其淬火后的硬度趋于下降，钢的强度和韧性也明显下降。当淬火温度为 835℃时，疲劳强度极限为最高。

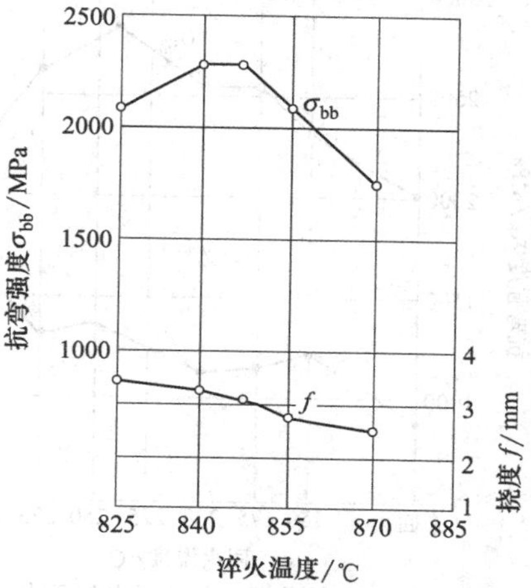

图 3-8 抗弯强度与淬火温度的关系

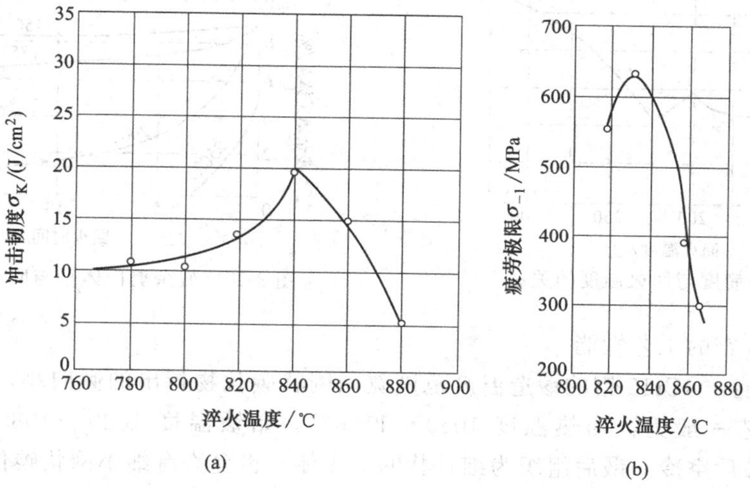

图 3-9 冲击韧度、疲劳极限与淬火温度的关系

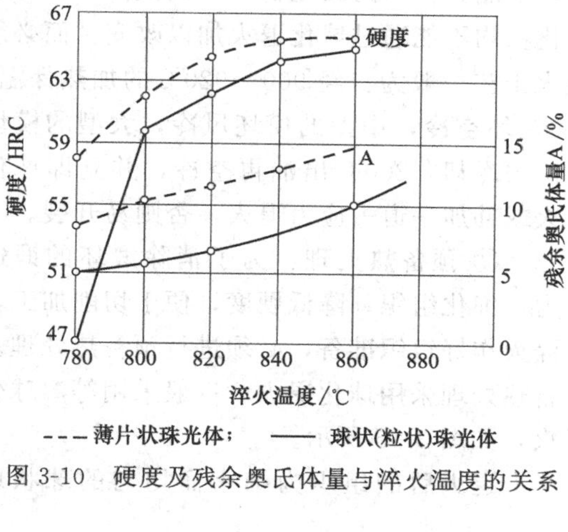

图 3-10 硬度及残余奥氏体量与淬火温度的关系

② 回火温度的影响。GCr15 钢经淬火后必须回火。回火温度达 240℃时，钢的抗弯强度 σ_{bb} 达最高值，如图 3-11 所示。回火温度超过 100℃时，钢的硬度开始下降，如图 3-12 所示。GCr15 钢的回火温度与冲击韧度的关系如图 3-13 所示。从图中可以看出，当回火温度超过 200℃时有第一类回火脆性产生。残余奥氏体量随着与回火温度的升高而下降，如图 3-14 所示。

综上所述，GCr15 钢的各项力学性能指标均稍高于碳素工具钢。

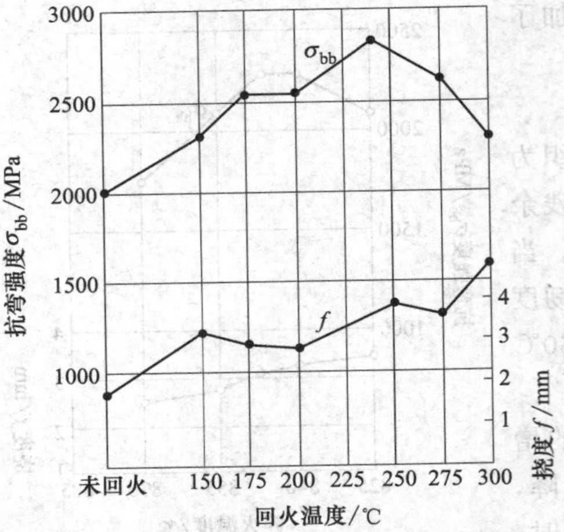

图 3-11 抗弯强度σ_{bb}与回火温度的关系

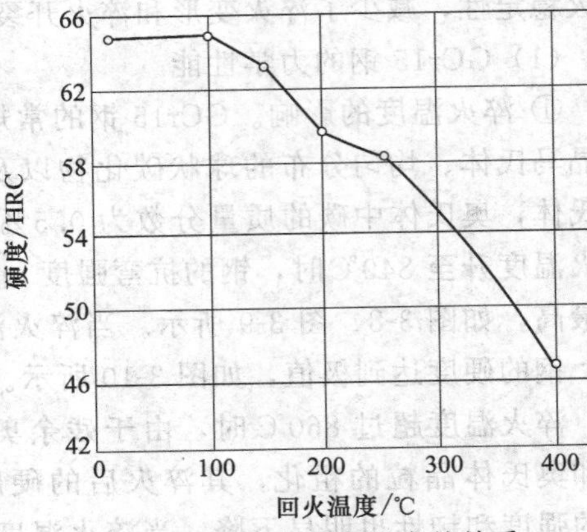

图 3-12 硬度与回火温度的关系

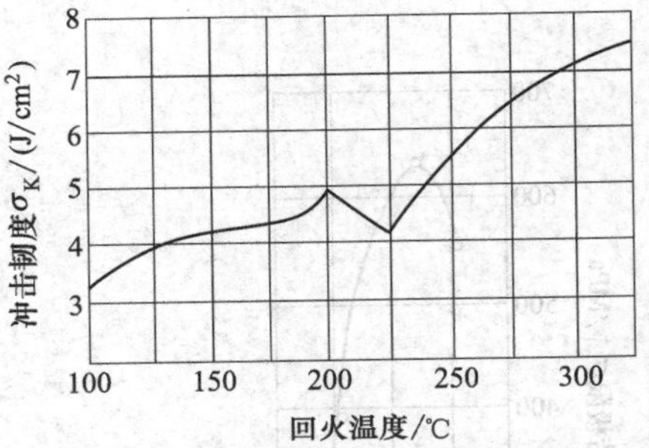

图 3-13 冲击韧度与回火温度的关系

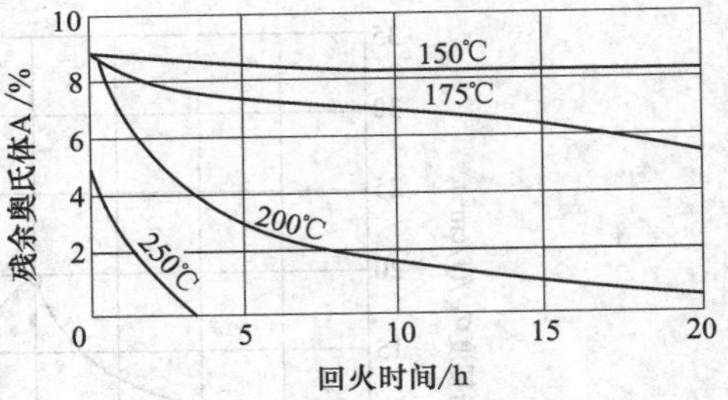

图 3-14 残余奥氏体量与回火温度的关系

（2）GCr15 钢的工艺性能

① 锻造性能：GCr15 钢的锻造温度范围宽，网状碳化物析出的倾向小，锻造工艺性能较好。锻造工艺一般为：加热温度 1050～1100℃，始锻温度 1020～1080℃，终锻温度 800～850℃，锻后空冷。锻后组织为细片状的珠光体，也允许有细小网状碳化物出现。这样的组织可以不经正火而直接进行球化退火。

如果锻造工艺不当，如终锻温度过高，锻后冷却过慢，则碳化物将沿奥氏体晶界明显析出而形成粗大网状碳化物；又如终锻温度过低，沿晶界析出的碳化物将和奥氏体一起顺着变形方向被拉长而形成线条状碳化物。这两类碳化物均不能通过球化退火加以改变，而必须在球化退火之前通过正火来消除。GCr15 钢的正火工艺一般为：经 900～920℃的加热保温后，用≥40～50℃/min 的冷却速度冷却，如小型的模坯空冷，中型的模坯风冷，大型的模坯热油中冷却，200℃出油再空冷，并立即球化退火或补加一道去应力退火，否则易开裂。

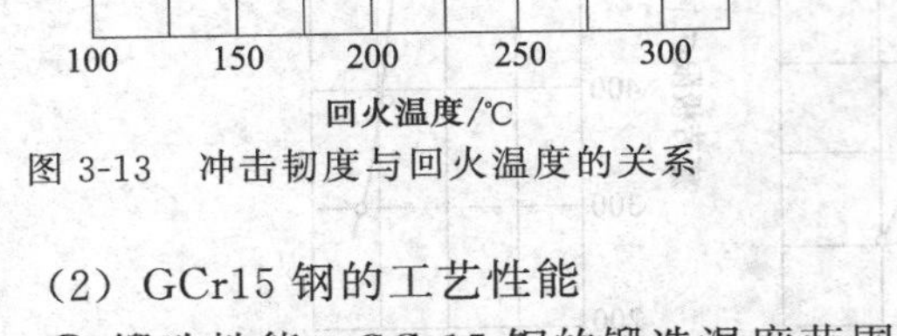

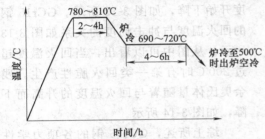

图 3-15 GCr15 钢的等温球化退火工艺

② 预备热处理：为了消除锻坯的锻造应力，细化组织，降低硬度，便于切削加工，为淬火作好组织准备，必须进行预备热处理。预备热处理采用球化退火，一般采用等温球化退火，如图 3-15 所示。

退火后的组织为细小而均匀的球状珠光

体，硬度为179～229HBS，切削加工性较好。

③ 淬火工艺性：GCr15钢的常规淬火温度为830～860℃，常用冷却介质为油，油淬临界直径为25mm，过热倾向小、残余奥氏体量少、淬火变形和淬火开裂倾向较小。

④ 回火工艺：GCr15钢经淬火后，必须进行低温回火。GCr15钢制冷作模具时，一般采用160～180℃的回火。不同温度下进行回火的硬度值如表3-7所示。

表3-7 GCr15钢在不同温度下进行回火的硬度值

回火温度/℃	≤100	150	160～180	200～220	270	300
硬度值/HRC	≈64	≈63	61～62	≈60	≈58	≈55

(3) GCr15钢的应用范围

GCr15钢的淬透性、淬硬性和耐磨性都较碳素工具钢高，在淬火、回火时的尺寸变化也不大。因此，GCr15应用于小型的冷冲模、切边模、低压力下的冷镦模、冷挤压凹模、拉丝模等。

3.2.2 低变形冷作模具钢

低变形冷作模具钢是指钢经淬火、回火后，其热处理变形量较小。它是在碳素工具钢的基础上加入了少量合金元素而形成的。通常加入的合金元素有Cr、Mn、Si、W、V等。其作用是提高淬透性，减少淬火变形和开裂倾向，形成特殊碳化物，细化晶粒，提高回火稳定性。因此，这类钢的强韧性、耐磨性、热硬性都比碳素工具钢高。常用钢的化学成分及基本特点如表3-8所示。

表3-8 常用低变形冷作模具钢的化学成分及基本特点

钢号	化学成分 w/%						基本特点
	C	Si	Mn	Cr	W	V	
CrWMn	0.95～1.05	0.15～0.35	0.80～1.10	0.90～1.20	1.20～1.60	—	耐磨性较好，易出现材质缺陷
9CrWMn	0.85～0.95	≤0.4	0.90～1.20	0.50～0.80	0.50～0.80	—	韧性、塑性较好，耐磨性较低
9Mn2V	0.85～0.95	≤0.4	1.70～2.00	—	—	0.10～0.25	淬火变形小，韧性、淬透性偏低
9Mn2	0.85～0.95	≤0.4	1.70～2.00	—	—	—	过热敏感性强，易于加工，变形小
MnCrWV	0.95～1.05	≤0.4	1.00～1.30	0.40～0.70	—	0.10～0.25	综合性能优良

3.2.2.1 CrWMn钢

从表3-8中可以看出，CrWMn钢的合金含量较GCr15钢有所增加，合金总量达3.4%。钨形成碳化物（WC）使钢在淬火和低温回火后具有比GCr15钢和9CrSi钢更多的过剩碳化物和更高的硬度及耐磨性（但钢的锻造性有所下降）；此外，钨还有助于保存细小晶粒，从而使钢获得较好的韧性。

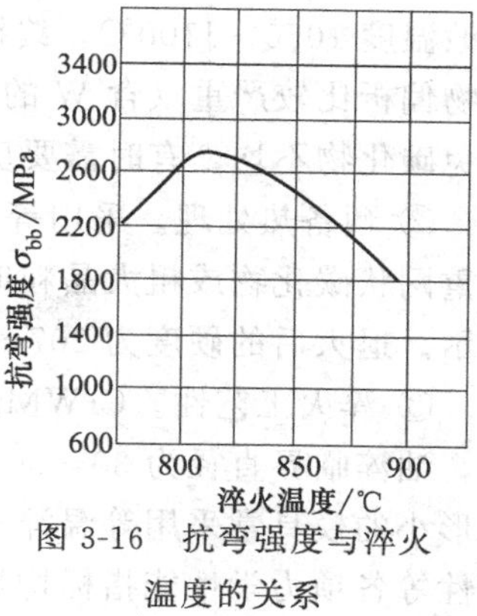

图3-16 抗弯强度与淬火温度的关系

(1) CrWMn钢的力学性能

① 淬火温度的影响。从图3-16可知：当淬火温度为810℃时，钢的抗弯强度达极值。冲击韧度随着淬火温度的升高而下降。从图3-17可知：当淬火温度为850℃时，硬度达

极值；当淬火温度超过850℃时，硬度开始下降，这与钢中残余奥氏体不断增加、奥氏体晶粒长大、片状马氏体变粗有关。

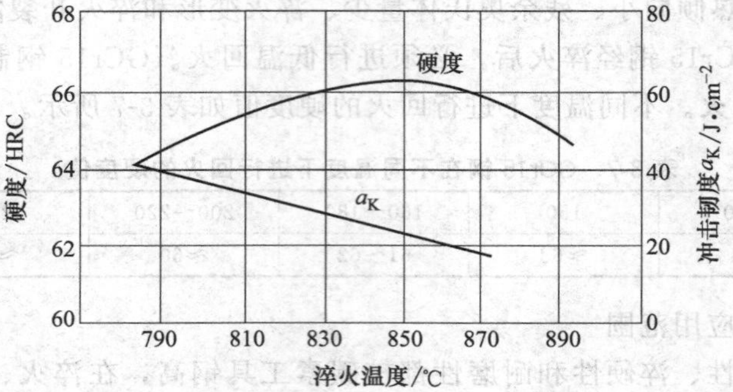

图3-17 硬度、冲击韧度与淬火温度的关系（淬火后在200℃硝盐浴中回火1h）

② 回火温度的影响。当回火温度达225℃时，该钢的抗弯强度σ_{bb}达最高值，如图3-18所示。随着回火温度的升高，钢的硬度下降，如图3-12所示。CrWMn钢的回火温度与冲击韧度的关系如图3-19所示。从图中可以看出，当回火温度在300℃左右时有第一类回火脆性产生。

综上所述，CrWMn钢的各项力学性能指标均好于GCr15钢。

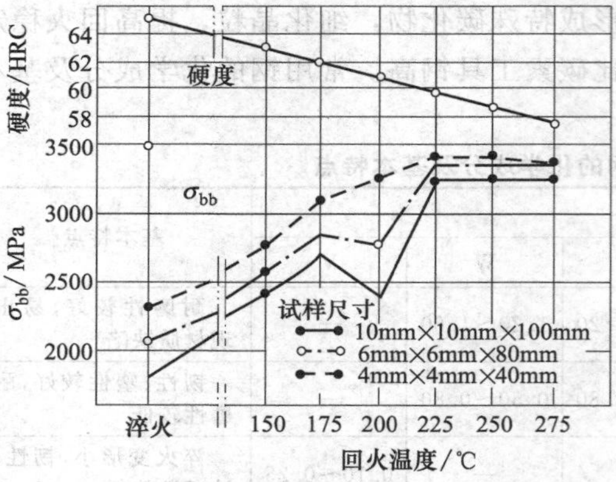

图3-18 抗弯强度、硬度与回火温度的关系

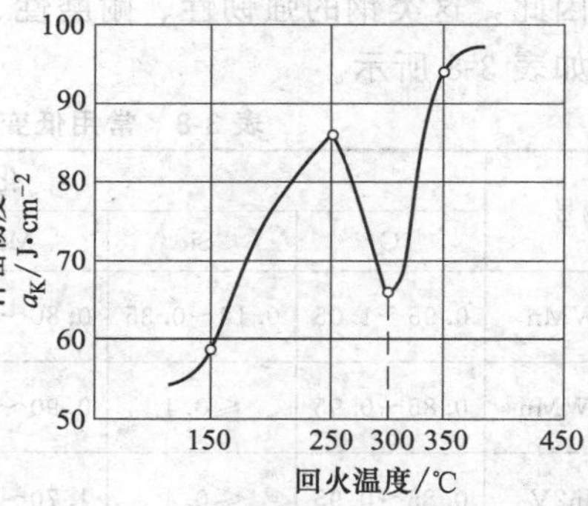

图3-19 CrWMn钢的回火温度与冲击韧度的关系

（2）CrWMn钢的工艺性能

① 锻造性能。CrWMn钢的锻造性较好。锻造工艺一般为：加热温度1100～1150℃，始锻温度1050～1100℃，终锻温度800～850℃，锻后空冷至650～700℃后再缓冷。该钢碳化物偏析比较严重（含W的原因），锻后缓冷易形成网状碳化物。对于大规格的钢材，为了避免碳化物不均，有时需要反复镦粗拔长，以便提高最终热处理后的力学性能。

② 预备热处理。采用等温球化退火，其工艺如图3-20所示。如果锻造质量不高，出现严重网状碳化物或粗大晶粒时，必须在球化退火之前进行一次正火处理，其工艺如图3-21所示。退火后的硬度为207～255HBS，切削加工性较好。为了细化晶粒可进行超细化处理。

③ 淬火工艺性。CrWMn钢的常规淬火温度为820～850℃，淬火介质有油、硝盐、碱等，油淬临界直径为30～50mm。该钢淬透性较好，淬火变形较小。对于形状较复杂、要求变形小的模具常采用等温淬火（等温温度在90～160℃之间），等温淬火后其强度、硬度、韧性等各项力学性能指标均好于普通淬火（即单液淬火）。

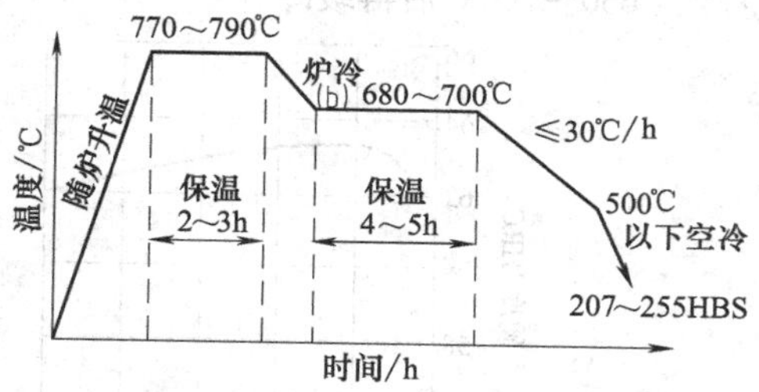

图 3-20 CrWMn 钢的等温球化退火工艺

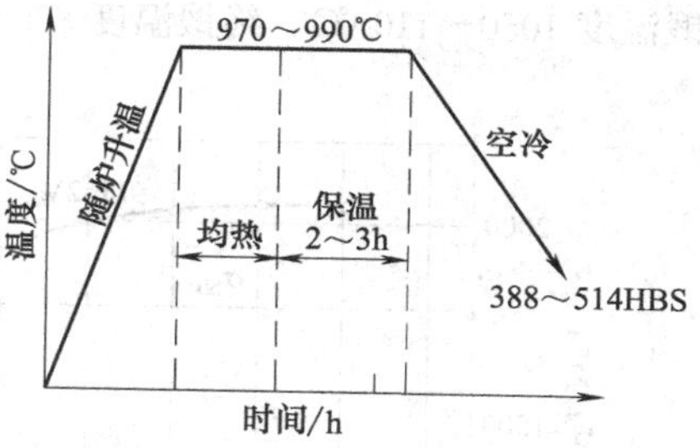

图 3-21 CrWMn 钢的正火工艺

④ 回火工艺。采用低温回火（150～250℃），CrWMn 钢制冷作模具时，一般采用200～220℃的回火。在不同温度下进行回火的硬度值如表 3-9 所示。

表 3-9 CrWMn 钢在不同温度下进行回火的硬度值

回火目的	加热温度/℃	加热介质	硬度值/HRC
消除应力、稳定组织和尺寸	140～160	油或硝盐或碱	62～65
	170～200		60～62
	230～280		55～60

(3) CrWMn 钢的应用范围

CrWMn 钢的淬透性较好，淬硬性好、淬火变形较小，但耐磨性不够高。因此，用于形状较复杂、精度较高、载荷较轻的冷冲模、切边模、冷镦模、冷挤压模的凹模、拉丝模、拉伸模等。

9CrWMn 钢简介

9CrWMn 钢与 CrWMn 钢相比，含碳量要低，合金含量要少，故强度、硬度要低，但加工性能要好。该钢具有一定的淬透性和耐磨性，淬火变形较小，碳化物分布均匀且颗粒细小。通常用于制造截面不大而形状较复杂、高精度的冷冲模，以及切边模、冷镦模、冷挤压模的凹模、拉丝模、拉伸模等。

3.2.2.2 9Mn2V 钢

从表 3-8 中可以看出，9Mn2V 钢的合金含量较 CrWMn 钢低，合金总量达 2%。没有了 W，碳化物不均匀性和淬火开裂倾向较 CrWMn 钢小，又加入了少量 V（$w_V \approx 0.2\%$）来细化奥氏体的晶粒，降低锰钢的过热敏感性。和 CrWMn 钢相比，该钢的冷热加工性要好，强度、硬度、淬透性、淬硬性、回火稳定性稍低。

(1) 9Mn2V 钢的力学性能

① 淬火温度的影响。从图 3-22 可知：当淬火温度低于 840℃时，抗弯强度 σ_{bb} 在高值区域，且变化不大。当淬火温度为 840℃时，韧性（用 f 静弯曲挠度表示）值达极值。从图 3-23可知：当淬火温度为 780℃时，硬度达极值；随着淬火温度的升高，硬度值开始下降，但下降幅度不大，这是钢中 $w_V \approx 0.2\%$ 细化了奥氏体晶粒。

② 回火温度的影响。随着回火温度的升高，钢的抗弯强度 σ_{bb}、冲击韧度增加，硬度下降，即回火稳定性较差，在 250℃左右回火时，明显有第一类回火脆性产生，如图 3-24、图 3-25 所示。

(2) 9Mn2V 钢的工艺性能

① 锻造性能。9Mn2V 钢具有良好的锻造性能。锻造工艺一般为：加热温度 1080～1120℃，

始锻温度 1050～1100℃，终锻温度 800～850℃，锻后空冷至 650～700℃后再缓冷。

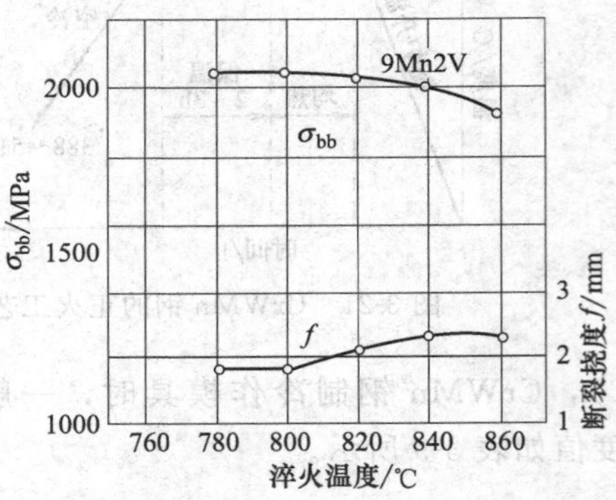

图 3-22 抗弯强度、韧性与淬火温度的关系（150℃回火）

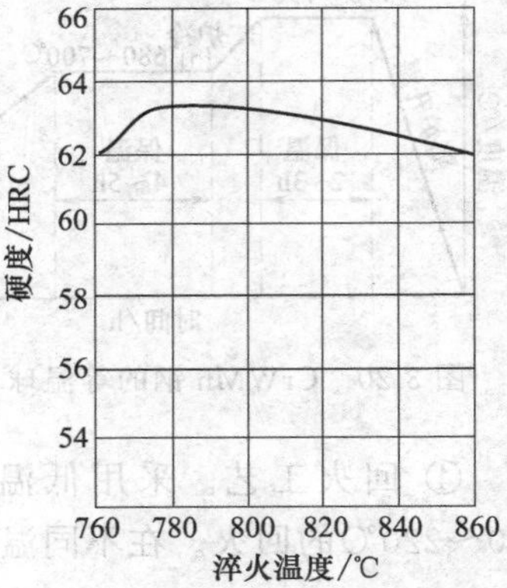

图 3-23 硬度与淬火温度的关系

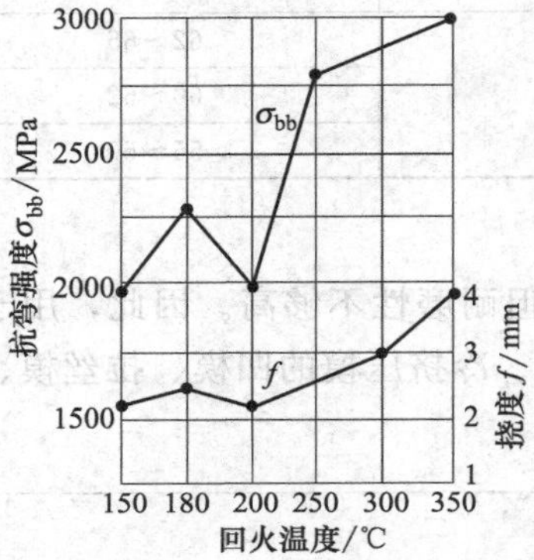

图 3-24 抗弯强度、韧性与回火温度的关系（770℃淬火）

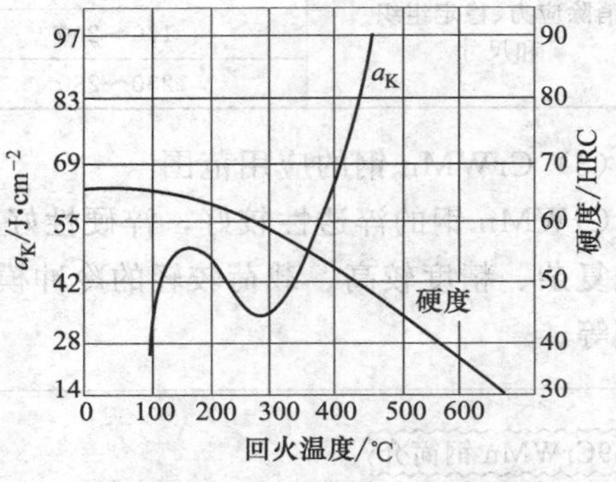

图 3-25 硬度和韧性与回火温度的关系

② 预备热处理。采用等温球化退火，其工艺为：加热温度 750～770℃，保温 3h，等温温度 680～700℃，保温 3～5h，炉冷至 500℃再空冷。退火后的硬度≤229HBS，切削加工性较好。

③ 淬火工艺性。9Mn2V 钢的常规淬火温度为 780～840℃（M_S＝125℃），淬火温度范围宽，淬火冷却介质为油，油淬临界直径为 30mm，淬火变形较小。

④ 回火工艺。9Mn2V 钢制冷作模具时，一般采用 160～180℃的回火，回火硬度值≥60HRC。

（3）9Mn2V 钢的应用范围

9Mn2V 钢比碳素工具钢的综合力学性能好。它具有较高的硬度和耐磨性，淬火时变形较小，淬透性较好。由于钢中含有一定量的钒，细化了晶粒，减小钢的过热敏感性，同时碳化物较细小和分布较均匀。该钢适于制造一般要求的、尺寸比较小的冲模及冷压模、雕刻模、落料模等。

3.2.3 高耐磨微变形冷作模具钢

低变形性冷作模具钢的性能虽然优于碳素工具钢，但其耐磨性、强韧性、淬硬性、变形要求等仍不能满足形状复杂的重载冷作模具的需要，在使用中易发生折断、弯曲和磨损。为此研发了高耐磨微变形的冷作模具钢，主要体现在于其耐磨性高，淬火变形微小。根据铬含量的高低，高耐磨微变形的冷作模具钢分为中铬微变形冷作模具钢和高铬微变形冷作模具钢。常用钢的牌号、化学成分、主要特点如表 3-10 所示。

表 3-10 高耐磨微变形冷作模具钢的牌号、化学成分、主要特点

钢号	化学成分 w/%							主要特点
	C	Mn	Si	Cr	W	Mo	V	
Cr6WV	1.00～1.15	≤0.40	≤0.40	5.50～7.00	1.10～1.50	—	0.50～0.70	高强度，变形均匀
Cr5Mo1V	0.95～1.05	≤1.00	≤0.50	4.75～5.50	—	0.9～1.40	0.15～0.50	高强度，变形均匀
Cr4W2MoV	1.12～1.25	≤0.40	0.4～0.70	3.50～4.0	1.90～2.60	0.80～1.20	0.80～1.10	高耐磨，高热稳定性
Cr2Mn2SiWMoV	0.95～1.05	1.80～2.30	0.60～0.90	2.30～2.60	0.70～1.10	0.50～0.80	0.10～0.25	高强韧性
Cr12	2.00～2.30	≤0.40	≤0.40	11.50～13.00	—	—	—	高耐磨，高抗压
Cr12MoV	1.45～1.70	≤0.40	≤0.40	11.00～12.50	—	0.40～0.60	0.15～0.30	综合性能好，适应性广
Cr12Mo1V1	1.40～1.60	≤0.60	≤0.60	11.00～13.00	—	0.70～1.20	≤1.10	高耐磨，高强韧性

3.2.3.1 中铬微变形冷作模具钢

中铬微变形冷作模具钢有 Cr6WV、Cr5Mo1V、Cr4W2MoV、Cr2Mn2SiWMoV、8Cr2MnWMoVS 等。它们具有良好的耐磨性和一定的韧性。与低合金钢相比，合金含量高，具有较好的空冷淬透性和较深的淬透深度，且淬火后仍能保持形状稳定。与高铬微变形冷作模具钢相比，主要区别在于其耐磨性要低，而韧性要高。

(1) Cr6WV 钢——属于微变形而不属于高耐磨模具钢

① Cr6WV 钢的力学性能。

淬火温度的影响：从图 3-26 可知，淬火温度越高，抗弯强度 σ_{bb} 与韧性越低；淬火温度为 1000℃时，硬度达极值，如图 3-27 所示。淬火温度对韧性的影响与回火温度有关，如图 3-28 所示。与低合金钢相比，因合金含量高，淬火后的强度、硬度要高，耐磨性要好。

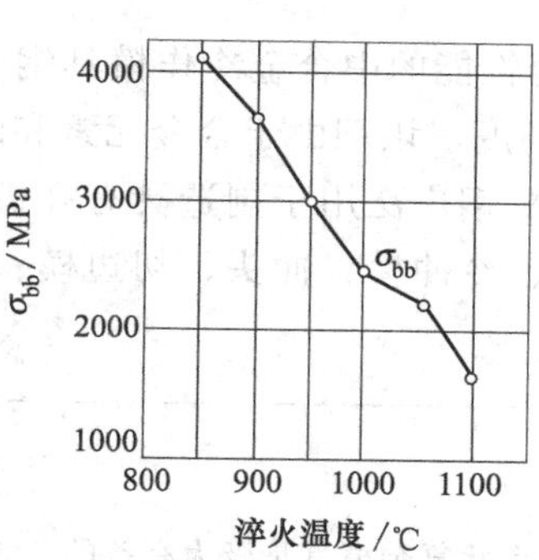

图 3-26 抗弯强度与淬火温度的关系

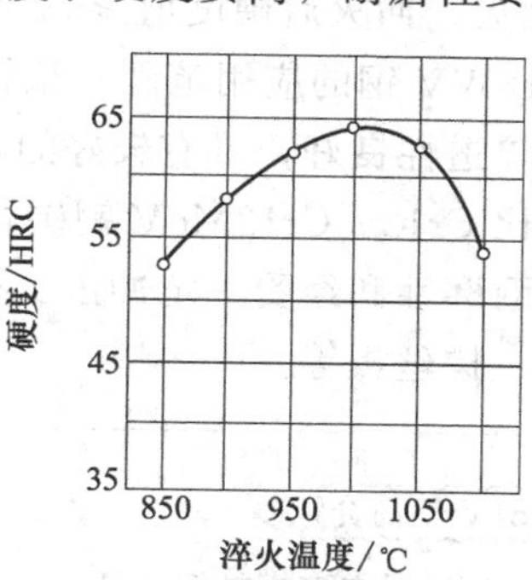

图 3-27 硬度与淬火温度的关系

回火温度的影响：钢的抗弯强度 σ_{bb}、冲击韧度与回火温度的关系与淬火温度有关，如图 3-28、图 3-29 所示。随着回火温度的升高，钢的硬度下降。

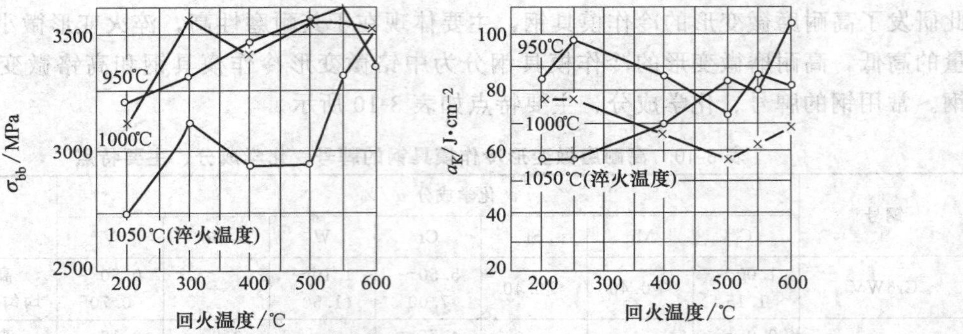

图 3-28 抗弯强度和韧性与回火温度的关系

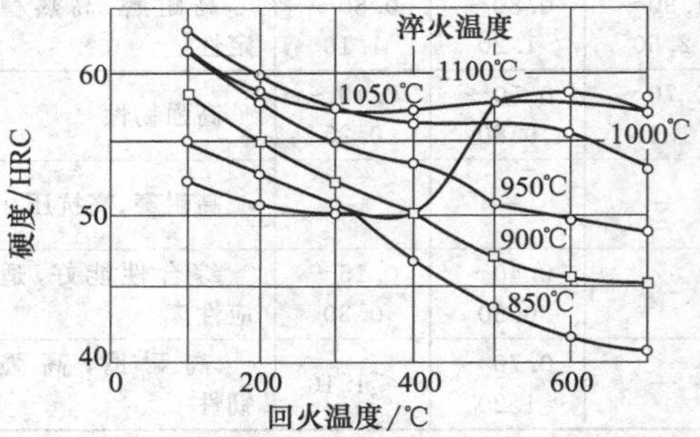

图 3-29 硬度与回火温度的关系

② Cr6WV 钢的工艺性能。

锻造性能：Cr6WV 钢具有良好的锻造工艺性能。锻造工艺一般为：加热温度 1060～1120℃，始锻温度 1000～1080℃，终锻温度 850～900℃，锻后缓冷。

预备热处理：采用等温球化退火，其工艺为加热温度 820～840℃，保温 3～4h，等温温度 700～720℃，保温 3～6h，炉冷（≤30℃/h）至 550℃再空冷。退火后的硬度为 210～235HBS，切削加工性较好。

淬火工艺性：Cr6WV 钢（M_S = 150℃）淬火加热需经两次预热，第一次预热温度 300～400℃，第二次预热温度 800～850℃，常规淬火温度为 970～990℃。因钢易脱碳，加热时注意采取保护措施。对于制造要求变形小，形状较复杂，受冲击负载的模具，采用 950～970℃的低温淬火（20～60℃的油冷），对于制造要求高耐磨的模具采用 990～1010℃的分级淬火，即在 400～450℃的硝盐、碱中冷却 3～10min 后再空冷，淬硬深度较大，淬火变形微小。

回火工艺：采用 150～170℃的低温回火，回火后的硬度值≥62HRC；或采用 190～210℃的回火，回火后硬度值≥58HRC。

③ Cr6WV 钢的应用范围。该钢是一个具有较好综合性能的中合金冷作模具钢。该钢变形微小，淬透性良好，具有较好的耐磨性和一定的冲击韧度，该钢由于合金元素和碳含量较低，所以比 Cr12、Cr12MoV 钢碳化物分布均匀。Cr6WV 钢广泛用于制造具有高机械强度，要求一定耐磨性和经受一定冲击负荷下的模具，如钻套、冷冲模、冲头、切边模、压印模、螺丝滚模、搓丝板等。

Cr5Mo1V 钢简介

Cr5Mo1V 钢属空淬模具钢，具有深的空淬硬化性能，这对于形状复杂模具是极为有益的。该钢由于空淬引起的变形大约只有含锰系的油淬工具钢的 1/4，耐磨性介于锰型和高碳高铬型工具钢之间，但其韧性比任何一种都好，特别适合用于要求具备好的耐磨性同时又具有特殊好的韧性的工具，广泛用于重载荷、高精度的冷作模具，如冷冲模、冷镦模、成形模、轧辊、冲头、拉深模、滚丝模、粉末冶金用冷压模等。

(2) Cr2Mn2SiWMoV 钢

Cr2Mn2SiWMoV 钢是一种空淬微变形冷作模具钢，其特点是淬透性高，热处理变形微小，碳化物颗粒小，分布均匀，而且具有较高的力学性能和耐磨性；其缺点是退火工艺复杂，退火后的硬度偏高，脱碳敏感性较大。

① Cr2Mn2SiWMoV 钢的力学性能。

淬火温度的影响：淬火后的硬度与淬火温度的关系如图 3-30 所示，当淬火温度为 880℃时，硬度达极值。残余奥氏体量随着淬火温度的升高而增加，如图 3-31 所示。

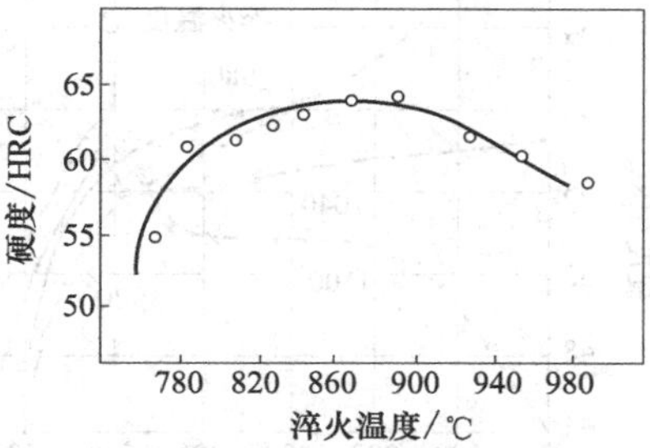

图 3-30 硬度与淬火温度的关系

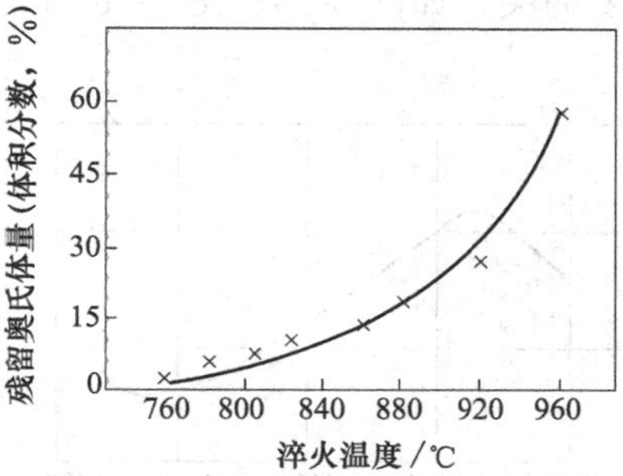

图 3-31 残余奥氏体量与淬火温度的关系

回火温度的影响：钢的抗弯强度 σ_{bb}、冲击韧度与回火温度的关系如图 3-32 所示。随着回火温度的升高，钢的硬度下降，如图 3-33 所示。

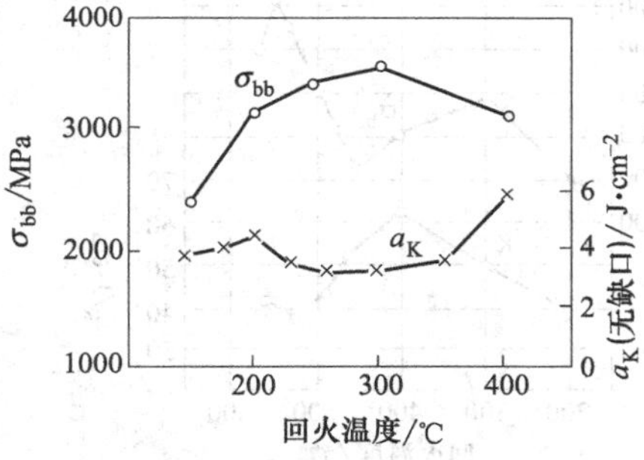

图 3-32 抗弯强度和冲击韧度与回火温度的关系（860℃油淬）

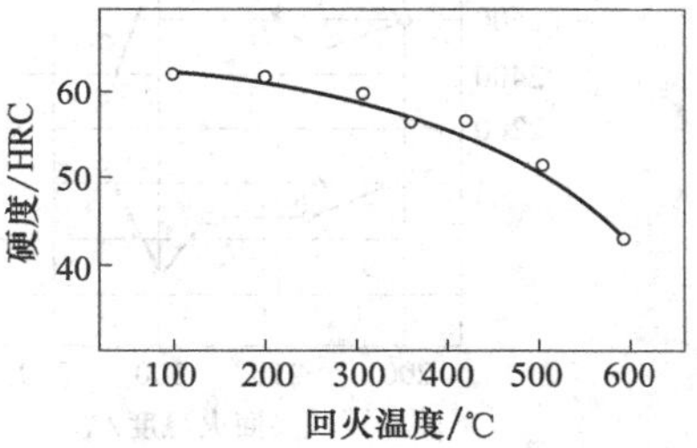

图 3-33 硬度与回火温度的关系（840℃油淬）

② Cr2Mn2SiWMoV 钢的工艺性能。

锻造性能：该钢的锻造工艺性较好。锻造工艺一般为：加热温度 1120～1140℃，始锻温度 1020～1140℃，终锻温度≥850℃，锻后缓冷。

预备热处理：采用等温球化退火，其工艺为：加热温度 780～800℃，保温 2～3h，等温温度 700～720℃，保温 8h，炉冷（≤30℃/h）至 500℃再空冷。或采用周期性退火工艺：加热温度 790～810℃，保温 2h，炉冷至 670～690℃；再升温至 700～720℃，保温 6h，炉冷（≤30℃/h）至 500℃再空冷。退火后的硬度≤269HBS，切削加工性较差。

淬火工艺性：该钢的常规淬火温度为 830～850℃（油淬）或 850～870℃（空淬），淬透性好，淬火变形微小。

回火工艺：采用 180～200℃的低温回火，回火后的硬度值≥60HRC。

③ Cr2Mn2SiWMoV 钢的应用范围：该钢淬透性高，热处理变形微小，主要用于精密冷

冲裁模具。

(3) Cr4W2MoV 钢

Cr4W2MoV 钢是一种新型中合金冷作模具钢，性能比较稳定，其模具的使用寿命较 Cr12、Cr12MoV 钢制模具有较大的提高。

① Cr4W2MoV 钢的力学性能。

淬火温度的影响：从图 3-34 可知：淬火温度为 980℃时，硬度达极值。

回火温度的影响：随着回火温度的升高，钢的硬度下降，钢的抗弯强度 σ_{bb}、冲击韧度与回火温度的关系如图 3-35、图 3-36 所示。回火温度对力学性能的影响还与淬火温度有关。

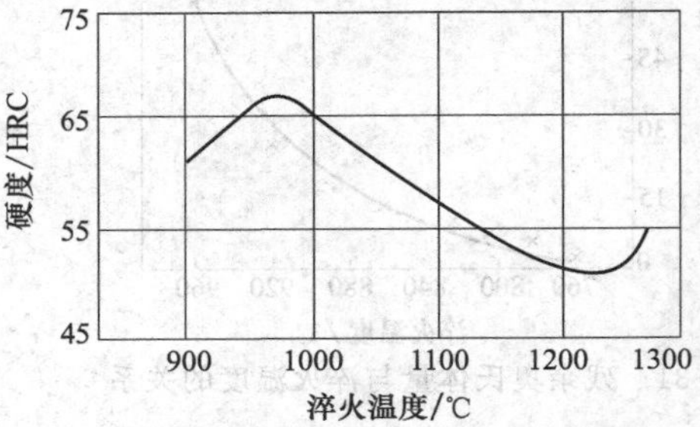

图 3-34 硬度与淬火温度的关系

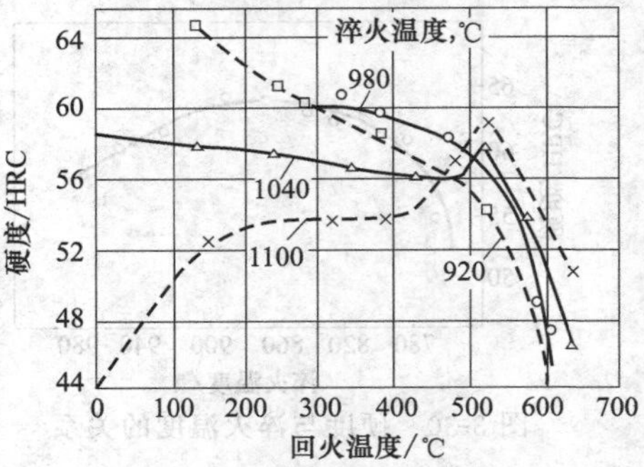

图 3-35 硬度与回火温度的关系

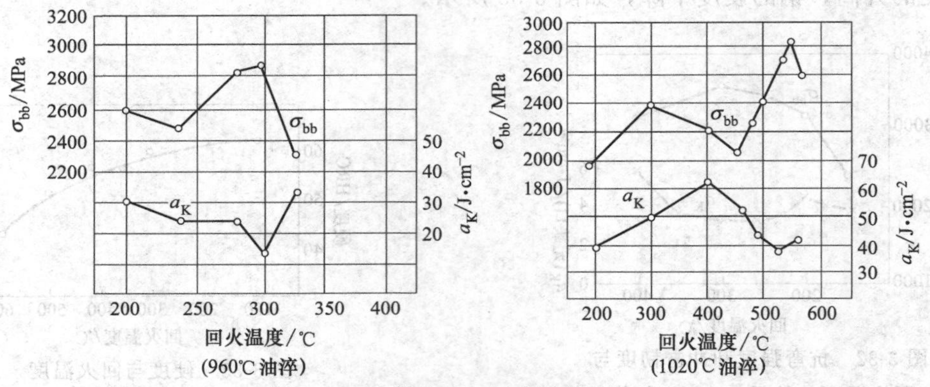

图 3-36 力学性能与回火温度的关系

② Cr4W2MoV 钢的工艺性能。

锻造性能：Cr4W2MoV 钢的热加工温度范围较窄，变形抗力较大，锻造性较差。锻造工艺一般为：加热温度 1130～1150℃，始锻温度 1040～1060℃，终锻温度 850℃，锻后缓冷。

预备热处理：采用等温球化退火，软化困难，其工艺为加热温度 840～860℃，保温 4～6h，等温温度 750～770℃，保温 3～6h，炉冷（≤30℃/h）至 550℃再空冷。退火后的硬度≤241HBS，切削加工性较好，可进行微细化处理来细化晶粒。

淬火工艺性：Cr4W2MoV 钢（M_s＝142℃）淬火加热需经两次预热，第一次预热温度 300～400℃，第二次预热温度 800～850℃。常规淬火温度为 980～1020℃，可采用 960～980℃的低温淬火（20～60℃的油冷或空冷）或采用 1020～1040℃的高温淬火（油冷或空冷），淬硬深度较大，淬火变形小。

回火工艺：可进行三次 520℃的高温回火（高淬时），此时钢具有高的耐磨性和热硬性；也可进行 200～290℃的低温回火（低淬时），此时钢具有良好的强韧性。回火后硬度值≥60HRC。

③ Cr4W2MoV 钢的应用范围。该钢的主要特点是共晶碳化物颗粒细小，分布均匀，具有较高的淬透性和淬硬性，并且具有较好的耐磨性（比 Cr12MoV 钢好）和尺寸稳定性，是 Cr12 型钢的替代钢种。经实践证明该钢是性能良好的冷作模具用钢，可用于制造各种冲模、冷镦模、落料模、冷挤凹模及搓丝板等模具。

3.2.3.2 高铬微变形冷作模具钢

高铬微变形冷作模具钢有 Cr12、Cr12MoV、Cr12Mo1V1 等，它们属于莱氏体钢。铸态组织工作中含有大量的共晶碳化物，经轧制后仍残留明显的带状和网状碳化物，对淬火变形、开裂、力学性能、模具使用寿命影响极大。因含 C 量、含 Cr 量高，并含有少量 Mo、V，该类钢具有高的硬度和高的耐磨性，并通过控制淬火温度，可调节残余奥氏体量，实现微变形。

（1）Cr12 钢

① Cr12 钢的力学性能。

淬火温度的影响：从图 3-37 可知，淬火温度为 1000℃时，硬度达极值。

回火温度的影响：钢的抗弯强度 σ_{bb}、冲击韧度与回火温度的关系如图 3-38 所示。在 400～500℃之间回火时，钢的硬度变化不大，如图 3-39 所示。随着回火温度的升高，钢的抗压强度下降，如图 3-40 所示。

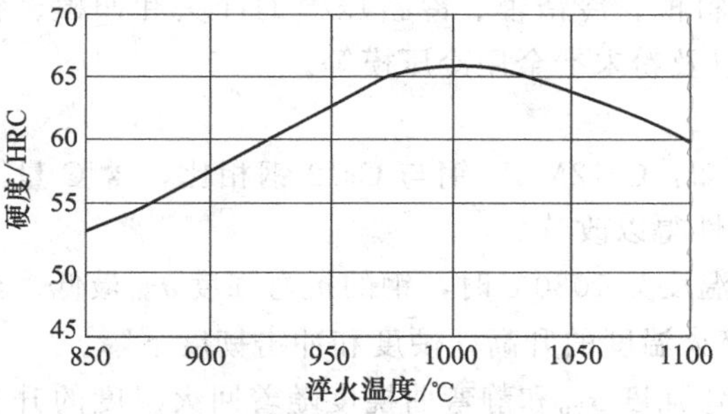

图 3-37 硬度与淬火温度的关系

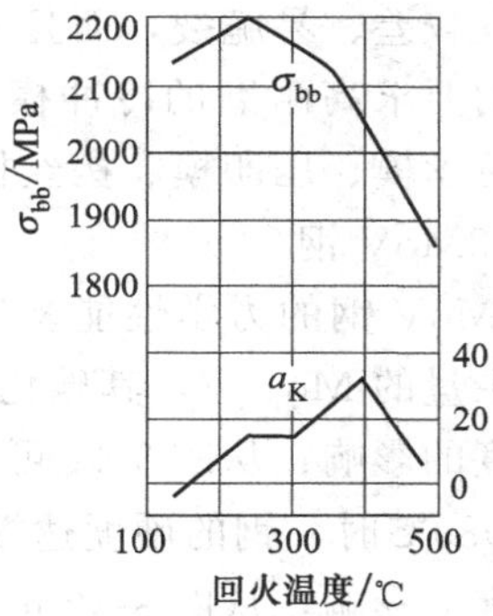

图 3-38 抗弯强度与回火温度的关系

（960～980℃油淬，回火 1.5h）

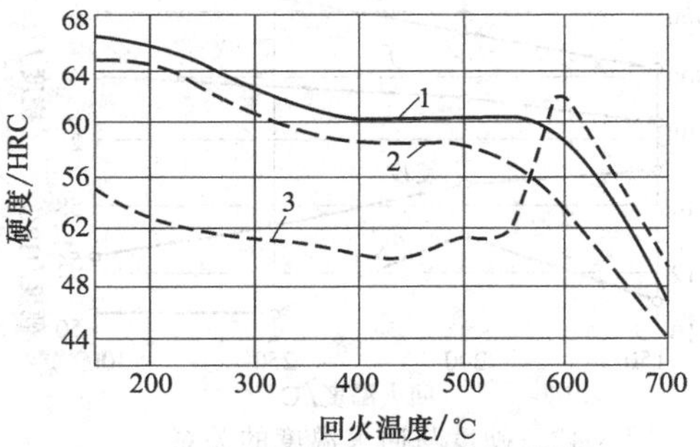

图 3-39 硬度与回火温度的关系

（温度线 1—955℃；2—1010℃；3—1090℃）

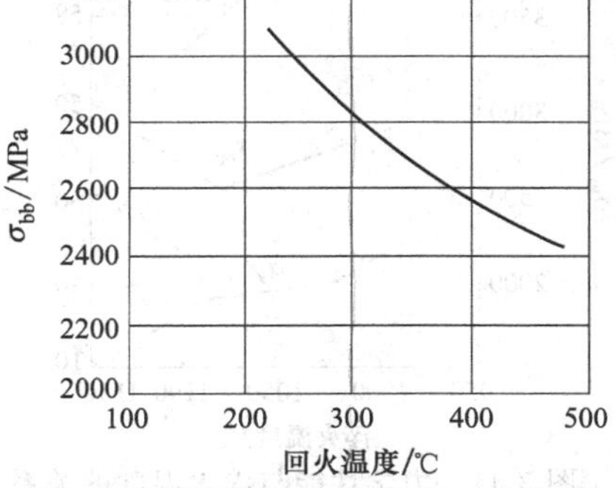

图 3-40 抗压强度与回火温度的关系

② Cr12 钢的工艺性能。

锻造性能：Cr12 钢锻造时的变形抗力较大，锻造性较差。锻造工艺一般为：加热温度

1120～1140℃，始锻温度 1080～1100℃，终锻温度 880℃，锻后缓冷。锻造时必须严格控制温度和保温时间，进行反复镦粗、拔长，锻后缓冷并及时退火。按常规进行锻造后使钢中的碳化物不均匀性得以改善，可利用锻造后余热淬火工艺使碳化物粒度变细，棱角变圆，奥氏体晶粒度达到超细化水平。

预备热处理：采用等温球化退火，其工艺为加热温度 830～850℃，保温 2～3h，等温温度 720～740℃，保温 3～4h，炉冷（≤30℃/h）至 550℃再空冷。退火后的硬度≤269HBS，切削加工性较差，可采用超细化处理。

淬火工艺性：Cr12 钢（M_S＝180℃）淬火加热需经两次预热，第一次预热温度 300～400℃，第二次预热温度 800～850℃。常规淬火温度为 970～990℃，可采用 950～980℃的低温淬火（20～60℃的油冷）或采用 1000～1100℃的高温淬火（油冷），淬火温度范围宽，淬透性高，淬火变形微小。

回火工艺：可采用 180～200℃的低温回火（低淬时），回火后硬度值≥60HRC，此时模具具有高的硬度、强度和断裂韧性；也可进行 400℃的中温回火（高淬时），回火后硬度值≥54HRC，此时模具具有高的强韧性。回火时应避开 275～375℃的回火脆性区。

③ Cr12 钢的应用范围。Cr12 钢是一种使用很早、应用很广的冷作模具钢（属高碳高铬类型的莱氏体钢）。该钢具有较好的淬透性和高的耐磨性，由于 Cr12 钢碳含量高达 2.3%，所以冲击韧度较差、易脆裂，而且容易形成不均匀的共晶碳化物。Cr12 钢多用于制造受冲击负荷较小的要求高耐磨的冷冲模、冲头、下料模、冷镦模、冷挤压模的冲头和凹模、钻套、量规、拉丝模、压印模、搓丝板、拉深模以及粉末冶金用冷压模等。

（2）Cr12MoV 钢

① Cr12MoV 钢的力学性能。从表 3-10 可知：Cr12MoV 钢与 Cr12 钢相比，含 C 量降低，增加了少量的 Mo、V，其碳化物的不均匀性得以改善。

淬火温度的影响：从图 3-41 可知：当淬火温度为 1080℃时，钢的抗弯强度 σ_{bb} 最低。当淬火温度为 980℃时，钢的硬度达极值，随着淬火温度的升高，硬度和冲击韧度下降。

回火温度的影响：从图 3-42 可知，钢的抗弯强度 σ_{bb} 和静弯曲挠度随着回火温度的升高而增加，硬度随着回火温度的升高而下降，冲击韧度在 200℃回火时为最高。

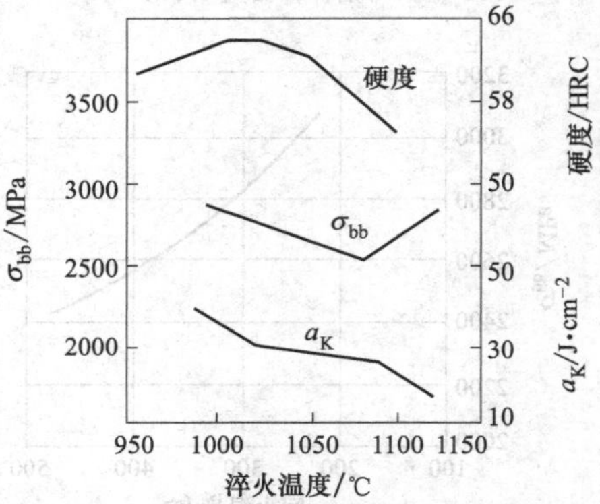

图 3-41 力学性能与淬火温度的关系

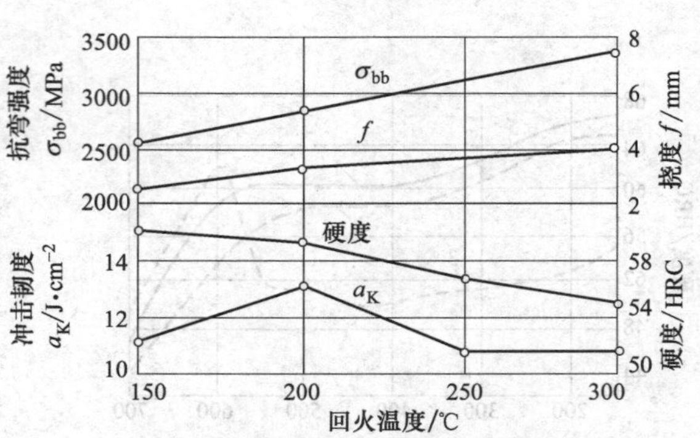

图 3-42 硬度与回火温度的关系

② Cr12MoV 钢的工艺性能。

锻造性能：Cr12MoV 钢的变形抗力较大，锻造性较差。锻造工艺一般为：加热温度 1020～1120℃，始锻温度 1000～1060℃，终锻温度 850℃，锻后缓冷。冷至 400～500℃可进行退火处理。常规锻造后使钢中的碳化物不均匀性得以改善，利用锻造后余热淬火工艺使碳化物颗粒度变细，棱角变圆，奥氏体晶粒度达到超细化水平。

预备热处理：采用等温球化退火，其工艺为加热温度 850～870℃，保温 2～3h，等温温度 720～740℃，保温 3～4h，炉冷（≤30℃/h）至 550℃再空冷。退火后的硬度207～255HBS，切削加工性较差。

淬火工艺性：Cr12MoV 钢（M_S＝180℃）淬火加热需经两次预热，第一次预热温度 550～600℃，第二次预热温度 840～860℃。因钢易脱碳，加热时注意采取保护措施。Cr12MoV 钢的淬火加热温度范围宽，常规淬火温度为 1020～1050℃，可采用 950～1000℃的低温淬火（20～60℃的油冷）或采用 1020～1040℃的中温淬火（油或硝盐冷却），或采用 1080～1100℃的高温淬火（油或硝盐冷却），淬透性高，截面为 300～400mm 以下者可以完全淬透，淬火变形微小。

回火工艺：Cr12MoV 钢经淬火后，可进行 180～200℃的低温回火（低淬时），此时钢制模具具有高的硬度及较高的韧性，但抗压强度低；也可进行 400℃左右的中温回火（中淬时），此时钢制模具具有最高的强韧性配合，即较高硬度和抗压强度，强韧性适中；也可进行三次 500～520℃的高温回火（高淬时），此时钢制模具具有较高硬度及抗压强度，但韧性较差。应避开在 275～375℃的脆性区内回火。

实际生产中，为提高模具的寿命，常采用进行中温淬火＋二次低温回火的改进工艺。由于中温加热可完全奥氏体化，而合金元素未完全熔于奥氏体内，避免得到过饱和的马氏体；采用低温回火可保证所需硬度，二次回火可使淬火应力充分消除，这既可获得较高硬度和韧性，又可获得高抗压强度。

③ Cr12MoV 钢的应用范围。Cr12MoV 钢有高淬透性，在 300～400℃时仍可保持良好硬度和耐磨性（其耐磨性比 W6Mo5Cr4V2 好），较 Cr12 钢的韧性高，淬火时体积变化最小，因此，可用来制造断面较大、形状复杂、经受较大冲击负荷的各种模具和工具，如形状复杂的冲孔凹模、复杂模具上的镶块、钢板深拉伸模、拉丝模、螺纹搓丝板、冷挤压模、粉末冶金用冷压模、陶土模、冷切剪刀、圆锯、标准工具、量具等。

(3) Cr12Mo1V1 钢（简称 D2）

从表 3-10 可知：Cr12Mo1V1 钢与 Cr12MoV 钢相比，含 C 量稍有降低，含 Mo、V 量稍有增加。故其耐磨性、强韧性优于后者。但其锻造性，热塑成形性能稍差。

① Cr12Mo1V1 钢的力学性能。

淬火温度的影响：从图 3-43 可知，当淬火温度为 1030℃时，钢的硬度达极值。

回火温度的影响：钢的硬度、抗弯强度 σ_{bb} 和冲击韧度与回火温度的关系如图 3-44、图 3-45、图 3-46 所示。

② Cr12Mo1V1 钢的工艺性能。

锻造性能：Cr12Mo1V1 钢的的变形抗力较大，锻造性较差。锻造工艺一般为：加热温度 1120～1140℃，始锻温度 1050～1070℃，终锻温度 850℃，锻后缓冷。

预备热处理：采用等温球化退火，其工艺为加热温度 850～870℃，保温 2～3h，等温温度 740～760℃，保温 4～6h，炉冷（≤30℃/h）至 550℃再空冷。退火后的硬度≤255HBS，切削加工性较差。

淬火工艺性：Cr12Mo1V1 钢（M_S＝190℃）淬火加热需经两次预热，第一次预热温度 500～600℃，第二次预热温度 820～860℃。因钢易脱碳，加热时注意采取保护措施。

Cr12Mo1V1钢的淬火加热温度范围宽，常规淬火温度为1040～1060℃，可采用980～1040℃的低温淬火（20～60℃的油冷或空冷）或采用1060～1140℃的高温淬火（油冷或空冷），淬透性高，淬火变形微小。

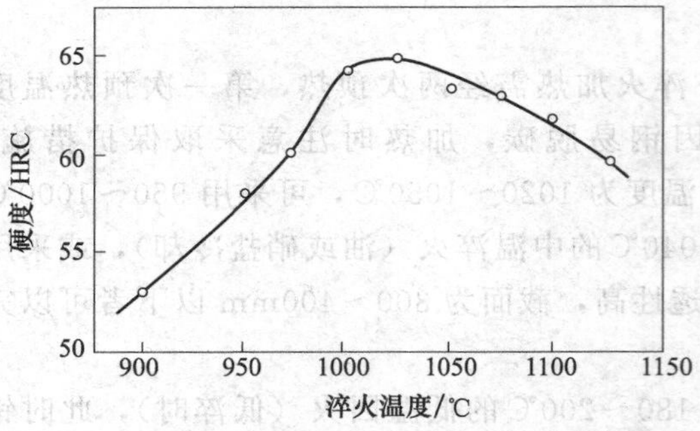

图3-43 硬度与淬火温度的关系

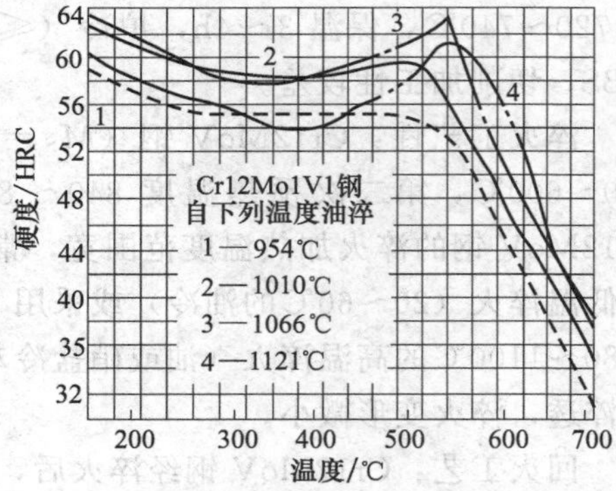

图3-44 硬度与回火温度的关系

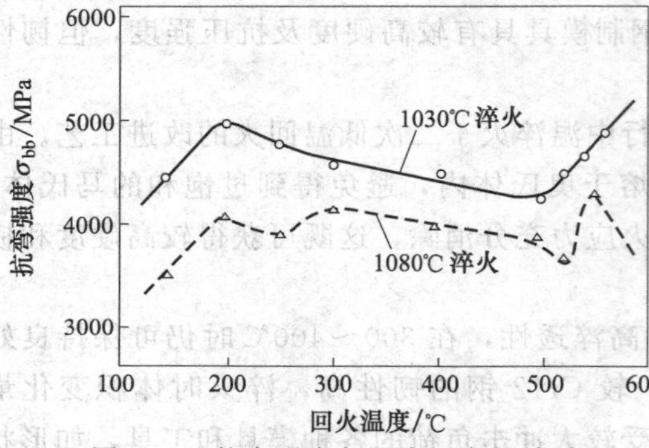

图3-45 抗弯强度与回火温度的关系

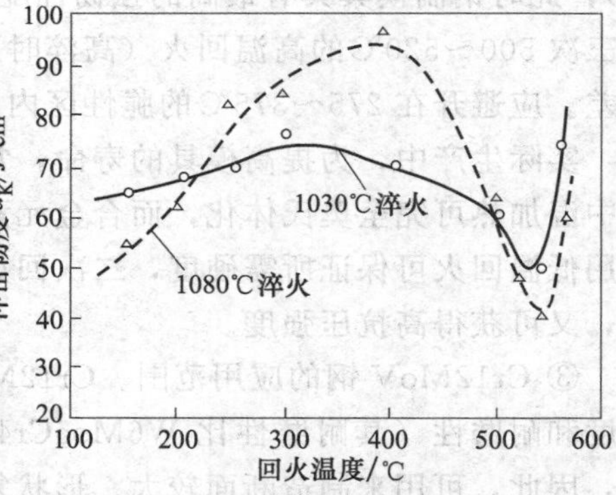

图3-46 冲击韧度与回火温度的关系

回火工艺：Cr12Mo1V1钢经淬火后，可进行180～230℃的低温回火（低淬时），此时钢具有高的硬度、强度和断裂韧性；也可进行三次510～540℃的高温回火（高淬时），此时钢具有良好的热硬性、耐磨性和高的硬度，但韧性较低。

③ Cr12Mo1V1钢的应用范围。Cr12Mo1V1钢是国际上较广泛采用的高碳高铬冷作模具钢。具有高淬透性、淬硬性、高的耐磨性；高温抗氧化性能好，淬火和抛光后抗锈蚀能力好，热处理变形微小；宜制造各种高精度、长寿命的冷作模具、刃具和量具，如形状复杂的冲孔凹模、冷挤压模、滚丝轮、搓丝板、粉末冶金用冷压模、冷剪切刀和精密量具等。

在Cr12型钢中，Cr12钢的耐磨性最好，Cr12MoV钢的加工性能最好，Cr12Mo1V1钢的强韧性最好。Cr12型钢因脆断倾向大，逐渐被新材料所替代。

3.2.4 高强度高耐磨冷作模具钢

高强度高耐磨冷作模具钢具有高的强度、高的抗压性、高的耐磨性和高的热稳定性。高速工具钢是它的典型代表，用于作冷作模具材料，如重载冲头。与Cr12MoV相比，韧性、抗扭转性能和耐磨性稍差，其他性能都优于Cr12MoV钢。

高速工具钢是用于制造高速切削刀具的一种高合金钢，通常简称为高速钢。

高速钢具有很高的硬度、耐磨性、热硬性、足够的强度和韧性。金属切削刀具的硬度一般应大于 60HRC，以保证切削加工的顺利进行和刀具的使用寿命，保证刀具在切削加工过程中刃部受热升温时仍能正常工作，一般要求高速钢在切削温度达 500～600℃时仍能保持高硬度。高速钢含碳量较高，w_C=0.70%～1.65%，这样既可保证马氏体具有高的溶碳量，又能与合金元素形成大量的碳化物，以满足高硬度、高耐磨性及热硬性的要求。高速钢中加入的合金元素主要有 W、Mo、Cr、V 等，其中 W、Mo 含量较高，主要用于提高钢的热硬性和耐回火性，而 Cr 主要用于提高钢的淬透性，V 则起着细化晶粒和提高耐磨性的作用。常用高速钢的化学成分如表 3-11 所示。

表 3-11 常用高速钢的化学成分

钢号	化学成分 w/%				
	C	Cr	W	V	Mo
W18Cr4V	0.70～0.80	3.80～4.40	17.5～19.00	1.00～1.40	≤0.30
W6Mo5Cr4V2	0.80～0.95	3.80～4.40	6.00～7.00	1.80～2.30	4.50～6.00
W9Cr4V2	0.85～0.95	3.80～4.40	8.50～10.00	2.00～2.60	≤0.30
W9Mo3Cr4V2	0.77～0.87	3.80～4.40	8.50～9.50	1.30～1.70	2.70～3.30

3.2.4.1 W18Cr4V 钢

(1) W18Cr4V 钢的力学性能

① 淬火温度的影响：从图 3-47 可知，当淬火温度为 1250℃时，钢的抗弯强度 σ_{bb} 为最高。从图 3-48 可知，当淬火温度为 1230℃时，钢的硬度达极值。从图 3-49 可知，当淬火温度超过 1200℃时，随着淬火温度的升高，钢的冲击韧度下降。

② 回火温度的影响：从图 3-50 可知，当回火温度为 560℃时，钢的硬度为最高，这是二次硬化的结果。

(2) W18Cr4V 钢的工艺性能

① 锻造性能：W18Cr4V 钢的碳化物呈不均匀分布，高温塑性较差，变形抗力较大，锻造性较差。锻造工艺一般为：加热温度 1180～1220℃，始锻温度 1120～1140℃，终锻温度 950℃，锻后缓冷。

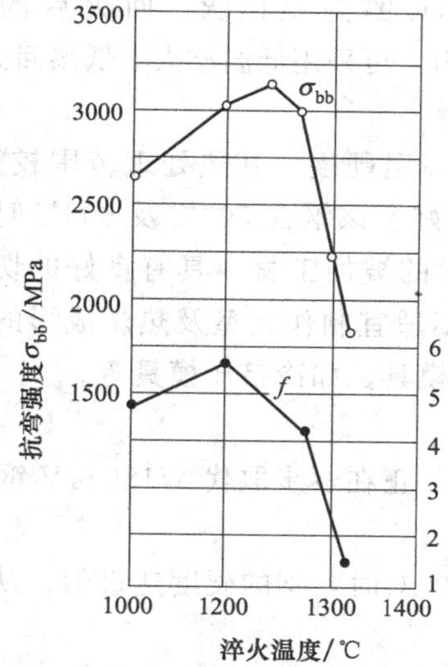

图 3-47 抗弯强度、静弯曲挠度与淬火温度的关系

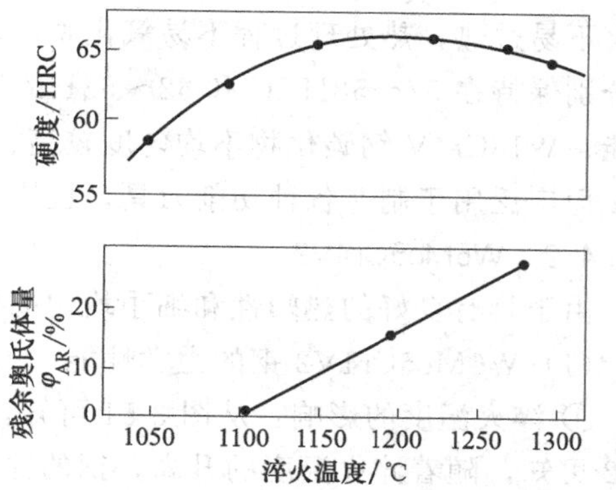

图 3-48 硬度、残余奥氏体量与淬火温度的关系

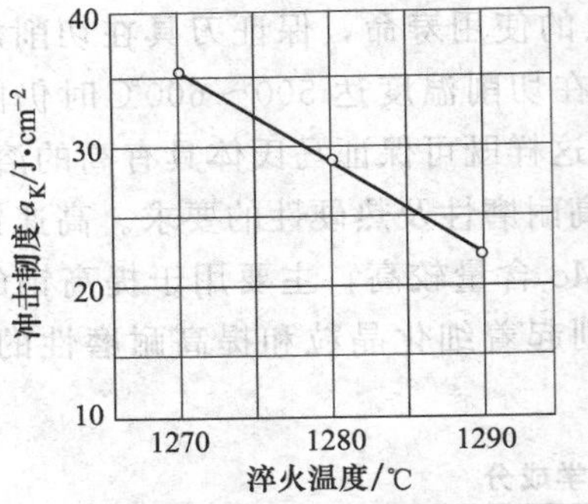

图 3-49 冲击韧度与淬火温度的关系

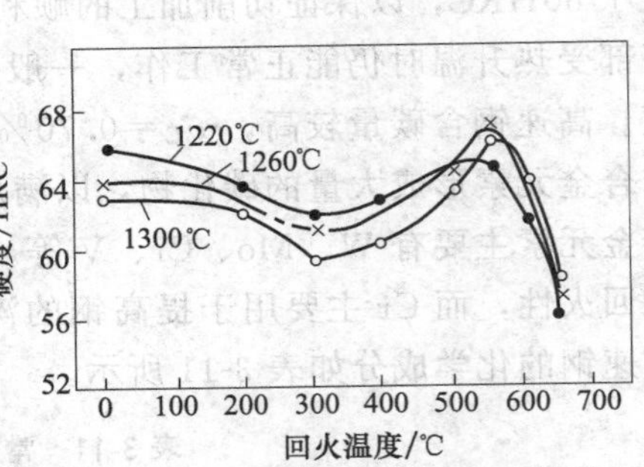

图 3-50 硬度与回火温度的关系

高速钢的铸态组织中存在莱氏体，这种粗大的共晶碳化物不能用热处理方法来消除，只能用锻造方法将其击碎，并使其均匀分布。因此，高速钢的锻造具有成形和改善碳化物分布的双重作用，是非常重要的加工过程。为得到细小均匀的碳化物，通常采用反复镦粗和拔长，且要求锻造比大于 5，锻后必须缓慢冷却。

② 预备热处理：采用等温球化退火，其工艺为加热温度 860～880℃，保温 2～4h，等温温度 740～760℃，保温 2～4h，炉冷（≤30℃/h）至 550℃再空冷。退火后的组织为索氏体＋粒状渗碳体，硬度≤255HBS，切削加工性较差。

③ 淬火工艺性：W18Cr4V 钢热导性差，为防止淬火变形和开裂，淬火加热时应分段预热，第一次预热温度为 400℃，第二次预热温度 840～860℃。常规淬火温度为 1220～1250℃（20～60℃的油冷）或采用等温淬火（等温温度 260℃），钢的淬透性好、淬火变形小。

因钢的淬火加热温度高，溶入奥氏体中的合金元素多，淬火后马氏体中合金元素的含量越高，高速钢的热硬性就越好；但淬火加热温度过高，奥氏体晶粒粗大，会降低钢的韧性。高速钢淬火后的组织为马氏体＋未溶合金碳化物＋残余奥氏体。

④ 回火工艺：W18Cr4V 钢经淬火后，残余奥氏体量达 20%～30%（体积分数），为消除残余奥氏体并获得最高硬度和热硬性，需进行三次 560℃ 的高温回火。回火后的硬度≥60HRC。W18Cr4V 钢制冷作模具时，为了防止折断和崩刃，可采用低温淬火＋低温回火。

(3) W18Cr4V 钢的应用范围

W18Cr4V 钢为钨系高速钢，具有高的硬度、红硬性及高温硬度。其热处理范围较宽，淬火不易过热，热处理过程不易氧化脱碳，磨削加工性能较好。该钢在 500℃及 600℃时硬度分别保持在 57～58HRC 和 52～53HRC，对于大量的一般的被加工材料具有良好的切削性能。W18Cr4V 钢碳化物不均匀度较高、高温塑性较差，不适宜制作大型及热塑成形的刀具，但广泛用于制造各种切削刀具，也用于制造高负荷冷作模具，如冷挤压模具等。

3.2.4.2 W6Mo5Cr4V2

由于具有良好的热塑性和细小均匀的碳化物分布等优点，正在逐步取代 W18Cr4V 钢。

(1) W6Mo5Cr4V2 钢的力学性能

① 淬火温度的影响：从图 3-51 可知，当淬火温度为 1200℃时，钢的硬度达极值。从图 3-52 可知，随着淬火温度的升高，钢的冲击韧度下降。

② 回火温度的影响：从图 3-53 可知，当回火温度为 560℃时，钢的硬度为最高。这是二次硬化的结果。

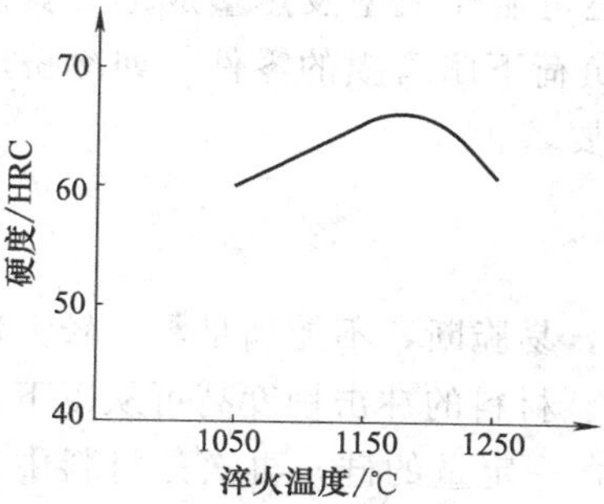

图 3-51 硬度与淬火温度的关系

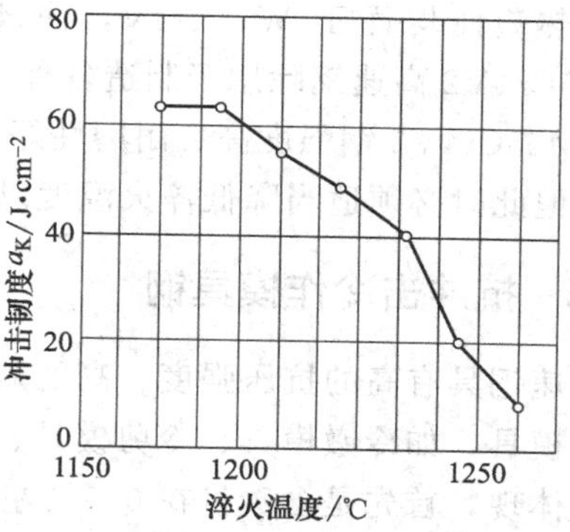

图 3-52 冲击韧度与淬火温度的关系

试样尺寸：10×10×50，回火 560℃×1h，3 次

（2）W6Mo5Cr4V2 钢的工艺性能

① 锻造性能：W6Mo5Cr4V2 钢的变形抗力较大，锻造性较差。锻造工艺一般为：加热温度 1140～1150℃，始锻温度 1040～1080℃，终锻温度 900℃，锻后缓冷。

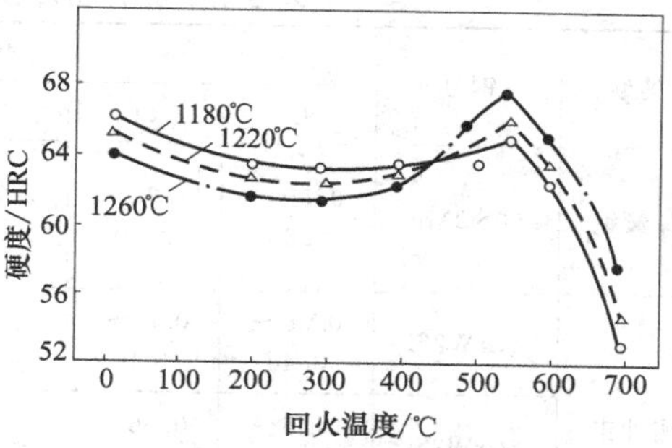

图 3-53 硬度与回火温度的关系

高速钢的铸态组织中存在莱氏体，这种粗大的共晶碳化物不能用热处理方法来消除，只能用锻造方法将其击碎，并使其均匀分布。因此，高速钢的锻造具有成形和改善碳化物分布的双重作用，是非常重要的加工过程。为得到细小均匀的碳化物，通常采用反复锻打，且要求锻造比大，锻后必须缓慢冷却。

② 预备热处理：采用等温球化退火，其工艺为加热温度 860～880℃，保温 2～4h，等温温度 740～760℃，保温 2～4h，炉冷（≤30℃/h）至 550℃再空冷。退火后的组织为索氏体＋粒状渗碳体，硬度≤255HBS，切削加工性较差。

③ 淬火工艺性：W6Mo5Cr4V2 钢热导性差，为防止淬火变形和开裂，淬火加热时应分段预热，第一次预热温度约 400℃，第二次预热温度 840～860℃。因易氧化脱碳，加热时注意采取保护措施。常规淬火温度为 1150～1200℃（20～60℃的油冷）或采用等温淬火（等温温度 230℃），钢的淬透性好，淬火变形小。

钢的淬火加热温度高，溶入奥氏体中的合金元素多，淬火后马氏体中合金元素的含量越高，高速钢的热硬性就越好。但淬火加热温度过高，奥氏体晶粒粗大，会降低钢的韧性。该钢淬火后的组织为马氏体＋未溶合金碳化物＋残余奥氏体。

④ 回火工艺：W6Mo5Cr4V2 钢经淬火后，残余奥氏体量达 20％～30％（体积分数），为消除残余奥氏体并获得最高硬度和热硬性，需进行三次 560℃左右的高温回火。回火后的硬度≥60HRC。

W6Mo5Cr4V2 钢制冷作模具时，为了防止折断和崩刃，可采用低温淬火＋低温回火。

（3）W6Mo5Cr4V2 钢的应用范围

W6Mo5Cr4V2 钢为钨钼系通用高速钢的代表钢种。该钢具有碳化物细小均匀、韧性高、热塑性好等优点，取代 W18Cr4V 而成为高速钢的主要钢种。W6Mo5Cr4V2 钢的韧性、耐磨性、热塑性均优于 W18Cr4V，而硬度、红硬性、高温硬度与 W18Cr4V 相当。因此，W6Mo5Cr4V2 高速钢除用于制造各种类型一般工具外，还可制作大型及热塑成形刀具。由于 W6Mo5Cr4V2 钢强度高、耐磨性好，因而又可制作高负荷下耐磨损的零件，如冷挤压模具等，但此时必须适当降低淬火温度以满足强度及韧性的要求。

3.2.5 抗冲击冷作模具钢

高速钢具有高的抗压强度、高的耐磨性，但其韧性低，易脆断，不能满足承受较大冲击载荷的模具，如冷镦模具、冷剪模具、中厚板冲裁模具等。材料的冲击韧度高可从以下几个方面来体现，首先是含碳量在 0.5%左右，其次是材料中含一定量的硅，再次是材料中含有一些组成高韧性的合金元素，如 Cr、Ni、Mo、V 等。常用的抗冲击冷作模具钢的化学成分、性能及用途如表 3-12 所示。

表 3-12 抗冲击冷作模具钢的化学成分、性能及用途

类型	钢号	化学成分 w/%						性能及用途
		C	Si	Mn	Cr	W	Mo	
弹簧钢	60Si2Mn	0.55～0.65	1.80～2.20	0.70～0.90	—	—	—	疲劳强度高，耐磨性低，以小型冷镦冲头为主
耐冲击工具钢	4CrW2Si	0.35～0.45	0.80～1.10	≤0.40	1.00～1.30	2.00～2.50	—	需渗碳，强韧，耐磨
	5CrW2Si	0.45～0.55	0.50～0.80	≤0.40	1.00～1.30	2.00～2.50	—	以重剪刃为主
	6CrW2Si	0.55～0.65	0.50～0.80	≤0.40	1.00～1.30	2.00～2.50	—	抗压性较高，以小型模具为主
刃具钢	9SiCr	0.85～0.95	1.20～1.60	0.30～0.60	0.95～1.25	—	—	淬硬好，以轻剪刃为主
热作模具钢	5CrMnMo	0.50～0.60	0.25～0.60	1.20～1.60	0.60～0.9	—	0.15～0.30	高韧性，以冷精压、大型冷镦、冷挤压模为主
	5CrNiMo	0.50～0.60	≤0.40	0.50～0.8	0.50～0.80	Ni:1.6	0.15～0.30	
	5SiMnMoV	0.50～0.60	≤0.40	1.40～1.80	0.2～0.4	V:0.2	0.15～0.30	高强度，以成型剪刃为主

（1）铬钨硅系钢

铬钨硅系钢是在铬硅钢的基础上加入一定量的钨而形成的钢种，由于加入了钨而有助于在进行淬火时保存比较细的晶粒，这就有可能在回火状态下获得较高的韧性。铬钨硅系钢常见的钢有 4CrW2Si、5CrW2Si、6CrW2Si，它们的合金组成及含量相近，只是含碳量不同。

它们的共同特点是碳化物少，组织均匀，淬火组织以板条状马氏体为主，具有高的抗弯强度、高的冲击疲劳抗力、高的韧性和一定的耐磨性，但其抗压强度低、热稳定性差、淬火变形难以控制。

① 铬钨硅系钢的力学性能。

a. 淬火温度的影响：铬钨硅系钢受淬火温度的影响基本相同。以 6CrW2Si 为例进行介绍：当淬火温度在 860～900℃时，可获得高的硬度，当淬火温度在 950℃时，可获得高的韧性，如图 3-54 所示。

b. 回火温度的影响：从图 3-55 可知，随着回火温度的升高，钢的硬度下降，韧性增加，但在 300～380℃回火时有回火脆性，在 250℃和 400℃回火时可获得高强韧性。

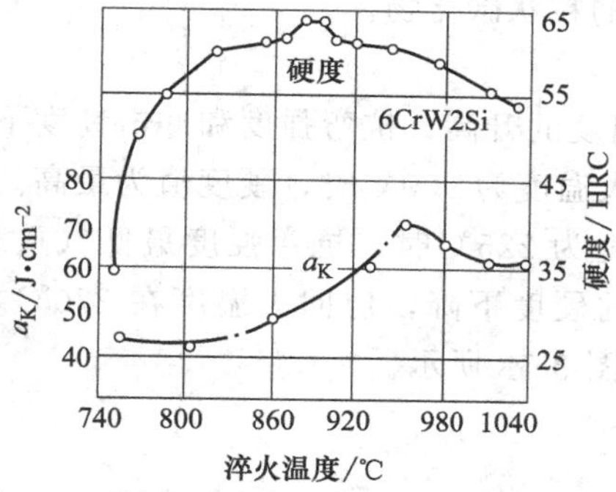

图 3-54 硬度、冲击韧度与淬火温度的关系

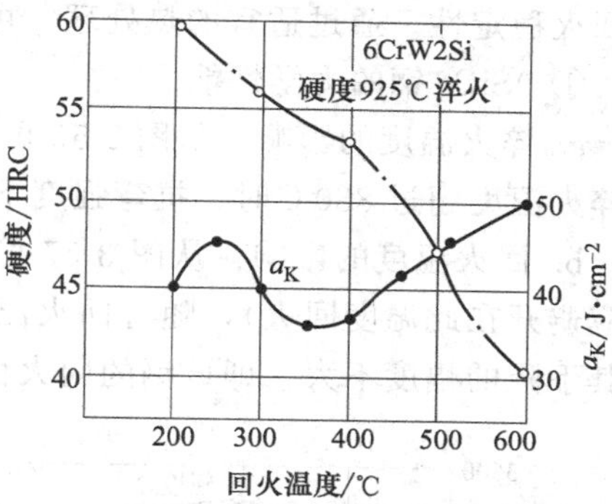

图 3-55 硬度、冲击韧度与回火温度的关系

② 铬钨硅系钢的工艺性能。

a. 锻造性能：铬钨硅系钢的变形抗力小，锻造性良好。锻造工艺一般为：加热温度 1150～1180℃，始锻温度 1100～1080℃，终锻温度 850℃，锻后缓冷。

b. 预备热处理：采用高温软化处理（即作不完全退火），其工艺为加热温度 800～820℃，保温 3～5h，炉冷（≤30℃/h）至 600～650℃再空冷。退火后的硬度≤179～255HBS，切削加工性良好。

c. 淬火工艺性：铬钨硅系钢（M_s 分别为 315℃、295℃、280℃）有脱碳敏感性，加热时应采取保护措施，防止工件脱碳。铬钨硅系钢的常规淬火温度为 860～900℃，淬火介质为油（20～40℃），油淬临界直径为 30～50mm，钢的淬透性较好、淬火变形难以控制。

d. 回火工艺：铬钨硅系钢经淬火后，可采用低温回火（200～250℃），回火后的硬度≥53HRC。也可采用中温回火（430～470℃），回火后的硬度≥45HRC。

③ 铬钨硅系钢的应用范围。铬钨硅系钢是在铬硅钢的基础上加入一定量的钨而形成的钢种，钨有助于在淬火时保存比较细的晶粒，使回火状态下获得较高的韧性。

4CrW2Si 钢具有一定的淬透性和高温强度，经渗碳后外硬内韧。该钢多用于制造高冲击载荷作用下操作的工具，如风动工具、錾、冲裁切边复合模、冲模、冷切用的剪刀等冲剪工具，以及部分小型热作模具。

5CrW2Si 钢具有一定的淬透性和高温力学性能，是该类钢中综合力学最好的。通常用于制造冷剪金属的刀片、铲搓丝板的铲刀、冷冲裁和切边的凹模以及长期工作的木工工具等。

6CrW2Si 钢具有比 4CrW2Si 和 5CrW2Si 钢有较高的淬火硬度和一定的高温强度，通常用于制造承受冲击载荷而又要求耐磨性高的工具，如风动工具、凿子和冲击模具、冷剪机刀片、冲裁切边用凹模、空气锤用工具等。

60Si2Mn 钢简介

60Si2Mn 钢是一种弹簧专用钢，具有高的屈服强度、高疲劳极限和优良的塑性；钢材价格低廉，热处理工艺简单，具有较高的回火稳定性，但材料的耐磨性稍低，淬透性不高（油冷临界直径为 25～30mm），钢材中含硅量高，有石墨化倾向，脱碳敏感性较高，只能用作小型模具。

(2) 9SiCr

9SiCr 钢是低合金工具钢，与铬钢相比，它具有更高的淬透性和淬硬性，并且具有较高的回火稳定性。通过适宜的热处理，可获得均匀细小的粒状碳化物。

① 9SiCr 钢的力学性能。

a. 淬火温度的影响：从图 3-56 可知，随着淬火温度的升高，抗弯强度和冲击韧度下降，当淬火温度超过 880℃时，抗弯强度下降明显；当淬火温度为 900℃时，硬度值为最高。

b. 回火温度的影响：从图 3-57 可知，当回火温度为 225℃时，抗弯强度最低（重载模具应避开在此温度回火），随着回火温度的升高，钢的硬度下降，但回火温度在 270℃左右时其下降的幅度不大，即该钢的回火稳定性较好，如图 3-58 所示。

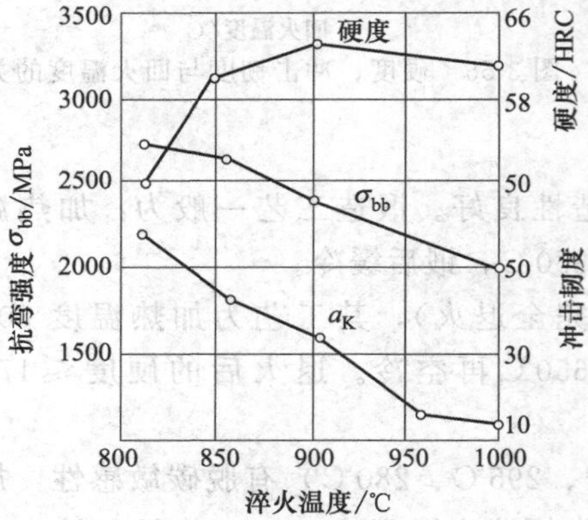

图 3-56 力学性能与淬火温度的关系

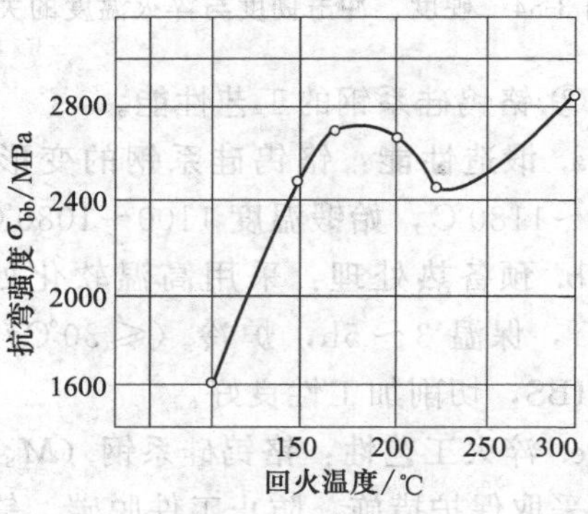

图 3-57 抗弯强度与回火温度的关系

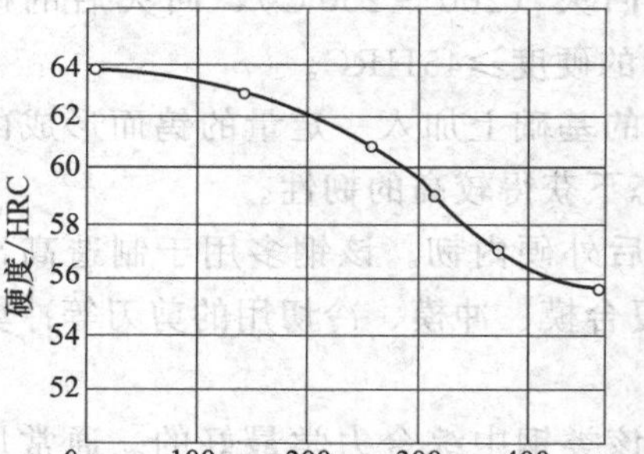

图 3-58 硬度与回火温度的关系

② 9SiCr 钢的工艺性能。

a. 锻造性能：9SiCr 钢的锻造性良好。锻造工艺一般为：加热温度 1100～1150℃，始锻温度 1050～1100℃，终锻温度 850℃，锻后缓冷。

b. 预备热处理：采用高温软化处理，其工艺为加热温度 790～810℃，保温 2～4h，等温温度 700～720℃，等温时间 4～6h，炉冷（≤30℃/h）至 500℃再空冷。退火后的硬度≤197～241HBS，切削加工性良好。

c. 淬火工艺性：9SiCr 钢有脱碳敏感性，加热时应采取保护措施，防止工件脱碳。9SiCr 钢的常规淬火温度为 840～860℃（淬火温度范围窄），淬火介质为油（20～40℃），适合于采用分级淬火和等温淬火，油淬临界直径为 35mm，钢的淬透性较好，淬火变形较小。

d. 回火工艺：可采用 160～180℃的低温回火，回火后的硬度≥62HRC；也可采用 280～320℃的中温回火，回火后的硬度≥56HRC。

③ 9SiCr 钢的应用范围。9SiCr 钢用于制造形状复杂、变形小、耐磨性要求较高的低速切削刃具，如钻头、螺纹工具、手动铰刀、搓丝板及滚丝轮等；也可以做冷作模具，如冷冲模、低压力工作条件下的冷镦模、打印模等。

3.2.6 高强韧性冷作模具钢

高强韧性冷作模具钢是指强度和韧性兼顾的模具钢。虽然中铬钢、高铬钢、高速钢具有高强度、硬度、红硬性和耐磨性，但碳化物数量多而韧性不足，这也是莱氏体钢的普遍缺点。低合金钢虽有较高的韧性和塑性，但强度、红硬性和耐磨性都不及高速钢，故其制作的模具寿命不高。高强韧性冷作模具钢就兼顾了上述两类钢的优点，高强韧性冷作模具钢有降碳型高速钢、基体钢、低合金钢、高强度钢、马氏体时效钢等。用高强韧性冷作模具钢制模具能使模具的生产过程变得简单一些，加工难度变得小一些，生产成本低一些，模具的寿命高一些。常用高强韧性冷作模具钢的牌号及化学成分如表 3-13 所示。

表 3-13 常用高强韧性冷作模具钢的牌号及化学成分

钢 号	代号	化学成分 w/%							
		C	Si	Mn	Cr	W	Mo	V	其他
6W6Mo5Cr4V	6W6	0.60～0.70	≤0.35	≤0.66	3.7～4.30	6.00～7.00	4.50～5.50	0.70～1.10	—
6Cr4W3Mo2VNb	65Nb	0.60～0.70	≤0.35	≤0.40	3.80～4.40	2.50～3.00	2.00～2.50	0.80～1.10	Nb0.20～0.30
5Cr4Mo3SiMnVAl	012Al	0.47～0.57	0.80～1.10	0.80～1.10	3.80～4.30	—	2.80～3.40	0.80～1.20	Al0.30～0.70
6Cr4Mo3Ni2WV	CG2	0.55～0.64	≤0.40	≤0.40	3.80～4.30	0.90～1.30	2.80～3.30	0.90～1.30	Ni1.80～2.20
65W8Cr4VTi	LM1	0.60～0.70	≤0.40	≤0.40	4.20～4.80	7.50～8.50	—	0.80～1.20	Ti0.10～0.30
65Cr5Mo3W2VSiTi	LM2	0.60～0.70	0.90～1.40	≤0.40	4.50～5.20	1.60～2.30	2.80～3.40	1.00～1.40	Ti0.20～0.50
6CrNiSiMnMoV	GD	0.64～0.74	0.50～0.90	0.70～1.00	1.00～1.30	—	0.30～0.60	—	Ni0.70～1.00
8Cr2MnWMoVS	8Cr2S	0.75～0.85	≤0.40	1.30～1.70	2.30～2.60	0.70～1.00	0.50～0.80	0.10～0.25	S0.06～0.15
7Cr7Mo2V2Si	LD	0.70～0.80	0.70～1.20	≤0.50	6.50～7.00	—	2.00～2.50	1.70～2.20	—
7CrSiMnMoV	CH-1	0.65～0.75	0.85～1.15	0.65～1.05	0.90～1.20	—	0.40～0.50	0.15～0.30	—

(1) 6W6Mo5Cr4V 钢

6W6Mo5Cr4V 钢简称 6W6，属于降碳型高速钢，与高速钢 W6Mo5Cr4V2 相比，碳的质量分数降低了约 0.21%，钒的质量分数降低了约 1.05%～1.11%。由于碳、钒含量的降低，碳化物总量减少，碳化物不均匀性得到改善。淬火硬化状态（未回火时）的抗弯强度和塑性提高了 30%～50%，冲击韧度提高了 50%～100%，但淬火硬度减少了 2～3HRC。

① 6W6 钢的力学性能。

a. 淬火温度的影响：从图 3-59 可知，当淬火温度在 1100～1200℃之间时，抗弯强度较高；随着淬火温度的升高，钢的冲击韧度下降。

b. 回火温度的影响：从图 3-60 可知，6W6 钢有二次硬化现象，当回火温度为 560℃时，钢的硬度为极值。

② 6W6 钢的工艺性能。

a. 锻造性能：6W6 钢的锻造性良好。锻造工艺一般为：加热温度 1100～1140℃，始锻

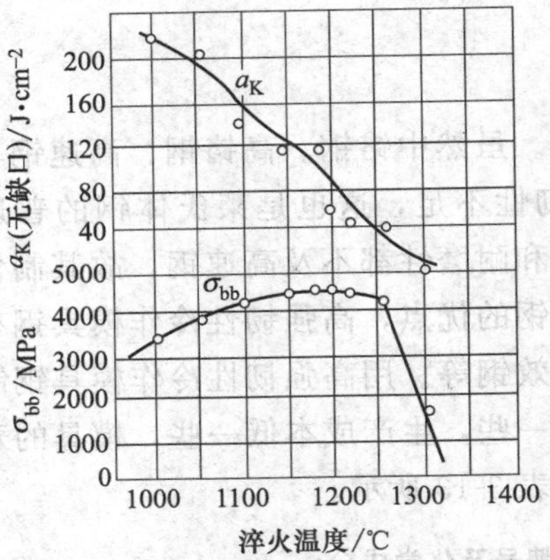

图 3-59 抗弯强度、冲击韧度与淬火温度的关系

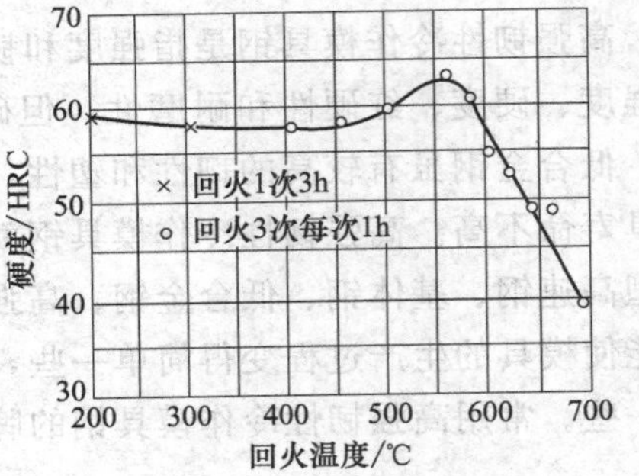

图 3-60 硬度与回火温度的关系

温度 1050～1100℃，终锻温度 800℃，锻后缓冷。

b. 预备热处理：采用等温球化退火，其工艺为加热温度 840～860℃，保温 2～4h，等温温度 740～760℃，等温时间 4～6h，炉冷（≤30℃/h）至 500℃再空冷。退火后的硬度≤197～229HBS，切削加工性良好。

c. 淬火工艺性：6W6 钢有脱碳敏感性，加热时应采取保护措施，防止工件脱碳。6W6 钢的常规淬火温度为 1180～1200℃，淬火介质为油、硝盐、碱，适合于采用分级淬火和等温淬火，钢的淬透性好，淬火变形小。

d. 回火工艺：可采用三次 560～580℃的高温回火，回火后的硬度≥60HRC。

③ 6W6 钢的应用范围。6W6 钢用来替代高速钢、高铬钢制作黑色金属冷挤压冲头或冷镦冲头；可通过氮碳共渗来提高其耐磨性。

（2）6Cr4W3Mo2VNb 钢

6Cr4W3Mo2VNb 钢简称 65Nb。它是基体钢，所谓基体钢是指具有高速钢正常淬火后的基体成分的钢。65Nb 钢与高速钢相比，碳、钨、钼的含量要低，加入了少量的铌，钢的过剩碳化物少且细小又均匀。这种合金化的特点，既保证了该钢的强度、硬度和耐磨性，又具有较高韧性和抗疲劳性，钢的加工工艺性能也得到了极大的改善。

① 65Nb 钢的力学性能。

a. 淬火温度的影响：从图 3-61 可知，该钢经淬火后均能获得高的硬度，这是因为随着淬火温度的升高，碳化物不断溶解，残余奥氏体随之增加，奥氏体晶粒缓慢长大的缘故。当淬火温度为 1160℃时，硬度达极值。淬火温度超过 1160℃时，奥氏体晶粒开始明显长大，淬火硬度下降。

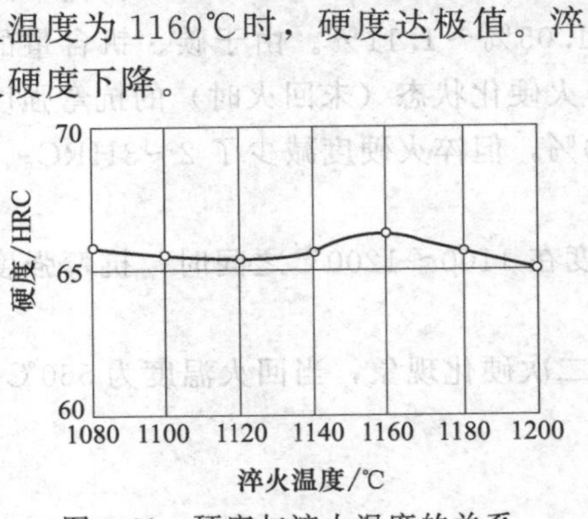

图 3-61 硬度与淬火温度的关系

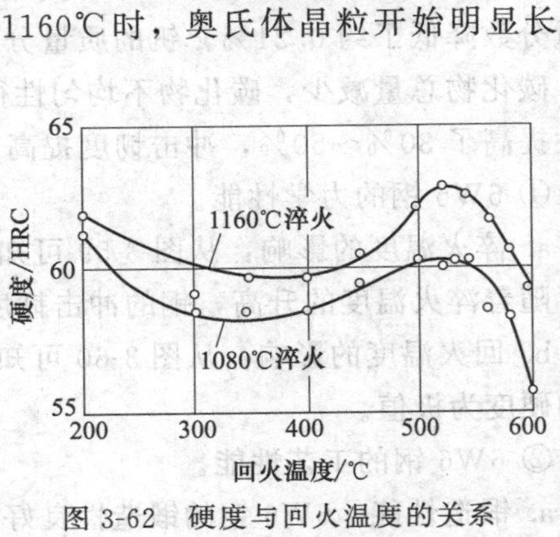

图 3-62 硬度与回火温度的关系

b. 回火温度的影响：从图 3-62～图 3-64 可知，65Nb 钢有二次硬化现象，当回火温度为 520～540℃时，钢的硬度和抗压强度为极值区域。当回火温度大于 500℃（小于 540℃）时，冲击韧度随着淬火温度的升高而增加。

② 65Nb 钢的工艺性能。

a. 锻造性能：65Nb 钢的锻造性良好。锻造工艺一般为：加热温度 1120～1150℃，始锻温度 1080～1120℃，终锻温度 850℃，锻后缓冷。

b. 预备热处理：采用等温球化退火，其工艺为：加热温度 850～860℃，保温 2～4h，等温温度 740～750℃，等温时间 4～6h，炉冷（≤30℃/h）至 500℃再空冷。退火后的硬度≤183～207HBS，切削加工性良好。若等温时间延长至 9h，硬度降低到 187HBS，则可以冷挤压成形，这是 65Nb 钢的最大优点。

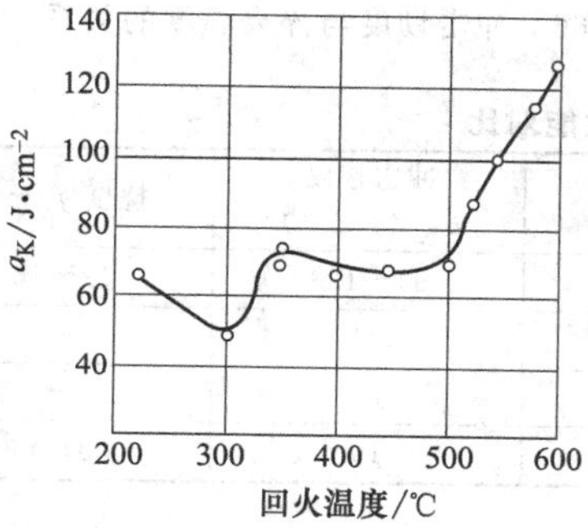

图 3-63 冲击韧度与回火温度的关系

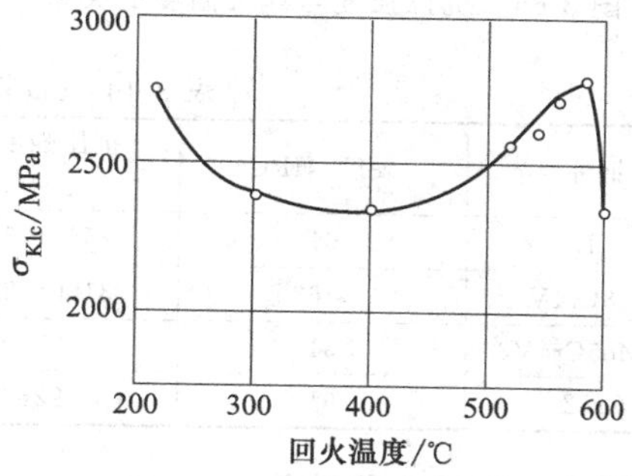

图 3-64 抗压强度与回火温度的关系

c. 淬火工艺性：65Nb 钢的常规淬火温度为 1080～1160℃，淬火介质为油、硝盐、碱，适合于采用等温淬火，等温淬火工艺为 270℃等温 28min 或 180℃等温 1h。钢的淬透性好，淬火变形小。

d. 回火工艺：可采用二次 520～600℃的高温回火，回火后的硬度≥60HRC。

③ 65Nb 钢的应用范围。该钢用来制作形状复杂的有色金属挤压模具、冷冲模具、冷剪模具及单位挤压力为 2500MPa 左右的黑色金属冷挤压模具。

（3）7Cr7Mo2V2Si 钢

7Cr7Mo2V2Si 钢简称 LD，它是一种不含钨的基体钢，又可称为高强韧性高耐磨的模具钢。LD 钢的碳、铬、钼、钒的含量都高于高速钢基体，所以，钢的淬透性和二次硬化能力有了提高，尤其是钒的二次硬化效应强烈。不仅如此，未溶 VC 还能显著细化奥氏体晶粒，增加钢的韧性和耐磨性。钢中还含有 1%的硅，它具有强化基体、增强二次硬化效果的作用，同时还能提高钢的回火稳定性，从而提高了钢的综合力学性能。LD 钢的抗压强度、抗弯强度及耐磨性均比 65Nb 高。

① LD 钢的力学性能。

a. 淬火温度的影响：从图 3-65、图 3-66 可知，淬火温度对钢的力学性能的影响与回火温度有关，当淬火温度超过 1180℃时，抗拉强度、冲击韧度开始明显下降。

b. 回火温度的影响：LD 钢有二次硬化现象，当回火温度超过 600℃时，钢的各项力学性能指标开始下降。LD 钢与几种莱氏体钢的性能对比如表 3-14 所示。

从表中可以看出，LD 钢的强度、硬度与莱氏体钢相当，但韧性比莱氏体钢要高。

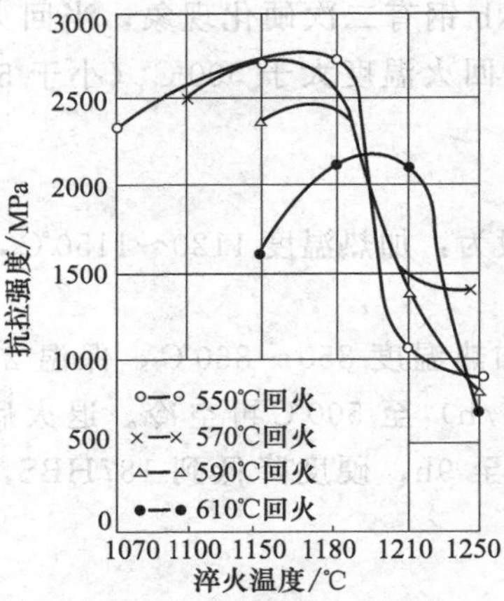

图 3-65 抗拉强度与淬火温度的关系

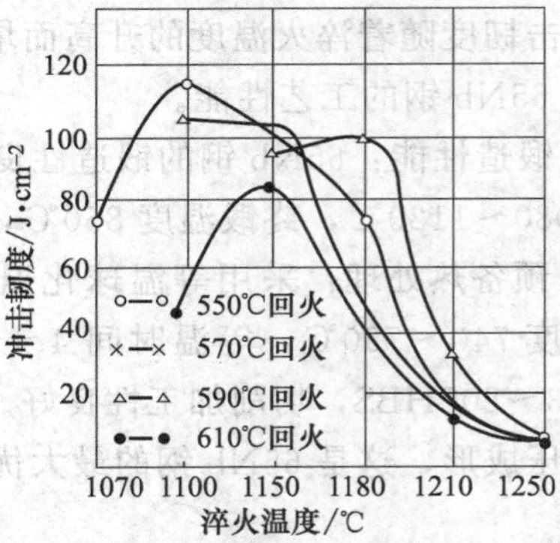

图 3-66 冲击韧度与淬火温度的关系

表 3-14 LD 钢与几种莱氏体钢的性能对比

钢种	硬度/HRC	抗压强度 σ_{bc} /MPa	抗弯强度 σ_{bb} /MPa	冲击韧度 a_K/(J/cm²)	挠度 f/mm
LD	61	2550～3020	5080～5590	94～123	12～16
W18Cr4V	＞63	3156～3254	2166～2969	24	—
W6Mo5Cr4V2	61	2740	4500	21	—
Cr12	61	2260	2950	19	3～4

② LD 钢的工艺性能。

a. 锻造性能：LD 钢的锻造性较好。锻造工艺一般为：加热温度 1080～1120℃，控制加热温度不超过 1130℃，始锻温度 1050～1080℃，终锻温度 850℃，锻后缓冷。

直径小于 50mm 的原材料不经改锻可以直接使用。

b. 预备热处理：采用等温球化退火，其工艺为：加热温度 850～870℃，保温 2～4h，等温温度 730～750℃，等温时间 4～6h，炉冷（≤30℃/h）至 400℃再空冷。退火后的硬度≤190～250HBS，切削加工性较好。

c. 淬火工艺性：LD 钢热导性差，为防止淬火变形和开裂，淬火加热时一般应分段进行预热，第一次预热温度约 400℃，第二次预热温度 840～860℃，保证热透。因易氧化脱碳，加热时注意采取保护措施。常规淬火温度为 1100～1150℃，淬火介质为油。钢的淬透性好，淬火变形小。

d. 回火工艺：可采用二次或三次 530～540℃的高温回火，回火后的硬度≥60HRC。其中，以 1150℃淬火，三次 550℃ 1h 的回火后钢的强韧性综合指标为最好。也可采用低淬低回，低淬温度为 1050～1080℃，再进行 160～220℃的回火，回火后的硬度为 58～60HRC。

③ LD 钢的应用范围。LD 钢因具有更好的综合力学性能，广泛用于制造形状复杂的冷挤压模、冷镦模、冲压模和弯曲模，其寿命比高铬钢、高速钢提高几倍到几十倍。

(4) 6CrNiSiMnMoV 钢

6CrNiSiMnMoV 钢简称 GD，它是低合金高强度钢，总合金含量的质量分数约为 4%，故具有多元少量合金化特点。GD 钢是一种碳化物偏析小（细小、均匀）而淬透性高的高强韧性钢，它是在 CrWMn 钢的基础上，适当降低了含碳量，以减少碳化物偏析，同时增加镍、硅、锰，以加强基体的强度和韧性，少量钼和钒，可以细化晶粒，提高淬透性和耐磨性，并增加回火稳定性，铬的作用主要是提高淬透性。

① GD 钢的力学性能。GD 钢与 CrWMn 钢和 Cr12MoV 钢力学性能对比如表 3-15 所示。

表 3-15 GD 钢与 CrWMn 钢和 Cr12MoV 钢力学性能对比

钢号	热处理工艺	硬度/HRC	抗弯强度 σ_{bb}/MPa	挠度 f/mm	抗压屈服点 σ_{bc}/MPa	冲击韧度 a_K/(J/cm²)	多冲周次 N
GD	900℃油淬，200℃回火	61	4388	3.06	2674	149.1	8895
CrWMn	840℃油淬，200℃回火	61	3777	2.90	2668	76.5	6413
Cr12MoV	1020℃油淬，200℃回火	61	2580	2.30	2667	44.1	4105

从表中可以看出，GD 钢的强度、韧性比 CrWMn 钢和 Gr12MoV 钢要高，硬度相当。

② GD 钢的工艺性能。

a. 锻造性能：GD 钢的锻造性较好。锻造工艺一般为：加热温度 1080～1120℃，始锻温度 1040～1060℃，终锻温度 850℃，锻后缓冷，并立即退火。

因碳化物偏析小，可以不锻造而在下料后直接进行机械成形加工。

b. 预备热处理：采用等温球化退火，其工艺为：加热温度 760～780℃，保温 2h，等温温度 680℃，等温时间 6h，炉冷至 500℃再空冷。退火后的硬度≤230～240HBS，切削加工性较好。

c. 淬火工艺：GD 钢的淬火温度低且范围宽，常规淬火温度为 870～930℃，淬火介质为油或空气（即可空淬，只是淬透性、淬硬性比油淬稍低），其中以 250℃等温 55min 的等温淬火的强韧性为最好。该钢的淬透性好，淬火变形小。

d. 回火工艺：GD 钢经淬火后，与其他基体钢采用高温回火不同，可采用一次 175～230℃，2h 的低温回火，回火后的硬度为≥60HRC。其中，以 900℃淬火 200℃回火，钢强韧性综合指标为最好。

③ GD 钢的应用范围。GD 钢可替代 CrWMn、Cr12 型、GCr15、6CrW2Si、9SiCr、9Mn2V 钢制造各种异形、细长薄片冷冲凸模，形状复杂的大型凸凹模，中厚板冲裁模及剪刀片，精密淬硬塑料模具等，模具的寿命大幅提高，具有显著的经济效益。

（5）7CrSiMnMoV 钢

7CrSiMnMoV 钢简称 CH-1，又称火焰钢。火焰钢是指淬火温度范围宽，可以用火焰来加热而进行淬火处理。与 GD 钢相比，含碳量相当，少了镍，总的合金含量要低。CH-1 钢具有多元少量合金化特点，也属于低合金高强度钢。

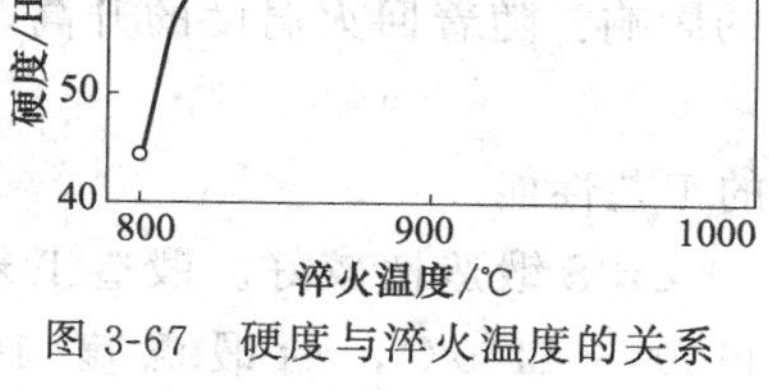

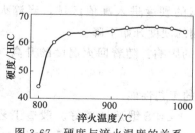

图 3-67 硬度与淬火温度的关系

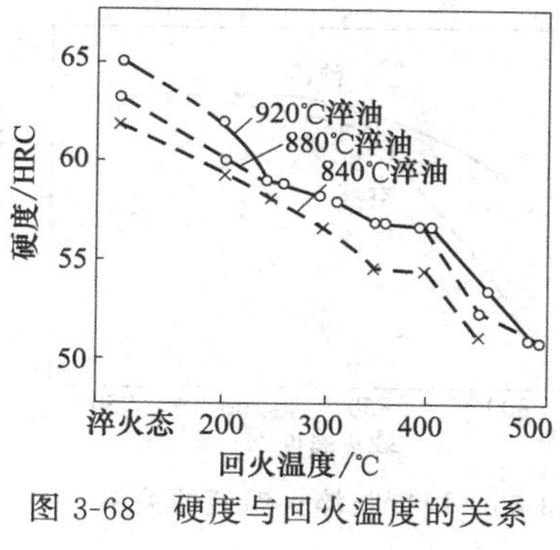

图 3-68 硬度与回火温度的关系

① CH-1 钢的力学性能。

a. 淬火温度的影响：从图 3-67 可知，当淬火温度达到 840℃时，钢的硬度进入高值区域，当淬火温度超过 980℃时，钢的硬度开始下降。

b. 回火温度的影响：随着回火温度的升高，钢的硬度下降，如图 3-68 所示。

CH-1 钢与 9Mn2V、CrWMn 钢和 Cr12MoV 钢力学性能对比如表 3-16 所示。

表 3-16 CH-1 钢与 9Mn2V、CrWMn 钢和 Cr12MoV 钢力学性能对比

钢号	热处理工艺	硬度/HRC	抗弯强度 σ_{bb}/MPa	挠度 f/mm	抗压屈服点 σ_{bc}/MPa	冲击韧度 a_K/(J/cm^2)	抗扭强度 σ_{br}/MPa
CH-1	800℃油淬，200℃回火	60～61	4110	4.3	5398	156.0	2030
9Mn2V	800℃油淬，200℃回火	59	2595	3.0	2505	38.5	2025
CrWMn	840℃油淬，200℃回火	61	2650	2.0	2668	36.0	—
Cr12MoV	1020℃油淬，200℃回火	61	2580	2.3	2667	44.6	

从表中可以看出，CH-1 钢的强度、韧性比 9Mn2V、CrWMn、Cr12MoV 钢要高，硬度相当。

② CH-1 钢的工艺性能。CH-1 钢的工艺性能与 GD 钢相近。

a. 锻造性能：CH-1 钢因其碳化物偏析小，锻造性较好。锻造工艺一般为：加热温度 1150～1200℃，始锻温度 1100～1150℃，终锻温度 800℃，锻后缓冷或空冷。

b. 预备热处理：采用等温球化退火，其工艺为加热温度 840～860℃，保温 2～4h，等温温度 680～700℃，等温时间 3～5h，炉冷（≤30℃/h）至 500℃再空冷。退火后的硬度≤217～241HBS，切削加工性良好。

c. 淬火工艺性：CH-1 钢的淬火温度低且范围宽，常规淬火温度为 860～960℃，淬火介质为油或空气。钢的淬透性好，淬火变形小。

d. 回火工艺：可采用一次 160～200℃的低温回火，回火后的硬度为≥60HRC。

③ CH-1 钢的应用范围。CH-1 钢可用于薄板冲孔模、整形模、切边模、冷挤压模等。

（6）8Cr2MnWMoVS 钢

8Cr2MnWMoVS 钢简称 8Cr2S，又称为中铬微变形模具钢。因 8Cr2S 钢中加入了少量的硫，w_S 为 0.06%～0.15%，使得该钢能在高硬态下顺利地进行常规机械加工，故又称为易切削型模具钢。该钢还具有良好的表面处理性能，可进行渗氮、渗硼、镀铬、镀镍处理，该钢也具有多元少量合金化的特点，是精密冷作模具和塑料模具用钢。

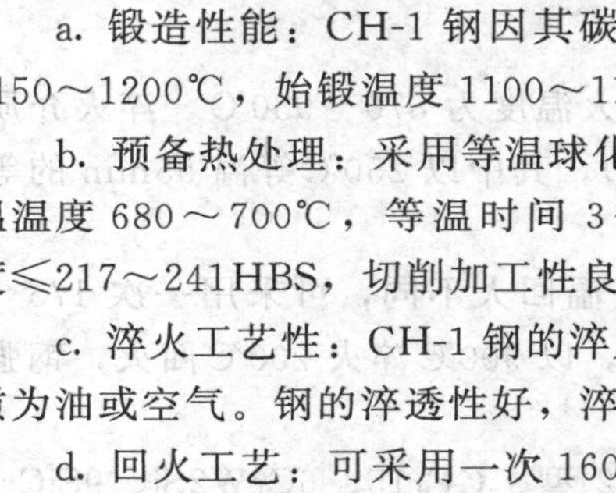

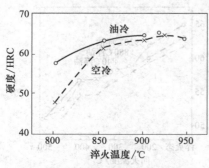

图 3-69 硬度与淬火温度的关系

① 8Cr2S 钢的力学性能。

a. 淬火温度的影响：从图 3-69 可知，当淬火温度达到 860℃时，钢的硬度进入高值区域，当淬火温度超过 920℃时，钢的硬度开始下降。

b. 回火温度的影响：随着回火温度的升高，钢的硬度下降。

② 8Cr2S 钢的工艺性能。

a. 锻造性能：8Cr2S 锻造性较好。锻造工艺一般为：加热温度 1100～1150℃，始锻温度 1050～

1110℃，终锻温度 900℃，锻后缓冷。

b. 预备热处理：采用等温球化退火，其工艺为加热温度 790～810℃，保温 2h，等温温度 670～690℃，等温时间 4～8h，炉冷至 500℃再空冷。退火后的硬度为 207～229HBS，切削加工性良好。

c. 淬火工艺性：8Cr2S 钢的常规淬火温度为 860～960℃，淬火介质为油或空气，可采用 130℃热油分级淬火或 240～260℃的等温淬火（等温 40min）。钢的淬透性好，淬火变形小。

d. 回火工艺：可采用一次 160～200℃的低温回火，回火后的硬度为≥60HRC。若用作塑料模具，则作为预硬态，进行高温回火，回火温度为 550～620℃（2h），回火后的硬度为≥45HRC，在此硬度下也能顺利地进行常规机械加工，能缩短加工工时，降低加工成本。

③ 8Cr2S 钢的应用范围。8Cr2S 适于制作精密的塑料模具、胶木模具和印刷电路板冲孔模具，其精度高，寿命长；8Cr2S 也适于制作精密零件的冲裁模具，如手表零件的冲裁模具、电器零件冲裁模具等。

3.2.7 高耐磨高强韧性冷作模具钢

高强韧性钢虽然克服了高铬钢、高速钢的因碳化物不均引起的脆断倾向，但由于钢中含碳量的减少，其耐磨性不如高铬钢、高速钢。对于以磨损为主要失效形式的模具，上述钢种仍不能满足要求，希望有一种钢既有高强韧性钢的韧性，又有高铬钢、高速钢的耐磨性，这就是高耐磨高强韧性冷作模具钢。其常用钢种牌号及化学成分如表 3-17 所示。

表 3-17 常用高耐磨高强韧性冷作模具钢的牌号及化学成分

钢号	代号	化学成分 w/%						
		C	Si	Mn	Cr	W	Mo	V
9Cr6W3Mo2V2	GM	0.86～094	—	—	5.6～6.4	2.8～3.2	2.0～2.5	1.7～2.2
Cr8MoWV3Si	ER5	0.95～1.10	0.7～1.2	0.3～0.6	7.8～8.0	0.8～1.2	1.4～1.8	2.2～2.7

(1) 9Cr6W3Mo2V2 钢

9Cr6W3Mo2V2 钢简称 GM。它属于莱氏体钢，与 Cr12MoV 相比，钢中含碳量、含铬量少很多，这大大降低了共晶碳化物的不均匀程度，适量增加了钨、钼、钒的含量，既提高了淬透性，又细化了晶粒，并提高基体的强度，强化二次硬化效果。GM 钢的耐磨性和韧性均高于高碳高铬钢，抗弯强度和压缩屈服点远于高铬钢，具有最佳的强韧性、耐磨性和变形量的配合。

① GM 钢的力学性能。

a. 淬火温度的影响：从图 3-70、图 3-71 可知，淬火温度对钢的力学性能的影响与回火温度有关，随着淬火温度的升高，钢的抗弯强度下降，其抗压强度还与后续的回火温度有关；当淬火温度为 1080℃时，钢的硬度达极值，之后缓慢下降。

b. 回火温度的影响：GM 钢有二次硬化现象，当回火温度为 540℃时，钢的回火硬度达极值。在较宽的回火温度范围内可获得高的硬度，如图 3-72 所示。

② GM 钢的工艺性能。

a. 锻造性能：GM 钢的锻造性较好。锻造工艺一般为：加热温度 1100～1150℃，始锻温度 1060～1110℃，终锻温度 850℃，锻后缓冷并及时退火。锻造时，加热应缓慢，保证热

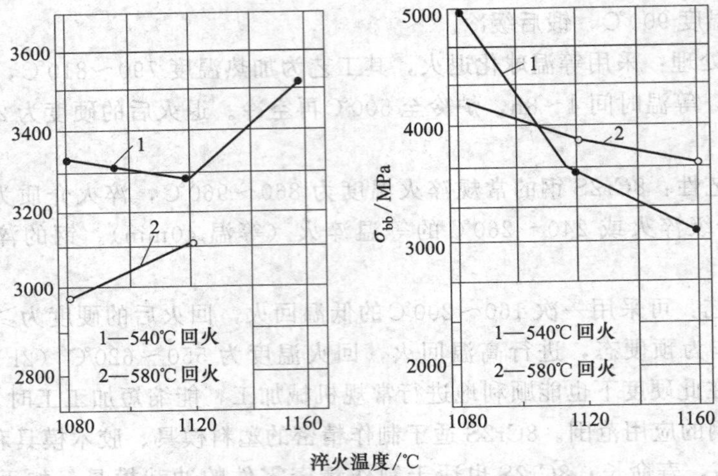

图 3-70 抗压强度、抗弯强度与淬火温度的关系

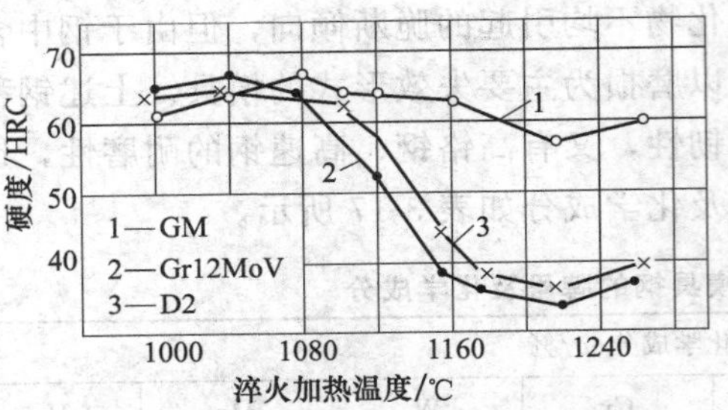

图 3-71 硬度与淬火温度的关系

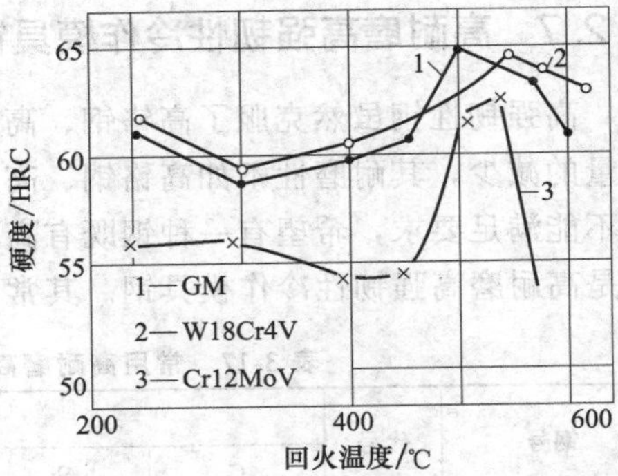

图 3-72 硬度与回火温度的关系

透，并严格控制变形量。

b. 预备热处理：采用等温球化退火，其工艺为：加热温度 850～870℃，保温 2h，等温温度 730～750℃，等温时间 4～6h，炉冷至 500℃再空冷。退火后的硬度为 205～228HBS，切削加工性良好。

c. 淬火工艺性：GM 钢的常规淬火温度为 1100～1160℃，淬火介质为油，或进行＜220℃的热油分级淬火。钢的淬透性好，淬火变形小。

d. 回火工艺：GM 钢经淬火后，可采用二到三次 520～560℃的高温回火，回火后的硬度为≥64HRC。

③ GM 钢的应用范围。GM 钢具有最佳的强韧性、耐磨性和变形量的配合，同时兼有良好的冷、热加工性和电加工性。因此，GM 钢广泛用于生产批量大、工件形状复杂、加工精度要求高的冷作模具。

(2) Cr8MoWV3Si

Cr8MoWV3Si 简称 ER5。与 GM 钢相比，该钢提高了碳、铬、钒含量，含有适量的钨、钼，这便保证了钢具有强韧性基体及细小均匀分布的特殊碳化物，从而使 ER5 钢具有高耐磨性和高强韧性。与 Cr12 型钢相比，碳化物数量少，晶粒细小而均匀，其强度、硬度、耐磨性均优于 Cr12 型钢，且电加工性能好。

① ER5 钢的力学性能。淬火温度和回火温度对钢力学性能的影响如表 3-18、表 3-19 所示。

表 3-18 淬火、回火温度对 ER5 钢硬度的影响

HRC

淬火温度/℃	回火温度/℃					
	500	530	550	570	600	630
1000	56.5	54.7	53.2	51.2	45.1	37.2
1050	61.0	60.0	53.0	56.2	51.2	40.2
1100	63.2	62.7	60.8	57.8	51.0	44.7
1120	64.0	65.0	64.0	62.2	57.4	47.3
1150	63.5	64.0	64.0	62.2	57.4	47.3
1180	63.3	65.1	64.7	63.8	59.1	49.3

表 3-19 淬火、回火温度对 ER5 钢抗拉强度的影响

MPa

淬火温度/℃	回火温度/℃		
	510	530	550
1100	1165.2	1662.1	2475.5
1120	1444.5	1988.4	2271.5
1150	1251.5	1360.2	1666.0

从表中可以看出，ER5 钢的淬火温度为 1100～1150℃时，可获得较高的抗拉强度；ER5 钢有二次硬化现象，当回火温度为 510～550℃时，钢的回火硬度在高硬度值区域。

② ER5 钢的工艺性能。

a. 锻造性能：ER5 钢的锻造性较好。锻造工艺一般为：加热温度 1150～1200℃，始锻温度 1100～1150℃，终锻温度 900℃，锻后缓冷并及时退火。

b. 预备热处理：采用等温球化退火，其工艺为：加热温度 860℃，保温 2h，等温温度 760℃，等温时间 4h，炉冷至 500℃再空冷。退火后的硬度为 220～240HBS，切削加工性较好。

c. 淬火工艺性：ER5 钢的常规淬火温度为 1120～1150℃，淬火介质为油。钢的淬透性好，淬火变形小。

d. 回火工艺：可采用三次 520～550℃的高温回火，回火后的硬度为≥64HRC。

③ ER5 钢的应用范围。ER5 钢材料成本适中，加工工艺简单，适于制作大型重载冷镦模、精密冷冲模等。

3.2.8 硬质合金

(1) 普通硬质合金（刀具材料）

又称金属陶瓷硬质合金，它是采用高硬度、高熔点的碳化物粉末和黏结剂 Co 混合后，用粉末冶金方法制成（混合、压制、烧结成型）。硬质合金的硬度高达 93HRA（相当于 81HRC）、红硬性可达 900～1000℃。因此，当用作刀具时，切削速度比高速钢提高 4～7 倍，寿命提高 5～8 倍。并可切削高硬度（50HRC）的材料。目前常用的硬质合金材料有下列几种。

① 钨钴类硬质合金（YG）：这类硬质合金的主要组成是 WC＋Co。钨钴类硬质合金的

牌号用"YG＋数字"表示，其中，数字表示黏结剂Co的含量，如牌号YG8表示钴的质量分数为8％的钨钴类硬质合金。Co含量越高，合金的强度、韧性越好；Co含量越低，合金的硬度越高、耐热性越好。Co含量较高的合金常用于有冲击振动的粗加工，Co含量较少的主要用于比较平稳的精加工。冷冲模用硬质合金一般是YG类。

② 钨钛钴类硬质合金（YT）：钨钛钴类硬质合金的主要组成是WC＋TiC＋Co。其牌号用"YT＋数字"表示，其中数字表示碳化钛的含量，碳化钛含量越高，合金的硬度越高，耐热性越好；碳化钛含量越低，合金的强度、韧性越好。碳化钛含量少的用于粗加工，碳化钛含量高的用于精加工，如牌号YT15表示碳化钛的质量分数为15％的钨钛钴类硬质合金。

钨钴类硬质合金具有较高的强度和韧性，耐磨性也较好。这类合金制作的刀具主要用于加工短切屑的黑色金属、有色金属及非金属材料，如铸铁、铜及其合金、铝及其合金、塑料、橡胶、石料等。钨钛钴类硬质合金具有较高的耐热性和耐磨性，主要用于加工长切屑的黑色金属，如钢和铸钢。

③ 通用硬质合金（YW）：这类硬质合金用TaC和NbC取代了钨钛钴类合金中的部分TiC。通用硬质合金兼有上述两类硬质合金的优点，应用广泛，可加工各类金属材料，它的牌号用"YW＋数字"表示，其中的数字无特殊意义，仅表示该合金的序号，如YW2表示2号通用硬质合金。

普通硬质合金的特点是具有高的硬度、高的抗压强度和高的耐磨性，但脆性大，不能进行锻造和热处理。又因价格高，它主要用于制造大批量加工零件的模具。

（2）钢结硬质合金

它是一种新型的模具材料，是以高速钢或铬钢作为黏结剂，这类硬质合金具有良好的成型性，它具有普通硬质合金高的硬度、高的抗压强度和高的耐磨性，又具有钢的可加工性和热处理性。

常用的牌号：以TiC为主的有GT35、GT33、R5、D1、T1、L、G、ST60（奥氏体不锈钢为黏结剂）等。以WC为主（WC的质量分数为50％）的有GJW50、TLMW50、TMW50、TW50、T10W50、W50、GW50等。

DT硬质合金中WC的质量分数为40％，其特点是在保持足够的硬度、耐磨性的基础上，大幅提高了强度和韧性，在急冷急热的交变热冲击下有极好的抗热裂能力。

① DT合金的力学性能。DT合金的力学性能如表3-20所示。

表3-20 DT合金的力学性能

性能	抗弯强度 σ_{bb} /MPa	抗拉强度 σ_b /MPa	抗压强度 σ_{bc} /MPa	冲击韧性 a_K /(J/cm²)	硬度/HRC		
					退火态	淬硬态	使用态
低温回火态	2500～3600	1500～1600	4000～4200	15～20	32～36	68	62～64
等温淬火态	3200～3800	—	2400～2800	18～25			55～62

② DT合金钢的工艺性能。

a. 锻造性能：DT合金的锻造性较差。锻造工艺一般为：700～800℃预热，始锻温度1150～1200℃，终锻温度880℃，锻后缓冷，锻造时注意轻拍轻打，并控制变形量。

b. 预备热处理：采用等温球化退火，其工艺为加热温度860～880℃，保温2～3h，等温温度720～760℃，等温时间6h，炉冷至550℃再空冷。退火后的硬度≤332HBS，切削加工性差。

c. 淬火工艺性：DT合金经800～850℃预热，常规淬火温度为1000～1020℃，淬火介质为油，或采用200～300℃的等温淬火（30min），DT合金的淬透性好，淬火变形小。

d. 回火工艺：DT合金经淬火后，可采用200～600℃之间的温度回火。随着回火温度的升高，强度、硬度下降，韧性升高。回火后的硬度为≥62HRC。

③ DT合金的应用范围。DT合金性能优越，广泛用于大批量生产的冷镦模具、冷挤压模具、冲裁模具、拉深模具等。

3.3 冷作模具材料的选用

3.3.1 冷作模具材料选用的原则

冷作模具种类很多，结构形状差异性大，工作条件和性能要求不一，失效形式的多样性使模具材料的选用非常复杂，选材时必须全面分析，综合各种因素合理选用模具材料。

选择冷作模具材料时，应遵循选用材料的基本原则，首先满足模具的使用性能，兼顾工艺性和经济性。在确定模具的使用性能时，应从模具结构，工作条件，工件的材质、形状及尺寸，加工精度，生产批量等方面加以综合考虑，并借鉴所在行业的成功经验。一般来说，对于形状复杂、尺寸精度要求较高的模具，应选用低变形的材料；对于承受负载大的模具应选用高强度的材料，承受强烈摩擦和磨损的模具，应选用高硬度、高耐磨的材料；对于承受冲击负载大的模具应选用高韧性的材料。对于兼顾工艺性和经济性，设计者应了解材料的加工方法、加工性能和价格情况。常用冷作模具材料性能比较如表3-21所示，供设计时参考。

表3-21 常用冷作模具材料性能比较

材料牌号	性能比较						
	耐磨性	韧性	切削加工性	淬火不变形性	回火及热稳定性	脱碳敏感性	淬透性/mm
T7A、T8A	差	较好	好	较差	差	大	水淬≤15 油≤5
T10A	较差	中等	好	较差	差	大	
T12A	较差	中等	好	较差	差	大	
9SiCr	中等	中等	较好	中等	较差	较大	油40
9Mn2V	中等	中等	较好	中等	差	较大	油30
CrWMn	中等	中等	较好	中等	较差	较大	油60
9CrWMn	中等	中等	较好	中等	较差	较大	油40
Cr12	好	差	较差	好	好	较小	油200
Cr12MoV	好	差	较差	好	好	较小	油250
Cr4W2MoV	较好	较差	中等	中等	中等	中等	好
6W6Mo5Cr4V2	较好	较差	中等	中等	中等	中等	较深
GCr15	中等	中等	较好	中等	较差	较大	较浅
W18Cr4V	较好	较差	较差	中等	好	小	深
W6Mo5Cr4V2	较好	中等	较差	中等	好	中等	深
6Cr4MoNiWV	较好	较好	中等	中等	好	中等	油80
65Cr4W3Mo2VNb	较好	较好	中等	较好	中等	较小	较深

续表

材料牌号	性能比较						
	耐磨性	韧性	切削加工性	淬火不变形性	回火及热稳定性	脱碳敏感性	淬透性/mm
9Cr6W3Mo2V2	好	好	较好	较好	较好	小	深
YG8、YG15	好	差	差	—	—	—	—
YG20、YG25	好	差	差	—	—	—	—
GT35	好	较差	差	好	好	小	深
TW50	好	较差	差	好	好	小	深

3.3.2 冷冲裁模具材料的选用

冷冲裁模具主要用于各种板料的冲切成型，按其功能不同可分为剪裁、冲孔、落料、切边、整修和精冲等工序。

(1) 冷冲裁模具的工作条件和失效形式

冲裁模具的工作部位是刃口。冲裁时，当凸模下降至板料接触时，板料受到了凸、凹端面的作用力。由于凸、凹模之间存在间隙，使凸、凹模施加于板料的力产生了一个剪力矩，这个力矩使被冲裁板料旋转一个角度，这时板料则对刃口产生一个侧向力，在这个侧向力的作用下，总裁模刃口就受到很大的弯曲压力。其次，模具与板料之间总有一定的间隙，并且间隙分布不均匀，使得刃口部位在工作时总是承受强烈的冲击。同时，板料与刃口部位产生剧烈的摩擦，从而导致刃口磨损。板料强度越高，厚度越大，磨损越严重，模具的寿命越短。

因此，冲裁模具的主要失效形式是磨损，刃口变钝。磨损达到一定程度，会使冲裁模具产生毛刺，需经磨削使刃口重新锋利。经多次磨刃后，凸模变短，凹模变薄，直至无法工作而失效。此外，还有可能因安装不当、冲裁时工艺执行不严、热处理不合理等造成崩刃和凸模折断等失效。

冲裁模具材料的性能要求是高的硬度、高的耐磨性、足够的抗压强度和抗弯强度、适当的韧性。对于薄板冲裁，以高耐磨、高精度要求为主，对于厚板冲裁，除需要模具材料有高的硬度外，还要求模具材料具有高的强韧性。凸模材料要求具有高的抗弯强度，凹模材料要求具有高的抗压强度，这是因为凸模易折断，凹模易开裂。

(2) 冷冲裁模具材料的选用

冷冲裁模具材料的选用主要根据：工件的形状和尺寸；工件的材质；冲裁力的大小；模具可能的失效形式；工件生产的批量；模具的成本等因素。选用冷冲裁模具材料的思路如下。

① 对于形状简单、载荷较轻的冲裁模具，应尽可能选用价格低的碳素工具钢制造。

② 对于形状复杂、尺寸较大、载荷较轻、要求热处理变形小的冲裁模具，可选用低合金工具钢制造。对于要求使用寿命较长的硅钢片冷冲模，无论承受轻载或重载，一般都选用Cr6WV、(Cr12)、Cr4W2MoV、(Cr12MoV)、Cr2Mn2SiWMoV等。

③ 对于大中型模具，制造工艺复杂，加工成本高，模具材料成本只占模具总成本的10%～18%。因此，选用高耐磨、高淬透性、淬火变形小的高碳中铬钢、高铬钢、高速钢、高强韧性低合金冷作模具钢制造。

④ 对于大批量生产的冷冲裁模具，要求使用寿命高，可选用高耐磨高强韧性的冷作模

具钢、硬质合金制造。

选材时注重新材料的选用，冷冲裁模具成型零件材料的选用举例及工作硬度如表 3-22 所示。

表 3-22 冷冲裁模具成型零件材料的选用举例及工作硬度

模具类型	工作条件	推荐选用材料牌号		工作硬度/HRC	
		中、小批量生产(<5 万件)	大批量生产(>5 万件)	凸模	凹模
硅钢片冲裁模（凸、凹模）	形状简单，厚度≤1mm 的薄板冲裁	CrWMn、Cr6WV、(Cr12)、(Cr12MoV)	GM、ER5、YG15、YG20、YG25 或钢结硬质合金（模套材料用中碳钢或 T10A）	60～62	60～64
	形状复杂，厚度≤1mm 的薄板冲裁	Cr6WV、(Cr12)、Cr4W2MoV、(Cr12MoV)、Cr2Mn2SiWMoV			
钢板冲孔、落料模（凸、凹模）	形状简单，厚度≤4mm 的冲裁模	T10A、9Mn2V、9SiCr、GCr15		≤4mm 的薄板：58～60 厚板：<56	≤4mm 薄板：58～60 厚板：<56
	形状复杂，厚度≤4mm 的冲裁模	CrWMn、9CrWMn、9Mn2V、Cr6WV、Cr5Mo1V、LG、GD、CH-1、65Nb			
	厚度>4mm 的冲裁模	(Cr12)、(Cr12MoV)、5CrW2Si、Cr4W2MoV、65Nb、CH-1、GD、Cr2Mn2SiWMoV	同上，但模套材料用中碳合金钢		
非铁金属冲孔、落料模	—	T8A、T10A、CrWMn、9CrWMn、9Mn2V、Cr5Mo1V	高速工具钢、YG 类、钢结硬质合金	60～62	60～62
冲头	轻载荷（厚度≤4mm的薄板冲裁）	T7A、T10A、9Mn2V、GD	—	ϕ<5mm：56～62 ϕ>10mm：52～56；56～60	—
	重载荷（厚度>4mm 的厚板冲裁）	W18Cr4V、W6Mo5Cr4V2、6W6Mo5Cr4V、基体钢			
剪刀（切断模）	剪切厚度≤4mm的薄板	T10A、T12A、9Mn2V、GCr15	—	45～50；54～58	—
	剪切薄板的长剪刀	CrWMn、9CrWMn、9Mn2V、GCr15、Cr2Mn2SiWMoV			
	剪切厚度>4mm的厚板	Cr4W2MoV、(Cr12MoV)、5CrW2Si、6W6Mo5Cr4V、5CrNiMnSiMoWV		60～64	
修（切）边模	形状简单	T10A、T12A、9Mn2V、GCr15	—	56～60	—
	形状较复杂	CrWMn、9Mn2V、Cr2M2nSiWMoV、基体钢			
精冲模	—	Cr4W2MoV、Cr12MoV、Cr2Mn2SiWMoV	GM、ER5、YG 类、钢结硬质合金	60～62	61～63

注：1. 表中括号内的材料不推荐选用，可用 Cr6WV、Cr4W2MoV、GM、ER5、GD 等钢替代。
2. 生产批量与制件的尺寸有关。

冲裁模具辅助工作零件的材料选用及热处理的硬度要求如表 3-23 所示。

表 3-23 冲裁模具辅助工作零件的材料选用及热处理的硬度要求

零件名称	选用的材料	热处理硬度/HRC
模柄	Q235A、Q275、45	—
上、下模座	HT200、Q235A、ZG310-570	—
导柱、导套	T8A、T10A、GCr15、20Cr(渗碳)	60～62
卸料板、挡板(块)、挡料销、推件板、顶板	45	43～48

续表

零 件 名 称	选用的材料	热处理硬度/HRC
顶杆、推杆、打杆、拉杆	轻载:45	43～48
	重载:T8A、CrWMn、9Mn2V	52～60
螺钉、定位销	35、45	35～40
螺母、垫片、垫圈	45、Q235A	—
承料板、固定板	Q235A、45	—
导正钉(销)	T10A、9Mn2V	50～56
侧刃	T10A、CrWMn	58～62
弹簧、簧片	65、65Mn、60Si2Mn	43～47

注：其他类型模具的辅助工作零件材料的选用可参照实行。

3.3.3 冷镦模具材料的选用

冷镦模具是指在常温下对金属毛坯施加冲击压力，使其产生塑性变形的模具。毛坯金属在模腔内进行体积的重新分布而成为所需要的形状和尺寸，如各种规格的螺钉、螺帽的冷镦成型工艺。

(1) 冷镦模具的工作条件和失效形式

冷镦模具在工作过程中，要承受很大的冲击力，单位压力可达 2000～2500MPa，并且冲击频率很高。凹模的型腔表面和冲头的工作表面还要承受强烈的冲击摩擦，工作温度可达300℃左右。此外，由于被冷镦材料的不均、坯料的端面不平、冷镦机调整精度不够等原因，还使冲头受到弯曲应力。

冷镦模具的失效形式有以下几种。

① 擦伤：冷镦模在镦压的过程中，坯料与冲头和凹模的工作表面因冲击摩擦而出现沟痕或磨损。

② 崩落：在强冲击摩擦力的作用下，坯料的金属常黏附在凹模上，形成一定厚度的环带，这层环带造成冷镦凸模偏离正常工作位置引起打击力的偏载，致使局部区域超过抗拉强度而成块崩落。

③ 脆性开裂：常见于冷镦凹模，一般有两种形式，一种是在擦伤严重处或崩落形成的夹角处，由于应力集中而导致裂纹产生；另一种是因整个截面淬硬或钢中碳化物或非金属夹杂物偏析而引起的脆性开裂。

④ 冷镦模常因硬度不足或硬化层过浅而凹陷或因尺寸超差而过早报废。

因此，对冷镦模具材料的性能要求是足够的抗压强度、抗弯强度和高的耐磨性。冷镦凹模需要有良好的强韧性配合，一般冷镦凹模的硬化层为 1.5～4mm，硬度为 58～62HRC，而心部只需要硬度较低、韧性较好的索氏体组织，不能将整个截面淬硬。

(2) 冷镦模具材料的选用

冷镦模具材料的选用主要根据：工件的形状和尺寸；凸、凹模的受力情况；硬化层深度要求；工件生产的批量。选用冷镦模具材料的思路如下。

① 凹模：对于轻负载的小型凹模，大都采用表面具有一定硬化层的整体模块。当要求硬化层不大时，可选用 T10A 钢制造。当硬化层要求较深时，可选用低合金工具钢制造。对于负载较重、形状较复杂的凹模，可选用高碳中铬钢、高速钢、基体钢制成的嵌镶模块嵌入韧性较好的模套内制成。

对于批量在20万件以上的凹模，可选用硬质合金制造。

② 凸模：要求具有良好的减摩性和耐磨性，还要有足够的硬度，以免受冲击部位塌陷。当负载较轻时，通常采用T10A钢或合金工具钢制造；当模具尺寸较大或重载时，采用和凹模相同的材料制成嵌镶模块而成。

③ 切裁工具及其他：切裁工具要求硬而耐磨，并有一定的热硬性，顶杆要有良好的韧性和耐磨性，这类辅助材料可根据具体情况而定。

冷镦模具成型零件材料的选用举例及工作硬度如表3-24所示。

表3-24 冷镦模具成型零件材料的选用举例及工作硬度

模具类型及零件名称		工作条件	推荐选用材料		工作硬度/HRC
			中小批量(<10万件)	大批量(>10万件)	
冷镦凹模开口模	开口模整体模块	轻载荷、小尺寸	T10A、MnSi	T10A、MnSi	表面59～62，心部40～50
		轻载荷、较大尺寸	CrWMn、GCr15	CrWMn、GCr15	表面>62，心部<55
冷镦凹模闭合模	整体模块	轻载荷、小尺寸	T10A、MnSi	—	表面59～62，心部40～50
		轻载荷、较大尺寸	CrWMn、GCr15	—	表面>62，心部<55
	镶嵌模块模芯	重载荷、形状复杂的大中型模具	Cr6WV、Cr4W2MoV	硬质合金	59～62
			(Cr12MoV)、Cr5Mo1V		59～62
			W18Cr4V、W6Mo5Cr4V2		>62
			LD、基体钢		59～62
	镶嵌模块模套	重载荷、形状复杂的大中型模具	42CrMo、40CrMnMo、4Cr5W2VSi、4Cr5MoSiV、4Cr5MoSiV1	六角螺母冷镦模用T7A、T10A，钢球、滚子冷镦模用CrWMn、GCr15	48～52
冷镦冲头(凸模)		轻载荷、小尺寸	T10A	—	58～60
		轻载荷、较大尺寸	CrWMn、GCr15	—	60～61
		重载荷	Cr6WV、Cr4W2MoV	硬质合金模套材料用T7A、T10A或CrWMn、GCr15	56～64
			(Cr12MoV)、Cr5Mo1V		56～64
			W18Cr4V、W6Mo5Cr4V2		63～64
			W6Mo5Cr4V2、CH-1		56～64
			LD、基体钢		56～64
切裁工具		—	T10A、Cr4W2MoV、(Cr12MoV)、W6Mo5Cr4V2	—	切断刀片、滚切刀60～65
顶出杆		冲击负载较大，要求韧性高的	6W6Mo5Cr4V、T7A	—	57～59
		中等冲击负载要求韧性、耐磨性好	9CrWMn、CrWMn		<60
		冲击负载不大，但要求高耐磨的	W6Mo5Cr4V2		62～63

注：表中括号内的材料不推荐选用，可用代用钢号。

3.3.4 冷挤压模具材料的选用

冷挤压模具是指在常温下以一定的速度对坯料施加相当大的压力，使其产生塑性变形，从而获得所需要的工件形状和尺寸的模具。冷挤压模具主要由凸模（冲头）和凹模组成。按被挤压金属流动方向与模具运动方向之间的关系分为正挤压（方向相同）、反挤压（方向相反）和复合挤压等。

（1）冷挤压模具的工作条件和失效形式

冷挤压模具在对坯料金属实施冷挤压时，所需的挤压压力大，在挤压非铁合金（有色金属）时达 1000MPa 以上，在正挤压钢时达 2000～2500MPa，在反挤压钢时达 3000～3500MPa。同时，在冷挤压的过程中，模具表面与被挤压金属间剧烈摩擦，不但使接触面磨损加大，而且产生大量的摩擦热使模具温度迅速升高，较低时达 160～180℃，较高时达 300～400℃。如果坯料端面不平或与凹模间隙过大，装配时冲头与凹模不同心，这都将使冲头因偏心力矩而产生弯曲应力；加之脱模时，冲头与坯料金属之间的摩擦使冲头受到拉应力的作用，两者叠加时，冲头易瞬间折断。

冷挤压模具的失效形式是擦伤磨损、氧化磨损和凸模的折断。

因此，对冷挤压模具材料的性能要求是具有高的强韧性、良好的耐磨性、一定的热疲劳性和足够的回火稳定性（与中厚板冲裁时的要求相似）。

（2）冷挤压模具材料的选用

冷挤压模具材料的选用主要根据：被冷挤压工件的材质；工件的形状和尺寸；工件生产的批量等。选用冷挤压模具材料时应注意以下几方面。

① 碳素工具钢和低合金工具钢淬硬性、强韧性和耐磨性较差，使用中易折断、弯曲和磨损，制成的冲头甚至会被压成鼓形，故只宜作挤压应力较小、批量不大的正挤压模具。

② Cr12 型钢是正挤压模具普遍采用的钢种，但因碳化物偏析严重，韧性低，脆性大，正在被新型材料所替代。

③ 高速钢的抗压强度、耐磨性高，适于制作承受高挤压负载的反挤压模具。但与 Cr12 型钢一样，韧性低，脆性大，W18Cr4V 钢更严重。故在实际生产中，常用低温淬火来提高钢的断裂抗力。

④ 降碳型高速钢、基体钢用于次序挤压模具效果十分显著，降碳型高速钢主要用作冷挤压冲头。但对于大批量生产的模具，这两类钢的耐磨性稍显不足，可进行表面处理。

⑤ 对于大批量生产的冷挤压模具，应选用硬质合金，如钢结硬质合金常用作大批量生产的冷挤压凹模。

冷挤压模具成型零件材料的选用举例及工作硬度如表 3-25 所示。

表 3-25 冷挤压模具成型零件材料的选用举例及工作硬度

模具零件名称	工作条件	推荐选用材料		工作硬度/HRC
		中小批量生产（<5 万件）	大批量生产（>5 万件）	
冲头（凸模）	冷挤压紫铜、软铝、锌合金	60Si2Mn、CrWMn、Cr6WV、Cr5Mo1V、Cr4W2MoV、Cr12MoV、W18Cr4V	Cr4W2MoV（渗氮）、Cr12MoV（渗氮）、W6Mo5Cr4V2（渗氮）、基体钢（渗氮）、钢结硬质合金	60～64
	冷挤压硬铝、黄铜、钢件	Cr4W2MoV、Cr12MoV、W18Cr4V、W6Mo5Cr4V2、6W6Mo5Cr4V、CH-1、LD、GD、基体钢	W6Mo5Cr4V2（渗氮）、基体钢（渗氮）、钢结硬质合金 YG15、YG20、YG25	60～64
凹模	冷挤压紫铜、软铝、锌合金	T10A、9SiCr、9Mn2V、CrWMn、GCr15、Cr6WV、Cr5Mo1V、Cr4W2MoV	Cr4W2MoV、Cr12MoV、W18Cr4V、钢结硬质合金 YG15、YG20、YG25	60～64

续表

模具零件名称	工作条件	推荐选用材料		工作硬度/HRC
		中小批量生产(<5万件)	大批量生产(>5万件)	
凹模	冷挤压硬铝、黄铜、钢件	CrWMn、Cr6WV、LD、Cr5MoV、Cr4W2MoV、Cr12MoV、6W6Mo5Cr4V	Cr4W2MoV(渗氮)、Cr12MoV(渗氮)、W18Cr4V、6W6Mo5Cr4V(渗氮)、基体钢(渗氮)、钢结硬质合金YG15、YG20、YG25	58～60
顶出器(顶杆)	—	CrWMn、Cr6WV、Cr5Mo1V、LD	Cr4W2MoV、Cr12MoV、6W6Mo5Cr4V、基体钢	58～62

注：硬质合金应增设模套，模套材料可选用中碳钢或中碳中合金钢。

3.3.5 冷拉深模具材料的选用

冷拉深模具是指在常温下使平面材料变成开口空心零件的模具，它主要由凸模、凹模、压边圈等组成。

(1) 冷拉深模具的工作条件和失效形式

冷拉深模具在工作时，凹模承受强烈的摩擦力和径向压力，凸模主要承受轴向压缩力和摩擦力。因摩擦热使模具温度迅速升高，模具温度一般为160～180℃，高速拉深时达400～500℃。

冷拉深模具的失效形式是黏附。在拉深的过程中，坯料金属受力流动，与模具表面的凸出点形成点接触而产生较高的压力。由于被拉深材料的塑性流动导致局部发热，致使它们瞬间咬合在一起，加上切向力的作用，使材料撕落而黏附模具表面，形成了凸凹不平的伤痕，黏结成瘤。若继续拉深，将会使工件表面粗糙度增大，严重时无法继续工作。

因此，对冷拉深模具材料的性能要求是具有高的强度和高的耐磨性，在工作中不发生黏附和划伤。

(2) 冷拉深模具材料的选用

冷拉深模具耐磨性的好坏与被拉深材料的种类、厚度、变形量、润滑方法、模具的设计和加工精度等因素有关。冷拉深模具材料的选用主要根据：被冷拉深工件的材质；工件的形状和尺寸；工件生产的批量等。因此，选用冷拉深模具材料时可参照以下几个方面。

① 对于中小型模具，可选用材质较好的模具钢制造。

② 对于大中型模具，在满足使用性能的前提下，应尽量选用价格低廉的材料制造，如球墨铸铁、合金铸铁等。

③ 对于大批量生产的模具，可采用镶嵌模块式制造，即在合金铸铁模框中镶嵌质量较好的材料作模芯。

④ 在拉深铝、铜合金和碳素钢时，可对凸、凹模进行渗氮、镀铬等表面处理。

⑤ 在拉深奥氏体不锈钢时，可采用铝青铜作凹模材料制造（对抗黏附有很好的作用）。

⑥ 对于生产批量较大，采用高碳中铬钢或高碳高铬钢制作的凹模时，应进行渗氮、抛光处理。

⑦ 硬质合金适合于大批量生产的模具，但在无润滑的情况下，极易发生黏附。

冷拉深模具成型零件材料的选用举例及工作硬度如表3-26所示。

其他类型模具，如拉丝模具，翻边、翻孔模具，弯曲模具，冲压成型模具等的材料选用，可分析模具的工作条件，参照表 3-25 和表 3-26 进行选用材料。

表 3-26 冷拉深模具成型零件材料的选用举例及工作硬度

零件名称	工作条件		推荐选用的材料			工作硬度/HRC
	制品类别	被拉深材料	小批量（＜1 万件）	中批量（＜10 万件）	大批量（100 万件）	
凹模	小型	铝、铜合金，深冲用钢	T10A、GCr15、CrWMn、9CrWMn	CrWMn、CH-1、9CrWMn、Cr6WV、Cr5Mo1V	Cr6WV、Cr5Mo1V、Cr4W2MoV、Cr12MoV	62～64
		奥氏体不锈钢	T10A（镀铬）、铝青铜	铝青铜 Cr6WV（渗氮）、Cr5Mo1V（渗氮）	Cr4W2MoV（渗氮）、Cr12MoV（渗氮）、硬质合金	
	大中型	铝、铜合金，深冲用钢	合金铸铁、球墨铸铁	合金铸铁镶嵌模块：Cr4W2MoV、Cr6WV、Cr5Mo1V	镶嵌模块：Cr6WV、Cr4W2MoV、Cr5Mo1V、Cr12MoV	
		奥氏体不锈钢	合金铸铁镶嵌模块：铝青铜	镶嵌模块：Cr6WV（渗氮）、Cr4W2MoV（渗氮）、铝青铜	镶嵌模块：Cr6WV（渗氮）、Cr4W2MoV（渗氮）、Cr12MoV（渗氮）、W18Cr4V（渗氮）	
冲头（凸模）	小型	—	T10A、40Cr（渗氮）	T10A、Cr6WV、Cr5Mo1V	Cr6WV、Cr5Mo1V、Cr4W2MoV、Cr12MoV	58～62
	大中型	—	合金铸铁	CrWMn、9CrWMn、	Cr6WV、Cr5Mo1V、Cr4W2MoV、Cr12MoV	
压边圈	小型	—	T10A、CrWMn、9CrWMn	T10A、CrWMn、9CrWMn	T10A、CrWMn、9CrWMn	54～58
	大中型	—	合金铸铁	合金铸铁	CrWMn、9CrWM	

注：1. 冲头材料，除合金铸铁外，最好镀铬。
2. 镶嵌模块材料镶嵌于经火焰淬火的合金铸铁中。
3. 大中型制品系指外径及高度＞200mm 者。
4. 硬质合金外面必须镶套，模套材料可采用中碳钢或中碳合金钢。

3.4 冷作模具钢的热处理

如何对冷作模具材料进行热处理是发挥模具材料的性能、保证模具寿命的关键。实践证明，模具的淬火变形与开裂、模具的早期开裂等，虽与材料的冶金质量、锻造质量、模具结构及加工质量等有关，但与模具热处理的关系更大，据统计，由热处理不当引起的模具失效占整个失效的 5%以上。因此，在冷作模具材料选定后，必须制定合理的热处理工艺，以保证模具的性能和寿命。

3.4.1 冷作模具的制造工艺路线

制作冷作模具的先后顺序称为冷作模具的制造工艺路线。了解冷作模具的制造工艺路线，对理解热处理的目的和方法有一定的帮助。现以加工模具成形零件的一较全面的工艺路线来介绍冷作模具的加工工艺，其模具成形零件的工艺路线为：

下料→锻造（毛坯）→预备热处理→机械粗加工→(微细化处理或去应力退火)→机械半精加工→机械精加工→淬火→回火→磨削（电加工＋回火)→(钳修）装配→试模→入库。

冷作模具的主要加工工序如下。

① 下料：用锯床等切割工具从型材或板材或钢锭切割所需要的体积。

② 锻造：锻造的作用有两个，一是改变毛坯的形状，使毛坯的形状和尺寸与工件相近，以切削加工时切除的金属较少、用的工时较少为好。二是改善碳化物的分布，借助外力将枝状的晶体打碎，经反复镦拔使碳化物分布趋于均匀，特别是含碳量高的高碳高铬钢、高速钢(因有共晶莱氏体组织）和有严重偏析的钢。锻造时，要严格控制加热速度和始锻、终锻温度，注意二轻一重，锻造工具的圆角应大一些，并预热到 200～300℃，锻后要缓慢冷却。

③ 预备热处理：常采用等温球化退火，其作用是降低硬度，提高塑性；细化晶粒，消除组织缺陷，并为最终热处理做好组织准备；消除内应力，稳定工作尺寸，防止变形与开裂。有时可利用锻造余热直接进行微细化处理，或调质处理作为预备热处理。

④ 机械粗加工：指对工件进行车、铣、刨、钻、镗、铰等基本工序加工，与半精加工、精加工等的不同之处在于切削参数不同，如背吃刀量大一些，进给量和主切削速度小一些等。工件经机械粗加工后，一般留有的加工余量为 0.5～0.8mm，视零件的具体情况而定。

⑤ 微细化处理：指为细化碳化物晶粒而进行的热处理，以确保模具材料经淬火、回火后具有良好的力学性能和尺寸精度，如 T10A、CWMn、Cr12MoV 等钢的调质细化，Cr12 型钢的锻造余热淬火双细化（安排在锻造之后)，Cr12 型、GCr15 等钢的固溶淬火双细化等均能同时细化碳化物和晶粒度（又称双细化工艺）。对于一般精度要求的模具或碳含量不太高的材料可不作微细化处理。

⑥ 机械半精加工：指对工件进行车、铣、刨、镗、铰等基本工序加工，不同之处在于工件经机械半精加工后，一般留有的加工余量为 0.2～0.5mm 或更小，视零件的具体情况而定。

对于没有特殊要求的模具或加工性能好的材料，可将粗加工、半精加工和精加工合三为一，即常说的机械成形加工。

⑦ 去应力退火：为消除机械粗加工形成的应力而进行的退火。去应力退火的加热温度一般为 500～600℃，保温后随炉缓冷至室温，其目的是减少淬火开裂倾向和稳定尺寸。

⑧ 机械精加工：即成形加工。因淬火后有变形产生，故留有一定的磨削加工量。

⑨ 淬火与回火：为获取所需要的组织和力学性能，详见 3.4.2 冷作模具钢的淬火与回火。

⑩ 磨削：以达到零件最终尺寸。

从上述工艺路线可以看出，在热处理工序安排上有几点值得注意。对于位置公差和尺寸公差要求严格的模具，为减少淬火变形，常在机械粗加工之后安排去应力退火或调质来细化晶粒，稳定尺寸，提高材料的力学性能。对于线切割加工的模具，由于线切割加工破坏了淬硬层，增加淬硬层脆性和变形开裂的危险性，因而在线切割加工之前的淬火、回火常采用分级淬火或多次回火，以使淬火应力处在最低状态，避免线切割时变形或开裂。经线切割的工件应及时去应力退火，退火温度不超过淬火后的回火温度，其目的是稳定尺寸，以改善表层组织和性能。

3.4.2 冷作模具钢的淬火与回火

淬火与回火是冷作模具的最终热处理，它直接决定着模具的使用性能。在确定淬火与回火的工艺时考虑以下几个方面。

（1）合理选择淬火加热温度

既要使奥氏体中固溶一定数量的碳和合金元素，以保证淬透性、淬硬性、强度和热硬性；又要有适当的过剩碳化物，以细化晶粒，提高模具的耐磨性和保证模具具有一定的韧性。

在确定淬火温度时，以常规淬火温度为主，因为常规淬火温度是理论上的最佳温度。再结合模具的工作条件或可能出现的失效形式或行业经验确定具体的淬火温度。一般来说，提高淬火温度即高淬，则模具的耐磨性、淬透性增加，因晶粒变粗而强韧性下降；降低淬火温度即低淬，则模具的强韧性增加，而耐磨性、淬透性下降。在确定淬火温度的同时，还要考虑淬火温度对淬火变形的影响以及加热过程中的预热等问题。

（2）合理选择淬火保温的时间

参照1.6.4钢的淬火工艺中的“加热保温时间的选择”进行，对于形状复杂的模具要综合各种影响因素，并通过试验来确定最佳淬火保温的时间。

（3）合理选择淬火冷却介质

在满足模具技术要求的情况下尽可能选择冷却能力低的介质，如淬透性好的材料选择冷却能力低的介质冷却，如空气、熔融硝盐或碱、热油等；淬透性差的材料选择冷却能力强的介质冷却，如水溶液、水、冷油等。为了保证足够的淬硬层深度，又能减少淬火变形和开裂倾向常用组合介质冷却，如水-油、油-空气、硝盐-空气等，哪一种材料适宜于哪一种组合介质冷却需查相关资料。

（4）采用合适的淬火加热保护措施

淬火加热时，模具零件易产生氧化与脱碳，氧化与脱碳严重影响模具的使用寿命，故淬火加热时需采取相应的加热保护措施。常用的加热保护措施有以下几种。

① 装箱保护法：在箱内或箱的四周填充保护剂，如木炭、铸铁屑等。

② 涂料保护法：采用刷涂、浸涂或喷涂等方法把保护涂料涂敷在模具的表面，形成致密、均匀、完整的涂层。涂料由耐火粘土＋玻璃粉＋水混合而成。

③ 包装保护法：用薄膜等把零件包装后再加热，薄膜高温熔化变成保护膜。

④ 盐浴加热保护法：中性盐高温熔化后隔离了空气而实现保护。

⑤ 真空热处理保护法：在无氧气的介质中加热，无氧化、脱碳，靠热辐射加热零件，其升温速度慢，加热所需的时间长。

⑥ 根据模具形状，预测模具的变形趋势，淬火加热时对局部结构作各种堵塞、捆绑或包扎，使模具的加热和冷却能均匀地进行。

3.4.3 冷作模具钢的强韧化处理工艺

提高冷作模具钢的强韧性是指提高模具钢的强度与韧性的组合，这对提高模具的寿命大有益处。冷作模具钢的强韧化处理工艺主要包括：低淬低回、高淬高回、微细化处理、等温淬火和分级淬火等。

（1）低淬低回

结合淬火温度对力学性能的影响和模具的工作条件，降低淬火温度淬火（比常规淬火温度低），再进行较低温度回火，降低了钢的硬度和脆断倾向，增加了钢的韧性和冲击疲劳抗力。可进行低淬低回的钢有 CrWMn、Cr12、Cr12MoV、W18Cr4V、W6Mo5Cr4V2 等。

（2）高淬高回

结合淬火温度对力学性能的影响和模具的工作条件，提高淬火温度淬火（比常规淬火温度高），再进行较高温度回火，以提高钢的淬透性，增加了钢的耐磨性；再经较高温度回火后，增加了钢的韧性。可进行高淬高回的钢有低淬透性冷作模具钢和抗冲击性冷作模具钢。

有的冷作模具钢既可作低淬低回又可作高淬高回。在选用时，应分析或预测模具的失效形式，结合模具的工作条件，确定哪一个力学性能指标为最重要后再确定具体的淬火工艺。

（3）微细化处理

微细化处理包括钢中基体组织的细化和碳化物的细化。基体组织的细化可提高钢强韧性，碳化物的细化不仅能提高钢强韧性，而且能增加钢的耐磨性。常用的微细化处理有两种。

① 四步热处理法。冷作模具钢的预备热处理常用等温球化退火，等温球化退火后的碳化物的均匀性、圆整度和颗粒大小等对淬火回火后钢的强韧性和耐磨性尚不够理想，还需进一步细化，即用四步热处理法。

a. 第一步：高温奥氏体化，把所有碳化物全部溶入奥氏体中，亚稳定的共晶碳化物也有望全部或部分溶解，并使成分均匀。采用常规淬火或等温淬火后得到马氏体＋残余奥氏体组织。

b. 第二步：高温软化回火，得到细小的碳化物，为最终热处理作组织准备。

如调质处理：调质处理对于细化晶粒、减少模具的淬火变形大有益处。这是因为调质处理可显著减少最终热处理后的体积膨胀和线尺寸膨胀量（约 30%～50%），可降低最终热处理后的各向异性程度，将纵向和横向变形量的差异降低（约 50%），可减少最终热处理后的工件翘曲，因为钢调质后的体积比退火态小。还有锻造余热淬火双细化、固溶淬火双细化等能同时细化碳化物和晶粒度。

c. 第三步：低温淬火（即最终热处理）。因淬火温度低，已细化的碳化物不会再溶入奥氏体得以保存。

d. 第四步：低温回火。因碳化物细小、均匀、圆，加之淬火、回火温度低，故可获得高的强韧性。

② 循环超细化处理。将冷作模具钢以较快速度加热到 Ac_1 或 A_{cm} 以上的温度，经短时停留后立即淬火冷却，如此循环多次，由于每加热一次，晶粒都到一次细化，同时在快速奥氏体化的过程中又保留了相当数量的未溶细小的碳化物，循环次数控制在 2～4 次，经处理后可获得超细碳化物，大幅提高模具寿命。

（4）冷作模具钢的分级淬火和等温淬火

分级淬火和等温淬火不仅能减少模具的变形和开裂，而且能提高冷作模具钢的强韧性。

（5）其他强韧化处理方法

除了上述微细化方法以外，还有形变热处理、喷液淬火、快速加热淬火、消除链状碳化物组织的预备热处理工艺、片状珠光体组织预处理工艺等都可以明显提高冷作模具钢的强韧性。

3.4.4 主要冷作模具的热处理特点

(1) 冷冲裁模具的热处理特点

冷冲裁模具的工作条件、失效形式、性能要求不同，其热处理特点也不同。

① 对于薄板冲裁模，应具有高的精度和耐磨性，因此，在工艺上应保证模具热处理变形小、不开裂和高硬度。通常根据模具材料钢种采用不同的热处理方法，如延时淬火、碱浴淬火（碳素工具钢）、等温淬火、硝盐淬火等措施。

② 对于重载冲裁模，其主要的失效形式是崩刃、折断。因此，重载冲裁模的特点是保证模具有高的强韧性，再进一步提高模具的耐磨性，通常采用强韧化处理。

③ 对于冷剪刀，一般采用热浴淬火，以减少淬火内应力，提高刃口抗冲击能力。对于大型剪刀采用热浴淬火有困难时，可采用先油冷至 200～250℃后空冷至 80～140℃，立即进行预回火，最后再进行正式回火。

对于成形剪刀，可采用贝氏体等温淬火、马氏体等温淬火或马氏体分级淬火。

④ 大多数冷冲裁模使用状态为淬火加回火。为了提高模具的耐磨性和使用寿命，常进行表面处理，如氮碳共渗、渗硼、渗钒等。

(2) 冷镦模具的热处理特点

根据冷镦模具对材料性能的要求，其热处理特点如下。

① 对于碳素工具钢制冷镦凹模，常采用喷水淬火法。喷水淬火法与整体淬火相比，韧性高，硬度均匀，硬化层沿凹模型腔均匀分布，这样可以避免过早开裂，提高模具寿命。

② 冷镦模具必须充分回火，回火保温时间应在两个小时以上，并进行多次回火，使其内应力全部释放，特别是整体结构模具。

③ 采用中温淬火加中温回火，以获得最佳的强韧性组合，如 Cr12MoV 制的冷镦凹模，采用 1030℃淬火和 400℃回火后，可获得最佳的强韧性组合，断裂抗力明显提高。

④ 采用快速加热工艺，以获得细小的奥氏体晶粒，减少淬火变形，提高模具的韧性。

⑤ 采用表面处理，如渗硼等，以提高模具的耐磨性和抗咬合的能力。

(3) 冷挤压模具的热处理特点

冷挤压模具应具有高的硬度、高耐磨性、高的抗压强度、高的强韧性，一定的耐热疲劳性和足够的回火抗力，其热处理特点为以下观点。

① 对于易断裂或胀裂、回火抗力和耐磨性要求不高的冷挤压模具，一般采用常规淬火温度的下限温度淬火，以获得细小的马氏体，再经回火即可得到高的强韧性。

② 高碳高铬钢制的冷挤压模具，淬火后残余奥氏体量较多，一般要采用较长时间的回火或多次回火，以控制和稳定残余奥氏体量，消除应力，提高韧性，稳定尺寸。

③ 对于以脆性破坏（折断、劈裂、脱帽）为主，又韧性不足的冷挤压模具，常采用等温淬火工艺，等温温度在 M_S＋(20～50)℃的范围内，再采用二次回火以减少内应力和脆性，促使残余奥氏体转变为回火马氏体。

④ 采用表面强化处理，以提高耐磨性和抗咬合能力。

⑤ 在使用过程中进行低温回火，以消除使用过程中产生的应力。

(4) 冷拉深模具的热处理特点

冷拉深模具应具有高的硬度，良好的耐磨性和抗黏附的能力。为保证性能要求，在制定和实施热处理工艺时注意以下两点。

① 要避免模具表面氧化脱碳，以避免淬火后出现硬度不足或出现软点。

② 进行表面处理，如渗氮、渗硼、镀铬等，以提高耐磨性和抗黏附性能。

3.4.5 冷作模具的热处理实例

【实例 1】 Cr4W2MoV 钢制冷作模具的热处理

Cr4W2MoV 电渣钢是一种新型中合金冷、热多用途模具钢，具有纯净度高、杂质少、化学成分均匀、晶粒细、组织均匀、等向性与组织性能重现性好，还具有共晶碳化物颗粒细小均匀、淬透性好、淬硬性好、耐磨性高、尺寸稳定性好和热处理畸变小等特点。既适宜制造冷镦、冲压模，也可制造热镦模。热处理工艺范围宽，按冷、热模具不同性能要求和技术条件，该钢既可低淬低回、中淬中回，也可高淬高回。经改锻、优化热处理工艺，产品质量优良，模具寿命长，可充分发挥材料的潜力。

(1) Cr4W2MoV 钢的锻造

Cr4W2MoV 钢是 Cr12 钢的代替钢种，它所含的我国稀有 Cr 元素仅为 Cr12 钢型钢的 1/3，而且模具有较高寿命。钢的强韧性决定于基体与强化相，耐磨性决定于合金碳化物的形貌。该钢主要碳化物类型有 $M_{23}C_6$、M_3C、M_2C_3、M_6C 和 MC 共 5 种。碳化物是强化相，它的形貌与模具使用寿命密切相关，网状、带状、堆集状碳化物易造成淬火组织粗细不均，恶化性能；角状、块状碳化物，易割裂基体和产生应力集中，成为萌发疲劳破坏的原始疲劳源，导致模具拉毛、掉块、脆裂和折断等早期失效。Cr4W2MoV 电渣钢锭共晶碳化物较细，但钢锭轧制时共晶碳化物沿轧制方向呈带状或网状分布，力学性能有明显方向性，且易导致模具淬火时发生畸变。锻造不仅可获得所需锻坯形状尺寸，更主要的是细化碳化物，使之达到 1～2 级，呈细、小、均匀分布于钢基体。该钢导热性较差，变形抗力大，锻造温度窄，仅 150～200℃。锻坯低温入炉，二级预热，均匀加热，充分透烧，严防出现“表熟里生、里熟表生、两头黑中间白和阴阳面”等加热缺陷，以防锻裂。锻坯加热温度 1120～1150℃，始锻温度 1100～1050℃，轻锤慢打，中间温度 950～1000℃是击碎共晶碳化物的最佳时机，材料塑性好，变形抗力小，不易过热，可加大锻造比，加大变形量，应重击、连击，尽量锻透心部，接近终锻温度 900～950℃时，温度低使材料塑性差，变形抗力大，应轻锤慢打。经 1～2 火四镦四拔双十字形变向锻造后，击碎共晶碳化物，使细化至 1～2 级，并使锻造纤维组织无定向分布。终锻成形后乘高温余热，返回炉中加热至 980～1000℃，保温 60～90min 进行正火，使一次和二次碳化物较充分地溶解到奥氏体中，为等温退火作好组织准备，可促使一次碳化物在等温退火时较易球化，获得较理想的球状珠光体组织，硬度低（230～240HBS），有较好的冷切削加工性能，同时是最理想的预处理组织。其锻造和正火＋预备热处理工艺如图 3-73 所示。

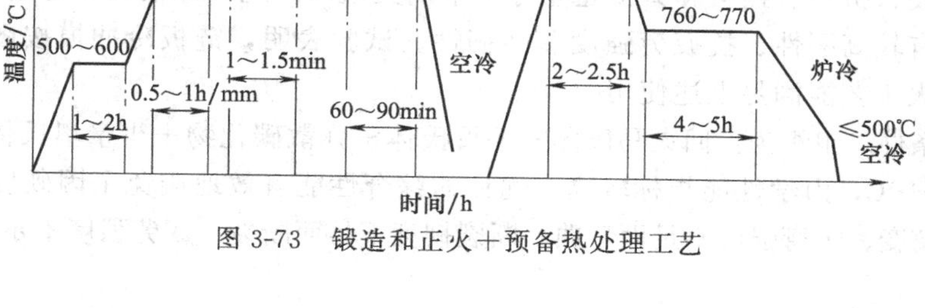

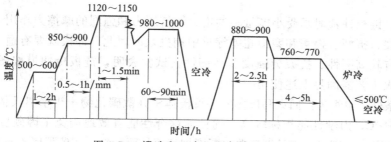

图 3-73 锻造和正火＋预备热处理工艺

（2）Cr4W2MoV 钢制 M16mm 螺帽冷镦压球模热处理工艺

技术条件：热处理硬度 60～63HRC，压球型孔同心度≤0.5mm。被镦材料：40Cr，硬度 220HBS。

热处理工艺：低温淬火＋低温回火，如图 3-74 所示。

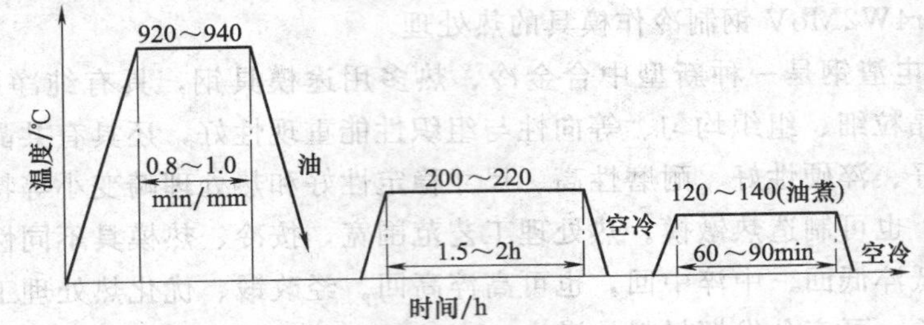

图 3-74 低温淬火＋低温回火工艺

工艺分析：选用 920～940℃低温淬火加热温度，可确保较高硬度、强度与耐磨性，奥氏体晶粒达到 13 级超细晶粒，晶粒愈细，强韧性愈高，压球模不易胀裂失效。该钢有较多 M_3C 型碳化物，低温淬火加热时即可溶入奥氏体，奥氏体有一定程度合金化，基体含碳量达到 0.5%～0.55%，有足够淬透性、淬硬性，保留较多的 $M_{23}C_6$、M_3C、M_7C_3、M_6C 和 MC 型未溶合金碳化物和少量残留奥氏体，经（200～220℃）×（1.5～2h）回火后，组织为板条马氏体＋弥散碳化物＋少量奥氏体，硬度为 61～63HRC，有较高耐磨性，又有强韧性配合，赋予较高寿命，有效消除原 CrWMn 钢制 M16mm 冷镦压球模早中期失效，寿命提高 3～5 倍。

（3）Cr4W2MoV 钢制摩托车链板冲模热处理工艺

技术条件：热处理硬度 59～61HRC，同心度允差≤0.15mm，链板厚度 2～3mm，材料为 20CrNi，硬度 190～200HBS。

热处理工艺：采用中温淬火＋中温回火，如图 3-75 所示。

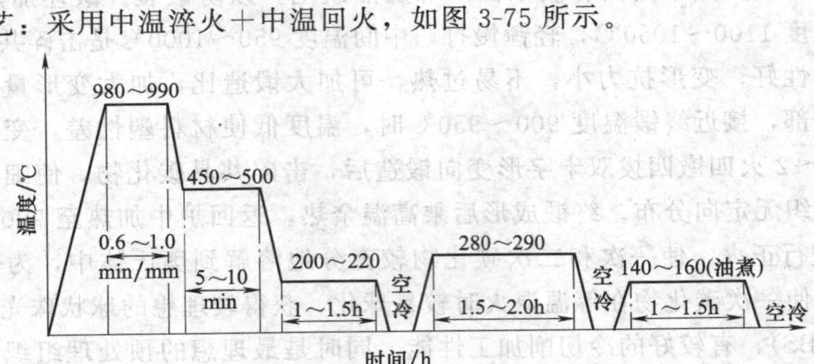

图 3-75 摩托车链板冷冲模热处理工艺

工艺分析：链板冲裁时承受小能量多冲击力、挤压力和强烈的摩擦力作用，易导致疲劳裂纹萌生、脆裂、折断、揭盖和磨损超差等早中期失效。因此，冲模既要有适中硬度、良好耐磨性，又要有较高刚性、抗疲劳强度和强韧性。试验表明，链板冷冲模按图 3-75 的中温淬火＋中温回火工艺能满足上述使用。

性能技术条件、组织为：回火马氏体＋下贝氏体＋弥散碳化物＋少量奥氏体的混合组织，硬度为 59～61HRC，力学性能指标较高。优良的综合性能有效地避免了因硬度不足而磨损、屈服点不足而畸变、抗弯强度不足而弯曲、断裂韧度不足而断裂、疲劳强度不足而疲劳龟裂等早中期失效，与原 T10A 钢制摩托车链板冲模比，寿命提高 15～20 倍，被誉为寿星模。

M18mm 汽车螺栓热镦模热处理工艺

技术条件：热处理硬度 60～64HRC，同心度允差≤0.20mm。被镦材料：45 钢。

热处理工艺：高温淬火＋高温回火，如图 3-76 所示。

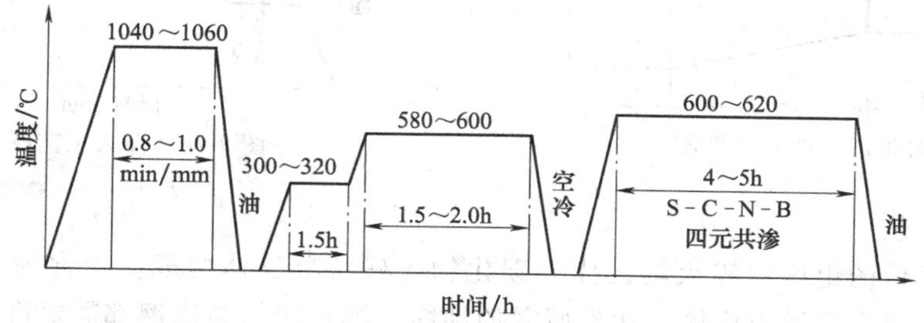

图 3-76 汽车螺栓热镦模复合强化处理工艺

工艺分析：热镦模工作时承受 1000℃以上高温，金属坯料在型腔内剧烈地塑性变形流动，对型腔产生强烈的摩擦力、冲击力、挤压力，易导致热磨损和崩刃失效。因金属坯料与型腔接触时间长，热传导使型腔表层金属迅速升温至 500～550℃，局部瞬时温度达到 600℃，易导致型腔软塌失效，工作时用水基石墨冷却型腔，周期循环加热与冷却型腔，反复热胀冷缩，产生多种应力叠加，当应力超过该材料强度极限时，导致型腔表面产生 0.5～1.5mm 深的网状龟裂，扩展后断裂。因此，热镦模应具有较高的高温强度、高温硬度、红硬性、热稳定性、耐磨性、抗疲劳、抗擦伤和一定的强韧性配合。为此选择 1040～1060℃高温淬火加热温度，促使钢中一次碳化物 M_6C、$M_{23}C_6$、M_7C_3 和二次碳化物 M_3C 溶入奥氏体中，增加奥氏体合金化程度，降低碳化物偏析，淬火得到充分合金化的过饱和淬火马氏体＋残留奥氏体组织。经（580～600℃）×(1.5～2h) 第一次回火和（600～620℃）×(4～5h) 第二次回火（四元共渗起到第二次回火作用），在回火冷却过程中合金碳化物高度弥散析出，碳化物变得圆滑均匀，减少对基体切割作用，成为强化相和残余奥氏体转变为马氏体，出现二次硬化现象，增加耐磨性、热强性和抗软化等性能。

高温回火之前进行（300～320℃）×1.5h 预回火，使过冷奥氏体继续转变为 $B_下$，避免性能较差的 $B_上$ 组织，还可增加破断抗力近 1 倍。高温回火后进行 S、C、N、B 四元共渗，选用 J-1 商品四元共渗盐，经（600～620℃）×(4～4.5h) 共渗后，最表层获得 3～5μm 硫化层，质软多孔，降低摩擦系数，次表层为 C、N、B 扩散层，厚约 0.45～0.55mm，其硬度为 1155～1245HV，具有高硬度、高耐磨、高疲劳、抗擦伤等性能，再往内是高强硬性基体。工作时即使四元共渗层被磨损，高强硬性基体仍可作工作面使用，与原 3Cr2W8V 钢制常规热处理 M18mm 汽车螺栓热镦模比，提高寿命 4～6 倍，有显著技术经济效益。

【实例 2】 W6Mo5Cr4V2 钢制弹簧钢板打孔冷冲头的热处理

弹簧钢板（厚度为 7～11mm）打孔冲头的服役条件较为苛刻。工作时冲头不仅要承受很高的冲击压缩应力，而且由于凹模调整对中不准或板料放置不平等实际操作中难以完全避免的一些因素，还可能受到一定的侧向弯曲应力作用。此外，冲头在脱模时还会经受到拉应力和摩擦磨损的作用。因此，要求冲头具有较高的强韧性、硬度和耐磨性。另外，在连续冲孔过程中因摩擦生热，冲头温度可升至 200～300℃，故冲头还需要有一定的热硬性。根据服役条件和对冲头的性能要求以及材料来源等情况，综合考虑，确定采用 W6Mo5Cr4V2 高速钢作为冲头材料。冲头尺寸如图 3-77 所示。

(1) 淬火工艺

经过常规热处理，高速钢虽然可获得很高的强度、硬度、耐磨性和红硬性，但韧性不高；韧性不足引起冲头崩刃或折断是导致过早失效的主要原因，为了获得较高的韧性，采用低温淬火工艺，如图 3-78 所示。

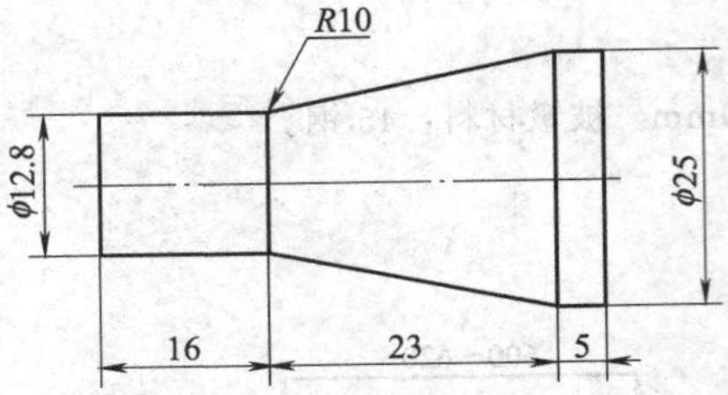

图 3-77 冲头零件图

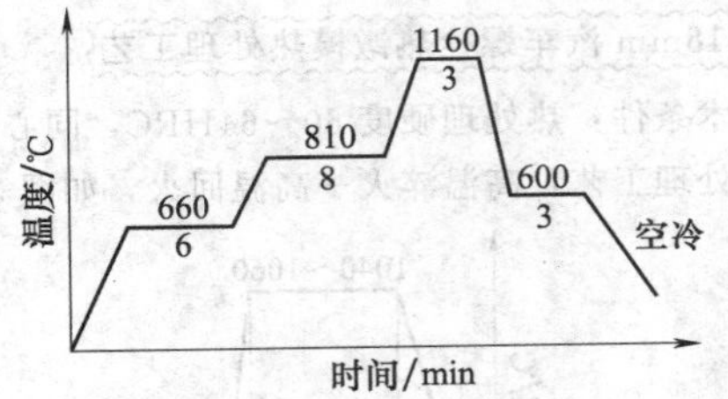

图 3-78 淬火工艺图

（2）回火工艺

高速钢淬火后的组织由淬火马氏体＋碳化物＋残留奥氏体构成。通常为了消除淬火应力，稳定组织，减少残留奥氏体，达到所需的性能，淬火后的高速钢都需要进行回火。回火过程可使淬火马氏体和残留奥氏体发生转变，但对原存在的碳化物无影响。

回火现采用三种不同的处理规范，以了解回火条件对其性能的影响，优选最佳回火工艺。

回火工艺分别为：

常规高温回火：560℃×1h 回火 3 次；

中温＋高温回火：380℃×1h 回火＋560℃×1h 回火 2 次；

低温回火：210℃×2h 回火 2 次，如图 3-79 所示。

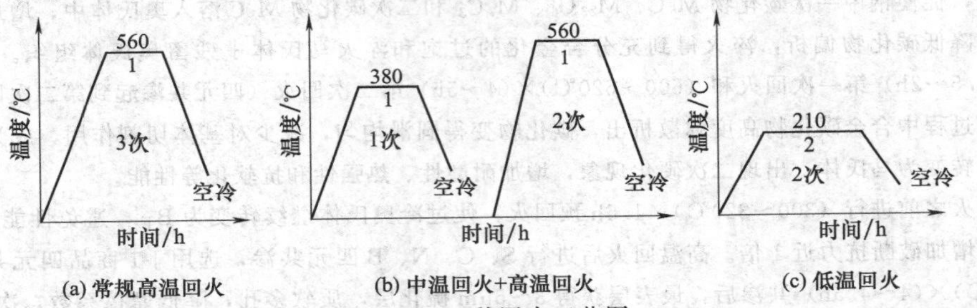

图 3-79 三种回火工艺图

除 210℃低温回火是在箱式电阻炉中进行之外，淬火预热、淬火加热、分级淬火和回火均在不同温度的盐浴炉中进行。

在退火态下，W6Mo5Cr4V2 高速钢的组织为细粒状索氏体＋碳化物。淬火组织由隐晶马氏体＋未溶碳化物＋残留奥氏体所组成。在三种不同回火条件下，钢的金相组织形态基本相似，均由回火马氏体和颗粒状未溶碳化物构成。未溶碳化物约为 10.5%，比高淬时高。W6Mo5Cr4V2 高速钢淬火组织中具有较多残留奥氏体（约 18.1%），在回火时，这些残留奥氏体有部分发生转变，对于三种不同回火处理，残留奥氏体的转变量分别约为 62.4%、48.1%、12.7%，但其余的仍保留下来。与高温回火和中温＋高温回火相比，高速钢在低温回火时因不发生二次硬化现象且组织中保留着较多的残留奥氏体，故硬度较低。低温淬火＋二次低温回火的热处理方法能够有效地提高冲模的使用寿命。这是因为当 W6Mo5Cr4V2 高速钢的淬火温度适当降低时，一方面能抑制 M_6C 和 MC 型碳化物溶入基体，使奥氏体中的平均含碳量降低，导致 M_S 点上升，淬火后的孪晶马氏体数量减少，获得以板条马氏体为主的淬火组织，从而提高了钢的韧性；另一方面，在较低淬火温度下，奥氏体晶粒尺寸较小，使得淬火组织细化，也有利于韧性的提高。

与常规回火相比，高速钢先在380℃的中温回火一次，然后再在560℃的高温回火两次后，能使硬度和冲击韧度均有所提高，该回火方法可使碳化物的分布和均匀性得到改善。冲头的使用寿命优于常规回火，即表明钢的韧性较高，但发现其硬度较常规回火并未提高反而略微下降，高速钢中的残留奥氏体比常规淬火的要多一些，但比低温回火的要少，因此其硬度、韧性和冷冲模的使用寿命均介于两者之间。

高速钢经低温回火后，组织中含有较多残留奥氏体，在一定条件下有助于提高钢的韧性，使冲击载荷作用时的裂纹形核和扩展抗力增大，低温回火的冲头使用效果最好。

【实例3】 Cr12MoV钢制冷作模具的热处理分析

Cr12MoV钢是目前国内广泛使用的冷作模具钢。该钢具有淬透性好、硬度高、耐磨、热处理变形小等优点，常用于制作承受重负荷、生产批量大、形状复杂的冷作模具，如冲压、压印、冷镦、冷挤压模等。但该钢也有明显的缺点，即脆性大，因此如何提高其强韧性，防止模具过早断裂失效，是我们经常需要解决的问题。

(1) 锻造

原材料改锻Cr12MoV属于高碳高铬莱氏体钢，碳化物含量高，约占20%，且常呈带状或网状不均匀分布，偏析严重，而常规热处理又很难改变碳化物偏析的状况，严重影响了钢的力学性能与模具的使用寿命。而碳化物的形状、大小对钢的性能也有很大的影响，尤其大块状尖角碳化物对钢基体的割裂作用比较大，往往成为疲劳断裂的策源地，为此必须对原材料轧制钢材进行改锻，充分击碎共晶碳化物，使之呈细小、均匀分布，达到碳化物≤3级，纤维组织围绕型腔或无定向分布，从而改善钢材的横向力学性能。锻坯加热可采用低温装炉，缓慢加热，二级预热（一级预热500～550℃，保温2～3h；二级预热800～900℃，保温1～2h），然后升温至加热温度1050～1160℃，保温1.5～2.0min/mm，并经常翻转，确保均匀热透。坯料的始锻温度为1000～1060℃，锻造时对钢坯从不同方向进行多次镦粗和拉拔，并采用“二轻一重”法锻造，即坯料始锻时要轻击，防止断裂，在980～1020℃中间温度可重击，以保证击碎碳化物，在接近终锻温度即约950℃时再度轻击，以防止出现内裂纹，终锻温度为850～900℃。锻后采取坑冷或箱冷等方式缓冷，以免因产生过大的热应力而引发裂纹。计算的锻造比为3～5，实际一般控制在2～3。实践证明，对于中小尺寸规格的模具，通过改锻，能有效改善和控制碳化物的形态、大小及分布，通过后续热处理，可得到较为理想的强韧性组织，从而较大幅度地提高模具寿命。但当尺寸规格较大时，反复镦拔对改善碳化物偏析效果不大，还会导致变形的方向性和强韧性降低。

(2) 改进预备热处理

Cr12MoV钢锻后常采用球化退火作为预备热处理，以获得均匀、细小的球状碳化物，降低硬度，改善切削加工性能，同时为后续的淬火做好组织准备。当常规球化退火工艺效果不理想时，可采用锻后调质处理，即锻后稍作停留，让奥氏体回复和开始再结晶，然后立即淬火+700～750℃回火。或在精加工前增加一道调质工序，也可利用锻后余热直接进行球化退火或循环球化退火。Cr12MoV钢一般淬火温度为1000～1040℃，而调质的淬火温度可达1200℃，高的温度一方面促进了较小碳化物的完全溶解，另一方面也促进了大碳化物尖角的局部溶解，而且溶入基体的碳化物在随后的高温回火过程中再度均匀弥散析出，使碳化物的形态、大小及分布得到改善，有利于提高模具的强韧性。

Cr12MoV钢增加一道调质工序（1100℃加热+700℃回火）后再进行1000℃淬火及

200～220℃回火处理，不仅使碳化物的粒度、形状、分布及球化程度较常规处理工艺有显著改善，而且在性能上抗弯强度提高 20%，冲击韧性值提高 15%。某厂用此工艺处理的 Cr12MoV 钢把手落料模，凸、凹模总寿命达 150 万冲次，寿命提高 5 倍。

(3) 改进淬火及回火

Cr12MoV 钢最终硬化处理分为一次硬化处理和二次硬化处理。一次硬化处理是指低温淬火（约 1000℃）与低温回火（约 200℃），二次硬化处理是指高温淬火（约 1100℃）与高温回火（约 500℃）。研究与实践表明，Cr12MoV 钢经一次硬化处理后，硬度高（60～62HR）、耐磨、晶粒细小、韧性好、淬火变形小、残留奥氏体（Ar）量适度，是较佳的常规强韧化处理工艺。Cr12MoV 钢经过改锻及预处理后，虽然碳化物的粒度、形状、分布得到改善，但还是有个别碳化物尺寸较大且有棱角，降低了钢的断裂韧性。如果一次硬化处理时，在特定温度如 800℃左右充分预热，使不均匀分布的碳化物特别是大块尖角形碳化物不断分解、扩散，有利于形成大量高度弥散分布的形核中心，使随后淬火时有利于形成高度弥散分布的细粒碳化物，能有效提高钢的强韧性和模具使用寿命。Cr12MoV 钢经 800～850℃预热，1020～1050℃加热淬火，2 次 160～180℃低温回火，使用效果较好。如果 Cr12MoV 钢未改锻，采用固溶双细化处理即 500℃及 800℃左右二级预热，1100～1150℃固溶处理，淬入热油或等温淬火，750℃高温回火，机加工后 960℃加热油冷后进行最终热处理，也可使碳化物细化、棱角圆整化，晶粒细化。Cr12MoV 钢强韧性不足，还与淬火温度较高，奥氏体晶粒较大，使随后淬火后的马氏体粗大有关。如果 Cr12MoV 钢通过低温加热，等温淬火，先形成适量的 $B_{下}$ 组织，割裂原奥氏体晶粒，则可使随后形成的针状 M 细化；且 $B_{下}$ 易在未溶碳化物与基体的界面处形成，本身韧性也较好，可通过自身塑性变形缓解应力集中，有助于降低裂纹萌生及扩展，脆断几率减小，使强韧性增加。例如，Cr12MoV 钢采用 520℃×12h 预渗氮，1000℃×10min 扩氮，260℃×4h 等温淬火，并 230℃×2h 回火的复合强韧化处理可得到适量的下贝氏体（$B_{下}$）与马氏体（M）的复相组织，扩氮层显微硬度可达 900～1000HV，且心表硬度过渡均匀。使用此工艺处理的中轴档成形模下模和中轴滚丝模寿命由常规处理的平均 2000 和 3000 多冲次分别提高到 2 万和 3 万多次，提高了 1 个数量级。

针对 Cr12 钢也提出了在 850℃预热、1030℃加热、280℃等温淬火、200℃回火的复相强韧化处理工艺，该工艺等温时可得到 7%～10%的 $B_{下}$ 与 M 的复相组织，具有最佳的耐磨性与冲击韧性的搭配，使 Cr12 钢自行车把节头冷镦模寿命由常规分级淬火的不足 4 万件提高到 10 万～12 万件，对 Cr12MoV 钢同样有借鉴意义。

(4) 表面强化处理

模具除了要求基体具有足够高的强韧性外，还要求表面具有高硬度、耐磨、耐蚀和低的摩擦系数、抗疲劳性能等。这些性能的改善，单靠材料的整体热处理效果有限，也不经济，而通过表面处理技术，如表面涂覆、表面改性或复合处理技术，改变模具表面的化学成分、组织结构及应力状态等，往往可以收到事半功倍的效果。模具的表面处理方法很多，新的处理技术也不断涌现，但对 Cr12MoV 钢模具而言，应用较多的主要有渗氮（N）及多元复合渗、硬化膜沉积技术等，以延长模具的寿命。

【实例 4】 CrWMn 钢制光栏片上冲模的热处理

光栏片是光学仪器中大量使用的零件，用 0.06～0.08mm 的低合金冷轧钢带冲制而成。要求严格控制尺寸精度和 α 夹角的公差，端面粗糙度要低于 $Ra0.8\mu m$，因而对光栏片冲模有较高的技术要求。光栏片的上冲模如图 3-80 所示。

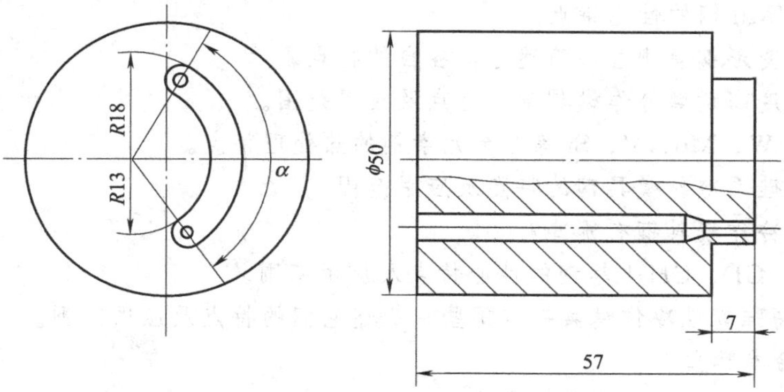

图 3-80 光栏片上冲模简图

模具硬度要求为 61～64HRC，两个冲针孔之间的夹角 α 为 $125°10'\pm8'$。为满足上冲模的技术要求，必须选用合适的钢材和热处理工艺。

光栏片冲模如用碳素工具钢制造，淬火时易产生变形超差。若选用 Cr12 型钢，则由于加工困难，不便于制造。考虑到 CrWMn 钢具有较好的耐磨性和淬透性，且淬火变形小，故选用 CrWMn 钢较为合适。

该模具的制造工艺路线为：毛坯→球化退火→粗加工→调质→半精加工→去应力退火→精加工→淬火回火→精磨。其中的热处理工艺如下。

球化退火：800℃×(3～4h)，炉冷至 720℃，720℃×(2～3h)，炉冷至 500℃以下出炉空冷。

调质：830℃×15min，油淬，(700～720℃)×(1～2h) 回火，硬度为 22～26HRC。

去应力退火：640℃×4h，炉冷至低于 300℃出炉。

淬火+回火：为模具的最终热处理，其工艺如图 3-81 所示。淬火后硬度为 61～64HRC，α 角变形 $2'$～$6'$，可达到设计要求。

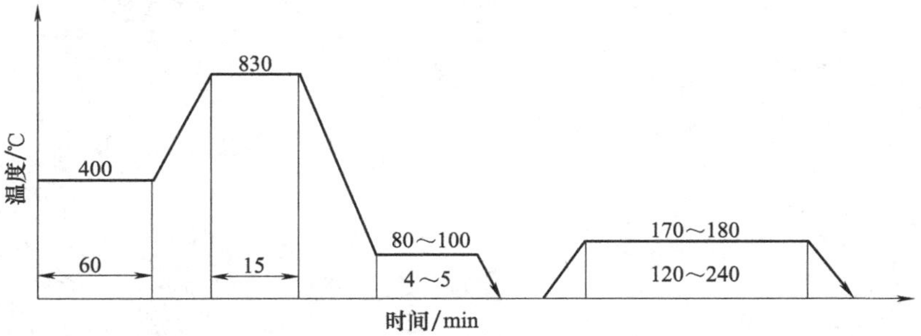

图 3-81 CrWMn 钢光栏片上冲模淬火+回火工艺

模具粗加工后的调质处理可细化组织、改善碳化物的弥散度和分布状态，提高淬火硬度和耐磨性。按上述工艺处理的冲模，使用寿命一次可连续冲制 1.2 万片以上，且冲制的光栏片端面的粗糙度低，同时可增加模具的修复次数。

复习思考题

1. 冷作模具材料的性能要求有哪些？

2. 简述碳素工具钢的淬火方法、淬火介质和应用范围。
3. 简述 CrWMn 钢的性能特点。
4. 高耐磨微变形钢有哪些？简述它们各自的特点。
5. 简述高强度高耐磨冷作模具钢的特点及应用范围。
6. 简述含有 W、Mo、V、Si 等合金元素钢的热处理特点。
7. 简述铬钨硅系冷作模具钢的特点及应用范围。
8. 高强韧性冷作模具钢有哪些？
9. 比较 LD、GD、CH-1 等钢的性能特点及应用范围。
10. 高耐磨高强韧性冷作模具钢有哪些？简述它们的特点及应用范围。
11. 硬质合金有哪些？
12. 冷冲裁模具选材的主要依据是什么？
13. 冷冲裁模具的热处理特点是什么？
14. 冲裁薄板与冲裁中厚板有何不同？
15. 冷镦模具材料的性能要求有哪些？
16. 冷镦模具的热处理特点是什么？
17. 简述冷挤压模具的工作条件和失效形式。
18. 简述冷作模具的制造工艺。
19. 简述冷作模具的强韧化处理工艺。
20. 冷冲裁模具、冷镦模具、冷挤压模具的热处理特点有哪些？

第4章 热作模具材料

若坯料的厚度较厚或变形抗力过大，则不能在冷态下对其进行加工，必须将坯料加热到一定的温度再进行加工，这时所使用的模具称为热作模具。热作模具是指用于热变形加工（锻造）和压力铸造、金属型铸造的模具。其工作特点是在外力的作用下，使加热的固体金属材料产生一定的塑性变形，或使高温液态金属铸造成形，从而获得各种所需形状及尺寸的零件或精密毛坯。根据工作条件的不同，热作模具可分为热锻模、热挤压模、压铸模和热冲裁模等。

4.1 热作模具材料的性能要求

4.1.1 热作模具材料的使用性能要求

热作模具在工作中既受外力的作用，又受温差的影响，模具的工作条件复杂，对模具材料的性能要求严格。为了能保证模具正常工作，热作模具材料应满足下列基本要求。

① 良好的耐磨性。模具在工作时除了承受与坯料间的摩擦力外，还受到高温氧化腐蚀和氧化铁屑的研磨。因此，热作模具材料应具有较高的硬度和抗黏附性。

② 高的热稳定性和较高的高温强度。热作模具在工作时与炽热的金属，甚至是液态金属相接触，模具表面温度高达400～700℃，这就要求热作模具材料在高温时能保持其常温力学性能的能力，即高的热稳定性；同时，要求热作模具具备较高的高温强度，高温下不软化，避免产生过量变形和开裂。

③ 良好的韧性。热作模具在工作中承受很大的冲击力作用，而且冲击频率高，尤其是锤锻模，这就要求热作模具材料具有良好的韧性，模具受到冲击时不易断裂，如锤锻模的冲击韧度 a_K 值要求大于30J/cm^2。（冲击韧度值一般只作为选材时参考，而不作为设计计算的依据）

④ 良好的耐热疲劳性。热作模具在较高温度作用下，在承受交变载荷作用的同时，反复被加热和冷却，形成一时热膨胀，一时冷却收缩，产生很大的热应力，而且这两种热应力方向相反，交替产生，致使模具表面会形成网状裂纹而过早断裂。所以要求热作模具材料具有较高的耐热疲劳抗力。

⑤ 良好的导热性。为使模具不致积热过多，导致力学性能下降，要尽可能降低模面温

度，以减少模具内外部分的温差，要求热作模具材料具有良好的导热性。

4.1.2 热作模具材料的工艺性能要求

热作模具材料必须具备适宜的工艺性能，以降低模具的加工成本，保证模具的制造质量。热作模具材料的工艺性能主要包括可锻性、可切削性、可磨削性、热处理工艺性等。其要求与冷作模具材料的工艺性能要求基本相同。但热作模具材料要求具有高的淬透性和高的回火稳定性。这是因为热作模具尺寸一般比较大，尤其是热锻模，为了使整个模具截面的力学性能均匀，要求热作模具材料具有高的淬透性；另外，热作模具在较高的温度下工作，热作模具需进行中温或高温回火，为使模具受热不软化，要求热作模具材料具有较高的回火稳定性。

4.1.3 热作模具材料的成分特点

① 热作模具钢的含碳量。热作模具钢的碳质量分数一般小于 0.5%，个别钢种可以达 0.6%～0.7%，以保证热作模具具有良好的韧性。

② 合金化特点。热作模具钢中通常含有一定量的合金，形成一定数量的合金碳化物来强化铁素体，以增加钢的淬透性和回火稳定性。热作模具钢中常加入的合金元素有：Cr、Mn、W、Mo、V、Si、Ni、Nb、Al 等。含有 W、Mo 等合金元素的模具钢可防止回火脆性，含有一定量的 Cr、W、Si 等合金元素的模具钢可提高高温强度和热疲劳抗力，这是因为这些合金元素提高了模具钢的相变温度，使模面在交替受热与冷却的过程中不发生相变而产生较大的容积变化。含有 W、Mo、V 等合金元素的模具钢在回火时以碳化物的形式析出而产生二次硬化，使热作模具钢在较高的温度下仍保持相当高的硬度。

4.2 热作模具材料

热作模具材料一般分类如下。

按用途分为热锻模用钢，热挤压模用钢，压铸模用钢，热冲裁模用钢。

按工作温度分为低耐热热作模具钢（350～500℃），中耐热热作模具钢（550～600℃），高耐热热作模具钢（580～650℃）。

按使用性能分为高韧性热作模具钢，高强韧性热作模钢，高热强热作模具钢，高耐磨性热作模具钢。

上述三种分类之间的关系见表 4-1。

表 4-1 热作模具钢的分类

按用途分	按使用性能分	按工作温度分	钢号
锤锻模用钢	高韧性热模钢	低耐热热模钢	5CrMnMo、5CrNiMo、4CrMnSiMoV、5Cr2NiMoVSi、5SiMnMoV
热锻模用钢、热挤压模用钢	高强韧性热模钢	中耐热热模钢	4Cr5MoSiV、4Cr5MoSiV1、4Cr5W2SiV
	高热强热模钢	高耐热热模钢	3Cr2W8V、3Cr3Mo3W2V、4Cr3Mo3SiV、5Cr4W5Mo2V、5Cr4Mo3SiMnV(012Al)
压铸用钢	高强韧性热模钢	中耐热热模钢	4Cr5MoSiV1、4Cr5W2VSi 等
	高热强热模钢	高耐热热模钢	3Cr2W8V、3Cr3Mo3W2V、4Cr3Mo2MnVB、3Cr3Mo3VNb、4Cr3Mo3SiV 等

续表

按用途分	按使用性能分	按工作温度分	钢 号
热冲裁模用钢	高韧性热模钢	低耐热热模钢	5CrNiMo
	高强韧性热模钢	中耐热热模钢	4Cr5MoSiV、4Cr5MoSiV1、4Cr5W2SiV
	高耐磨热模钢	低耐热热模钢	8Cr3、7Cr3

4.2.1 低耐热性热作模具钢

低耐热热作模具钢所能承受的工作温度较低，一般为 350～500℃，且多为低合金钢，主要用于热锤锻模。常用低耐热热作模具钢的牌号及化学成分见表 4-2。

4.2.1.1 5CrNiMo 钢

5CrNiMo 钢具有高的韧性、淬透性和较高的耐磨性，具有良好的高温强度。

(1) 5CrNiMo 钢的力学性能

5CrNiMo 钢的淬火、回火温度对硬度和冲击韧度的影响见表 4-3、表 4-4。

表 4-2 常用低耐热热作模具钢的牌号及化学成分

钢号	化学成分(质量分数,%)							
	C	Si	Mn	Cr	Ni	Mo	V	P、S
5CrMnMo	0.50～0.60	0.25～0.60	1.20～1.60	0.60～0.90	—	0.15～0.30	—	均为≤0.030
5CrNiMo	0.50～0.60	≤0.40	0.50～0.80	0.50～0.80	1.40～1.80	0.15～0.30	—	
4CrMnSiMoV	0.35～0.45	0.80～1.10	0.80～1.10	1.30～1.50	—	0.40～0.60	0.20～0.40	
45Cr2NiMoVSi	0.40～0.47	0.50～0.80	0.40～0.60	1.54～2.00	0.80～1.20	0.80～1.20	0.30～0.50	
5Cr2NiMoVSi	0.46～0.53	0.60～0.90	0.40～0.60	1.54～2.00	0.80～1.20	0.80～1.20	0.30～0.50	
8Cr3	0.75～0.85	≤0.40	≤0.40	3.20～3.80	—	—	—	
7Cr3	0.60～0.75	≤0.40	≤0.40	3.20～3.80	—	—	—	

表 4-3 5CrNiMo 钢淬火、回火温度对硬度的影响 HRC

淬火温度/℃	回火温度/℃						
	300	350	400	450	500	550	600
900	52	50	48	45	41	38	32
950	53	51	49	46	42	39	33
1000	54	52	50	47	43	40	34

表 4-4 5CrNiMo 钢淬火、回火温度对冲击韧度的影响 J/cm^2

淬火温度/℃	回火温度/℃						
	300	350	400	450	500	550	600
840	21	25	29	35	45	56	71
950	19	20	23	25	35	49	62
1000	13	16	20	22	30	40	54

从表中可以看出，5CrNiMo 钢的硬度随着淬火温度的升高而增加，但增幅不大；冲击韧度随着淬火温度的升高而下降。5CrNiMo 钢的强度、硬度随着回火温度的升高而下降，塑性、冲击韧度随着回火温度的升高而增加。5CrNiMo 钢在 400℃以下工作可保持较高强度，在高于 400℃工作时强度急剧下降，温度升至 500℃时，抗拉强度只有室温时的一半。

(2) 5CrNiMo 钢的工艺性能

① 锻造性能。5CrNiMo 钢的锻造性较好。锻造工艺一般为：加热温度 1100～1150℃，

始锻温度 1050～1110℃，终锻温度≥800℃，锻后缓冷（砂冷或坑冷）至 150～200℃再空冷，以防止产生白点。

白点是热轧钢坯和大型锻件中常见的缺陷。产生白点的主要原因是钢中含有过量的氢，在较快的冷却速度下，在钢的局部区域（如位错、亚晶界等）发生氢原子的偏聚，使这些区域完全脆化。当这些脆化区域中的氢原子转变为氢分子时产生的压力以及由于相变时引起的组织应力，超过金属原子的结合力时，就在钢中产生裂纹——白点。

② 预备热处理。锻后锻件内部存在较大的内应力和组织不均匀性，必须进行退火处理。可采用普通退火（即作不完全退火）或等温退火，如图 4-1、图 4-2 所示。其等温退火工艺为：加热温度 760～780℃，保温 2～4h，等温温度 680℃，等温时间 4～6h，以≤30℃/h 的速度炉冷至 500℃ 再空冷。退火后的组织为珠光体＋铁素体，退火后的硬度为 197～241HBS，切削加工性较好。

③ 淬火工艺性。5CrNiMo 钢淬火加热时应分段预热，预热温度为 550～600℃。该钢的常规淬火温度为 830～860℃。为减少淬火变形，淬火冷却方法有以下两种。

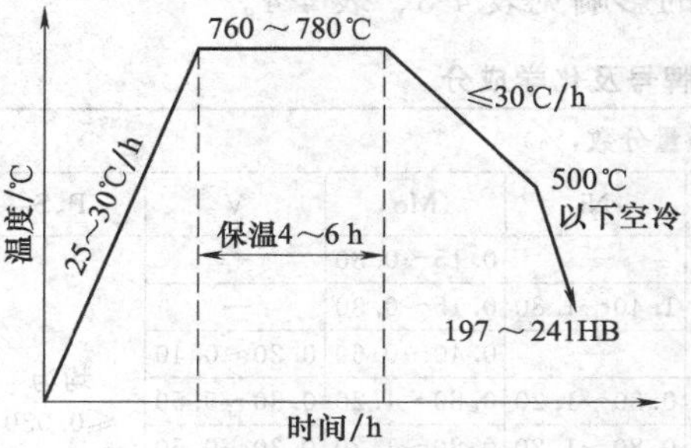

图 4-1 5CrNiMo 钢的普通退火工艺

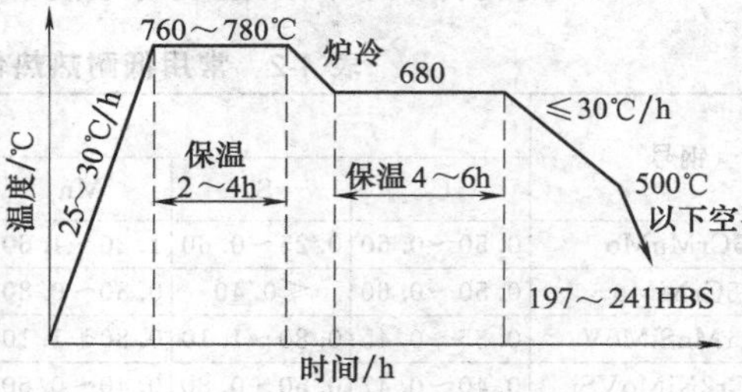

图 4-2 5CrNiMo 钢的等温退火工艺

油冷：淬火加热后，先预冷至 750～780℃（即延时淬火），再置于 30～70℃的循环油中冷却，150～200℃出油，并立即回火，不能冷到常温再回火，否则易开裂。在油中停留的时间视模具尺寸大小而定，小型模具 15～20min，中型模具 25～45min，大型模具 45～70min，模具出油时，其表面油渍只冒青烟而不着火。

分级淬火：将模具置于 160～180℃的硝盐中停留，停留时间与模具尺寸有关（按 0.3～0.5min/mm 计算），使其组织发生马氏体转变，然后再转入 280～300℃的硝盐中等温 2～3h；或将模具置于 150℃的硝盐中停留，使其组织发生马氏体转变，然后再转入 280～300℃的硝盐中等温 2～3h。钢的淬火组织为马氏体＋下贝氏体＋少量残余奥氏体，回火后获得回火下贝氏体组织，这样可明显提高模具的寿命。分级淬火主要适合于小型模具。

5CrNiMo 钢具有高的淬透性，尺寸为 300mm×400mm×300mm 的模坯，自 820℃油淬和 560℃回火后，断面各部分的硬度几乎一致，但其淬火变形不易控制。

④ 回火工艺。5CrNiMo 钢中由于含有钼，因而对回火脆性并不敏感。5CrNiMo 钢经淬火后，必须立即回火，以消除内应力、稳定组织和尺寸，回火保温的时间应大于 2h。回火温度与模具尺寸有关。一般，小型模具为 490～510℃（硬度为 44～47HRC），中型模具为 520～540℃（硬度为 38～42HRC），大型模具为 560～580℃（硬度为 34～37HRC）。

为防止在 300～350℃之间产生的第二类回火脆性，回火冷却可采用油冷，100℃出油，再进行 160～180℃的低温回火。

5CrNiMo 钢制锤锻模时，回火分模腔和燕尾两个部分。燕尾部分的回火可采用单独加热回火和自行加热回火。燕尾部分的回火温度高于模腔的回火温度：小型模具为620～640℃（硬度为34～37HRC），中、大型模具为640～660℃（硬度为30～34HRC）。

（3）5CrNiMo钢的应用范围

该钢具有高韧性、高耐磨性和具有良好的高温强度，可用来制造各种形状复杂的中大型锻模，也可用于热切边模。

5CrMnMo钢简介

在5CrMnMo钢中含有锰，它是代替5CrNiMo钢中所含的镍，用锰代替镍，对于钢的淬透性没什么影响，只是略微减低钢的冲击韧性。为了得到所需的韧性，5CrMnMo钢制的模具要比5CrNiMo钢制的模具在更高一些的温度进行回火。5CrMnMo钢与5CrNiMo钢相比，强度、硬度相当，但在相同硬度下，5CrMnMo钢的冲击韧度与5CrNiMo钢低，5CrMnMo钢的淬透性、耐热疲劳性也稍低，且热处理时过热倾向较大。5CrMnMo钢的工艺性能与5CrNiMo钢基本相同，其淬火工艺如图4-3所示。5CrMnMo钢适于制造受力较轻的中小型锤锻模。

4.2.1.2 4CrMnSiMoV钢

4CrMnSiMoV钢的高温强度、淬透性、回火稳定性、热疲劳抗力均比5CrNiMo钢好，冲击韧度与5CrNiMo钢相近（稍低），且冷、热加工性较好。

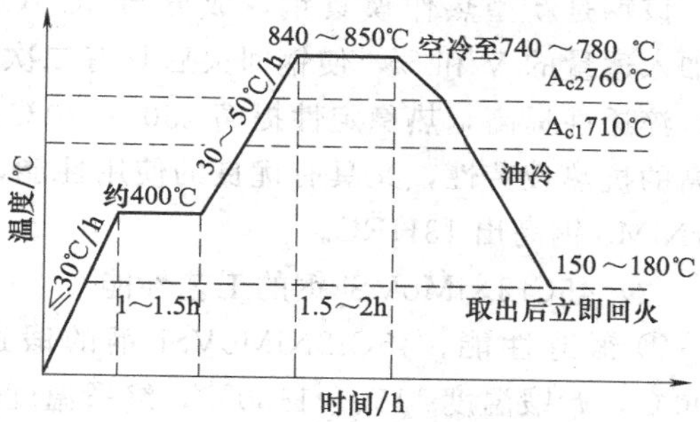

图4-3 5CrMnMo的淬火工艺曲线

（1）4CrMnSiMoV钢的力学性能

4CrMnSiMoV钢的硬度与淬火温度的关系如图4-4所示；冲击韧度、硬度与回火温度的关系如图4-5和图4-6所示。

（2）4CrMnSiMoV钢的工艺性能

① 锻造性能。4CrMnSiMoV钢的锻造性较好。锻造工艺一般为：加热温度1100～1140℃，始锻温度1050～1110℃，终锻温度≥850℃，锻后缓冷。

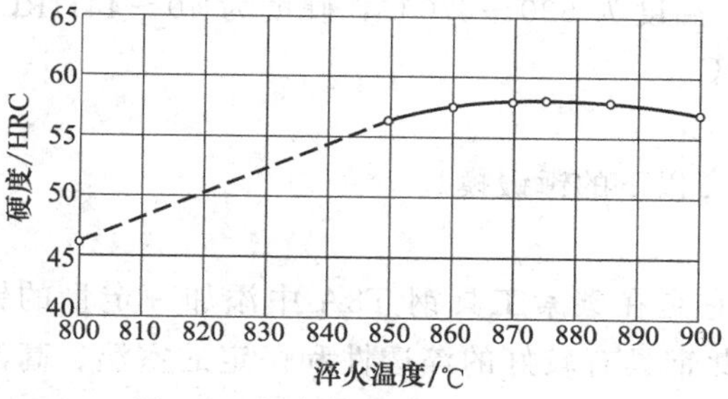

图4-4 硬度与淬火温度的关系

② 预备热处理。采用等温退火，其等温退火工艺为：加热温度840～860℃，保温2～4h，等温温度700～720℃，等温时间4～6h，炉冷至500℃再空冷。退火后的硬度≤241HBS，切削加工性较好。

③ 淬火工艺性。该钢的常规淬火温度为860～880℃。淬火冷却介质为油，淬透性好。

④ 回火工艺。回火保温的时间应大于2h，回火温度与模具尺寸有关；一般来说，小型模具为520～580℃（硬度为44～49HRC），中型模具为580～630℃（硬度为41～44HRC），大型模具为610～650℃（硬度为38～42HRC），特大型模具为620～660℃（硬度为37～40HRC）。

（3）4CrMnSiMoV钢的应用范围

该钢具有较高的回火稳定性，好的高温强度、耐热疲劳性能和韧性，而且有很好的淬透性和较好的冷、热加工性能。该钢适宜制造各种大、中型锤锻模和压力机锻模，也可用于校正模、平锻模和弯曲模等。

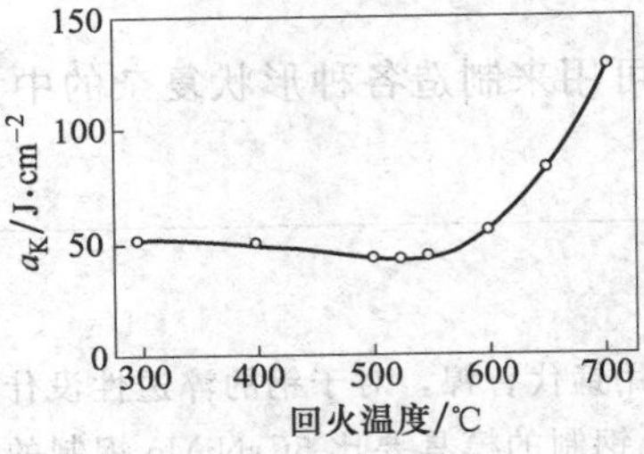

图 4-5 冲击韧度与回火温度的关系

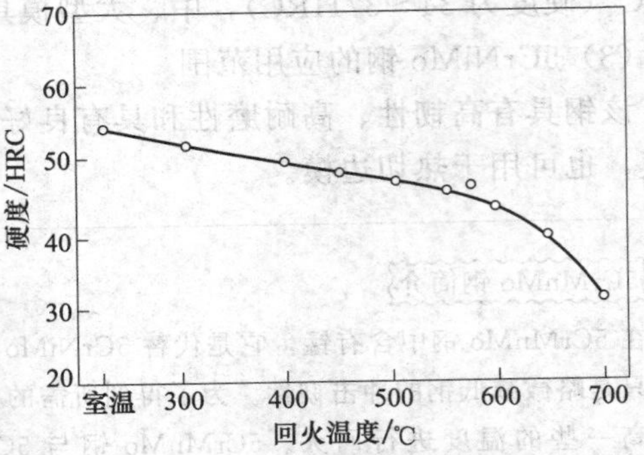

图 4-6 4CrMnSiMoV 钢的硬度与回火温度的关系

4.2.1.3 45Cr2NiMoVSi 钢

(1) 45Cr2NiMoVSi 钢的力学性能

该钢是新型热作模具钢，成分与 5CrNiMo 钢相比，含碳量稍低，Cr、Mo 含量要高，并加入适量的 V 和 Si，使钢回火后具有二次硬化效应。45Cr2NiMoVSi 钢与 5CrNiMo 钢相比，淬透性提高，热稳定性提高 150～170℃，高温强度提高 64%，既具有较高的强韧性和较高的抗热疲劳性，又具有优良的使用性能，500mm×500mm 截面的锻模，其心部硬度较 5CrNiMo 钢高出 13HRC。

(2) 45Cr2NiMoVSi 钢的工艺性能

① 锻造性能。45Cr2NiMoVSi 钢的锻造性好。锻造工艺一般为：加热温度 1180～1200℃，始锻温度 1160～1180℃，终锻温度≥900℃，锻后缓冷。

② 预备热处理。采用等温退火，其等温退火工艺为：加热温度 790～810℃，保温 2～4h，等温温度 710～730℃，等温时间 4～6h，炉冷至 500℃再空冷。

③ 淬火工艺性。该钢的常规淬火温度为 960～980℃，可 1100℃高温淬火，但淬火温度越高，韧性越低。淬火冷却介质为油（油温为 20～60℃），该钢的淬透性很好。

④ 回火工艺。该钢制锤锻模时，模腔的回火温度为 630～670℃，硬度为 40～44HRC；燕尾回火温度为 680～700℃，硬度为 34～39HRC。

(3) 45Cr2NiMoVSi 钢的应用范围

该钢适宜制造各种类型的锤锻模，特别是 10t 以下的锤锻模。

4.2.1.4 8Cr3 钢

8Cr3 钢属于高耐磨低耐热的热作模具钢，它是在碳素工具钢 T8A 中添加一定量的铬（3.20%～3.80%）而形成的。由于铬的存在，此钢具有较好的淬透性和一定的室温、高温强度，而且形成细小、均匀分布的碳化物。

(1) 8Cr3 钢的力学性能

8Cr3 钢在不同实验温度下的力学性能如图 4-7 所示。硬度与回火温度的关系如图 4-8 所示，当回火温度越过 520℃时，硬度急剧下降。

(2) 8Cr3 钢的工艺性能

① 锻造性能。该钢的锻造性较好。锻造工艺一般为：加热温度 1150～1180℃，始锻温度 1050～1100℃，终锻温度≥800℃，锻后缓冷。

② 预备热处理。采用普通退火，其普通退火工艺为：加热温度790～810℃，保温2～6h，以30℃/h的冷却速度冷至600℃再空冷。退火后的硬度为207～255HBS，切削加工性较好。

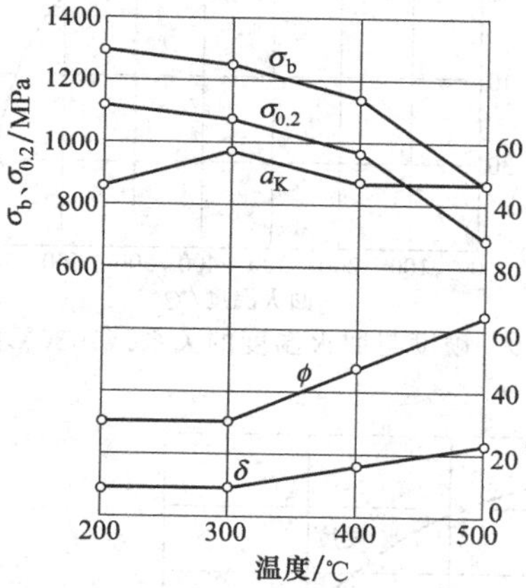

图4-7 力学性能（870℃油淬，570℃回火）

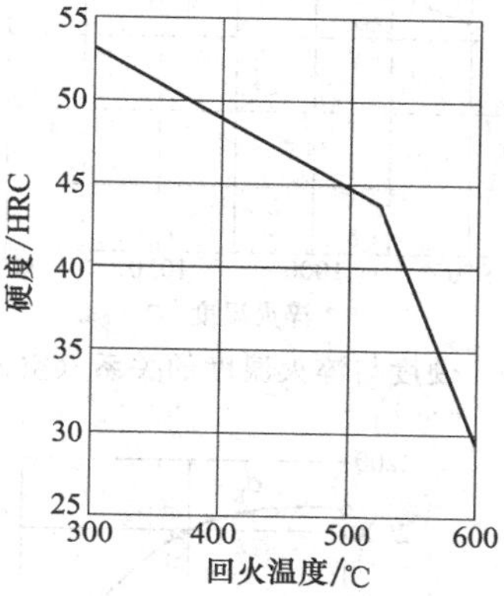

图4-8 硬度与回火温度的关系（870℃油淬）

③ 淬火工艺性。该钢的常规淬火温度为850～880℃，淬火冷却介质为油，淬透性较好。

④ 回火工艺。回火温度不得低于460℃，一般为480～520℃，回火后的硬度为41～46HRC。

（3）8Cr3钢的应用范围

该钢通常用于承受冲击载荷不大、工作温度小于500℃的热冲裁模、热切边模、螺栓与螺钉热顶锻模、热弯与热剪切用成形冲模等。

4.2.2 中耐热性热作模具钢

中耐热热作模具钢属中碳中合金钢，含有较多的Cr、Mo、W、V等合金元素。Cr、Mo使钢的淬透性大大提高，V使钢具有较好的抗热过敏感性，对提高热硬性和热强性非常有效，在500～600℃时具有较高的硬度、热强性和耐磨性，ϕ100mm工件空淬能淬透，热处理变形小，且具有高的抗疲劳强度。常用中耐热热作模具钢的牌号及化学成分见表4-5。

表4-5 常用中耐热热作模具钢的牌号及化学成分

钢号	化学成分(质量分数,%)							
	C	Si	Mn	Cr	Mo	V	W	P、S
4Cr5MoSiV	0.33～0.43	0.80～1.20	0.20～0.50	4.75～5.50	1.10～1.60	0.30～0.60	—	均为≤0.030
4Cr5MoSiV1	0.32～0.45	0.80～1.20	0.20～0.50	4.75～5.50	1.10～1.60	0.80～1.20	—	
4Cr5W2VSi	0.32～0.42	0.80～1.20	≤0.40	4.50～5.50	—	0.60～1.00	1.60～2.40	

4.2.2.1 4Cr5MoSiV钢（H11）

该钢是一种空冷硬化的热作模具钢，在中温工作条件下具有很好的韧性，较好的热强度、热疲劳性能和一定的耐磨性，在较低的奥氏体化温度条件下能空淬，热处理变形小，空淬时产生氧化铁皮倾向小，而且可以抵抗熔融铝的冲蚀作用。

（1）4Cr5MoSiV钢的力学性能

当淬火温度为1080℃时，硬度达极值，当回火温度超过600℃时，硬度急剧下降，如图4-9～图4-11所示。

（2）4Cr5MoSiV钢的工艺性能

① 锻造性能。该钢的锻造性好，锻造工艺一般为：加热温度1120～1150℃，始锻温度1050～1100℃，终锻温度≥850℃，锻后缓冷。

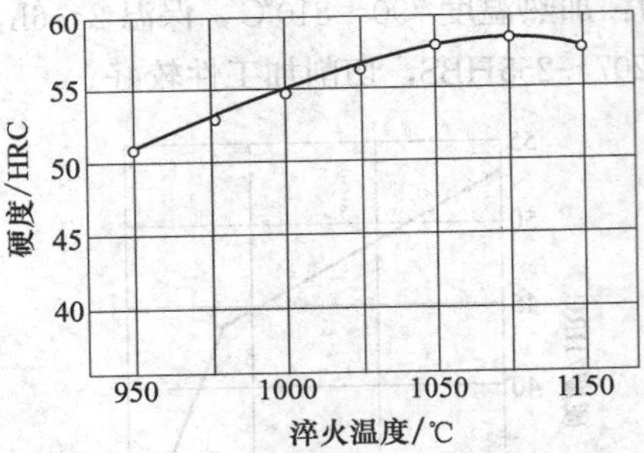

图 4-9 硬度与淬火温度的关系（空淬）

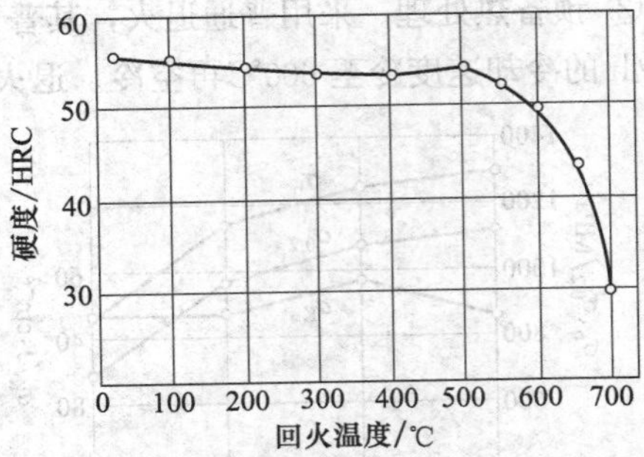

图 4-10 硬度与回火温度的关系（1030℃空淬）

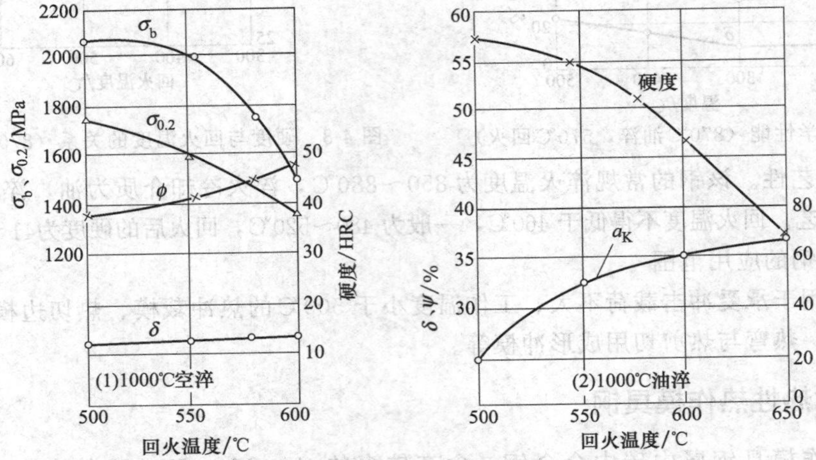

图 4-11 力学性能与回火温度的关系

② 预备热处理。采用等温退火，其等温退火工艺为：加热温度 860～890℃，保温 2～4h，等温温度 710～730℃，等温时间 4～6h，炉冷至 500℃再空冷。退火后的硬度≤229 HBS，切削加工性较好。

消除应力退火工艺为：加热温度为 730～760℃，等温时间 3～4h，炉冷或空冷。

③ 淬火工艺性。该钢的常规淬火温度为 1000～1030℃，淬火冷却介质为油（油温为 20～60℃）或空气，淬透性好，淬火变形小。

④ 回火工艺。回火温度为 530～580℃，回火后的硬度为 47～49HRC。

（3）4Cr5MoSiV 钢的应用范围

该钢通常用于制造铝铸件用的压铸模、热挤压模和穿孔用的工具和芯棒，也可用于型腔复杂、承受冲击载荷较大的锤锻模、锻造压力机整体模具或镶块，以及高耐磨塑料模具等。此外，由于该钢具有好的中温强度，亦被用于制造飞机、火箭等耐 400～500℃工作温度的结构件。

4.2.2.2 4Cr5MoSiV1 钢（H13）

4Cr5MoSiV1 钢与 4Cr5MoSiV 钢相比（钒的含量增加了约一倍）。该钢具有较高的热强度和硬度，在中温工作条件下具有很好的韧性、热疲劳性和一定的耐磨性。在较低的奥氏体化温度下空淬，热处理变形小，空淬时产生氧化皮倾向小，可以抵抗熔蚀铝的冲蚀作用。

（1）4Cr5MoSiV1 钢的力学性能

当淬火温度为1100℃时，硬度达极值，当回火温度超过600℃时，强度、硬度急剧下降，韧性、塑性增加，如图4-12～图4-15所示。

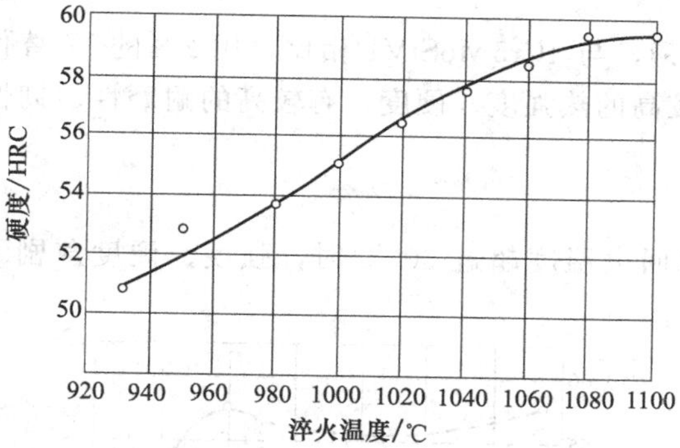

图4-12 硬度与淬火温度的关系

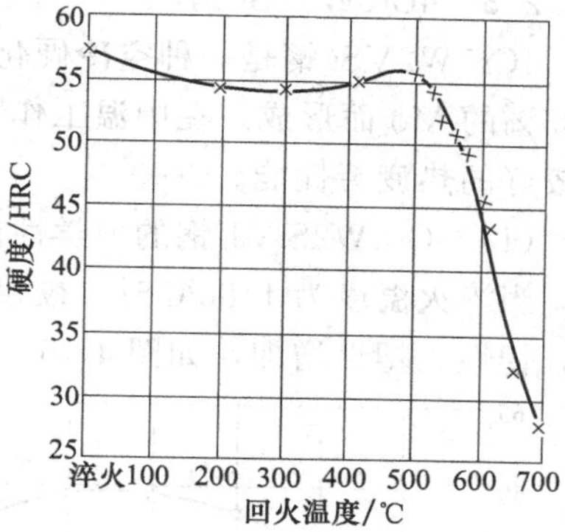

图4-13 硬度与回火温度的关系

（1020℃油淬，二次回火）

（2）4Cr5MoSiV1钢的工艺性能

① 锻造性能。钢的锻造性好，锻造工艺一般为：加热温度1180～1200℃，始锻温度1160～1180℃，终锻温度≥900℃，锻后缓冷。

② 预备热处理。采用普通退火，其普通退火工艺为：加热温度860～890℃，保温2～4h，炉冷至500℃再空冷，退火后的硬度≤229HBS，切削加工性较好。

消除应力退火工艺为：加热温度为730～760℃，等温时间3～4h，炉冷。

③ 淬火工艺性。该钢的常规淬火温度为1020～1050℃，淬火冷却介质为油（油温为20～60℃）或空气，淬透性好，淬火变形小。

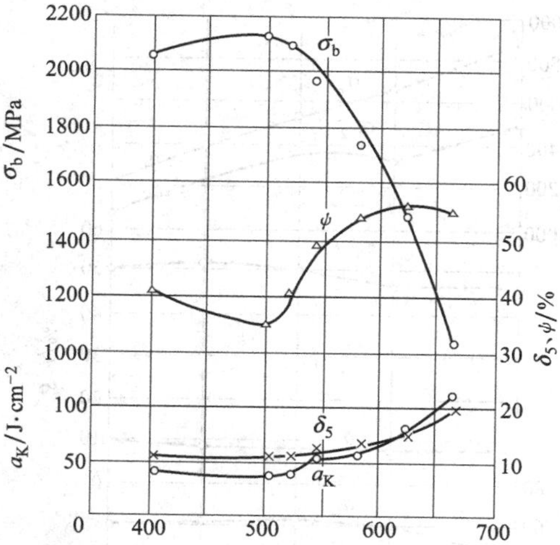

图4-14 力学性能与回火温度的关系

（1020℃油淬，二次回火）

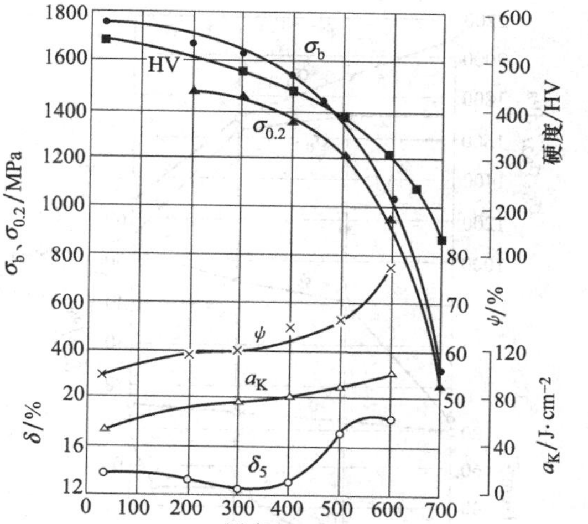

图4-15 高温力学性能与回火温度的关系

（1020℃油淬，580℃二次回火）

④ 回火工艺。采用560～580℃的回火，回火后的硬度为47～49HRC。通常采用2次回火，第二次比第一次要低10～20℃。

（3）4Cr5MoSiV1钢的应用范围

4Cr5MoSiV1钢是一种空冷硬化的热作模具钢，也是所有热作模具钢中最广泛使用的钢号之一。用于制造热挤压模具与芯棒、模锻锤的锻模、锻造压力机模具、精锻机用模具镶块以及铝、铜及其合金的压铸模。

4.2.2.3 4Cr5W2VSi 钢

4Cr5W2VSi 钢是一种空冷硬化的热作模具钢，与 4Cr5MoSiV1 相比，用 2％的 W 替代 1.35％的 Mo 而形成。在中温工作条件下具有较高的热强度、硬度，有较高的耐磨性、韧性和较好的热疲劳性能。

(1) 4Cr5W2SiV1 钢的力学性能

当淬火温度为 1180℃时，硬度达极值，当回火温度超过 600℃时，强度、硬度急剧下降，韧性、塑性增加，如图 4-16～图 4-19 所示。

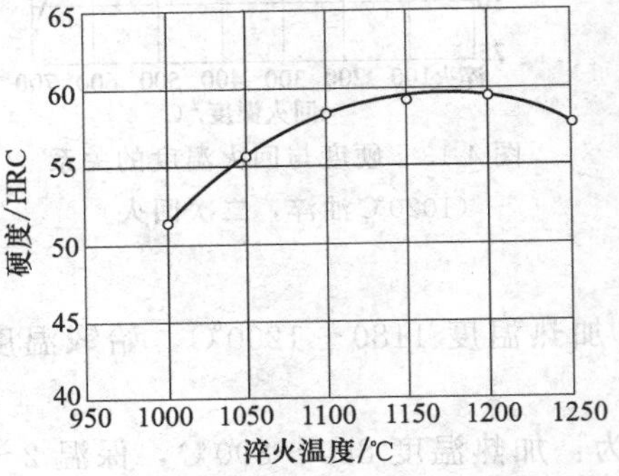

图 4-16 硬度与淬火温度的关系

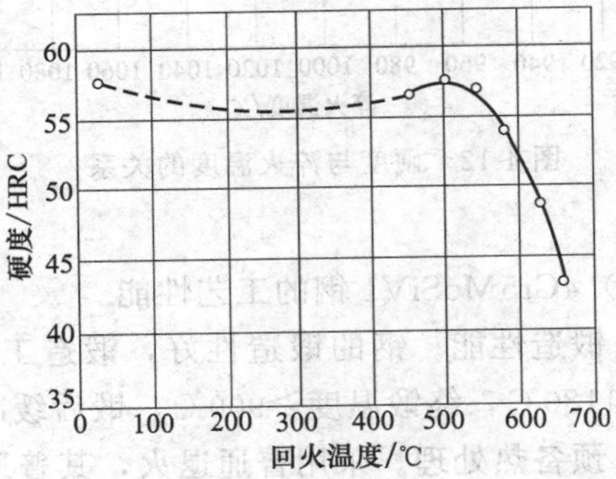

图 4-17 硬度与回火温度的关系（1080℃空淬）

(2) 4Cr5W2VSi 钢的工艺性能

① 锻造性能。4Cr5W2VSi 钢的锻造性好，锻造工艺一般为：加热温度 1100～1150℃，始锻温度 1080～1120℃，终锻温度≥850℃，锻后缓冷。

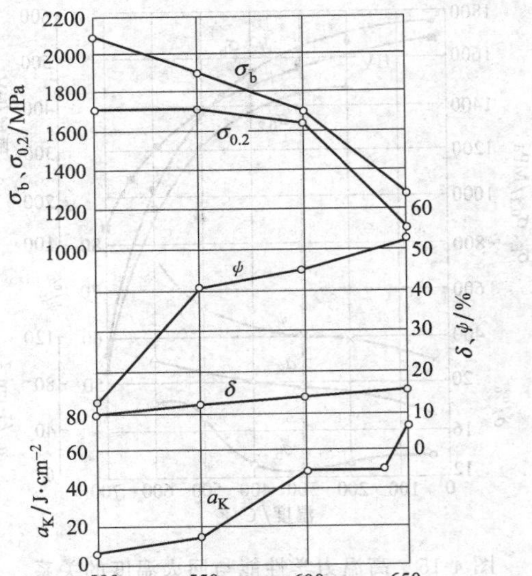

图 4-18 力学性能与回火温度的关系

（1040℃油淬，回火 2h）

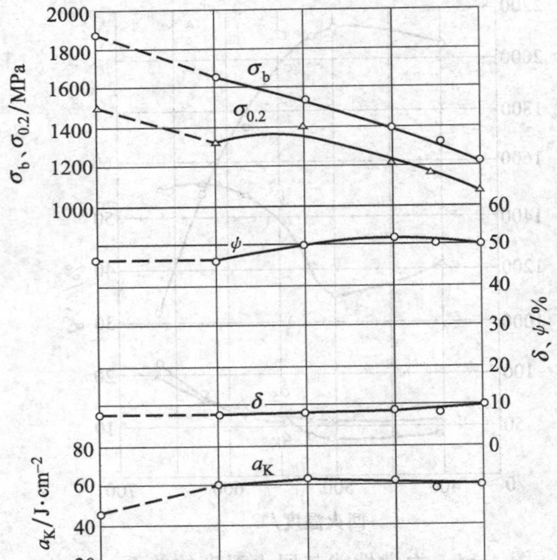

图 4-19 高温力学性能与回火温度的关系

（1040℃油淬，580℃二次回火）

② 预备热处理。采用普通退火，其普通退火工艺为：加热温度 860～880℃，保温 3～4h，炉冷至 500℃再空冷；或采用等温退火，其等温退火工艺为：加热温度 860～880℃，保温 3～4h，等

温温度 750℃，保温 4～6h，炉冷至 550℃再空冷；退火后的硬度≤229HBS，切削加工性较好。

消除应力退火工艺为：加热温度为 750～780℃，等温时间 2～4h，炉冷或空冷。

③ 淬火工艺性。4Cr5W2VSi 钢可采用较低的淬火温度 1030～1050℃淬火，也可采用较高的淬火温度 1060～1080℃淬火，淬火冷却介质为油或空气，淬透性好，淬火变形小。

④ 回火工艺。当采用较高温度淬火后的第一次回火温度为 590～610℃，第二次回火温度为 570～590℃，回火后的硬度为 48～52HRC。当采用较低温度淬火后的第一次回火温度为 560～580℃，第二次回火温度为 530～540℃，回火后的硬度为 47～49HRC。

（3）4Cr5W2VSi 钢的应用范围

4Cr5W2VSi 钢用于制造热挤压用的模具和芯棒，铝、锌等轻金属的压铸模、热顶锻结构钢和耐热钢用的工具和成形某些零件用的高速锤模具。

4.2.3　高耐热性热作模具钢

高耐热热作模具钢含碳量不高，但合金含量高。这类钢有高的耐热性，即高的高温强度和高温硬度，可以在 600～700℃高温下工作，同时具有高的耐磨性、淬透性，有强烈的二次硬化效果、好的回火稳定性、较高的抗疲劳性和断裂韧度。但塑性、韧性和抗冷疲劳性低于中耐热韧性钢。常用高耐热热作模具钢的牌号及化学成分见表 4-6。

下面介绍几种常用的高耐热性热作模具钢。

4.2.3.1　3Cr2W8V 钢

3Cr2W8V 钢属于过共析钢，它是典型的高热强热作模具钢，合金元素以钨为主，钨的质量分数达 8%以上，并含有较多易形成碳化物的铬，因此高温下具有较高的强度和硬度，但韧性和塑性较差，已逐渐被新钢种替代。

表 4-6　常用高耐热热作模具钢牌号及化学成分

钢号	化学成分(质量分数,%)							
	C	Si	Mn	Cr	Mo	V	其他	P、S
3Cr2W8V	0.30～0.40	≤0.40	≤0.40	2.20～4.40	0.80～2.70	0.20～0.50	W:7.50～9.00	均为≤0.030
3Cr3Mo3W2V	0.32～0.42	0.60～0.90	≤0.65	2.80～3.30	2.50～3.00	0.80～1.20	W:1.20～1.80	
3Cr3Mo3VNb	0.24～0.33	≤0.60	≤0.35	2.60～3.20	2.70～3.20	0.60～0.80	Nb:0.08～0.15	
4Cr3Mo3SiV	0.35～0.45	0.80～1.20	0.25～0.70	3.00～3.75	2.00～3.00	0.25～0.75	—	
4Cr4WMoSiV	0.35～0.45	0.80～1.20	≤0.40	3.60～4.40	0.80～1.20	0.80～1.20	W:0.80～1.20	
4Cr3Mo2MnVB	0.34～0.39	0.25～0.60	1.20～1.70	2.20～2.80	1.80～2.30	0.60～1.00	B:0.002～0.005	
4Cr3Mo3W4VNb	0.37～0.47	≤0.50	≤0.50	2.50～3.50	2.00～3.00	1.00～1.40	W:3.50～4.50	
4Cr3Mo2NiVNb	0.35～0.45	≤0.35	≤0.40	2.50～3.00	1.80～2.20	1.00～1.40	Ni:0.80～1.20	
5Cr4W2Mo2SiV	0.45～0.55	0.80～1.10	≤0.50	3.70～4.30	1.80～2.20	1.00～1.30	W:1.80～2.20	
5Cr4W5Mo2V	0.40～0.50	≤0.40	≤0.40	3.40～4.40	1.50～2.10	0.70～1.10	W:4.50～5.30	

（1）3Cr2W8V 钢的力学性能

随着淬火温度的升高，淬火后的硬度增加，如图 4-20 所示。3Cr2W8V 钢的力学性能与回火温度的关系如图 4-21 和图 4-22 所示。从图中可以看出，3Cr2W8V 钢的回火稳定性好，且有二次硬化现象。当回火温度超过 600℃后，强度、硬度开始明显下降，当淬火温度高于 1100℃并在 650℃左右回火时，有回火脆性。

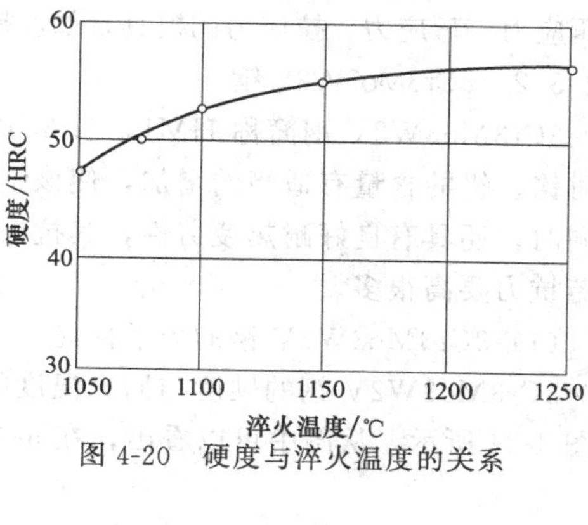

图 4-20　硬度与淬火温度的关系

（2）3Cr2W8V 钢的工艺性能

① 锻造性能。该钢的锻造性较好。锻造时需反复镦粗与拔长，以消除碳化物偏析并减少粗大碳化物。锻造工艺一般为：加热温度1130～1160℃，始锻温度1080～1120℃，终锻温度≥850℃，锻后空冷至700℃再缓冷。

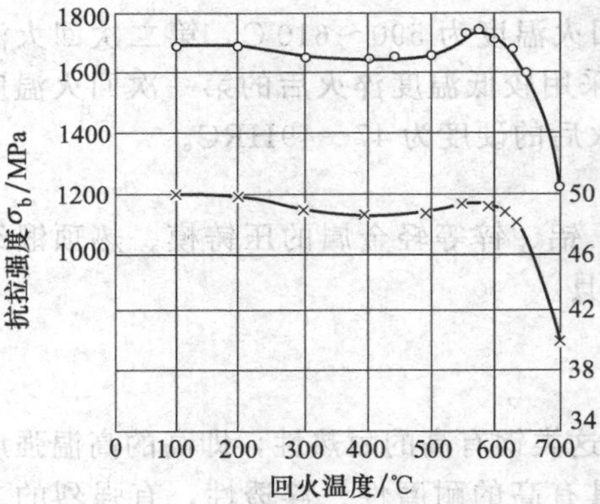

图 4-21 冲击韧度与回火温度的关系

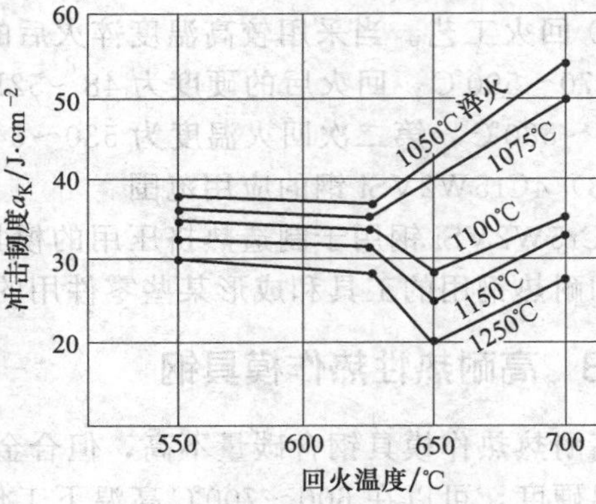

图 4-22 力学性能与回火温度的关系

② 预备热处理。采用普通退火或等温退火。其普通退火工艺为：加热温度800～820℃，保温2～4h，炉冷至600℃再空冷，退火后的硬度为207～255HBS；其等温退火工艺为：加热温度840～880℃，保温2～4h，等温温度720～740℃，保温2～4h，炉冷至550℃再空冷；退火后的硬度≤241HBS，切削加工性较好。

③ 淬火工艺性。该钢可采用分级淬火，其工艺为：加热1050～1150℃，在20～40℃的油中冷至150～180℃再空冷。大型模具需在600～650℃之间预热一次（保温2h），并采用上限温度（即1150℃）淬火。

亦可采用等温淬火，其工艺为：加热1140～1150℃，在350～450℃的介质等温后油冷，再作340～380℃的中温回火，其组织为下贝氏体，具有较高的强韧性，回火稳定性比常规淬火好很多，抗热冲击性能也高，模具变形小，钢材断面在80mm以下时可以淬透。

④ 回火工艺。该钢经淬火后，必须进行二次高温回火，回火温度为600～660℃，每次保温2h，强调韧性的模具采用下限温度，强调红硬性的模具采用上限温度。为防止回火脆性，回火后采用油冷，再作160～200℃的补充回火，回火后的硬度为40～48HRC。

(3) 3Cr2W8V钢的应用范围

该钢可用来制作工作温度较高（≥500℃）、承受静载荷较高但冲击载荷较低的锻造压力机模具（镶块），如平锻机上用的凸凹模、镶块、铜合金挤压模、压铸模；也可用作同时承受较大压应力、弯应力、拉应力的模具，如反挤压的模具；还可供作高温下受力的热金属切刀等。

4.2.3.2 3Cr3Mo3W2V钢

3Cr3Mo3W2V钢简称HM1，与3Cr2W8V钢相比，该钢以钼代钨，含钨量大大降低，同时铬、钒的含量有适当的增加，使该钢具有优良的强韧性，在保持高强度和高的热稳定性的同时，还具有良好耐热疲劳性，其抗回火稳定性、抗磨损性能均优于3Cr2W8V钢，且热疲劳抗力要高很多。

(1) 3Cr3Mo3W2V钢的力学性能

3Cr3Mo3W2V钢的硬度与回火温度的关系如图4-23所示，力学性能与回火温度的关系如图4-24所示，从图中可以看出，在640℃回火时仍具有高的硬度。

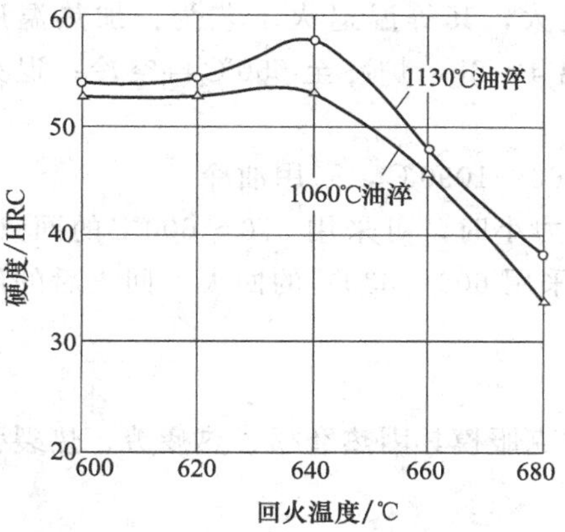

图 4-23 硬度与回火温度的关系

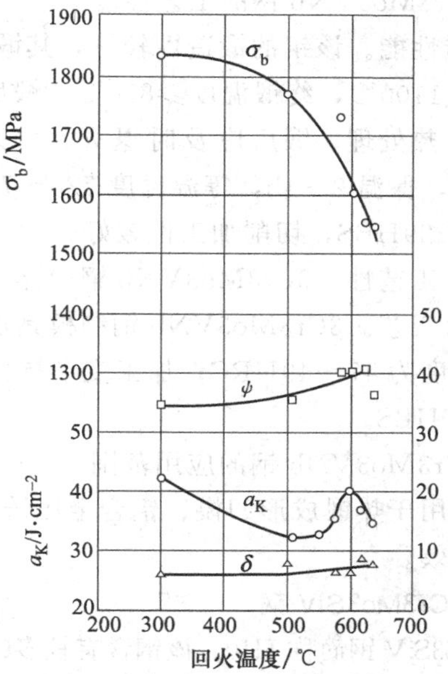

图 4-24 力学性能与回火温度的关系（1050℃油淬）

（2）3Cr3Mo3W2V 钢的工艺性能

① 锻造性能。该钢的锻造性较好，其锻造工艺一般为：加热温度 1150～1180℃，始锻温度 1050～1100℃，终锻温度≥850℃，锻后缓冷。

② 预备热处理。锻后应及时退火，可采用等温退火，其等温退火工艺为：加热温度 860～880℃，保温 2～4h，等温温度 720～740℃，保温 4～6h，炉冷至 500℃再空冷；退火后的硬度为≤255HBS，切削加工性较好。

③ 淬火工艺性。该钢的淬火温度为 1060～1130℃，可采用油冷或分级淬火。

④ 回火工艺。该钢可采用 600～630℃的回火，回火后的硬度为 50～55HRC；也可采用 630～650℃的回火，回火后的硬度为 45～50HRC。

（3）3Cr3Mo3W2V 钢的应用范围

该钢是高热强热作模具钢，又是高韧性热作模具钢，其冷、热加工性能较好，淬回火温度范围较宽；具有较高的热强性、热疲劳性能，又有良好的耐磨性和回火稳定性等特点。该钢适宜制造热镦锻、压力机锻造等热作模具，也可用于铜合金、轻金属的热挤压模、压铸模等，模具使用寿命较高。

4.2.3.3 3Cr3Mo3VNb 钢

3Cr3Mo3VNb 钢简称 HM3。该钢在含碳量较低的情况下加入微量元素铌，使钢具有更高的回火稳定性、高热强性，有明显的回火二次硬化效果；其缺点是有脱碳倾向。

（1）3Cr3Mo3VNb 钢的力学性能

3Cr3Mo3VNb 钢的力学性能见表 4-7。

表 4-7 3Cr3Mo3VNb 钢的力学性能

淬火温度/℃	淬火硬度/HRC	回火硬度/HRC	σ_b/MPa	σ_s/MPa	a_K/J·cm^{-2}
1060	47.1	48.1	1535	1352	26.3
1120	47.8	49.1	1646	1433	19

注：经 600℃和 570℃二次回火。

（2）3Cr3Mo3VNb 钢的工艺性能

① 锻造性能。该钢的锻造性较好，其锻造工艺一般为：加热温度 1150～1180℃，始锻温度 1050～1100℃，终锻温度≥850℃，锻后缓冷。

② 预备热处理。锻后应及时退火，可采用等温退火，其等温退火工艺为：加热温度 860～880℃，保温 2～4h，等温温度 720～740℃，保温 4～6h，炉冷至 550℃再空冷；退火后的硬度≤229HBS，切削加工性较好。

③ 淬火工艺性。3Cr3Mo3VNb 钢的淬火温度为 1060～1090℃，采用油冷。

④ 回火工艺。3Cr3Mo3VNb 钢制模具加工变形抗力小时，可采用 570～600℃的回火，回火后的硬度为 47～49HRC；加工变形抗力大时，可采用 600～630℃的回火，回火后的硬度为 42～47HBS。

（3）3Cr3Mo3VNb 钢的应用范围

该钢应用于热锻成形凹模、铝合金压铸模，能有效克服模具因热磨损、热疲劳、热裂引起的早期失效。

4.2.3.4 4Cr3Mo3SiV 钢

4Cr3Mo3SiV 钢简称 H10。该钢含有较多的 Cr、Mo、V 等碳化物形成元素，使其具有非常好的淬透性，很高的韧性，较高的热强性、热疲劳性能，又有良好的耐磨性和抗回火稳定性等。

（1）4Cr3Mo3SiV 钢的工艺性能

① 锻造性能。该钢的锻造性较好，其锻造工艺一般为：加热温度 1100～1150℃，始锻温度 1050～1100℃，终锻温度≥850℃，锻后缓冷。

② 预备热处理。可采用等温退火，其等温退火工艺为：加热温度 860～900℃，保温 3～4h，等温温度 710～730℃，保温 4～6h，炉冷至 500℃再空冷；退火后的硬度≤229HBS，切削加工性较好。

③ 淬火工艺性。该钢的淬火温度为 1010～1040℃，采用油冷或空冷。

④ 回火工艺。可采用 600～620℃的回火，回火后的硬度为 50～55HRC；或采用 620～640℃的回火，回火后的硬度为 40～50HRC。

（2）4Cr3Mo3SiV 钢的应用范围

该钢可以用于制造热挤压模、热冲模、热锻模，主要用于铝合金压铸模。

4.2.3.5 4Cr3Mo2NiVNb 钢

4Cr3Mo2NiVNb 钢简称 HD。该钢是为了适应在 700℃左右工作而研制的新型热作模具材料，它是在 4Cr3Mo3V 的基础上，通过降低 Mo、V 的含量，加入质量分数为 1%的 Ni 和 0.15%的 Nb，提高了钢的室温和高温韧性及热稳定性，在 700℃时仍可保持 40HRC 的硬度。在硬度相同的条件下，HD 比 3Cr2W8V 钢的断裂韧度高 50%，700℃高温时抗拉强度高 70%，冷热疲劳抗力和热磨损性能分别高出 1 倍和 50%。

（1）4Cr3Mo2NiVNb 的工艺性能

① 锻造性能。HD 钢的锻造性较好，其锻造工艺一般为：加热温度 1100～1150℃，始锻温度 1000～1050℃，终锻温度≥850℃，锻后缓冷。

② 预备热处理。可采用普通退火，其退火工艺为：加热温度 840～860℃，保温 3～4h，炉冷至 550℃再空冷。

③ 淬火工艺性。该钢的常规淬火温度为 1130～1160℃，采用油冷。

④ 回火工艺。可采用 650～700℃的回火，回火后的硬度为 40～47HRC。

(2) 4Cr3Mo3SiV 钢的应用范围

该钢应用于黑色金属和有色金属的热挤压模具，其使用寿命比 3Cr2W8V 钢制模具高。

4.2.3.6 4Cr5Mo2MnVSi 钢

4Cr5Mo2MnVSi 钢简称 Y10。该钢是针对铝合金压铸模的特点而研制的新型热作模具钢，化学成分与 H13 钢相似，但钼含量稍高，有很好的淬透性。钢中 Mo、V 细化了晶粒，提高热强性和回火稳定性，加入 Mn、Si 的目的是为了提高基体的强度。Y10 钢的高温强度和热稳定性低于 3Cr2W8V 钢，但其冷热疲劳性能、断裂韧度和抗熔蚀性优于 3Cr2W8V 钢。

(1) 4Cr5MoMnVSi 钢的工艺性能

① 锻造性能。Y10 钢的锻造性较好，其锻造工艺一般为：加热温度 1100～1150℃，始锻温度 1050～1100℃，终锻温度≥850℃，锻后缓冷。

② 预备热处理。可采用等温退火，其退火工艺为：加热温度 860～890℃，保温 3～4h，等温温度 710～730℃，保温 4～6h，炉冷至 500℃再空冷。退火后的硬度≤229HBS，切削加工性好。

③ 淬火工艺性。Y10 钢的淬火温度为 950～1050℃，采用油冷。

④ 回火工艺。可采用 550～620℃的回火，回火后的硬度为 42～51HRC。若采用 1050℃淬火，650℃二次回火，回火后的硬度为 39HRC。

(2) 4Cr5MoMnVSi 钢的应用范围

由于此钢制模具能在 600℃以下长期工作，该钢应用于热挤压模具、热锻模、压铸模，特别是铝合金压铸模。

4.2.3.7 4Cr3MoMnVB 钢

4Cr3Mo2MnVB 钢简称 ER8。该钢是一种空冷硬化热作模具钢，其化学成分类似于 Y4 (4Cr3Mo2MnVNbB) 钢，但未加入 Nb；加入 B 弥补了因 Cr 含量下降对淬透性和高温强度的影响。因此，其热强性和热稳定性不及 Y4 钢，但优于 Y10 钢。

(1) 4Cr3Mo2MnVB 钢的工艺性能

① 锻造性能。ER8 钢的锻造性较好，其锻造工艺一般为：加热温度 1120～1150℃，始锻温度 1080～1120℃，终锻温度≥850℃，锻后缓冷。

② 预备热处理。可采用等温退火，其退火工艺为：加热温度 840℃，保温 3～4h，等温温度 730℃，保温 2～3h，炉冷至 500℃再空冷，切削加工性好。

③ 淬火工艺性。ER8 钢的淬火温度为 1000～1070℃，采用油冷或空冷。

④ 回火工艺。可采用 600～650℃的回火，回火后的硬度为 41～49HRC。

(2) 4Cr3Mo2MnVB 钢的应用范围

该钢的抗热疲劳性能和抗氧化性能都较好，在铜合金、铝合金的压铸模和各类锻模上得到应用，效果良好。

4.2.3.8 4Cr3Mo3W4VNb 钢

4Cr3Mo3W4VNb 钢简称 GR。该钢是新型钨钼系热作模具钢，加入少量铌是为了增强回火抗力及热硬性，其各项力学性能均好于 3Cr2W8V 钢。

(1) 4Cr3Mo3W4VNb 钢的工艺性能

① 锻造性能。该钢的锻造性较好，其锻造工艺一般为：加热温度 1120～1180℃，始锻温度 1080～1130℃，终锻温度≥900℃，锻后缓冷并及时退火。

② 预备热处理。可采用等温退火，其等温退火工艺为：加热温度 850℃，保温 2～4h，等温温度 720℃，保温 2～4h，炉冷至 550℃再空冷。

③ 淬火工艺性。该钢的淬火温度为 1160～1200℃，采用油冷。若要求高韧性及塑性，

选择较低的淬火温度；若要求高的高温强度及回火稳定性，则选择较高的淬火温度。

④ 回火工艺。可采用二次高温回火，第一次高温回火温度为630℃，第二次高温回火温度为600℃，每次回火保温的时间为2～3h，对形状复杂的大模具，可采用三次高回，回火后的硬度为50～54HRC。

(2) 4Cr3Mo3W4VNb钢的应用范围

该钢可以用于加工热镦模、热冲模、热挤压模等高温金属的热锻压模具，其使用寿命比3Cr2W8V钢制模具的要高。

4.2.3.9 5Cr4W2Mo2SiV钢

5Cr4W2Mo2SiV钢是一种新型热作模具钢，它是基体钢类型的热作模具钢，经适当的热处理后具有高的硬度、强度、好的耐磨性，高的高温强度以及好的回火稳定性，一定的韧性和抗冷热疲劳性能。

(1) 5Cr4W2Mo2SiV钢的力学性能

该钢的硬度与淬火温度的关系如图4-25所示，硬度与回火温度的关系如图4-26所示，从图中可以看出，当淬火温度为1120℃时，淬火硬度达极值，当回火温度为500℃时，回火后的硬度为最高。

(2) 5Cr4W2Mo2SiV钢的工艺性能

① 锻造性能。该钢的锻造性较好，其锻造工艺一般为：加热温度1130～1160℃，始锻温度1080～1100℃，终锻温度≥850℃，锻后缓冷。

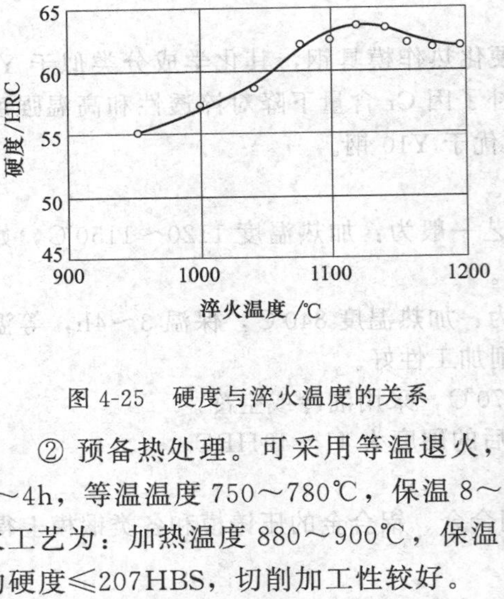

图4-25 硬度与淬火温度的关系

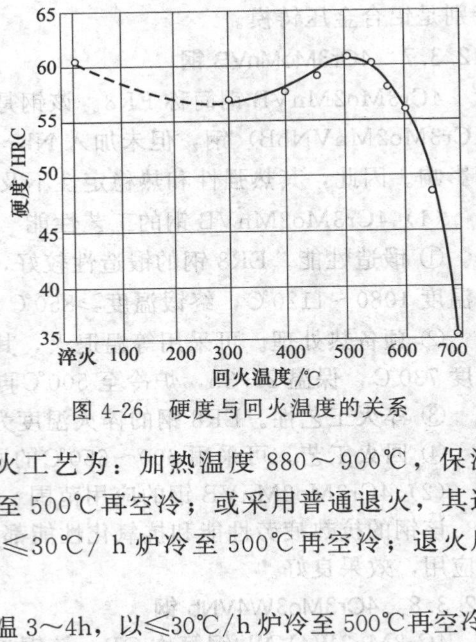

图4-26 硬度与回火温度的关系

② 预备热处理。可采用等温退火，其等温退火工艺为：加热温度880～900℃，保温2～4h，等温温度750～780℃，保温8～12h，炉冷至500℃再空冷；或采用普通退火，其退火工艺为：加热温度880～900℃，保温2～4h，以≤30℃/h炉冷至500℃再空冷；退火后的硬度≤207HBS，切削加工性较好。

消除应力退火工艺为：加热温度710～730℃，保温3～4h，以≤30℃/h炉冷至500℃再空冷。

③ 淬火工艺性。该钢淬火加热时应在500～580℃进行预热，淬火温度为1080～1120℃，可采用油冷或分级淬火。

④ 回火工艺。该钢可采用600～620℃的回火，回火后的硬度为52～54HRC。

(3) 5Cr4W2Mo2SiV钢的应用范围

该钢的热加工性能较好。适于制造热挤压模、热锻压模、温锻模以及要求韧性较好的冷镦模具。

4.2.3.10 5Cr4W5Mo2V钢

5Cr4W5Mo2V钢简称RM2。该钢是新型热作模具钢。该钢具有较高的热硬性，高温强度和较高的耐磨性，可进行一般的热处理或化学热处理，用于替代 3Cr2W8V 钢制造某些热挤压模具。

(1) 5Cr4W5Mo2V 钢的力学性能

该钢的硬度、抗弯强度与淬火温度的关系如图 4-27 和图 4-28 所示，硬度和抗压强度与回火温度的关系如图 4-29 和图 4-30 所示，从图中可以看出，当淬火温度为 1120℃时，淬火硬度达极值，当淬火温度为 1120～1130℃时，抗弯强度较高；当回火温度≤600℃时，回火后的硬度、抗压强度较高，当回火温度超过 600℃之后，硬度、抗压强度明显下降。

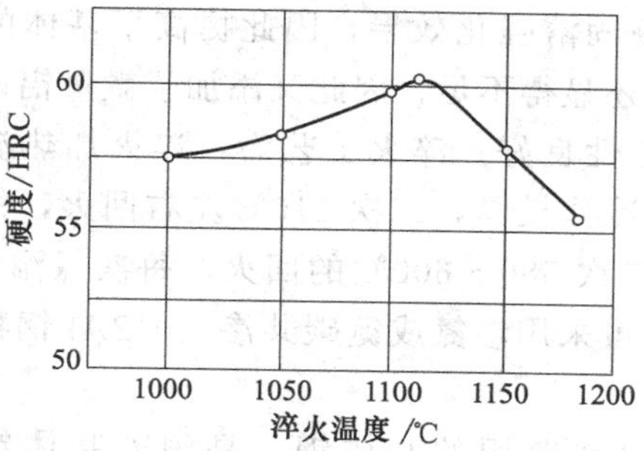

图 4-27 硬度与淬火温度的关系

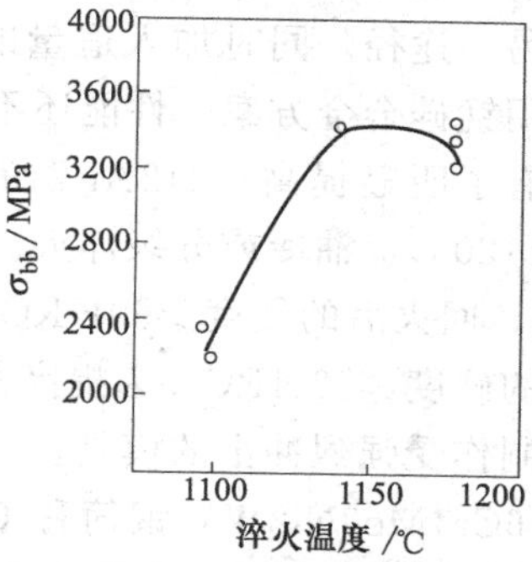

图 4-28 抗弯强度与淬火温度的关系

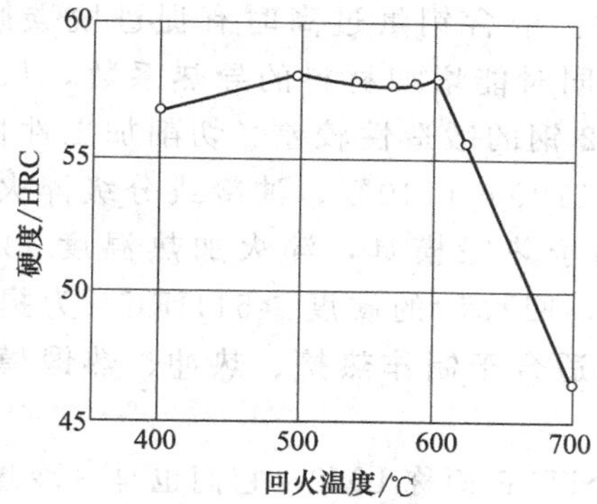

图 4-29 硬度与回火温度的关系

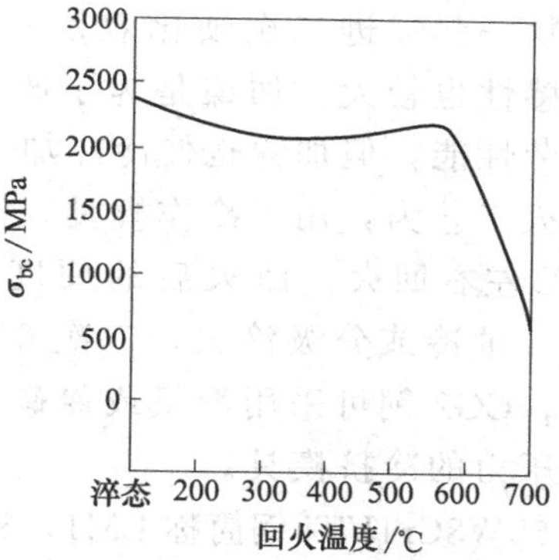

图 4-30 抗压强度与回火温度的关系

(2) 5Cr4W5Mo2V 钢的工艺性能

① 锻造性能。该钢的锻造性较好，其锻造工艺一般为：加热温度 1120～1170℃，始锻温度 1080～1130℃，终锻温度≥850℃，锻后缓冷。

② 预备热处理。可采用等温退火，其等温退火工艺为：加热温度 850～870℃，保温 2～3h，等温温度 720～740℃，保温 3～4h，炉冷至 500℃再空冷；或采用普通退火，其退火工艺为：加热温度 880～900℃，保温 2～4h，炉冷至 500℃再空冷；退火后的硬度≤255HBS。

③ 淬火工艺性。该钢淬火温度为 1130～1140℃，可采用油冷。

④ 回火工艺。该钢可采用 600～630℃回火，回火后的硬度为 50～56HRC。

(3) 5Cr4W5Mo2V 钢的应用范围

该钢用于制造精锻模、热冲模、冲头模等，使用寿命比 3Cr2W8V 提高数倍。

4.2.3.11 其他基体钢种简介

① 5Cr4Mo3SiMnVAl 钢简称 012Al，它是一种冷热兼用的基体钢。012Al 中碳的质量分数为 0.5%左右，只相当于其母体高速钢 W6Mo5Cr4V2 淬火基体的溶碳量。如果要保留体积分数为 0.5%左右的碳化物，就必须降低淬火加热温度，这样一来，基体中碳和合金元素将溶解不足，基体的强度就会大大低于母体高速钢的强度。提高含碳量是解决问题的捷径，但因此韧性就会下降，M_s 点也会随之下降，工件淬火变形、开裂倾向增大。另外，提高含碳量，会降低导热系数，因此，不适于热作模具的材料。提高合金元素含量是解决上述矛盾的另一途径。同时加入适量的锰和硅，可以提高固溶强化效果，因此提高了基体的强度。只用锰硅合金方案，性能还不够稳定，有时韧性还显得不足，因此又添加了微量铝，使钢韧性有了明显提高。012Al 钢的锻造性、切削加工性良好。淬火工艺为：淬火加热温度 1090～1120℃，油冷或分级淬火。回火工艺为：用于冷作模具，二次 510℃左右回火，每次保温 2h，回火后的硬度≥60HRC；用于热锻模具，二次 580～600℃的回火，每次保温 2h，回火后的硬度≥52HRC。为提高其耐磨性，012Al 钢可采用渗氮或氮碳共渗。012Al 钢特别适合于制作受强烈冲击的模具。

② 6Cr4Mo3Ni2WV 钢简称 CG2，它也是一种冷热兼用的基体钢，是国外基体钢的改型钢。成分设计得使合金元素基本都能在奥氏体时溶入基体，而过剩碳化物的体积不超过 5%。以钼替代部分钨，可以抑制碳化物的不均匀性，细化碳化物。钼所形成的碳化物在奥氏体化时能大部分溶入基体，经淬火回火后析出的碳化物与同时析出的钒的碳化物一起促进二次硬化效果，以提高红硬性。但含钼量过高时有促进脱碳倾向，过热敏感性也较大。加镍是为了改善钢的韧性，同时能增加材料的导热系数，从而提高热疲劳性能，但加镍也使冷热加工性变差。CG2 钢的锻造性较差、切削加工性良好。淬火回火工艺为：用于冷作模具，淬火加热温度 1100～1140℃，油冷或分级淬火，二次 560℃左右回火，回火后的硬度≥60HRC；用于热锻模具，淬火加热温度 1120～1180℃，油冷或分级淬火，二次 630℃左右回火，回火后的硬度≥51HRC。为提高其耐磨性，CG2 钢可采用渗氮或氮碳共渗。CG2 钢适合于制作热挤、热冲、热锻模具和较大挤压力的冷挤模具。

③ 65W8Cr4VTi 钢简称 LM1，65Cr5Mo3W2VSiTi 钢简称 LM2，它们也是一冷热兼用的基体钢。LM1 钢、LM2 钢是强韧性兼优的模具钢，适于制造冷挤、冷镦、热挤、压铸等模具。其使用寿命比常用的 Cr12MoV 钢、3Cr2W8V 钢要高。

4.2.4 其他热作模具材料

(1) 硬质合金

硬质合金具有很高的热硬性和耐磨性，还有良好的热稳定性、抗氧化性和耐腐蚀性，其工作温度高达 900～1000℃，故可用于制作某些热作模具。常用的硬质合金有钨钴类硬质合金、奥氏体不锈钢钢结硬质合金、高碳高铬合金钢钢结硬质合金等，主要用于热切边凹模、压铸模和工作温度较高的热挤压模具，其使用寿命较高。

(2) 高温合金

高温合金的种类很多，有铁基、镍基、钴基合金等。其工作温度高达 650～1000℃，可用来制造黄铜、钛及镍合金、某些钢铁材料的热挤压模具。常用高温合金的牌号及化学成分见表 4-8。

表 4-8 常用高温合金的牌号及化学成分

种类	牌号	化学成分(质量分数,%)										
		C	Si	Mn	Cr	Mo	Ti	Al	Ni	Co	Fe	其他
铁基	A-286	0.05	0.5	1.35	15	1.25	2.0	0.2	26	—	其余	V:0.3
镍基	Waspaloy	0.08	—	—	19	4.4	3.0	1.3	其余	13.5	—	Zr:0.08
镍基	EX	0.05	0.2	0.2	14	6.0	3.0	1.2	其余	4.0	28.85	—
钴基	S-816	0.38	—	—	20	4	—	—	20	其余	—	W:4,Cd4

(3) 难熔金属合金

熔点在1700℃以上的金属称为难熔金属，如钨、钼、钽、铌的熔点在2600℃以上，其再结晶温度高于1000℃，可长时间在1000℃以上工作。在热作模具中常用的有 TZM 合金和 Anviloy1150 合金，TZM 合金的化学成分为：$w_{Mo}>99\%$、$w_{Ti}=0.5\%$、$w_{Zr}=0.08\%$、$w_{C}=0.03\%$；Anviloy1150 合金的化学成分为：$w_{W}=90\%$、$w_{Mo}=5\%$、$w_{Ni}=3.5\%$、$w_{Nb}=1.5\%$。

这类材料的特点是熔点很高，高温强度较大，耐热性和耐蚀性好，有优良的导热性和导电性，热膨胀系数小，耐热疲劳性好，不粘合熔融金属，塑性较好，便于加工。其缺点是在500℃以上易氧化，在再结晶温度以上将发生脆化；此外还有价格昂贵。它们主要用于制造较高温度下的热作模具，如铜合金压铸模、钢铁压铸模、钛合金热挤压模和耐热钢热挤压模等。

(4) 压铸模用铜合金

钢铁材料在压铸时，高温金属液体迅速压入模腔，模腔最高工作温度可达1000℃以上，形成瞬间很高的温度梯度。铜合金因导热性好，能将压铸件的热量很快散发出去，使模具的升温和内部的温度梯度大为降低，从而降低了模具的应变和应力，使其强度足以承受压铸时的压力，同时也减轻了热疲劳作用。此外，铜合金弹性模量低，热膨胀系数较小，不会发生相变，故所制作的模具在工作过程中性能和尺寸稳定。型腔模具可用精铸、压铸或冷挤压等多种工艺加工成形，制造周期短，成本低。

用于压铸模的铜合金有铍青铜合金、铬锆钒铜合金和铬锆镁铜合金。其中，铬锆钒铜合金的化学成分为：$w_{Cr}=0.5\%\sim0.8\%$，$w_{Zr}=0.2\%\sim0.5\%$，$w_{V}=0.2\%\sim0.6\%$，杂质的质量分数$\leqslant0.35\%$，其余为铜。铬锆镁铜合金的化学成分为：$w_{Cr}=0.25\%\sim0.6\%$，$w_{Zr}=0.11\%\sim0.25\%$，$w_{Mg}=0.03\%\sim0.1\%$，其余为铜。上述铜合金的热处理工艺为固溶处理和时效。用这些铜合金制作的钢铁件压铸模具寿命高于各种热作模具钢的寿命。

4.3 热作模具材料的选用

热作模具分为热锻模、热挤压模、压铸模、热冲裁模。热作模具的工作条件和性能要求不一，失效形式多样，选材时必须全面分析，综合各种因素合理选用模具材料。

选择热作模具材料时，应遵循选用材料的基本原则，首先满足模具的使用性能，兼顾工艺性和经济性。在确定模具的使用性能时，应从模具结构，工作条件，工件的材质、形状及尺寸，加工精度，生产批量等方面加以综合考虑，并借鉴所在行业的成功经验。常用热作模具材料的性能比较见表 4-9，供设计选用时参考。

表 4-9 常用热作模具材料的性能比较

材料牌号	性能比较						
	耐磨性	韧性	加工性	淬火不变形性	热稳定性/℃	耐热疲劳性	脱碳敏感性
5CrMnMo	中等	中等	较好	中等	＜500	较差	较大
5CrNiMo	中等	较好	较好	中等	500～550	中等	较大
3Cr2W8V	较好	中等	较差	较好	＜600	较好	较小
8Cr3	中等	中等	较差	中等	400～500	中等	中等
4Cr5MoVSi	较好	中等	较好	较好	＜600	好	中等
4Cr5W2VSi	较好	中等	较好	较好	＜600	好	中等
4Cr5MoV1Si	较好	中等	较好	较好	＜600	好	中等
4Cr4Mo2WVSi	较好	中等	较好	较好	600～650	较好	中等
5Cr4W5Mo2V	较好	较差	较好	中等	600～650	较好	中等
5CrMnSiMoV	中等	中等	较好	中等	＜600	中等	中等
4Cr3W4Mo2VTiNb	较好	中等	较好	较好	＜600	较好	中等
3Cr3Mo3V	较好	中等	较好	较好	＜600	较好	中等
35Cr3Mo3W2V	较好	中等	较好	较好	600～650	较好	中等

4.3.1 热锻模材料的选用

热锻模是在高温下通过冲击力或压力使炽热的金属坯料成形的模具，包括锤锻模、压力机锻模、热镦模、高速锻模等。

锤锻模，如蒸汽-空气锤锻模，能完成镦粗、拔长、滚挤、弯曲、成形、预锻和终锻等各种变形工步的操作，其特点是冲击频率高，锤击力量可调。

压力机锻模包括曲柄压力机锻模、平锻机锻模、摩擦压力机锻模、液压机锻模等，冲击频率比锤锻模小，但受热时间长，工作负荷要大。

（1）锤锻模具材料的选用

① 锤锻模的工作条件和失效形式。锤锻模在工作中受到高温、高压、高冲击负荷的作用，模具型腔与高温金属坯料相接触而产生强烈摩擦，使模具表面温度高达 400～600℃。锻件取出后，模腔还要用水、油或压缩空气进行冷却，如此反复被加热和冷却，使其表面产生较大的热应力。

锤锻模的失效形式主要是在交变热应力作用下，模具表面产生网状或放射状的热疲劳裂纹，以及模腔磨损或严重偏载、工艺性裂纹导致的模具开裂。

因此，锤锻模应具有较高的高温强度和韧性，良好的耐磨性和耐热性，由于锤锻模的尺寸较大，还要求具有高的淬透性。

② 锤锻模具材料的选用。在选择锤锻模具材料和确定其工作硬度时主要是根据：锻模种类；锻模大小和形状复杂程度；受力、受热情况；生产批量要求等因素来确定。常用锤锻模材料的选用及硬度要求见表 4-10。

表 4-10　常用锤锻模材料的选用及硬度要求

锻模种类		工作条件	推荐选用材料		热处理后要求的硬度值/HRC	
					模腔表面	燕尾部分
整体锻模或镶嵌模块		小型锻模（高度＜275mm）	5CrMnMo、5CrNiMo	4Cr5MoSiV、4Cr5MoSiV1、4Cr5W2VSi	42～47	35～39
		中型锻模（高度 275～325mm）			39～44	32～37
		大型锻模（高度 325～375mm）	4CrMnSiMoV、5Cr2NiMoVSi、5CrNiMo、45Cr2NiMoVSi		35～39	30～35
		特大型锻模（高度 375～500mm）			32～37	28～35
镶嵌模块模体		—	ZG50Cr 或 ZG40Cr		—	28～35
堆焊锻模	模体	—	ZG45Mn2		—	28～35
	堆焊材料	—	5Cr4Mo、5Cr2MnMo		32～37	—

（2）其他热锻模具材料的选用

其他热锻模主要是指热镦模、精锻模和高速锻模等，这类模具的工作条件比一般的锤锻模受热温度高，受热时间长，工作负荷大，与热挤压模相近，其材料选用及工作硬度要求见表 4-11，以供设计选用时参考。

表 4-11　其他热锻模的材料选用及工作硬度要求

锻模类型或零件名称		推荐选用材料	可代用材料	要求的硬度值	
				硬度/HBS	硬度/HRC
摩擦压力机锻模	凸模镶块	4Cr5W2VSi、4Cr5MoVSi、3Cr2W8V、3Cr3Mo3V、3Cr3Mo3W2V	5CrMnMo、5CrNiMo、4CrMnSiMoV	390～490	—
	凹模镶块			390～440	—
	凸凹模镶块模体	45Cr	45	349～390	—
	整体凸、凹模	5CrMnMo、5CrNiMo	8Cr3	369～422	—
	上、下压紧圈	45	40、35	349～390	—
	上、下垫板和顶杆	T7A	T8A	369～422	—
	导柱、导套	T8A	T7A	—	56～58
热模锻压力机锻模	终锻模膛镶块	5CrMnSiMoV、3Cr3Mo3V、4Cr5W2VSi、4Cr5MoVSi、5CrNiMo、4Cr3W4Mo2VTiNb	5CrMnMo、5SiMnMoV	368～415	—
	顶锻模膛镶块			352～388	—
	锻件顶杆	4Cr5W2VSi、4Cr5MoVSi、3Cr2W8V、	GCr15	477～555	—
	顶出板、顶杆	45	40Cr	368～415	—
	垫板			444～514	—
	镶块紧固零件	45	40Cr	341～388	—
		40Cr	—	368～415	—
精密锻造或高速锤锻模		4Cr5W2VSi、4Cr5MoVSi、5CrNiMo、4Cr3W4Mo2VTiNb 5Cr4W5Mo2V、4Cr4Mo2WVSi	3Cr2W8V、5CrNiMo、5CrMnSiMoV	—	45～54
热校正模		8Cr3	5CrMnMo、5CrMnSiMoV	368～415	—
整体热精压模		3Cr2W8V、4Cr5W2VSi	5CrMnMo	—	52～58

4.3.2 热挤压模材料的选用

(1) 热挤压模的工作条件和失效形式

热挤压模在工作中与炽热的金属接触时间较长，其受热温度比锤锻模高，尤其是用于加工钢铁材料和难熔金属时，工作温度高达 600～800℃。热挤压模既受压缩应力和弯曲应力，脱模时也承受一定的拉应力。热挤压模具每使用一次后，模具应立即进行冷却才能继续工作。而模具冷却需要一定的时间，通常用两组或三组模具交替使用，以保证生产的连续运行。一般来说，热挤压模的尺寸比锤锻模小。

热挤压模的失效形式主要是模腔过量塑性变形、开裂、热疲劳和热磨损。

因此，热挤压模应具有高的热稳定性，较高的高温强度和足够的韧性，良好的耐热疲劳性和高的耐磨性。

(2) 热挤压模材料的选用

主要是根据被挤压金属的种类及其挤压温度确定，其次是考虑挤压比、挤压速度和润滑条件等因素。常用热挤压模材料的选用及其硬度要求见表 4-12。

表 4-12 热挤压模材料的选用及其硬度要求

零件名称		推荐选用材料			
		钢、钛及镍合金挤压温度 1100～1260℃	铜及铜合金挤压温度 600～1000℃	铝、镁及其合金挤压温度 350～510℃	铅、锌及其合金挤压温度＜100℃
挤压模	凹模(整体模块或镶嵌模块)	4Cr5MoSiV1、4Cr5W2VSi、3Cr2W8V、4Cr4Mo2WVSi、Cr4W5Mo2V、HD、4Cr3W4Mo2VTiNb、高温合金 43～51HRC	4Cr5MoSiV1、3Cr2W8V、4Cr5W2VSi、HD、4Cr4Mo2WVSi、ER8、Cr4W5Mo2V、HM1、4Cr3W4Mo2VTiNb 高温合金 40～48HRC	4Cr5MoVSi、4Cr5W2Vsi、ER8、Y10 46～50HRC	45 16～20HRC
	模垫	4Cr5MoSiV1、4Cr5W2VSi、 42～46HRC	5CrMnMo、4Cr5MoSiV1、4Cr5W2VSi 45～48HRC	5CrMnMo、4Cr5MoSiV1、4Cr5W2VSi 45～48HRC	不用
	模座	4Cr5MoSiV1、4Cr5W2VSi、42～46HRC	5CrMnMo、4Cr5MoSiV1、42～46HRC	5CrMnMo、4Cr5MoSiV1、44～50HRC	不用
挤压筒	内衬套	4Cr5MoSiV1、4Cr5W2VSi、3Cr2W8V、4Cr4Mo2WVSi、Cr4W5Mo2V、HD、4Cr3W4Mo2VTiNb、高温合金 400～475HBS	4Cr5MoSiV1、3Cr2W8V、4Cr5W2VSi、4Cr3Mo2NiVNb、Cr4W5Mo2V、4Cr3W4Mo2VTiNb 高温合金 400～475HBS	4Cr5MoVSi、4Cr5W2VSi、4Cr5Mo2MnVSi 400～475HBS	不用
	外套筒	5CrMnMo、4Cr5MoSiV 300～350HBS	5CrMnMo、4Cr5MoSiV 300～350HBS		T10A(退火)
挤压垫		4Cr5MoSiV1、4Cr5W2VSi、3Cr2W8V、4Cr4Mo2WVSi、Cr4W5Mo2V、4Cr3W4Mo2VTiNb、高温合金 40～44HRC		4Cr5MoVSi、4Cr5W2VSi 44～48HRC	
挤压杆		5CrMnMo、4Cr5MoSiV、4Cr5MoSiV1 450～500HBS			5CrMnMo 450～500HBS
挤压芯棒		4Cr5MoSiV1、4Cr5W2VSi、3Cr2W8V 42～50HRC	4Cr5MoSiV1、4Cr5W2VSi、3Cr2W8V 40～48HRC	4Cr5MoSiV1、4Cr5W2VSi 48～52HRC	45 16～20HRC

4.3.3 压铸模材料的选用

（1）压铸模的工作条件和失效形式

压铸模包括压力铸造和挤压铸造模具。根据被压铸材料的不同，压铸模可分为锌合金压铸模、铝或镁合金压铸模、铜合金压铸模。压铸模在工作中与高温的液态金属接触，不仅受热时间长，而且受热的温度比热锻模高，同时承受很高的压力；此外，反复加热和冷却以及金属液流的高速冲刷而产生磨损和腐蚀。

压铸模的失效形式主要是热疲劳开裂、热磨损和热熔蚀。

因此，压铸模应具有较高的耐热性和良好的高温力学性能，优良的耐热疲劳性，高的导热性，良好的抗氧化性和耐蚀性，高的淬透性。

（2）压铸模材料的选用

主要是根据压铸金属的种类及其压铸温度的高低，其次是考虑生产的批量和压铸件的形状、重量及精度等选用模具材料。压铸模的型腔、型芯、浇口套等成形部分零件的材料选用及硬度要求见表4-13。

表4-13 压铸模成形部分零件的材料选用及硬度要求

工作条件	推荐选用材料		可代用材料	要求的硬度值/HRC
	形状简单	形状复杂		
压铸铅及其合金（压铸温度<100℃）	45	40Cr	T8A、T10A	16～20
压铸锌合金（压铸温度400～500℃）	4CrW2Si、5CrNiMo	3Cr2W8V、4Cr5MoSiV、4Cr5MoSiV1	4CrSi、30CrMnSi、5CrMnMo、Cr12、T10A	48～52
压铸铝、镁合金（压铸温度650～700℃）	4CrW2Si、5CrW2Si、6CrW2Si	3Cr2W8V、4Cr5MoSiV、3Cr3Mo3W2V、Y10、4Cr3Mo3SiV、3Cr3Mo3VNb、4Cr5MoSiV1、4Cr5W2VSi	3Cr13、4 Cr13	40～48
压铸铜合金（压铸温度850～1000℃）	3Cr2W8V、4Cr5MoSiV、3Cr3Mo3W2V、4Cr5MoSiV1、4Cr5W2VSi、YG30、3Cr3Mo3Co3V、TZM钼合金、钨基粉末冶金材料		—	37～45
压铸钢铁（压铸温度1450～1650℃）	3Cr2W8V（表面渗铝）、钨基粉末冶金材料、TZM钼合金、铬锆钒铜合金、铬锆镁铜合金、钴铍铜合金		—	42～44

4.3.4 热冲裁模材料的选用

热冲裁模主要有热切边模和热冲孔模。

（1）热冲裁模的工作条件和失效形式

在热作模具中，热冲裁模的工作温度较低。在进行冲裁时，刃口与锻件飞边摩擦，并被加热升温，而且承受一定的冲击载荷。

热冲裁模的失效形式：热冲裁模凹模的失效形式主要是刃口热磨损和崩刃，凸模的失效形式主要是断裂和磨损。为此，凹模的硬度要求较高，以保证耐磨性；凸模并不要求高的耐磨性，硬度不必太高。

因此，热冲裁模应具有高的耐磨性，一定的红硬性和韧性。几乎所有的热作模具材料均能满足其要求。

（2）热冲裁模材料的选用

热冲裁模具对材料的性能要求放宽，一般选用 8Cr3、5CrMnMo、5CrNiMo、4Cr5MoSiV、3Cr2W8V、5Cr4W5Mo2V、6CrW2Si 等钢种。也可选用硬质合金镶块，以充分发挥硬质合金的高温耐磨性能。常用热冲裁模的材料选用及硬度要求见表 4-14，供设计选用时参考。

表 4-14 热冲裁模的材料选用及硬度要求

模具类型及零件名称		推荐选用材料	可代用的材料	硬度/HBS	硬度/HRC
热切边模	凸模	8Cr3、4Cr5MoSiV、5Cr4W5Mo2V	5CrMnMo、5CrNiMo、5CrMnSiMoV	—	35～40
	凹模			—	43～45
热冲孔模	凸模	8Cr3	3Cr2W8V、6CrW2Si	368～415	—
	凹模	8Cr3	—	321～368	—

4.4 热作模具钢的热处理

4.4.1 热锻模的热处理

锤锻模的制造工艺路线一般为：下料→锻造→预备热处理→机械粗加工→（去应力退火）→成形加工→淬火与回火→研磨→（钳修）装配→试模→入库。

下面介绍主要的热加工工序。

（1）预备热处理

锻件内存在较大的内应力和组织应力，必须进行退火，其退火可采用完全退火或等温退火，退火的温度、升温的速度、保温的时间、冷却的速度等应根据模具的材料、形状、尺寸大小而定。

热锻模用钢大多含有 Cr、Ni 等合金元素，这些钢在锻后容易形成白点。白点是指钢在纵向断面上出现的白色斑点，而在横向断面上经浸蚀后出现裂纹的现象。对有白点的热锻模钢在退火后还需进行预防白点退火。

（2）淬火

热锻模淬火加热可在盐浴炉、箱式炉、可控气氛炉和真空炉中进行。由于热锻模尺寸较大，大多采用箱式电阻炉加热，为了防止模具表面氧化和脱碳，需对模具型腔表面及燕尾部分进行保护。将模面向下放在装有保护剂（铸铁屑和木炭等）的铁盘中，四周也用保护剂填满，上面用黄泥或耐火泥密封。燕尾部分也采用保护剂及黄泥封盖加以保护。为避免燕尾槽在淬火时开裂，可在圆角处包扎石棉绳，以降低燕尾处的冷却速度。对于大型或复杂的锻模，淬火加热时需进行预热，预热温度为 550～600℃。

淬火加热温度根据模具材料而定。热锻模具钢都具有很高的淬透性，淬火冷却可采用多种冷却方式，如油冷、分级淬火、等温淬火，其中常用的是油冷。为了减少淬火变形，生产中经常在模具出炉后先在空气中预冷后再淬火，油温一般以 30～70℃为宜，出油应在 150～200℃。模具出油后应尽快回火，不允许冷却到室温再回火，以防模具开裂。

近年的研究表明，热锻模具随着淬火温度的升高，钢中的碳化物溶解更充分，使钢的断裂韧度有所提高，钢的抗回火能力和热稳定性也得到提高；同时随着淬火温度的升高，钢的组织以板条状马氏体为主，从而提高了钢的韧性。如5CrMnMo和5CrNiMo钢经常规淬火后，获得片状马氏体和板条状马氏体的混合组织。将其淬火温度分别提高到890℃和950℃后可得到以板条状为主的淬火组织，并提高了钢的淬透性，使模具具有高的强度、塑性和断裂韧性，并于500℃回火，可使钢的冲击韧度亦满足要求。

保温的时间：盐浴炉加热系数取1min/mm，箱式炉加热系数取2～3min/mm。采用装箱时，应将装箱厚度作为模具厚度的一部分加以计算。

（3）回火

热锻模具经淬火后应立即进行回火，目的是为了降低淬火时产生的内应力，使钢获得稳定的组织，从而达到生产所需的硬度及其他性能要求。其回火温度根据模具的硬度要求而定。

热锻模有回火脆性，在回火时应避开回火脆性区。

① 回火保温的时间。热锻模回火保温应充分，以保证模具心部组织转变完全，否则容易产生开裂。在250～300℃预热时间应≥3h，升温时间应≥3h，保温时间应≥5h，对尺寸为500mm×500mm×500mm的模具其保温时间高达12～13h，保温后采用空冷。

② 回火的次数。生产中常采用一次回火。但一次回火常发生开裂，其主要原因是模具心部因淬火温度过高而留有一部分残余奥氏体转变为马氏体，模具内存在较大内应力，使模具开裂。第二次回火可使其转变为回火马氏体，消除这种应力。第二次回火温度比第一次回火温度要低，并在第一次回火冷却到室温后进行。

燕尾部分的硬度一般要求比模腔低。因此，燕尾部分应单独进行回火，其回火方法是在保证模腔达到硬度要求后，再用专用电阻炉或用盐浴炉对燕尾部分单独回火。也可采用自行回火，即将淬火加热后的锻模整体淬入油中一段时间，依靠其本身的热量使温度回升，如此反复3～5次即可，但应注意安全，以防止油燃烧。

其他热锻模具的热处理可参照热挤压模具执行。

4.4.2 热挤压模具的热处理

热挤压模具的制造工艺路线一般为：下料→锻造→预备热处理→成形加工→淬火与回火→抛光→（钳修）装配→试模→入库。

下面介绍主要的热加工工序。

（1）锻造

热挤压模用钢多为高合金钢，所以模坯需经良好的锻造，尤其是含钼的钢，要注意锻造加热温度和保温时间的控制，以避免严重脱碳导致模具早期失效。

（2）预热处理

可采用等温球化退火或调质。

① 等温球化退火。热挤压模具的等温球化退火工艺主要在于正确的选择退火温度，保持充分的保温时间，并采取合适的冷却速度，以获得圆且细小、均匀的碳化物。

对于出现明显沿晶链状碳化物或网状碳化物的锻件须正火予以消除后再作等温球化退火处理。

② 调质。为了使锻后模坯的力学性能（特别是断裂韧度）得到改善，常采用锻后调质的方法进行预备热处理。将模坯加热到与常规淬火温度相近的温度进行淬火，再经700～750℃的高温回火。这可使碳化物分布均匀，且形状小而圆，不仅改善了钢的性能，而且还

缩短了生产周期。

(3) 淬火

淬火温度的选择要考虑模具的工作条件、结构形状性能要求和失效形式，同时还要考虑奥氏体晶粒尺寸的大小和冲击韧度的高低。

淬火保温时间的选择：能完成组织转变，使碳及合金元素充分固溶，以保证获得高的回火抗力及热硬性。盐浴炉淬火保温系数一般取 0.5～1min/mm，尺寸越小系数越大。

淬火冷却一般采用油冷，也可采用空冷。对于形状复杂的模具，为了减少淬火变形，可采用热油淬火，分级淬火或等温淬火。

(4) 回火

选择回火温度的原则是在不影响热挤压模具抗脆断能力及抗热疲劳能力的前提下，尽可能提高模具的硬度；再结合模具的失效形式和实际应用效果，合理的选定回火温度。淬火后的模具应尽快进行回火，特别是形状复杂的模具，当模面温度低于 80℃时就应该立即回火。为了防止残余应力的产生，在回火加热和冷却时都应缓慢进行。

回火一般进行两次，回火保温时间按 3min/mm 计算，且不低于 2h，第二回火温度比第一次回火温度低 10～20℃。

4.4.3 压铸模具的热处理

根据压铸模具形状复杂程度，其制造工艺路线分为两种。

形状较简单的压铸模具：下料→锻造→等温球化退火→机械粗加工→去应力退火→成形加工→淬火与回火→(钳修) 装配→试模→入库。

形状复杂的压铸模具：下料→锻造→等温球化退火 (或调质)→机械粗加工→调质→成形加工→淬火与回火→抛光→渗氮 (或氮碳共渗)→装配→试模→入库。

下面介绍主要的热加工工序。

(1) 预热处理

可采用等温退火或调质，一方面是消除应力，降低切削加工硬度，另一方面为最终热处理做好组织准备，退火后可获得均匀的组织和弥散分布的碳化物，以改善钢的强韧性。

(2) 去应力退火

又称稳定化处理。毛坯在粗加工之后会产生较大的内应力，淬火时将产生变形，进行去应力退火可消除这种内应力。其工艺为：加热温度 650～680℃，保温 2～4h 后进行空冷，形状较复杂的压铸模具需炉冷至 400℃后再空冷。

与冷作模具一样，电加工后的压铸模具应进行一次去应力退火，以消除变质层的应力和脆性。

(3) 淬火

① 分段预热。因压铸模用钢多为高合金钢，其导热性差，淬火加热应缓慢进行，淬火加热时一般应分段，第一次预热温度 400～600℃，第二次预热温度 800～850℃，预热保温时间按 1min/mm 计算。对于淬火温度较低、形状简单、变形要求不高的压铸模具预热一次即可。

② 淬火加热温度。对于要求具有高温强度的压铸模具，可采用较高的温度淬火。这是因为较高的淬火温度有利于提高热稳定性和抗软化的能力，减轻热疲劳倾向；但这会引起晶粒长大和晶界形成碳化物，使韧性和塑性下降，引起模具开裂。对于要求具有较高韧性的压

铸模具，可采用较低的温度淬火。

③ 淬火保温时间。为了保证碳化物充分溶解得到成分均匀的奥氏体，并获得良好的高温性能，压铸模的淬火保温时间应长一些，一般在盐浴炉中加热保温时间为0.8～1.0min/mm。

④ 淬火冷却。一般采用油冷，因油冷冷却速度快，可获得良好的性能，但模具变形开裂倾向大。对于形状简单、变形要求不高的压铸模可采用油冷；对于形状复杂，变形要求高的压铸模可采用分级淬火。无论采用何种冷却方式，都不允许冷到室温，一般冷到150～200℃均热一定时间后立即回火，均热时间可按0.6min/mm计算。

(4) 回火

压铸模经淬火后应立即回火，回火要充分，一般要进行三次回火，每次回火时间不小于2h。第一次回火温度一般应选在二次硬化的温度范围内，第二次回火温度应达到所要求的硬度，第三次回火温度应比第二次回火温度低10～20℃。回火采用油冷或空冷。

(5) 表面强化处理。

为了防止熔融金属粘模、侵蚀，为了让压铸模具有高的硬度和耐磨性，压铸模常采用表面强化处理。常用的表面强化处理有氮化、氮碳共渗、渗硼、渗铬、渗铝等。

4.4.4 热冲裁模具的热处理

热冲裁模具的制造工艺路线为：下料→锻造→等温球化退火→机械粗加工→去应力退火成形加工→淬火与回火→(钳修) 装配→试模→入库。

热冲裁模具的主要热加工工序与锤锻模相近，在此不再作介绍。

4.4.5 热作模具钢的热处理实例

【实例1】 5CrMnMo钢制花键轴锤锻模的热处理

花键轴锤锻模如图4-31所示，材质为5CrMnMo钢，热处理要求是：工作面硬度为42～45HRC，燕尾部分硬度为31～35HRC。常规热处理工艺如图4-32所示，经此工艺处理后，燕尾部分的硬度极不稳定，非硬即软。对已失效的近50副锻模进行统计分析，发现每副锻模的平均使用寿命只有3800件，其失效原因主要是由于型腔表面磨损和燕尾部分开裂引起的。针对这种情况，通过反复实验，对锤锻模的热处理工艺进行了改进，取得了良好的效果。

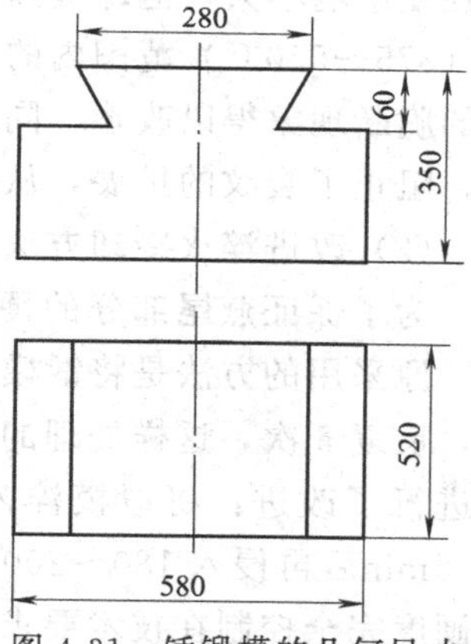

图4-31 锤锻模的几何尺寸

(1) 失效分析

模锻操作时，高的压力和冲击负荷使坯料金属在型腔内高速流动，坯料金属与型腔表面产生剧烈摩擦，会造成型腔表面磨损而使锻模失效。其次，由于燕尾部分的硬度要求比工作部分低10～15HRC，所以不易控制，往往非硬即软。若其硬度值偏低，强度相应就低，则易产生疲劳裂纹。若其硬度值偏高，脆性就大，虽不易产生疲劳裂纹，但裂纹一旦产生，扩展速度很快。模锻工作时，燕尾部分承受了很大的交变负荷的作用，加上燕尾槽部位容易产生应力集中，所以当燕尾部分硬度过高或过低时，会首先在燕尾槽部位产生裂纹，并逐渐向内部扩展，造成模具的早期失效。其次，由于坯料金属的始锻温度高达1100～1200℃，在与锻模接触过程中，会不可避免地引起锻模温度的升高。为了防止锻模型腔表面发生高温回火而导致硬度下降，就必须不断地对锻模进行冷却，这种冷热交替会使锻模型腔表面在交变热应力的作用下产生疲劳裂纹。

② 工艺改进措施及分析。改进后的热处理工艺曲线如图 4-33 所示。

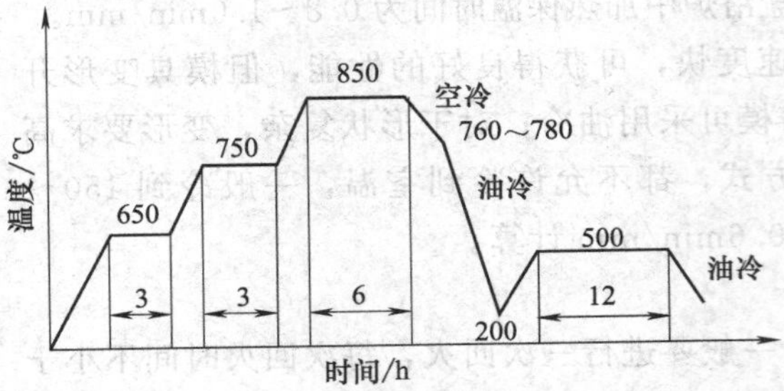

图 4-32 常规热处理工艺曲线

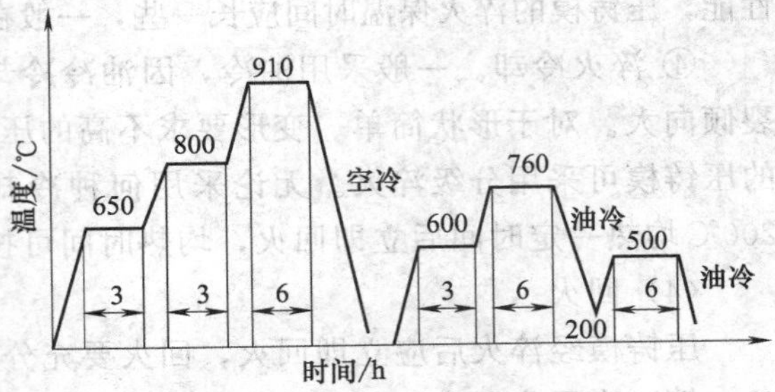

图 4-33 改进后的热处理工艺曲线

淬火前增加正火工序，淬火前 910℃正火，其目的是细化原始组织和碳化物，为下一步淬火温度的降低作组织准备。原热处理工艺的淬火加热温度为 850℃，淬火组织以针状马氏体为主，导致材料的力学性能特别是断裂韧性不足。有人尝试将锻模的淬火温度从 850℃提高到 900℃，虽然经此处理后，淬火组织由针状马氏体转变为板条马氏体，材料的力学性能有所提高，但由于晶粒粗大，所以断裂韧性特别是 500℃时的 a_K 值提高幅度不大。为了提高锻模的韧性，防止疲劳裂纹的产生和扩展，采用 760℃淬火＋500℃×6h 回火，760℃正好是 5CrMnMo 钢的临界温度，奥氏体刚刚形成，晶粒细小，且含碳量低，淬火后将得到较多的低碳板条状马氏体，虽然会出现一些细小分散的铁素体，但由于数量少且分布均匀，所以对强度影响不大，但却提高了锻模的韧性。特别有意义的是由于晶粒细化，使锻模在蓝脆温度（375～550℃）范围内的 a_K 值得以提高，使锻模工作时表面温度达到蓝脆温度范围时产生的脆断现象得以改善，同时由于晶粒细化，晶界数量增加，使微裂纹的传播受到较大的阻力，阻止了裂纹的扩展，从而提高了锻模寿命。

(2) 改进淬火冷却方法

为了保证燕尾部分的硬度控制在 31～35HRC 范围内，控制燕尾的自回火时间非常重要。原采用的方法是将锻模全部淬入 20 号机油中，隔 1min 将燕尾提出，1min 后再淬入油中，反复 5 次，这样处理的质量很不稳定，燕尾部分的硬度时高时低。对锻模的淬火冷却方法进行了改进：将锻模淬入 20 号机油中冷却 4～5min 后，将燕尾提出油面进行自回火，4～5min后再侵入 180～200℃的油中，出油后再进行 500℃×6h 回火。经此处理后燕尾部分的硬度完全控制在技术要求的范围之内。

用常规工艺处理的锻模每副平均使用寿命只有 3800 件，其主要原因是由于锻模韧性不够及燕尾部分的硬度时高时低，质量不稳定，导致燕尾产生疲劳裂纹，造成模具的早期失效。热处理工艺改进后，由于晶粒得以细化，提高了锻模的韧性，燕尾部分的硬度得到很好的控制，所以阻止了燕尾部分疲劳裂纹的产生，提高了锻模寿命。对用新工艺处理的 10 副锻模进行统计，每副平均使用寿命达到 9200 件，没有发现由于燕尾部分开裂而造成早期失效。

【实例 2】 3Cr2W8V 钢制热挤压模的热处理

3Cr2W8V 钢是出现较早、使用较广泛的热作模具钢之一。因钢中含有大量碳化物形成元素 W 和 Cr，而具有良好的高温性能和耐热疲劳性能，相变温度高，淬透性好，韧性适中，是一种应用较多的热挤压模具钢。螺栓、螺母等紧固件的生产中，热挤压工艺应用较广泛，如变形比较大的六角螺栓、内六角螺栓、杯形螺母等均采用热挤压工艺，模具大都选用

3Cr2W8V 钢制造。但是，由于热挤压模工作条件恶劣，模具受力复杂，使用寿命大都在2500件左右，有的甚至只有1000余件，失效形式主要有过量变形、龟裂、掉块、擦伤和磨损等。显然，如此低的寿命是没有充分发挥材料内在潜力的。

① 工艺措施及要求。通过生产实践和试验，对模具失效原因和制造中存在的问题进行了分析和研究，提出了从模坯锻造到使用各道工序的工艺措施及要求，使模具寿命得到了大幅度提高。

② 模坯锻造工艺。锻造是材料性能、组织均匀的第一步工艺。钢含大量碳化物形成元素，当碳化物形态呈细小、均匀分布时，模具有较高的使用寿命，反之则易早期失效。因此，必须对模坯进行改锻，消除大块状、网状、带状碳化物，同时改善材料性能的方向性。基于上述要求，根据现有设备制订了如下锻造工艺。

加热设备：采用反射炉。加热方法：考虑到3Cr2W8V钢导热性差，加热速度不宜过快，先放入低温区均匀预热，然后缓慢移向高温区。加热速度：低温阶段不超过300℃/h，高温阶段不超过400℃/h；始锻温度1080～1400℃；终锻温度控制在850～900℃之间，若低于850℃易产生锻造微裂纹。采用通常的5步锻造法，并在锻造过程注意：保证加热均匀、烧透，不许有过热、过烧；锻造比应小于3；开锻先轻锻快打，然后逐渐加重，随后再轻打，应避免连续重打和冷锻；锻后空冷至700℃再砂冷，并及时退火，目的是降低内应力。模坯锻造后要求碳化物偏析小于3级，消除网状、带状、大块状、堆集状组织，不准有微裂纹和碰伤等缺陷。

锻后退火处理：模坯锻后退火除了降低硬度、改善切削加工性能外，另一方面是为了消除组织缺陷和残余内应力，细化晶粒，为最终热处理做组织准备。

图4-34所示为原先采用的3Cr2W8V钢不完全退火工艺（$A_{cm}=850℃$）。采用这种普通退火工艺有3个缺点：模坯表面氧化脱碳严重；晶粒虽然得到一定程度细化，但没有得到均匀的内部组织；工艺所需总时间长。因此，通过试验，采用了图4-35所示的等温退火工艺。经生产使用证明，不但避免了上述问题，而且在最终淬火加热时碳化物溶于奥氏体中。

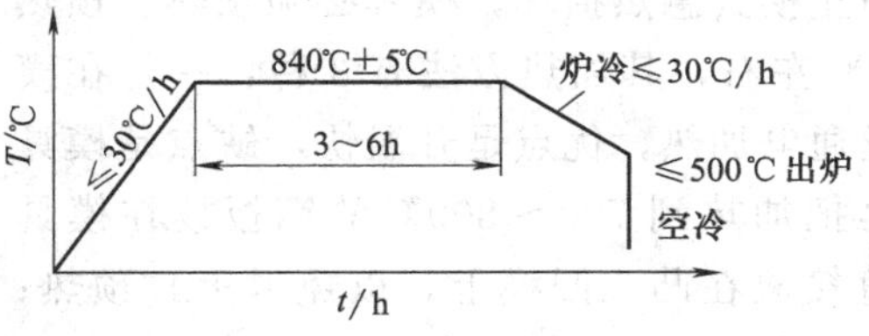

图4-34 3Cr2W8V钢的不完全退火工艺曲线

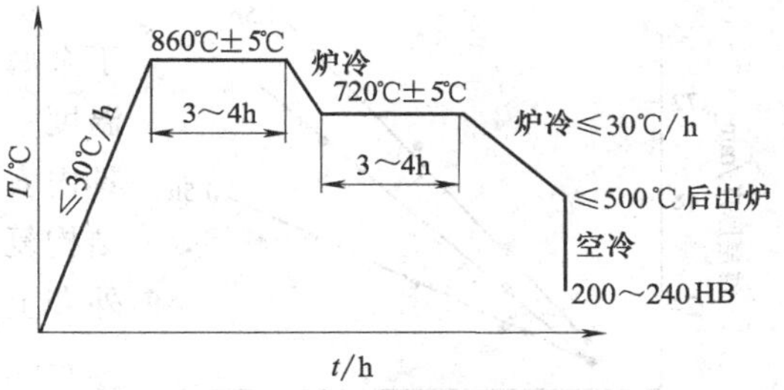

图4-35 3Cr2W8V钢的等温退火工艺曲线

③ 强韧化热处理工艺措施。合理的热处理工艺是提高模具寿命的关键。热挤压模具不但受到较大的挤压力，而且还受到急冷急热应力，因此，要求模具有硬度和韧性良好的配合。原先采用的热处理工艺为：800～850℃预热，1080～1150℃淬火，并经560～580℃回火2次，最终硬度为45～48HRC。在生产中发现，经这种工艺处理后的模具常出现变形和开裂。分析其原因是淬火温度低，Cr、W、V合金碳化物未充分溶于奥氏体中。因此，模具热稳定性较低，断裂韧性值不高，使用寿命较低。根据上述分析，将淬火温度提高到1200℃±10℃，并经620℃±10℃高温回火2次，在油中冷却后，再经160～200℃的补充回火，使最终硬度为43～46HRC。采用这种工艺有3个优点：一是提高了淬火加热温度，使

合金碳化物充分溶解，保证了模具有高硬度和红硬性；二是经高温回火析出大量弥散碳化物主要是 M_2C 型，提高了模具的断裂韧性值、强度、硬度、热强性和耐热疲劳性能；三是降低了碳化物偏析。经生产实践证明，这种强韧化热处理工艺是行之有效的。

④ 机械加工要求。机加工是模具加工中不可缺少的重要环节，其加工工艺和质量对模具寿命有直接的影响。为了防止热处理过程中模具脱碳，热处理前的粗加工应留有精车和磨削余量，尤其是挤压凸模圆角处常暂不车成，待热处理后精车，并且要求表面粗糙度 $Ra=0.8\mu m$，严禁留有刀痕。对于模腔内拐角处应采用适当的圆角过渡，并根据工件结构从工艺上采取措施，减少装夹次数。另一方面，要严禁产生磨削裂纹，即使微小的磨削裂纹，也会在使用或线切割中显露出来。因此，回火要充分，进刀量不能太大，砂轮也不能太硬，一般选用 GD 单晶刚玉砂轮。在磨削完后最好增加一次低温防氧化回火，加工后的凸、凹模表面均不许有凿裂、刮伤、划伤等伤痕。

⑤ 电加工要求。生产中发现经线切割加工的模具，如不经回火而直接用于生产，常常发生掉块和开裂。原因是经线切割加工后的模具表面产生了一层硬而脆的变质层，使用中易掉块。同时，线切割加工时破坏了工件原有的应力平衡，在模腔拐角外引起应力集中，甚至产生微裂纹，这是导致模具使用中开裂不可忽视的原因。因此，需要进行补充回火，改善模具表面应力状态，消除残留应力。另外，也可以采用热处理前用机加工去除大余量，留 2～3mm 余量待热处理后用线切割加工的方法来防止微裂纹和应力集中。

⑥ 模具表面强化处理措施。模具表面强化可以大幅度提高模具寿命。对 3Cr2W8V 钢热挤压模采用了辉光放电涂膏渗硼的表面强化方法。它是一种被涂膏工件在离子渗氮炉内进行固体渗硼的表面强化处理方法。具有渗层均匀、脆性小、变形小等优点。图 4-36 所示为渗层厚度与时间、温度关系，通过改变时间参数使模具获得不同的渗硼厚度。由于渗层硬度均在 1300HV 以上，因此，可以提高模具的耐磨性、抗蚀性、红硬性和抗氧化性，从而提高模具的使用寿命。

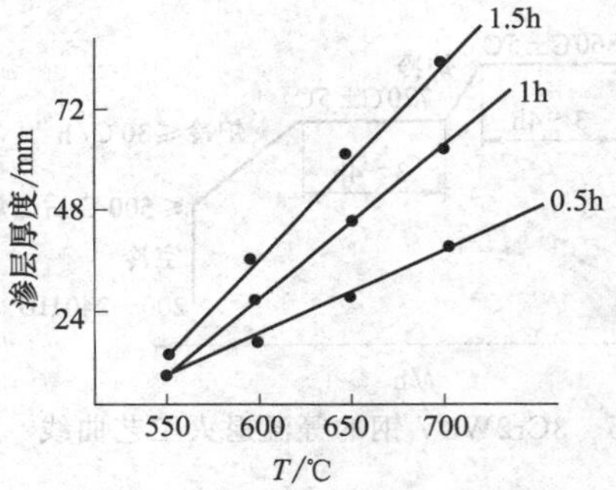

图 4-36 渗硼层厚度与时间、温度的关系

⑦ 模具使用要求。为了使毛坯不致降温太快，便于金属流动和防止模具急热损坏，模具必须预热。预热温度一般为 300℃左右，其加热方法有 3 种：一是在模具内安放电阻丝通电加热，优点是升温快，缺点是模具结构复杂；二是把加热到 700～800℃的钢板放在模具外套上（不可直接放在凸、凹模上，以免退火）预热；三是喷灯加热，优点是使用方便，但加热升温慢，加热不均匀。生产中可根据实际情况来选用。

在生产实践中，模具润滑采用二硫化钼 18%、石墨 25%、油酸 57%的混合物有较好的润滑效果。选用硅油作润滑剂效果也较好。挤压件的表面质量和生产效率也很高，但使用时必须涂抹均匀。

按以上工艺制造的模具经生产使用，其使用寿命从原来的 2500 件提高到了 6000～8000 件，节省了大量模具材料，获得了良好的经济效益。因此，在模具结构设计和材料选用合理的前提下，充分发挥工艺潜力是提高模具寿命的一个重要手段。改善模具使用条件，加强模具的维护，提高模具修理技术及全体员工的技术素质，也是延长模具使用寿命的一个重要方面。

复习思考题

1. 热作模具材料的性能要求有哪些？
2. 5CrNiMo 钢的性能特点是什么？
3. 比较 45Cr2NiMoVSi 钢与 5CrNiMo 钢的性能特点和应用范围。
4. 8Cr3 钢的性能特点是什么？
5. 简述中耐热热作模具钢的性能特点。
6. 简述 3Cr3Mo3W2V 的性能特点。
7. 高耐热热作模具钢的特点有哪些？试写出它们的牌号。
8. 简述热锤模的工作条件、失效形式和性能要求。
9. 简述热锤模的热处理特点。
10. 简述热挤压模具的制造工艺路线及主要的热加工工艺。
11. 选择压铸模具材料的依据有哪些？
12. 压铸模具的热处理特点有哪些？

第 5 章

塑料模具材料

用于制作塑料件的模具称为塑料模具，其工作零件所用材料称为塑料模具材料。塑料模具材料与冷、热作模具材料的性能要求有所不同，其强度、硬度一般不及冷、热作模具高，但其加工工艺性能要求要高。随着塑料模具的性能要求越来越高，模具结构也日趋复杂，制造难度更大，生产周期更长，制造成本升高。如何正确选用模具材料，并进行合理的热处理，对模具的制造和使用都具有重要意义。

5.1　塑料模具材料的性能要求

5.1.1　塑料模具材料的使用性能要求

① 足够的强度和硬度。塑料模具注射成型压力通常在 39～196MPa 之间，闭模压力一般为注射压力的 1.5～2 倍，有的高达 4 倍左右，为使模具能承受工作时的负荷而不致变形，要求模具材料具有一定的强度。必须指出，对于大型塑料模具，除了考虑钢材的强度之外，模具的刚性问题十分重要，曾经发生过模具在设计时由于只考虑强度而忽视了刚度，在第一次试模时由于制件胀在型芯和型腔间，动、定模分不开而导致模具报废的情况。通常塑料模的硬度在 30～55HRC 范围内。形状简单抛光性能要求高的，工作硬度可取高些；反之，硬度可取低些。

② 良好的耐磨性和耐腐蚀性。决定模具使用寿命最重要的因素往往是模具材料的耐磨性。模具在工作中由于塑料的填充和流动受到相当大的压力和摩擦力，要求模具在这种条件下仍能保持其尺寸和形状不变以保证模具具有足够的使用寿命。因在 ABS 树脂中添加抗阻燃剂以及聚氯乙烯等，在其成型过程中可能放出腐蚀性气体而腐蚀模具，有时在空气流道口处使模具锈蚀而损坏，故对可能放出腐蚀性气体的塑料模具要求具有一定的耐腐蚀性。

③ 足够的韧性，以保证模具在使用过程中不会过早开裂。

④ 较好的耐热性能和尺寸稳定性。塑料成型温度一般在 150～350℃之间，随着高速成型机械的出现，塑料制品生产速度加快，如果塑料流动性不好，会使模具局部的表面温度瞬时超过 400℃，为了保证模具在使用时的精度及避免热变形，塑料模具钢应具有较高的耐热性能和稳定的组织。

⑤ 良好的导热性，以使塑料制件尽快在模具中冷却成型。

5.1.2 塑料模具材料的工艺性能要求

① 锻造性能。材料的导热性好，在加热过程中容易内外热透；材料可锻性好，变形抗力小，锻打时不易出现开裂。

② 切削加工性能。塑料模具型腔的几何形状大多比较复杂，型腔表面质量要求高，难加工部位相当多；因此，模具材料应具有优良的切削加工性能。对较高硬度的预硬型塑料模具钢，为了改善切削加工性能，通常向钢中加入 S、Pb、Ca、Se 等元素，从而得到易切削预硬型钢。

③ 热处理工艺性能。热处理工艺简单，材料有足够的淬透性和淬硬性，变形开裂倾向小，工艺质量稳定。

④ 镜面抛光性能。材料制品的表面粗糙度主要取决于模具型腔表面的粗糙度。一般塑料模型腔面的粗糙度在 $Ra0.16\sim0.08\mu m$ 左右，粗糙度低于 $Ra0.5\mu m$ 时可呈镜面光泽。尤其是用于透明塑料制品的模具，对模具材料的镜面抛光性能要求更高。镜面抛光性能不好的材料，在抛光时会形成针眼、空洞和斑痕等缺陷。模具的镜面抛光性能主要与模具材料的纯洁度、硬度和显微组织等因素有关。硬度高、晶粒细有利于镜面抛光；硬脆的非金属夹杂物、宏观和微观组织的不均匀性，则会降低镜面抛光性能。因此，镜面模具钢大多是经过电渣熔炼、真空熔炼或真空除气的超洁净钢。

⑤ 电加工性能。对于几何形状比较复杂的成型零部件常采用电火花和线切割两种电加工。电加工的零件表面会因放电烧蚀而将产生一很薄的非正常硬化层，这种硬化层的晶粒大，有微细裂纹，金相组织脆弱，增加抛光难度，对塑料成型及塑料模具使用寿命不利。所以，模具材料必须有良好的电加工性能。

⑥ 饰纹加工性能。很多塑料制品要求设置各种花纹、图案，如皮革纹、绸纹、布纹、精细华美的图饰等。因此，要求模具材料良好的饰纹加工性能，雕刻加工方便容易，雕刻之后不发生变形和裂纹。这一性能同样要求材质纯净，希望组织细致均匀，无成分偏析，否则腐蚀或光蚀后效果不佳。

5.2 塑料模具材料

我国目前用于塑料模具的钢种可按钢材的特性和使用时的热处理状态进行分类，见表 5-1。

表 5-1 塑料模具钢的分类

类 别	常用钢种
渗碳型	20、20Cr、20CrMnTi、12CrNi3A、0Cr4NiMoV 等
调质型	SM45、SM50、SM55、40Cr、38CrMoAl 等
淬硬型	T8A、T10A、CrWMn、9CrWMn、9Mn2V、GD、5CrMnMo、4Cr5MoSiV 等
预硬型	3Cr2Mo、3Cr2NiMo、3Cr2MnNiMo、3CrMnSiNi2A、Y55CrNiMnMoV、4CrNiMnMoVS、5CrNiMnMoVS、8Cr2MnWMoVS 等
时效硬化型	18Ni、06Ni6CrMoVTiAl、1Ni3Mn2CuAlMo、20CrNi3AlMnMo、25CrNiMoA、0Cr16Ni4Cu3Nb、1Cr14Co13Mo5V 等
耐蚀型	2Cr13、3Cr13、4Cr13、1Cr17Ni2、3Cr17Mo、9Cr18、9Cr18Mo、Cr14Mo4V 等

5.2.1 渗碳型塑料模具钢

渗碳型塑料模具钢的碳含量一般在0.1%～0.25%范围内，作为塑料模具材料，它具有强度、硬度低，塑性、韧性、加工性、焊接性好，便于冷挤压成形等特点；再通过渗碳来提高模腔表面硬度，达到使用要求。在塑料模具加工中比较常用的塑性加工方法是冷挤压，冷挤压成形时，要求挤压前模具材料的硬度低于135HBS，伸长率大于35%。冷挤压成形后的模具，一般也要进行渗碳、淬火和回火，以保证模具的使用性能和使用寿命。经渗碳后的硬度可达58～62HRC。低碳或超低碳低合金钢中含有铬、镍合金元素及辅助元素钼、钒等，以提高钢的淬透性和渗碳能力。

渗碳型塑料模具钢渗碳层深度为0.6～1.5mm，具有较高的表面硬度，而心部具有较好的韧性，主要用于制造要求耐磨性良好的塑料模具。其中，低碳钢用于型腔简单、生产批量较小的小型塑料模具，但成型零件的最小壁厚应≥4mm。合金钢用于型腔较为复杂，承受载荷较高的大、中型塑料模具。常用渗碳型塑料模具钢的牌号化学成分见表5-2。

表5-2 常用渗碳型塑料模具钢的牌号及化学成分

钢号	化学成分(质量分数,%)							
	C	Si	Mn	Cr	Ni	Mo	Ti	P、S
20	0.17～0.23	0.17～0.37	0.35～0.65	≤0.25	≤0.30	—	—	≤0.035
20Cr	0.18～0.24	0.17～0.37	0.50～0.80	0.70～1.00	—	—	—	
20CrMnTi	0.17～0.23	0.17～0.37	0.80～1.10	1.00～1.30	—	—	0.04～0.1	
12CrNi3A	0.10～0.17	0.17～0.37	0.30～0.60	0.60～0.90	2.75～3.25	—	—	
12Cr2Ni4A	0.10～0.16	0.17～0.37	0.30～0.60	1.25～1.65	3.25～3.65	—	—	
0Cr4NiMoV	≤0.08	≤0.20	0.20～0.30	3.60～4.20	0.30～0.70	0.20～0.60	—	≤0.030

5.2.1.1 20Cr钢

20Cr钢比相同含碳量的碳素钢强度和淬透性都明显提高，油淬到半马氏体硬度的淬透性为ϕ20～30mm。这种钢淬火、低温回火后具有良好的综合力学性能，低温冲击韧性良好，回火脆性不明显。渗碳时钢的晶粒度有长大倾向，所以要求二次淬火以提高心部韧性，不宜降温淬火。该钢正火后硬度为170～217HBS，切削加工性好；焊接性能中等，焊前应预热到100～150℃，冷变形时塑性中等。

(1) 20Cr钢的力学性能

① 淬火温度的影响。20Cr钢未经渗碳时，不同直径经淬火后的截面硬度分布如图5-1所示。从图中可以看出，该钢淬火后的硬度较高，但淬透性低。

② 回火温度的影响。20Cr钢不同回火温度的力学性能见表5-3和图5-2。从图表中可以看出，随着回火温度的升高，该钢的硬度越低，塑性、韧性越高。

表5-3 20Cr钢不同回火温度的力学性能

回火温度	硬度/HRC	σ_b/MPa	$\sigma_{0.2}$/MPa	ψ/%	δ_5/%	a_K/J·cm^{-2}
未回火	46.5	1605	1150	28	9	13
100	46	1600	1200	31	9	13
200	45.5	1530	1270	37	9	13
300	44	1405	1275	44	9	13.5
400	39	1250	1140	54	10.5	20
500	33	1030	990	64	15	38
600	25	820	795	72	20	50

注：880℃水淬，试样直径10mm。

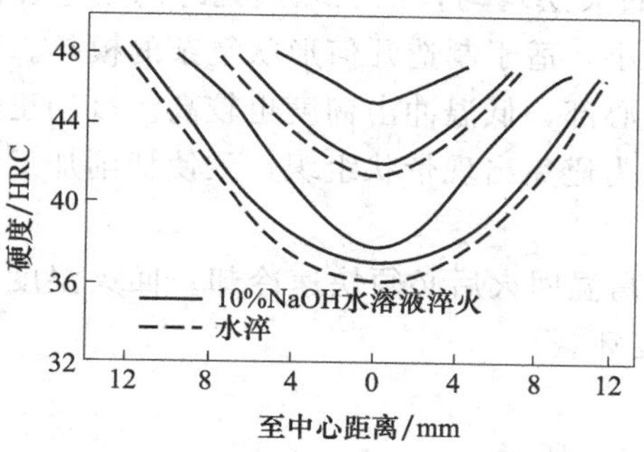

图 5-1 20Cr 钢不同直径淬火后的截面硬度分布曲线
(加热温度 880℃±10℃，加热速度 1min/mm)

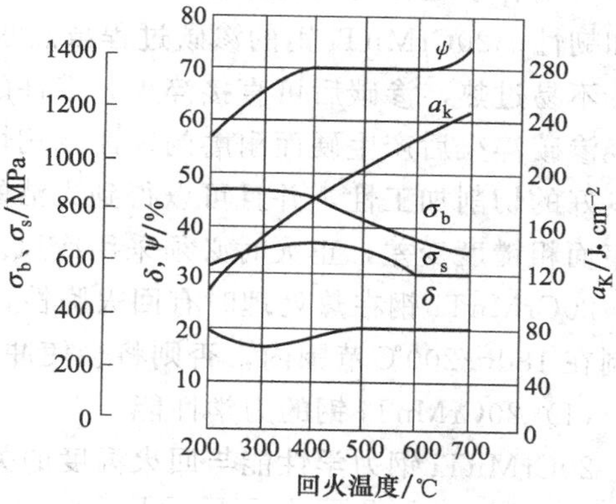

图 5-2 20Cr 钢的力学性能与回火温度的关系

(2) 20Cr 钢的工艺性能

① 锻造性能。锻造工艺一般为加热温度 1200℃，始锻温度 1200℃，终锻温度≥800℃，锻后堆冷。

② 预备热处理。可采用以下三种方式：退火，加热温度为 860～890℃，炉冷，硬度≤179HBW；正火，加热温度为 870～900℃，空冷，硬度≤217HBW；高温回火，加热温度为 700～720℃，空冷，硬度≤179HBW。

③ 淬火工艺。加热温度为 860～880℃，油冷或水冷。

④ 回火工艺。加热温度为 450～480℃，硬度≤250HBW。

⑤ 经渗碳处理后的淬火及回火。整体淬火时，渗碳加热温度为 900～920℃（罐冷）；一次淬火温度为 860～890℃，油冷或水冷；二次淬火温度为 780～820℃，油冷或水冷，回火温度为 170～190℃，表面硬度为 58～62HRC。

渗碳及表面感应加热淬火时，渗碳加热温度为 900～920℃（罐冷）；感应加热温度根据需要；回火温度为 150～170℃，表面硬度为 58～65HRC。

碳氮共渗及淬火时，碳氮共渗温度为 840～860℃（碳氮共渗后直接淬火），淬火温度为 840～860℃，油冷或水冷，硬度≥60HRC。回火温度为 160～180℃，硬度为 58～62HRC。

(3) 20Cr 钢的应用范围

该钢适于制造中小型塑料模具。为了提高模具型腔的耐磨性，模具成形后需要进行渗碳处理或碳氮共渗热处理，然后再进行淬火加低温回火，从而保证模具表面具有高硬度、高耐磨性而心部具有很好的韧性。对于使用寿命要求不高的模具，也可以直接进行调质处理。

---

20 钢简介

该钢属于优质低碳碳素结构钢，又称冷挤压、渗碳淬型塑料模具钢。该钢强度低，韧性、塑性和焊接性均好。主要用于型腔简单，生产批量小的塑料模，采用反印法制造模具，然后渗碳淬火、回火处理，可获得外表高硬度又耐磨，心部韧性好的模具。

5.2.1.2 20CrMnTi 钢

20CrMnTi 可以作为一般的渗碳钢使用，也可以作为调质钢使用。Cr 和 Mn 同时加入钢中，可以有效地提高钢的淬透性，铬锰钢中加入少量钛，可以使钢的晶粒细化，提高钢的强度和韧性。20CrMnTi 钢的渗碳过程虽然激烈，但过渡层均匀，加工和热处理的工艺性能良好，不易过热，渗碳后可直接淬火，零件的变形较小，适于制造几何形状复杂的模具。这种钢经渗碳淬火后产生硬而耐磨的表面及韧性较好的心部，低温冲击韧度也较高。该钢正火后有良好的切削加工性，并且可以得到光洁的表面。为避免出现带状组织，致使切削加工性能与表面粗糙度变差，正火时必须采用冷风。

20CrMnTi 钢在热处理时有回火脆性，因此在高温回火后必须快速冷却。回火温度一般控制在 180～200℃范围内，否则将会使冲击性能变坏。

(1) 20CrMnTi 钢的力学性能

20CrMnTi 钢力学性能与回火温度的关系如图 5-3 所示。

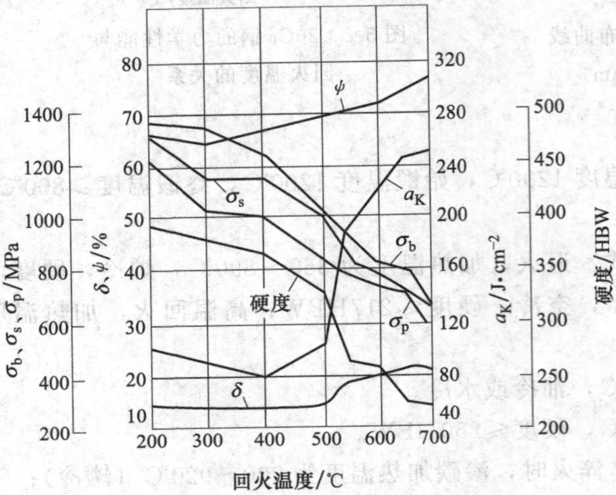

图 5-3 20CrMnTi 钢力学性能与回火温度的关系（880℃淬火时）

(2) 20CrMnTi 钢的工艺性能

① 锻造性能。锻造工艺为始锻温度 1200℃，终锻温度 900℃，锻后堆冷，≥ϕ100mm 锻件缓冷。

② 预备热处理。可采用以下两种方式：退火，加热温度为 860～880℃，炉冷，硬度≤217HBW；正火，加热温度为 920～950℃，风冷，硬度为 156～207HBW。

③ 淬火工艺。淬火温度 860～900℃，油冷。渗碳淬火：渗碳温度 900～920℃（罐冷）。淬火温度为 820～850℃，油冷，硬度>60HRC。

④ 回火工艺。回火温度 500～650℃，油冷，高温回火时有回火脆性宜快冷。渗碳淬火后的回火温度为 180～200℃，空冷，表面硬度 56～62HRC，心部硬度35～40HRC。

(3) 20CrMnTi 钢的应用范围

该钢加工和热处理的工艺性能良好，不易过热，渗碳后可直接淬火，淬火变形较小，适于制造几何形状复杂的塑料模具。

5.2.1.3 12CrNi3A 钢

(1) 12CrNi3A 钢的力学性能

12CrNi3A 钢的力学性能见表 5-4～表 5-6。

表 5-4 12CrNi3A 钢的疲劳极限

热处理	σ_b/MPa	σ_s/MPa	σ_{-1}/MPa	σ_{-1k}/MPa	τ_{-1}/MPa
940℃渗碳，870℃油淬，200℃回火	1130	910	460	—	—
940℃渗碳，820℃油淬，500℃回火	745	622	345	—	235
900℃正火，660℃回火、860℃、780℃两次油淬，180℃回火	1215	840	510	260	—

(2) 12CrNi3A 钢的工艺性能

① 锻造性能。该钢锻造性能良好，锻造加热温度 1200℃，始锻温度 1150℃，终锻温度

850℃，锻后缓冷。为了提高冷成形性，锻后必须软化退火。

表 5-5 12CrNi3 钢伪渗碳＋淬火＋回火后的性能

热处理工艺		σ_b/MPa	σ_s/MPa	δ_5/%	ψ/%	a_K/J·cm^{-2}	硬度/HRC
900℃伪渗碳 6h，缓冷	850℃加热，180℃等温淬火	1193 1173 1155	1092 1100 1602	15.2 14.4 14.0	61.0 64.0 64.0	147 150 155	33～34 33 34.5
	830～850℃重加热，油淬，160℃回火	902 1062 1054	812 960 940	16.8 14.4 14.0	68.9 64.0 61.0	168 151 154	28.5 29.2 29.5
920℃伪渗碳 6h，缓冷	850℃加热，180℃等温淬火	1360 1338 1390	1248 1220 1265	12.8 12.8 13.2	59.0 59.0 59.0	124 125 98	38.8 37.0 38.0
	830～850℃重加热，油淬，160℃回火	1202 1155 1140	1082 1033 1018	14.0 13.6 14.0	64.0 68.5 70.8	>180 >180 >180	34 33 33
940℃伪渗碳 7h，缓冷	830～850℃重加热，油淬，160℃回火	1130	910	15	59	150	35
	890℃、780℃两次油淬，200℃回火	1000	700	18	60	180	31

表 5-6 12CrNi3A 钢的高温性能

预备热处理	温度	σ_b/MPa	$\sigma_{0.2}$/MPa	δ_5/%	ψ/%	a_K/J·cm^{-2}
880～900℃正火，650℃ 3h 回火	20	560～590	400～450	26	73	240
	200	525	380	22	72	230
	300	550	380	20	68	250
	400	475	345	20.5	75.5	210
	500	355	310	20.5	83.5	150
	600	205	180	26	86	265
890～900℃油淬，500℃ 3h 回火	20	815	755	17	68.5	160
	200	810	740	14	61	200
	300	820	740	16	65	150
	400	640	600	17	75	120
	500	500	460	18	75	120

② 预备热处理。可采用以下三种方式：不完全退火，加热温度为 670～680℃，炉冷，退火后硬度≤229HBW；正火，加热温度为 880～940℃，空冷；高温回火，加热温度为 670～680℃，空冷，硬度≤229HBW。

③ 淬火工艺。淬火温度为860℃，油冷；或气体渗碳：温度为 900～920℃，保温6～7h。

④ 回火工艺。回火温度为 200～600℃。

(3) 12CrNi3A 钢的应用范围

该钢属于合金渗碳钢，比 12CrNi2A 钢有更高的淬透性，因此，可以用于制造比 12CrNi2A 钢截面稍大的零件。该钢淬火低温回火或高温回火后都有良好的综合力学性能，钢的低温韧性好，缺口敏感性小，切削加工性能良好。另外，该钢退火后硬度低、塑性好，因此，可以采用切削加工方法制造模具，也可以采用冷挤压成形方法制造模具。为提高模具型腔的耐磨性，模具成形后需要进行渗碳处理，然后再进行淬火和低温回火，从而保证模具表面具有高硬度、高耐磨性而心部具有很好的韧性，适宜制造大、中型塑料模具。但该钢有回火脆性倾向和形成白点的倾向，在冶金生产和热处理过程中必须注意。

5.2.1.4 0Cr4NiMoV 钢

0Cr4NiMoV 钢简称 LJ 钢属渗碳型塑料模具钢，其退火硬度为 100～110HB，具有优异的冷挤压成形性能；经渗碳、淬火和低温回火后，表面可得到回火马氏体及少量残余奥氏体的基体组织并均匀分布粒状碳化物，而心部是粒状贝氏体组织，表面硬度为 58～62HRC，心部硬度为 28HRC（ϕ50mm），从而保证模具表面具有高硬度、高耐磨性，而心部具有高的韧性的良好配合。

（1）0Cr4NiMoV 钢的力学性能

0Cr4NiMoV 钢渗碳、淬火、回火后的力学性能见表 5-7 和表 5-8。

表 5-7 淬火温度对渗碳后 LJ 钢力学性能的影响

淬火温度/℃	800	830	850	870	880	890	920
表面硬度/HRC	59.8	60.3	61.4	60.3	—	59.9	59.8
抗弯强度/MPa	1020	1100	1140	1110	—	1090	1070
心部强度/MPa	—	—	1001	—	1015	—	—

表 5-8 LJ 钢渗碳淬、回火后渗碳层的硬度分布 HV

离表面的距离/mm	淬火温度/℃			离表面的距离/mm	淬火温度/℃		
	800	850	920		800	850	920
0.05	794.9	817.5	794.9	1.00	444.1	574.4	—
0.10	759.4	809.9	759.4	1.2	406.6	501.3	459.8
0.20	739.2	802.3	739.2	1.4	374.8	444.1	406.6
0.40	697.0	759.4	707.2	1.6	324.6	401.4	352.1
0.60	638.6	695.0	638.6	1.8	294.3	449.0	332.5
0.80	544.4	654.8	—	2.0	276.9	330.5	332.5

（2）0Cr4NiMoV 钢的工艺性能

① 锻造性能。0Cr4NiMoV 钢的锻造工艺规范见表 5-9。

表 5-9 LJ 钢的锻造工艺规范

项目	装炉温度/℃	加热温度/℃	始锻温度/℃	终锻温度/℃	冷却方式
钢锭	≤800	1160～1200	1100	≥900	空冷
钢坯	≤800	1100～1150	1080	≥800	空冷

② 预备热处理。采用退火，其工艺为加热温度 880℃，以 40～80℃/h 炉冷至 600～650℃后出炉空冷，退火后硬度 85～105HBW。

③ 淬火工艺。渗碳淬火温度为 850～870℃，油冷，硬度≥60HRC。

④ 回火工艺。渗碳回火温度为 160～180℃，空冷，硬度 58～62HRC。

（3）0Cr4NiMoV 钢的应用范围

该钢适宜于用冷挤压成形方法生产高精度、高镜面、型腔复杂的塑料模具。

5.2.2 调质型塑料模具钢

中碳或中碳合金钢经过淬火+高温回火而使用的钢材，又称为调质型塑料模具钢。常用的有：SM 45、SM 50、SM 55、40Cr、40Mn、4Cr5MoSiV、38CrMoAlA 等。这一类钢具有综合力学性能好，特别是切削加工性好的特点，故多应用于要求不太高、生产批量不大的塑料模具。几种常用钢的化学成分见表 5-10。

表 5-10 常用调质型塑料模具钢的化学成分

钢号	化学成分(质量分数,%)						
	C	Si	Mn	Cr	Mo	Al	P、S
SM45	0.42～0.48	0.17～0.37	0.50～0.80	—	—	—	≤0.030
SM50	0.47～0.53	0.17～0.37	0.50～0.80	—	—	—	≤0.030
SM55	0.52～0.58	0.17～0.37	0.50～0.80	—	—	—	≤0.030
40Cr	0.37～0.45	0.17～0.37	0.50～0.80	0.80～1.10	—	—	0.06～0.15
38CrMoAl	0.35～0.42	0.20～0.45	0.30～0.60	1.35～1.65	0.15～0.25	0.70～1.10	≤0.035

5.2.2.1 SM45

（1）SM45 钢的力学性能

SM45 钢力学性能见表 5-11 及图 5-4 所示。

（2）SM45 钢的工艺性能

① 锻造性能。SM45 钢的锻造工艺见表 5-12。

表 5-11 SM45 钢不同回火温度的力学性能

回火温度/℃	硬度/HBW	σ_b/MPa	$\sigma_{0.2}$/MPa	ψ/%	δ/%	a_K/J·cm^{-2}
200	500	1520	1450	19	5	30
250	480	1600	1480	33	7	35
300	420	1405	1305	38	9	45
400	340	1105	1010	62	15	126
500	262	870	780	64	21	150
600	205	720	620	68	27	185
650	199	680	580	70	30	200

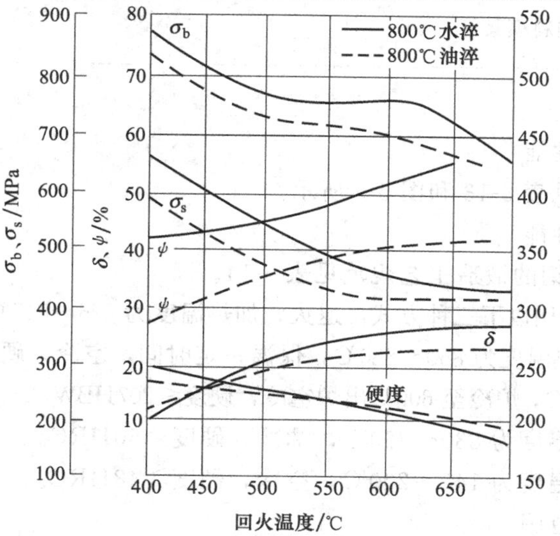

图 5-4 SM45 钢力学性能和回火温度的关系

表 5-12 SM45 钢的锻造工艺

项目	入炉温度/℃	加热温度/℃	始锻温度/℃	终锻温度/℃	冷却方式
钢锭	≤850	1150～1220	1100～1160	≥850	坑冷或堆冷
钢坯	—	1130～1200	1070～1150	≥850	坑冷或堆冷

② 预备热处理。可采用以下三种方式：锻后退火，退火温度为 820～830℃，保温一定时间随炉冷却；高温回火，加热温度为 680～720℃，保温一定时间出炉空冷；正火，加热温度为 830～880℃，保温一定时间后空冷。

③ 淬火工艺。淬火温度 820～860℃，水冷或油冷，硬度≥50HRC。

④ 回火工艺。回火温度 500～560℃，空冷，硬度 25～33HRC。

（3）SM45 钢的应用范围

SM45 属优质碳素塑料模具钢，与普通优质 45 碳素结构钢相比，其钢中的硫、磷含量低，钢材的纯净度好。由于该钢淬透性差，制造较大尺寸塑料模具，一般用热轧，热锻或正火状态，模具的硬度低，耐磨性较差。制造小型塑料模具，用调质处理可获得较高的硬度和较好的强韧性。钢中碳含量较高，水淬容易出现裂纹，一般采用油淬。该钢优点是价格便宜，切削加工性能好，淬火后具有较高的硬度，调质处理后具有良好的强韧性和一定的耐磨性，被广泛用于制造中、小型的中、低档次的塑料模具。

SM50 钢、SM55 钢简介

SM50 钢：SM50 钢属碳素塑料模具钢，其化学成分与高强中碳优质结构钢-50 相近，但钢的洁净度更高，含碳量的波动范围更窄，力学性能更稳定。该钢经正火或调质处理后具有一定的硬度、强度和耐磨性，且价格便宜，切削加工性能好，适宜制造形状简单的小型塑料模具或精度要求不高、使用寿命不需要很长的塑料模具等；但该钢焊接性能、冷变形性能差。

SM55 钢：SM55 钢属碳素塑料模具钢，其化学成分与高强中碳优质结构钢-55 钢相近，但钢的洁净度更高，碳含量的波动范围更窄，力学性能更稳定。该钢经热处理后具有较高的表面硬度、强度、耐磨性和一定的韧性，一般在正火或调质处理后使用。该钢价格便宜、切削加工性能中等，当硬度为 179～229HBS 时，相对加工性能为 50%；但焊接性和冷变形性均低。适宜制造形状简单的小型塑料模具或精度要求不高、使用寿命不需要很长的塑料模具等。

5.2.2.2 40Cr

（1）40Cr 钢的力学性能

40Cr 钢的力学性能见表 5-13 和图 5-5 所示。

（2）40Cr 钢的工艺性能

① 锻造性能。40Cr 钢的锻造工艺规范见表 5-14。

② 预备热处理。可采用以下三种方式：退火，加热温度为 825～845℃，保温 2h，炉冷，硬度≤207HBW；正火，加热温度为 850～880℃，保温一定时间，空冷，硬度≤250HBW；高温回火，加热温度为 680～700℃，炉冷至 600℃出炉空冷，硬度≤207HBW。

③ 淬火工艺。淬火温度为 830～860℃，油冷，硬度≥50HRC。

④ 回火工艺。回火温度为 140～200℃，空冷，硬度≥48HRC。

（3）40Cr 钢的应用范围

40Cr 钢是机械制造业使用最广泛的钢种之一。调质处理后具有良好的综合力学性能，良好的低温冲击韧度和低的缺口敏感性。钢的淬透性良好，水淬时可淬透到 ϕ28～60mm，油淬时可淬透到 ϕ14～15mm。这种钢除调质处理外还适于渗碳和高频淬火处理。该钢切削性能较好，适于制作中型小批量生产的塑料模具。

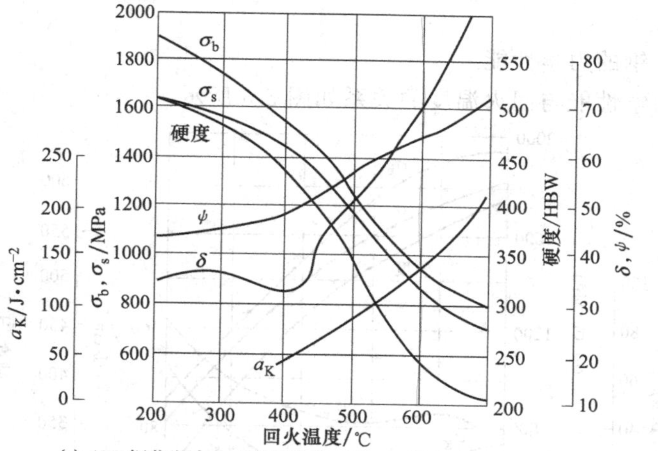

(a) 40Cr钢化学成分（质量分数，%）：C0.4, Mn0.66, Cr0.97
（850度油淬，热处理毛坯尺寸：ϕ12mm）

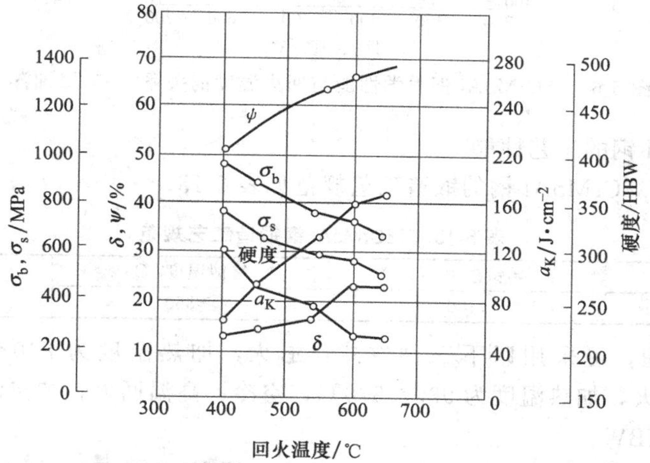

(b) 40Cr钢化学成分（质量分数，%）：C0.39, Cr1.01
（850度油淬，回火后空冷，热处理毛坯尺寸：ϕ25mm）

图 5-5 40Cr 钢力学性能和回火温度的关系

表 5-13 40Cr 钢不同回火温度的性能

回火温度/℃	硬度/HRC	σ_b/MPa	σ_s/MPa	ψ/%	δ/%	a_K/J·cm^{-2}
350	45	1400	1190	44.5	9.5	41
400	43	1220	890	53	12	50
450	38	1120	820	55	13	60
500	34	1050	800	57	16.5	75
550	30	950	750	60	18	90
600	25	880	710	62	21	120
650	20	810	650	64	22.5	155

注：840℃油淬。

表 5-14 40Cr 钢锻造工艺规范

加热温度/℃	始锻温度/℃	终锻温度/℃	冷却方式
1150～1200	1100～1150	>800	>60mm 缓冷

5.2.2.3 38CrMoAl

(1) 38CrMoAl 钢的力学性能

38CrMoAl 钢力学性能与回火温度的关系如图 5-6 所示。

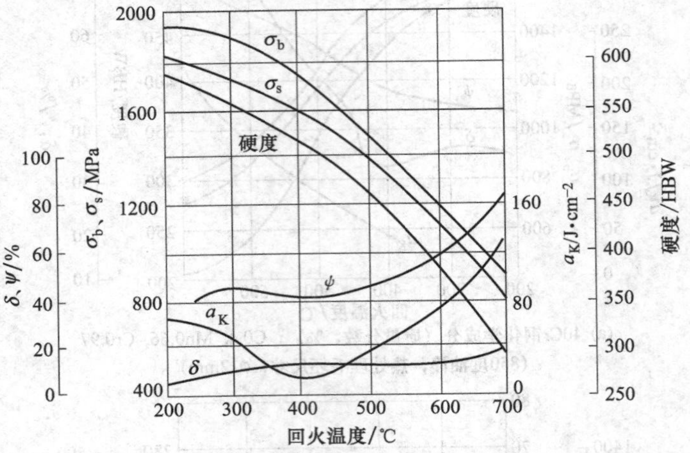

图 5-6 38CrMoAl 钢力学性能与回火温度的关系（950℃油淬）

(2) 38CrMoAl 钢的工艺性能

① 锻造性能。38CrMoAl 钢的锻造工艺规范见表 5-15。

表 5-15 38CrMoAl 钢锻造工艺规范

加热温度/℃	始锻温度/℃	终锻温度/℃	冷却
1200	1180	≥850	>ϕ75mm 缓冷

② 预备热处理。可采用以下三种方式：退火，加热温度为 840～870℃，炉冷，硬度≤229HBW；正火，加热温度为 930～970℃，空冷；高温回火，加热温度为 700～720℃，空冷，硬度≤229HBW。

③ 淬火工艺。加热温度为 930～950℃，油冷，硬度≥55HRC。

④ 回火工艺。回火温度为 600～680℃，硬度为 241～321HBW。回火温度与硬度的关系见表 5-16。

表 5-16 38CrMoAl 钢回火温度与硬度关系

回火温度/℃	淬火后	200	300	400	500	550	600	650
硬度/HRC	56	55	51	45	40	35	31	30

注：940℃油冷。

(3) 38CrMoAl 钢的应用范围

38CrMoAl 适宜制作要求高的耐磨性、抗疲劳强度以及处理后尺寸精确的渗氮零件，一般在调质及渗氮后使用。适用于制造聚氯乙烯、聚碳酸酯等有腐蚀性气体及耐磨性要求的中型注射模。

5.2.3 淬硬型塑料模具钢

通过淬火、回火获得较高硬度的钢，称为淬硬型塑料模具钢。常用的淬硬型塑料模具钢有 T8A、T10A、CrWMn、9CrWMn、9Mn2V、GD、5CrNiMo、5CrMnMo、4Cr5MoSiV、5Cr4Mo3SiMnVAl（012Al）等。对于强调强度、硬度的塑料模具，可用冷作模具用钢和部分热作模具用钢作为塑料模具的材料。

淬硬型塑料模具钢一般采用淬火＋低温回火（少数也可采用中、高温回火），热处理后的硬度通常在 45～50HRC 以上。其应用范围如下。

碳素工具钢：用于形状简单、尺寸不大、受力较小及变形要求不高的塑料模具。

低合金冷作模具钢：用于形状复杂、尺寸大、受力较大和精度较高的塑料模具。

高合金冷作模具钢：用于要求高强度、高耐磨性等的塑料模具。

高速钢 6W6Mo5Cr4V 钢：适于制造要求强度高和耐磨性好的塑料模具。

热作模具钢：用于要求有较高的强韧性、一定的耐磨性的塑料模具。

其材料的力学性能和工艺性能见 3.2 节和 4.2 节。

5.2.4 预硬型塑料模具钢

预硬型塑料模具钢是由冶金厂在供货时就对模具钢材或模块预先进行调质处理，得到模具所要求的硬度和使用性能，待模具加工成型后，不需要再进行最终热处理就可以直接使用，从而从源头避免由于热处理而引起的模具变形和裂纹问题。预硬型钢的使用硬度一般在 30～55HRC 范围内，尤其是在高硬度区间（40～50HRC），可切削性能较差，为了减少机械加工的工时，延长刀具寿命、降低模具成本，国内外都发展了一些易切削模具钢，即通过加入 S、Pb、Se、Ca 等合金元素，以改善钢的切削加工性能。

预硬型钢通常是采用淬火加高温回火（＞450℃）。预硬型钢最适宜制作形状复杂的大、中型精密塑料模具。常见的预硬型塑料模具钢的化学成分见表 5-17。

表 5-17 常见的预硬型塑料模具钢的化学成分

钢号	化学成分(质量分数,%)						
	C	Si	Mn	Cr	Ni	Mo	P、S
3Cr2Mo	0.28～0.40	0.20～0.80	0.60～1.00	1.40～2.00	—	0.30～0.55	≤0.030
3Cr2NiMo	0.32～0.40	0.20～0.40	0.60～0.80	1.70～2.00	0.85～1.15	0.25～0.40	
3Cr2MnNiMo	0.32～0.38	0.20～0.80	1.00～1.50	1.70～2.00	0.85～1.15	0.25～0.40	
3CrMnSiNi2A	0.26～0.33	0.90～1.20	1.00～1.30	0.90～1.20	1.40～1.80	—	
Y55CrNiMnMoV	0.50～0.60	＜0.40	0.80～1.20	0.80～1.20	1.00～1.50	0.40	
4CrNiMnMoVS	0.40～0.50	—	0.80～1.20	0.80～1.20	0.80～1.20	0.30～0.60	
5CrNiMnMoVS	0.50～0.60	—	0.80～1.20	0.80～1.20	0.80～1.20	0.30～0.60	S0.06～0.15
8Cr2MnWMoVS	0.75～0.85	≤0.40	1.30～1.70	2.30～2.60	—	0.50～0.80	S0.06～0.15

5.2.4.1 3Cr2Mo 钢

3Cr2Mo 钢简称 P20，是引进的美国塑料模具钢常用钢号，也是 GB 1299—85《合金工具钢技术条件》中正式纳标的唯一一种塑料模具钢。该钢综合力学性能好，淬透性高，可以使较大截面钢材获得较均匀的硬度，并具有良好的镜面加工性能，模具表面粗糙度好。用该钢制造模具时，一般先进行调质处理，硬度为 28～35HRC（即预硬化），再经冷加工制造成模具后，可直接使用。这样，既保证模具的使用性能，又避免热处理引起模具的变形。因此，该钢种适宜制造大中型的、精密的长寿命塑料模具和低熔点合金（如锡、锌、铅）压铸模具等。

（1）3Cr2Mo 钢的力学性能

3Cr2Mo 钢的力学性能见表 5-18 和图 5-7～图 5-9。

表 5-18 回火温度对 3Cr2Mo 钢性能的影响

回火温度/℃	硬度/HRC	σ_b/MPa	$\sigma_{0.2}$/MPa	δ_5/%	ψ/%	a_K/J·cm^{-2}
450	42	—	—	—	—	50
500	41	1350	1200	11	52	60
550	38	1250	1140	14	58	80
600	33	1010	920	17	65	115
650	26	900	720	20	67	150
700	21	790	600	23	69	180

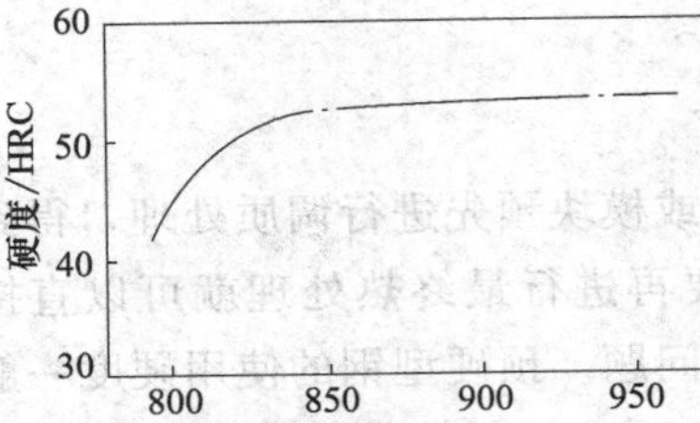

图 5-7 淬火温度对 3Cr2Mo 钢硬度的影响

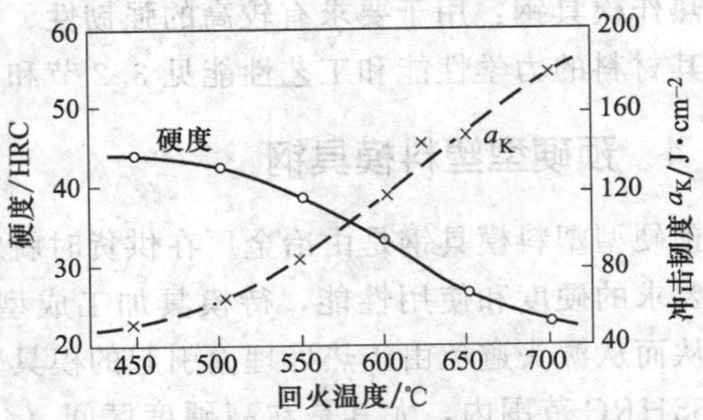

图 5-8 回火温度对 3Cr2Mo 钢硬度和冲击韧度的影响

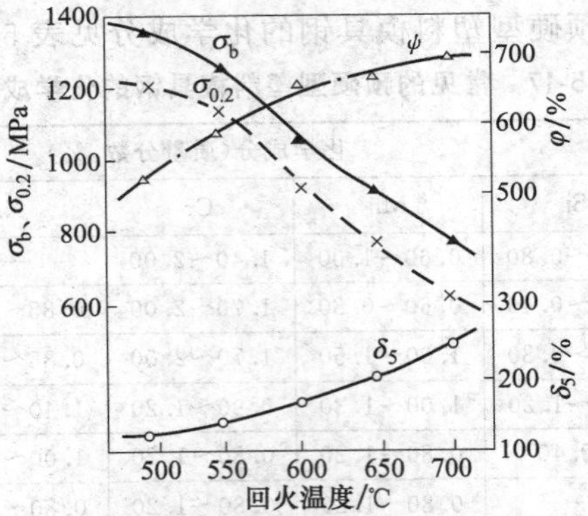

图 5-9 淬火温度对 3Cr2Mo 钢力学性能的影响

（2）3Cr2Mo 钢的工艺性能

① 锻造性能。3Cr2Mo 钢的锻造工艺规范见表 5-19。

表 5-19 3Cr2Mo 钢锻造工艺规范

项目	加热温度/℃	始锻温度/℃	终锻温度/℃	冷却
钢锭	1180～1200	1130～1150	≥850	坑冷
钢坯	1120～1160	1070～1100	≥850	砂冷或缓冷

② 预备热处理。可以采用以下两种方法：等温退火，加热温度为 840～860℃，保温 2h；等温温度 710～730℃，保温 4h，炉冷至 500℃以下出炉空冷，硬度≤229HBW。

高温回火：加热温度为 720～740℃，保温 2h，炉冷至 500℃以下出炉空冷。

③ 淬火工艺。淬火温度 850 ～880℃，油冷，硬度为 50～52HRC。

④ 回火工艺。回火温度 580 ～640℃，空冷，硬度为 28～36HRC。

⑤ 化学热处理。P20 钢具有较好的淬透性及一定的韧性，可以进行渗碳，渗碳淬火后表面硬度可达 65HRC，具有较高的热硬度及耐磨性。

（3）3Cr2Mo 钢的应用范围

该钢综合性能好，淬透性高，可以使较大截面的钢材获得较均匀的硬度。适宜制造电视机、大型收录机的外壳及洗衣机面板盖等大、中型的和精密的塑料模具和低熔点合金压铸模等。其切削加工性能及抛光性能均显著优于 45 钢，在相同抛光条件下，表面粗糙度比 45 钢低 1～3 级。如制造的“飞跃”牌 14 寸黑白电视机外壳塑料模具，已成型 24 万模次，模具仍完好无损。还制造过 18 寸彩色电视机外壳塑料模具，大型收录机模具，电唱机盘罩模具，以及洗衣机面板盖模具等。

3Cr2NiMo 简介

3Cr2NiMo 钢简称 P4410，是 3Cr2Mo 钢的改进型，是在 3Cr2Mo 钢中添加了质量分数为 0.8%～1.2% 的镍，其综合力学性能好，淬透性高，可以使大截面钢材在调质处理后具有较均匀的硬度分布，有很好的抛光性能和低的粗糙度。用该钢制造模具时，一般先进行调质处理，硬度为 28～35HRC（即预硬化），之后加工成模具可直接使用，这样既保证大型或特大型模具的使用性能，又避免热处理引起模具的变形。该钢适宜制造特大型、大型塑料模具和精密塑料模具；也可用于制造低熔点合金（如锡、锌、铝合金）压铸模等。该钢也可采用渗氮、渗硼等化学热处理，处理后可获得更高表面硬度，适于制作高精密的塑料模具。

5.2.4.2 3Cr2MnNiMo 钢

3Cr2MnNiMo 钢简称 718 钢，是国际上广泛应用的塑料模具钢，综合力学性能好，淬透性高，可以使大截面钢材在调质处理后具有较均匀的硬度分布，有很好的镜面加工性能和低的粗糙度。用该钢制造模具时，一般先进行调质处理，硬度为 28～35HRC（即预硬化），之后加工成模具可直接使用。这样，既保证大型或特大型模具的使用性能，又避免热处理引起模具的变形。该钢种适宜制造特大型、大型塑料模具，精密的、长寿命塑料模具，也可以制造低熔点合金（如锡、锌、铅）压铸模具等。

（1）3Cr2MnNiMo 钢的力学性能

3Cr2MnNiMo 钢的力学性能见表 5-20 所示。

表 5-20 3Cr2MnNiMo 钢力学性能

试验温度/℃	σ_b/MPa	σ_s/MPa	δ_5/%	ψ/%	a_K/J·cm^{-2}	硬度/HRC
室温	1120	1020	16	61	96	35
200	1006	882	13.6	56	—	—
400	882	811	14.0	67	—	—

注：860℃油淬，650℃回火。

① 淬火温度的影响。淬火温度对 3Cr2MnNiMo 钢硬度的影响如图 5-10 所示。

② 回火温度的影响。3Cr2MnNiMo 钢与回火温度有关的曲线如图 5-11 和图 5-12 所示。

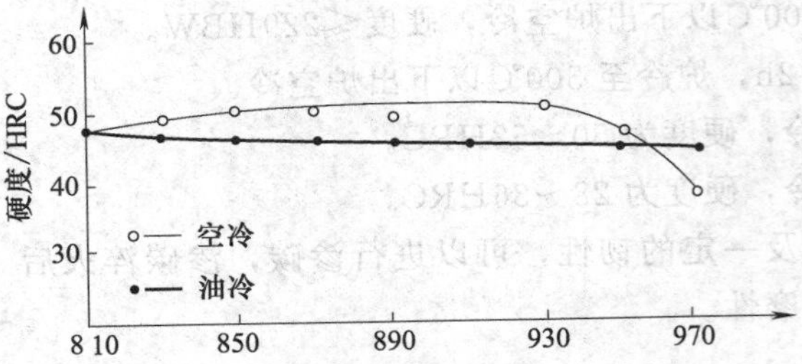

图 5-10 淬火温度对 3Cr2MnNiMo 钢硬度的影响

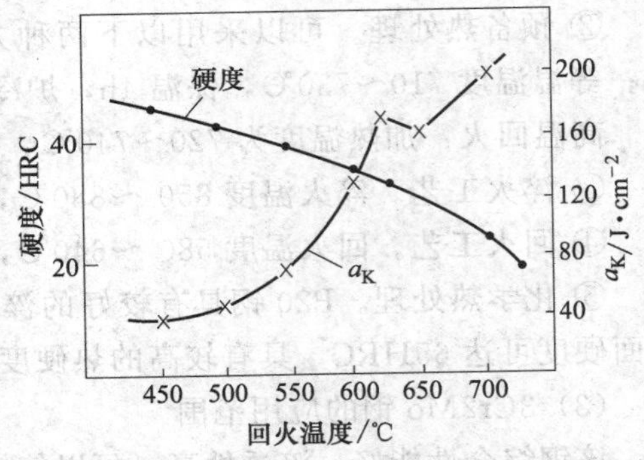

图 5-11 回火温度对 3Cr2MnNiMo 钢的硬度和冲击韧性的影响

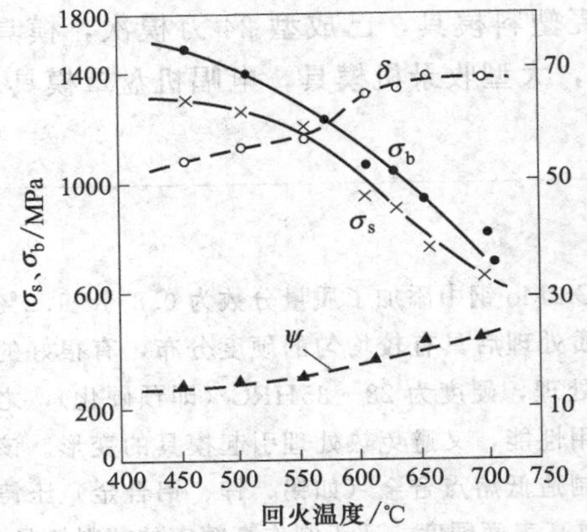

图 5-12 回火温度对 3Cr2MnNiMo 钢的强度和塑性的影响

(2) 3Cr2MnNiMo 钢的工艺性能

① 锻造性能。3Cr2MnNiMo 钢的锻造工艺规范见表 5-21。

表 5-21 3Cr2MnNiMo 钢锻造工艺规范

加热温度/℃	始锻温度/℃	终锻温度/℃	冷却
1140～1180	1050～1140	≥850	缓冷

② 预备热处理。可采用以下两种方法：等温退火，加热温度为 840～860℃，保温 2h；等温温度 690～710℃，保温 4h，炉冷至 500℃以下出炉空冷。

高温回火：加热温度为 690～710℃，保温 4h，炉冷至 500℃以下出炉空冷。

③ 淬火工艺。淬火温度 840～870℃，油冷或空冷，硬度≥50HRC。

④ 回火工艺。回火温度 550～650℃，空冷，硬度为 30～38HRC。不同温度下进行回火的硬度值见表 5-22。

表 5-22 回火温度对 3Cr2MnNiMo 钢性能的影响

回火温度/℃	硬度/HRC	σ_b/MPa	σ_s/MPa	δ_5/%	ϕ/%	a_K/J·cm^{-2}
450	45	1600	1300	12	52	40
500	42	1400	1250	13	53	50
550	38	1300	1150	14	60	70
600	36	1200	900	15	65	120
650	32	900	750	16	67	160
700	26	700	650	17	67	190

(3) 3Cr2MnNiMo 钢的应用范围

3Cr2MnNiMo 钢是镜面塑料模具钢，瑞典 ASSAB 厂家钢号，在我国广泛使用，相当于市场上俗称的 P20＋Ni（即 3Cr2NiMo），可预硬化交货。该钢具有高淬透性，良好的抛光性能、电火花加工性能和皮纹加工性能。适于制作大型镜面塑料模具、汽车配件模具、家用电器模具、电子音响产品模具。

5.2.4.3 Y55CrNiMnMoV 钢

Y55CrNiMnMoV 钢简称 SM1 钢，属易切削调质型预硬化塑料模具钢，预硬态交货，预硬硬度为35～40HRC。易切削效果明显、性能稳定、综合性能明显优于45钢，还具有耐蚀性较好和可渗氮等优点。

（1）SM1钢的力学性能

SM1的力学性能指标为：$\sigma_b=1176\text{MPa}$，$\sigma_{0.2}=980\text{MPa}$，$\delta_5=15\%$，$a_K=44\text{J/cm}^2$，硬度=38HRC。

（2）SM1钢的工艺性能

① 锻造性能。锻造性能良好，锻造无特殊要求。

② 软化退火处理工艺。800℃加热、保温3h，680℃等温加热5h，硬度≤235HBS。

③ 淬火、回火工艺。800～860℃加热油淬，600～650℃回火。

（3）SM1钢的应用范围

预硬型易切削塑料模具钢，上海钢铁研究所等单位研制。出厂硬度38～42HRC。该钢具有低粗糙度（表面粗糙度可达到 $Ra0.1\mu m$ 以上）、高淬透性，用于大型镜面塑料模具及模架、精密塑料橡胶模等。

5.2.4.4 5CrNiMnMoVS钢

5CrNiMnMoVS钢简称5NiSCa钢，属易切削高韧性塑料模具钢，在预硬态（35～45HRC）韧性和切削加工性良好；镜面抛光性能好，表面粗糙度低，可达 $Ra0.2\sim0.1\mu m$，使用过程中表面粗糙度保持能力强；花纹蚀刻性能好，清晰，逼真；淬透性好，可作型腔复杂、质量要求高的塑料模。该钢在高硬度下（50HRC以上），热处理变形小，韧性好，并具有较好的阻止裂纹扩展的能力。

（1）5NiSCa钢的力学性能

5NiSCa钢经880℃和900℃淬火后的力学性能见表5-23。

表5-23 5NiSCa钢不同温度淬火及回火后的力学性能

淬火/℃	回火/℃	$\sigma_{0.2}$/MPa	σ_b/MPa	σ_{bc}/MPa	δ/%	ψ/%	a_K/(J·cm^{-2})	硬度/HRC
880	575	1240.7	1274.0	1271.1	8.8	42.1	46.1	45.5
	625	1240.7	1274.0	1271.1	8.8	42.1	46.1	39
	650	1008.4	1045.7	1011.4	9.0	45.3	56.8	36
900	575	1364.2	1430.8	1442.6	7.9	39.6	42.1	47
	625	1252.4	1291.6	1355.3	8.3	41.7	49	41.5
	650	1061.3	1084.9	1110.3	10.5	47	66.6	37

（2）5NiSCa钢的工艺性能

① 锻造性能。加热温度1100℃，始锻温度1070～1100℃，终锻温度850℃，锻后砂冷。

② 球化退火工艺。加热温度770℃，保温3h，等温温度660℃，保温7h，炉冷到550℃出炉空冷。退火硬度≤241HBS，加工性能良好。

③ 淬火工艺。淬火温度为880～900℃，小件取下限，大件取上限，油冷或260℃硝盐分级淬火。

④ 回火工艺。回火温度为600～650℃，空冷，回火后硬度为35～45HRC。

（3）5NiSCa钢的应用范围

5NiSCa钢是预硬化型易切削塑料模具钢。该钢经调质处理后，硬度在35～45HRC范围内，具有良好的切削加工性能。因此，可用预硬化钢材直接加工成模具，既保证模具的使用性能，又避免模具由于最终热处理引起的热处理变形。该钢淬透性高、强韧性好，镜面抛光性能好，有良好的渗氮性能和渗硼性能，调质钢材经渗氮处理后基体硬度变化不大。该钢适宜制造中、大型热塑性塑料注射模、胶木模和橡胶模等。

5.2.4.5 8Cr2MnWMoVS

8Cr2MnWMoVS 钢简称 8Cr2S 钢，是镜面塑料模具钢，又称为易切削预硬型钢。该钢热处理工艺简便，淬火时可空冷，调质处理后硬度 40～48HRC，抗拉强度可达 3000MPa。用于大型塑料注射模，可以减小模具体积，详见 3.2.6。

5.2.5 时效型塑料模具钢

对于复杂、精密、透明等高档次的塑料模具，要保证高的使用寿命，模具材料必须具有高的综合力学性能，为此，在模具制造成型之后，应该采用最终热处理。但是，常规的最终热处理操作（淬火＋回火），往往会导致模具的热处理变形，使模具的精度很难达到要求。而时效硬化型塑料模具钢经固溶处理后变软（一般为 28～35HRC），可以进行切削加工，待模具制造成型之后再进行时效处理，可获得很高的综合力学性能，且时效处理的变形很小。这类钢具有很好的焊接性能，又可以进行表面氮化处理等，适宜制造复杂、精密、高寿命的塑料模具和透明塑料制品模具等。常用时效型塑料模具钢的牌号及化学成分见表 5-24。

表 5-24 常用时效型塑料模具钢的牌号及化学成分

钢号	化学成分(质量分数,%)							
	C	Si	Mn	Cr	Ni	Mo	Ti	P、S
06Ni6CrMoVTiAl	≤0.06	≤0.05	≤0.05	1.30～1.60	5.50～6.50	0.90～1.20	0.90～1.30	≤0.030
10Ni3Mn2CuAlMo	0.06～0.20	≤0.35	1.40～1.70	—	2.80～3.40	0.20～0.50	—	≤0.030
Y20CrNi3AlMnMo	0.17～0.23	<0.40	—	0.80～1.20	3.00～3.50	0.20～0.50	—	<0.030
25CrNi3MoAl	0.20～0.30	≤0.50	0.50～0.80	1.20～1.80	2.80～3.40	0.20～0.40	—	≤0.030
0Cr16Ni4Cu3Nb	≤0.07	≤1.0	≤1.0	15.0～17.0	3.0～4.0	—	—	≤0.030
1Cr14Co13Mo5V	0.15	0.15	0.20	14.50	0.20	5.00	—	≤0.030

5.2.5.1 18Ni 系列

这类钢属于低碳马氏体时效钢，其化学成分和力学性能见表 5-25。

表 5-25 18Ni 系列成分及力学性能

级别	化学成分(质量分数,%)					热处理工艺	σ_s /MPa	σ_b /MPa	δ /%	ψ /%	硬度/HRC
	Ni	Co	Mo	Ti	Al						
140 级	17.5～18.5	8～9	3～3.5	0.15～0.25	0.05～0.15	815℃±10℃，固溶处理 1h，480℃±10℃时效 3h，空冷	1350～1450	1400～1550	14～16	65～70	46～48
170 级	17～19	7～8.5	4.6～5.2	0.3～0.5	0.05～0.15		1700～1900	1750～1950	10～12	48～58	50～52
210 级	18～19	8～9.5	4.6～5.2	0.55～0.80	0.05～0.15		2050～2100	2100～2150	12	60	53～55

马氏体时效钢碳质量分数极低（约 0.03%），目的是改善钢的韧性。因这类钢的屈服强度有 1400MPa，1700MPa，2100MPa 三个级别，可分别简写为 18Ni140 级、18Ni170 级和 18Ni210 级，也分别对应国外的 18Ni250 级、18Ni300 级和 18Ni350 级。

18Ni 马氏体时效钢中起时效硬化作用的合金元素是钛、铝、钴、钼。18Ni 中加入大量的镍，主要作用是保证固溶体淬火后能获得单一的马氏体，其次 Ni 与 Mo 作用形成时效强化相 Ni3Mo，镍的质量分数在 10%以上，还能提高马氏体时效钢的断裂韧度。

18Ni 类钢主要用在精密锻模及制造高精度、超镜面、型腔复杂、大截面、大批量生产的塑料模具。但因 Ni、Co 等贵重金属元素含量高，价格昂贵，尚难以广泛应用。

5.2.5.2 06Ni6CrMoVTiAl 钢

06Ni6CrMoVTiAl 钢简称 06Ni 钢，属低镍马氏体时效钢。该钢种的优点是热处理变形小，抛光性能好，固溶硬度低，切削加工性能好，粗糙度低；时效硬化处理后的硬度为43～48HRC，具有良好的综合力学性能以及渗氮、焊接性能。因为合金含量低，其价格比 18Ni 型马氏体时效钢低得多。

(1) 06Ni 钢的力学性能

测得的不同温度下 06Ni 钢的力学性能见表 5-26。

表 5-26 06Ni 钢室温和高温力学性能

试验温度/℃	σ_b/MPa	$\sigma_{0.2}$/MPa	δ/%	ψ/%	a_K/J·cm^{-2}
室温	1478	1422	9.3	37.2	3.4
100	—	—	—	—	15.3
200	1292	1262	11.2	54.2	36.8
300	1238	1197	10.5	53.3	41.7
400	1153	1128	13.7	56.5	51.9

由表 5-26 可见，随着试验温度的增加，虽然钢的强度有所下降，但塑性和韧性都迅速增加。在使用温度状态下，钢的韧性有较大增加。

(2) 06Ni 钢的工艺性能

① 锻造性能。加热温度 1100～1150℃，终锻温度≥850℃，锻后空冷。

② 软化退火工艺。可采用 680℃高温回火处理达到软化目的。

③ 固溶处理工艺。固溶是时效硬化钢必要的工序，通过固溶既可达到软化目的，又可以保证钢材在最终时效时具有硬化效应。固溶处理可以利用锻轧后快速冷却实现，也可以把钢材加热到固溶温度之后油冷或空冷实现。固溶处理后，采用的冷却方式不同，对固溶及时效硬度影响很大。如 820℃固溶后，空冷硬度为 26～28HRC，油冷硬度为 24～25HRC，水冷硬度为 22～23HRC。固溶后冷速越快，硬度越低，但时效后硬度值却更高。06Ni 钢的时效硬度比 18Ni 类高合金马氏体时效钢固溶硬度（28～32HRC）低，故而切削加工性能优于高合金马氏体时效钢。推荐的固溶处理工艺：固溶温度 800～880℃，保温 1～2h，油冷。固溶温度对钢的硬度影响如图 5-13 所示。

④ 时效处理工艺。推荐的时效工艺为时效温度 500～540℃，时效时间 4～8h，硬度为 42～45HRC。时效温度、时效时间对钢的硬度影响如图 5-14 和图 5-15 所示，时效温度对钢的拉力性能的影响如图 5-16 所示。

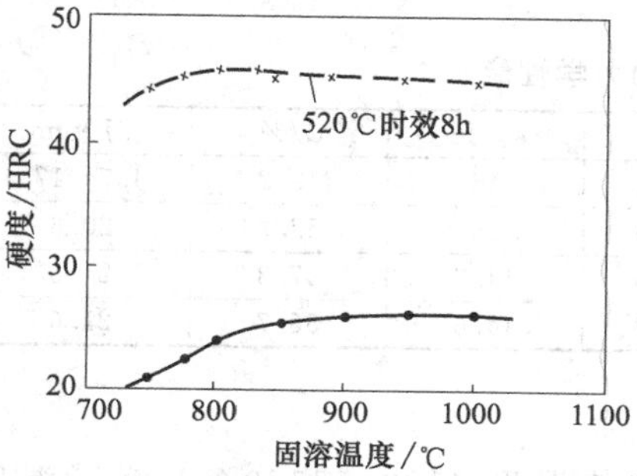

图 5-13 固溶温度对钢的硬度影响（固溶时间 1h）

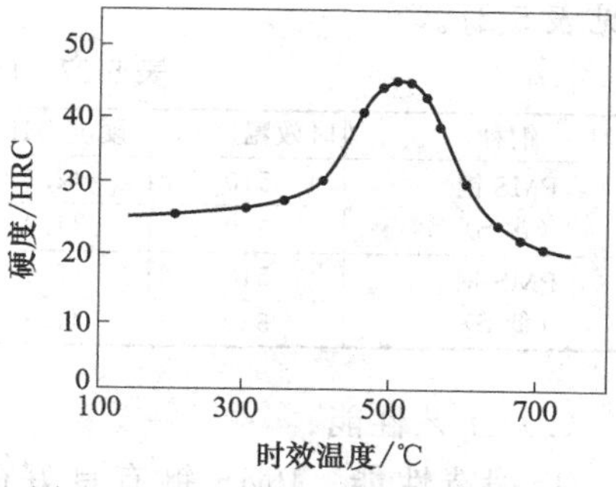

图 5-14 时效温度对钢的硬度影响（850℃固溶，时效 8h）

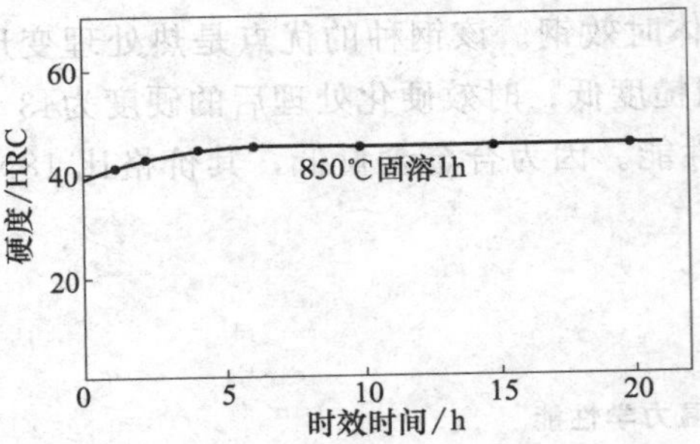

图 5-15 时效时间对钢的硬度影响

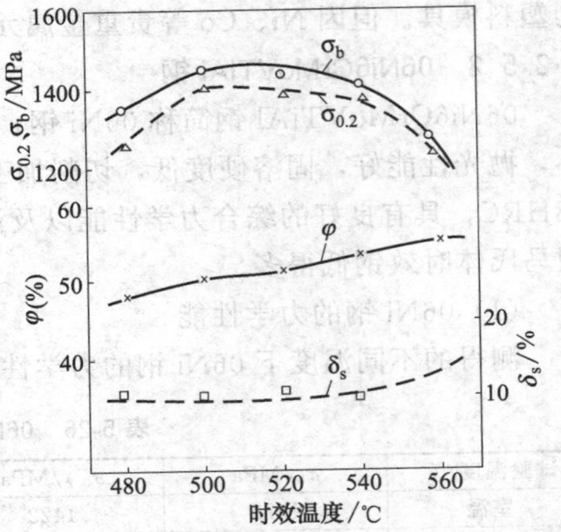

图 5-16 时效温度对钢的拉力性能的影响

（3）06Ni 钢的应用范围

06Ni 钢属低合金马氏体时效钢。该钢种的突出特点是固溶处理（即淬火）后变软，可进行冷加工，加工成型后再进行时效硬化处理，从而减少模具的热处理变形。该钢种的优点是热处理变形小，固溶硬度低，切削加工性能好，粗糙度低；时效硬度为 43～48HRC，综合力学性能好，热处理工艺简便等，适宜制造高精度塑料模具和非铁金属压铸模具等。如用以制作磁带盒、照相机、电传打字机等零件的塑料模具，均收到很好效果。该钢制作的录音机磁带盒塑料模具寿命可达 200 万次以上，压制的产品质量可与进口模具压制的产品相媲美；制作收录机磁带盒塑料模具，其平均寿命达 110 万次以上。

5.2.5.3 10Ni3Mn2CuAlMo 钢

10Ni3Mn2CuAlMo 钢简称 PMS 钢，用于光学塑料镜片、透明塑料制品以及外观光洁、光亮、质量高的各种热塑性塑料壳体件成型模具，国外通常选用表面粗糙度低、光亮度高、变形小、精度高的镜面塑料模具钢制造。镜面性能优异的塑模钢，除要求具有一定强度、硬度外，还要求冷热加工性能好，热处理变形小。特别是还要求钢的纯洁度高，以防在镜面出现针孔、橘皮、斑纹及锈蚀等缺陷。PMS 镜面塑料模具钢是一种新型的析出硬化型塑料模具钢，具有良好的冷热加工性能和综合力学性能，热处理工艺简便，变形小，淬透性高，适宜进行表面强化处理，在软化状态下可进行模具型腔的挤压成形。

（1）PMS 钢的力学性能

PMS 钢经 840～850℃加热保温空冷固溶处理，再经 510℃及 530℃时效处理后的力学性能见表 5-27。

表 5-27 PMS 钢不同温度时效后的力学性能

钢种	时效温度/℃	硬度/HRC	σ_b/MPa	σ_5/MPa	δ_5/%	ψ/%	a_K/J·cm^{-2}
PMS 钢（含 S）	510	42.5	1303.5	1169.1	16	49.2	14.7～17.1
	530	41.4	1292.7	1194.6	15	52.7	20.6
PMS 钢（低 S）	510	42.7	1331.9	1264.5	14.7	47.8	21.6
	530	41.8	1252.5	1191.7	14.6	55.7	21.6

（2）工艺性能

① 锻造性能。PMS 钢有良好的锻造性能，锻造加热温度 1120～1160℃，终锻温度 ≥850℃，锻后空冷或砂冷。

② 固熔处理工艺。固溶处理的目的是为了使合金元素在基体内充分溶解，使固溶体均匀化，并达到软化，便于切削加工。经 840～850℃加热 3h 固溶处理，空冷后的硬度为28～30HRC。

③ 时效处理工艺。钢的最终使用性能是通过回火时效处理而获得的，钢出现硬化峰值的温度约为 510℃±10℃，时效后硬度为 40～42HRC。

④ 变形率。PMS 的变形率很小，收缩量＜0.05%，总变形率径向为－0.11%～0.041%，轴向为－0.021%～0.026%，接近马氏体时效钢。

(3) PMS 钢的应用范围

PMS 钢是上海材料研究所研制。属低合金析出硬化型时效钢，一般用电炉冶炼加电渣重熔。该钢热处理后具有良好的综合机械性能，淬透性高，热处理工艺简便，热处理变形小，镜面加工性能好，并有好的氮化性能、电加工性能、焊补性能和花纹图案刻蚀性能等；PMS 镜面塑料模具钢适于制造各种光学塑料镜片，高镜面、高透明度的注射模以及外观质量要求极高的光洁、光亮的各种家用电器塑料模。例如电话机壳体模具，生产出的电话机塑料壳体制品外观质量达到国外同类产品的先进水平，模具使用寿命也明显提高。又如大型双卡收录机注射模，生产出的机壳外观质量高，原用 45 钢制造注射模，模具寿命 15 万模；而 PMS 钢制造的注射模，寿命达 40 万模。PMS 钢是含铝钢，其渗氮性能好，时效温度与渗氮温度相近，因而，可以在渗氮处理的同时进行时效处理。渗氮后模具表面硬度、耐磨性、抗咬合性均提高，可用于注射玻璃纤维增强塑料的精密成形模具。PMS 钢还具有良好的焊接性能，对损坏的模具可进行补焊修复。PMS 钢还适于高精度型腔的冷挤压成形。

5.2.5.4 Y 20CrNi3AlMnMo 钢（简称 SM2）

(1) SM2 钢的力学性能

SM2 的力学性能见表 5-28。

表 5-28 SM2 钢的力学性能

σ_b/MPa	$\sigma_{0.2}$/MPa	δ_5/%	ψ/%	a_K/J·cm^{-2}	硬度/HRC
1176	980	15	45	54	35

(2) SM2 钢的工艺性能

① 锻造性能。锻造性能良好，锻造无特殊要求。

② 预备热处理。可用下列三种方法：SM2 钢锭退火温度 740～760℃，保温 14～16h，炉冷至 500℃出炉空冷；软化处理工艺，870～930℃加热，油冷，680～700℃高温回火 2h，油冷，热处理后硬度≤30HRC；固溶处理工艺，固溶温度为 870～930℃，最佳工艺温度为 900℃，油冷，硬度为 42～45HRC。回火温度为 680～700℃，油冷，硬度为 28HRC。固溶回火后硬度较低，便于机械加工。

③ 时效处理工艺。时效温度为 500～526℃，时效时间为 6～10h，硬度为 40HRC。

(3) SM2 钢的应用范围

SM2 钢属于预硬化型易切削塑料模具钢，出厂硬度 38～42HRC。该钢相当于美国 P21 改进型，有一定防腐蚀能力，用于镜面、精密塑料模。Y20CrNi3AlMnMo 钢生产工艺简便易行，性能优越稳定，使用寿命长。经电子、仪表、家电、玩具、日用五金等行业推广应用，效果显著。

5.2.5.5 25CrNi3MoAl 钢

25CrNi3MoAl 属低镍无钴时效硬化钢，这是参考了国外同类钢的成分，并根据我国冶炼工业的特点及使用厂对性能的要求加以改进而研制的一种新型时效硬化钢，为我国时效硬化型精密塑料模具专用钢种填补了空白。该钢经奥氏体化固溶处理后得到板条状马氏体组织，硬度可达48～50HRC；然后在650～680℃范围内回火，由于从马氏体析出碳化物以及马氏体组织的多边形化，降低了钢的硬度，这样就可以进行切削加工而制成模具；最后，在500～540℃的温度范围内进行时效处理，因为钢材在时效过程中发生NiAl相的脱溶，而得到强化，从而保证模具的使用性能。由于固溶处理工序是在切削加工成模具之前进行的，从而避免了模具的淬火变形，因此模具的热处理变形小，综合力学性能好。

(1) 25CrNi3MoAl钢的力学性能

25CrNi3MoAl钢经不同温度固溶及时效处理后的硬度分别见表5-29及表5-30。

表5-29 25CrNi3MoAl钢经不同温度固溶处理后的硬度

加热温度/℃(保温30min)	830	920	960	1000
硬度/HRC	50	48.5	46.4	45.6

表5-30 25CrNi3MoAl钢时效处理后的硬度

时效温度/℃	500	520	540
硬度/HRC	35.5～38	39～41	39～42

室温力学性能：25CrNi3MoAl钢经880℃固溶，680℃回火，540℃时效处理8h后的力学性能见表5-31。

表5-31 25CrNi3MoAl钢的室温力学性能

硬度/HRC	σ_b/Mpa	σ_s/MPa	δ/%	ψ%	a_K[①]/J·cm^{-2}
39～42	1260～1350	1170～1200	13～16.8	55～59	45～52

① a_K值为夏比U形试样冲击韧度值。

(2) 25CrNi3MoAl钢的工艺性能

① 锻造性。无特殊要求。

② 固溶及回火。固溶温度为(880±20)℃，水淬或空冷，硬度为48～50HRC。回火温度为680℃，加热时间为4～6h，空冷或水冷，硬度为22～28HRC。回火后进行机械加工成形，再进行时效处理。

③ 时效处理。时效温度为520～540℃，保温6～8h，空冷，硬度为39～42HRC。时效后经研磨、抛光或光刻花纹后装配使用。例如：

用作一般精密塑料模具：淬火加热温度880℃，空冷或水冷淬火，淬火硬度48～50HRC，再经680℃，4～6h高温回火，空冷或水冷，回火硬度22～23HRC，经机加工成形。再经时效处理，时效温度520～540℃，保温6～8h，空冷，时效硬度39～42HRC。再经研磨、抛光或光刻花纹后装配使用。时效变形率大约为−0.039%。

用于高精密塑料模具：淬火加热温度880℃，再经680℃高温回火，但在高温回火后对模具进行粗加工和半精加工，再经650℃保温1h，消除加工后的残留内应力，然后再进行精加工。经此处理后时效变形率仅为−0.01%～−0.02%。

用于对冲击韧度要求不高的塑料模具：对退火的锻坯直接经粗加工、精加工，进行520～540℃、6～8h的时效处理，再经研磨、抛光及装配使用。经此处理后，模具硬度40～43HRC，时效变形率≤0.05%。

用作冷挤型腔工艺的塑料模具：模具锻坯经软化处理后，即对模具挤压面进行加工、研磨、抛光。然后对冷挤压模具型腔和模具外形进行修整，最后对模具进行真空时效处理或表面渗氮处理后再装配使用。

（3）特点及应用

综上所述，25CrNi3MoAl钢有如下特点。

① 钢中含镍量低，价格远低于马氏体时效钢，也低于超低碳中合金时效钢。

② 调质硬度为230～250HBS，常规切削加工和电加工性能良好。时效硬度为38～42HRC，时效处理及渗氮处理温度范围相当，且渗氮性能好，渗氮后表层硬度达1000HV以上，而心部硬度保持在38～42HRC。

③ 镜面研磨性好，表面粗糙度可在$Ra0.2$～$0.025\mu m$，表面光刻浸蚀性好，光刻花纹清晰均匀。

④ 焊接修补性好，焊缝处可加工，时效后焊缝硬度和基体硬度相近。

25CrNi3MoAl钢可用以制作普通及高精密塑料模具，经十多家工厂试用，技术经济效益显著。该钢热处理变形小，综合性能好，适宜制造复杂、精密的塑料模具。

5.2.5.6 0Cr16Ni4Cu3Nb钢

0Cr16Ni4Cu3Nb钢简称PCR钢，又称耐蚀型塑料模具钢，硬度为32～35HRC时可进行切削加工。该钢再经460～480℃时效处理后，可获得较好的综合力学性能。

（1）PCR钢的力学性能

PCR钢的力学性能见表5-32。

表5-32 PCR钢时效处理后的力学性能

热处理规程	σ_b/MPa	σ_5/MPa	σ_{sc}/MPa	δ_5/%	ψ/%	a_K①/J·cm^{-2}	硬度/HRC
950℃固溶460℃时效	1324	1211	—	13	55	50	42
1000℃固溶460℃时效	1334	1261	—	13	55	50	43
1050℃固溶460℃时效	1355	1273	1442	13	56	47	43
1100℃固溶460℃时效	1391	1298	—	15	45	41	45
1150℃固溶460℃时效	1428	1324	—	14	38	28	46

① C形缺口冲击试样，$R=12.7$mm。

（2）工艺性能

① 锻造工艺。加热温度1180～1200℃，始锻温度1150～1100℃，终锻温度≥1000℃，空冷或砂冷。钢中含有元素铜，其压力加工性能与含铜量有很大关系。当铜质量分数>4.5%时，锻造易出现开裂；当铜质量分数≤3.5%时，其压力加工性能有很大改善。锻造时应充分热透，锻打时要轻锤快打，变形量小；然后可重锤，加大变形量。

② 固溶处理。固溶温度1050℃，空冷，硬度为32～35HRC，在此硬度下可以进行切削加工。

③ 时效处理。在420～480℃时效，其强度和硬度可以达到最高峰值，但在440℃时冲击韧度最低，因此，推荐时效处理温度为460℃，时效后硬度为42～44HRC。

④ 淬透性及淬火变形。PCR钢淬透性好，在ϕ100mm断面上硬度均匀分布。回火时效后总变形率：径向为−0.04%～−0.05%，轴向为−0.037%～−0.04%。

（3）PCR钢的应用范围

PCR钢属于耐腐蚀塑料模具钢，上海材料研究所等单位研制。该钢为时效硬化性不锈钢，适于制作含有氟、氯的塑料成型模具，具有良好的耐蚀性。具体应用：如用于氟塑料或聚氯乙烯塑料成型模、氟塑料微波板、塑料门窗、各种车辆把套、氟氯塑料挤出机螺杆、料筒以及添加阻燃剂的塑料成型模，可作为17-4PH钢的代用材料。聚三氟氯乙烯阀门盖模具，原用45钢或镀铬处理模具，使用寿命1000～4000件；用PCR钢，当使用6000件时仍与新模具一样，未发现任何锈蚀或磨损，模具寿命达 10000～12000 件。四氟塑料微波板，原用 45 钢或表面镀铬模具，使用寿命仅 2～3 次；改用 PCR 钢后，模具使用 300 次，未发现任何锈蚀或磨损，表面光亮如镜。

5.2.5.7 AFC-77 钢（15Cr15Co13Mo5MnV）

AFC-77 钢属于铬-钼-钴型马氏体沉淀硬化不锈钢，其化学成分为 $w_c=0.15\%$，$w_{Cr}\leqslant 14.5\%$，$w_{Mo}=5\%$，$w_V=0.5\%$，$w_{Co}=13.5\%$，$w_{Ni}=0.2\%$，$w_{Mn}=0.2\%$，$w_{Si}=0.15\%$，$w_{S、P}\leqslant 0.03\%$。由于钴和钼同时加入，使沉淀硬化效应特别强烈。

AFC-77 钢经 1040℃固溶处理后，淬油至室温获得马氏体和残余奥氏体组织，其中残余奥氏体量占 50%，经－73℃冷处理后，残余奥氏体量大幅减少。

AFC-77 钢在 485～650℃温度范围内时效后有较高的强度，σ_b 可达 2000MPa。时效温度为 565℃时，时效硬度最高，达 50HRC 以上。但在 425～590℃温度范围时效时会引起韧性降低，对此在使用此钢时应给予注意。AFC-77 钢主要适用于制造高硬度和耐腐蚀性的塑料模。由于该钢成本高，耐蚀性相对较低，它的应用受到限制，可由 PCR 钢替代。

5.2.6 耐蚀型塑料模具钢

在生产以化学性腐蚀塑料（如聚氯乙烯或聚苯乙烯添加抗燃剂等）为原料的塑料制品时，模具必须防腐蚀性能，防腐蚀的方法可以是镀铬或镀镍，但沟槽很难得到均匀的镀层。因此，用表面镀层的模具很容易发生电镀层的开裂和剥落；另外一个缺点是由于不能始终保持尖锐棱角的完全闭合，因此，成型的塑料部件往往会形成较厚的毛边，因此，大部分情况下采用耐蚀钢制造模具。对于这类用途的耐蚀钢，还要求有一定的硬度、强度和耐磨性能等，常见的钢种见表 5-33。

表 5-33 常用耐蚀型塑料模具钢的牌号及化学成分

钢号	化学成分(质量分数,%)						
	C	Si	Mn	Cr	Ni	Mo	P、S
2Cr13	0.16～0.25	≤1.00	≤1.00	12.0～14.0	—	—	≤0.030
3Cr13	0.26～0.35	≤1.00	≤1.00	12.0～14.0	—	—	
4Cr13	0.36～0.45	≤0.60	≤0.80	12.0～14.0	—	—	
1Cr17Ni2	0.11～0.17	≤0.80	≤0.80	16.0～18.0	1.50～2.50	—	
9Cr18	0.90～1.00	≤0.80	≤0.80	17.0～19.0	—	—	
9Cr18Mo	0.95～1.10	≤0.80	≤0.80	16.0～18.0	—	0.40～0.70	
Cr14Mo4V	1.00～1.15	≤0.60	≤0.60	13.4～15.0	—	3.75～4.25	

5.2.6.1 3Cr13 钢

（1）3Cr13 钢的力学性能

回火温度与硬度的关系见表 5-34。

表 5-34 回火温度与硬度的关系

回火温度/℃	淬火后	200	300	400	500	550	600	650
硬度/HRC	53	52	51	50	49	43	31	27

注：1050℃油淬。

（2）3Cr13 钢的工艺性能

① 锻造性能。3Cr13 钢的锻造工艺规范见表 5-35。

表 5-35 锻造工艺规范

装炉炉温	始锻温度/℃	终锻温度/℃	冷却
冷装炉炉温≤800℃,热装炉不限	1100～1150	≥850	炉冷

3Cr13 钢的导热性差，应力较大，宜先慢加热到 850℃，然后快速加热到 1120℃；对锻造后的制品，应特别注意缓冷，最好在热砂中或在炉中缓冷；高温对变形阻力较大，压下量可小些，终锻温度应稍高些。

② 预备热处理。可采用以下两种方法：不完全退火，加热温度为 750～800℃，炉冷，硬度≤207HBW。完全退火，加热温度为 860～900℃，炉冷，硬度≤207HBW。

③ 淬火工艺。淬火温度为 1020～1050℃，油冷或空冷，硬度为 52～54HRC。

④ 回火工艺。回火温度为 200～300℃，硬度为 50～52HRC。

（3）3Cr13 钢的应用范围

该钢机械加工性能较好，经热处理（淬火加回火）后，具有优良的耐腐蚀性能、抛光性能、较高的强度和耐磨性，适宜制造承受高负荷并在腐蚀介质作用下的塑料模具和透明塑料制品模具等。

2Cr13、4Cr13 钢简介

2Cr13：2Cr13 钢属马氏体类型不锈钢，该钢机械加工性能较好，经热处理（淬火及回火）后，具有优良的耐腐蚀性能、抛光性能、较高的强度和耐磨性，适宜制造承受高负荷并在腐蚀介质作用下的塑料模具和透明塑料制品模具等。

4Cr13：4Cr13 钢代号 S-136，属马氏体类型不锈钢，该钢机械加工性能较好，经热处理（淬火及回火）后，具有优良的耐腐蚀性能，抛光性能、较高的强度和耐磨性，适宜制造承受高负荷、高耐磨及在腐蚀介质作用下的塑料模具，透明塑料模具等。但可焊性差、使用时必须注意。

5.2.6.2 9Cr18 钢

（1）9Cr18 钢的力学性能

① 淬火温度的影响。不同的淬火温度对 9Cr18 钢的力学性能的影响如图 5-17 所示。

② 回火温度的影响。不同的淬火温度对 9Cr18 钢的力学性能的影响如图 5-18 和表 5-36 所示。

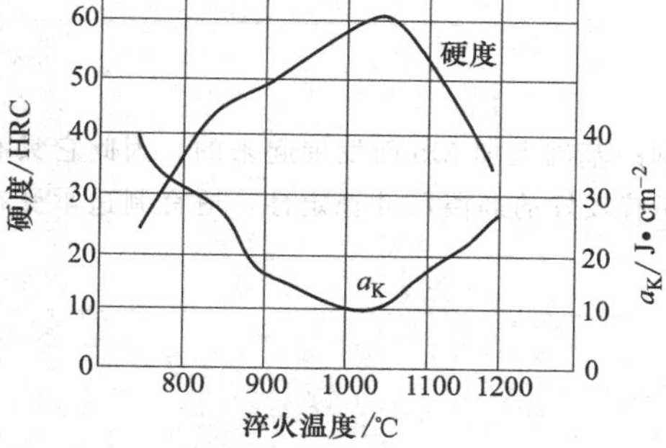

图 5-17 不同的淬火温度对 9Cr18 钢力学性能的影响

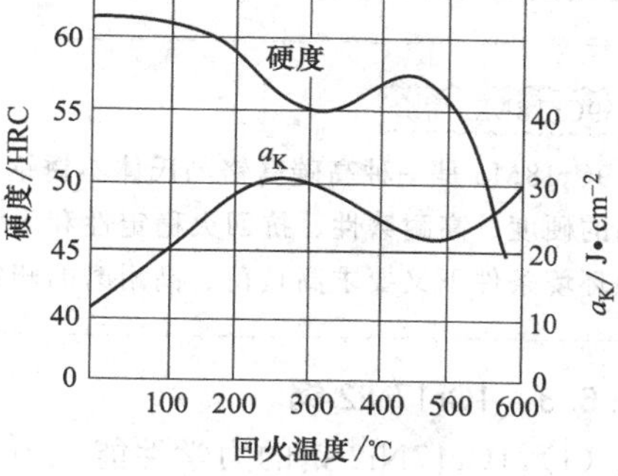

图 5-18 不同的回火温度对 9Cr18 钢力学性能的影响

（2）9Cr18 钢的工艺性能

① 锻造性能。9Cr18 钢锻造工艺规范见表 5-37。

表 5-36 1050、1060℃ 淬火后 9Cr18 钢的回火温度与力学性能的关系

回火温度/℃	硬度/HRC	a_K/J·cm^{-2}	应力为 980MPa 的弯曲疲劳/百万次	旋转 80000 次后的磨损量/mg
100	60	3.1	6.3	60
150	60	3.8	8.4	60
200	59	4.8	4.5	63

表 5-37 9Cr18 钢锻造工艺规范

装炉炉温	始锻温度/℃	终锻温度/℃	冷却
冷装炉炉温≤600℃，热装炉不限	1050～1100	>850	炉冷

② 预备热处理。软化退火：加热温度 840～860℃，炉冷到 500℃以下出炉空冷，退火组织为珠光体，硬度≤255HBW。

完全退火：加热温度 840～860℃，硬度≤255HBW。

③ 淬火工艺性。淬火温度对硬度的影响见表 5-38。

表 5-38 在 950～1200℃ 下保温 5min 于油中淬火后 9Cr18 钢的硬度

淬火温度/℃	硬度/HRC	淬火温度/℃	硬度/HRC
950	52	1100	44
1000	57	1150	38
1050	60	1200	30.5

④ 回火工艺。回火温度对硬度的影响见表 5-39。

表 5-39 1050、1060℃ 淬火后，回火温度与硬度的关系

回火温度/℃	硬度/HRC	回火温度/℃	硬度/HRC
100	60	200	59
150	60		

（3）9Cr18 钢的应用范围

9Cr18 钢属于高碳高铬马氏体不锈钢，淬火后具有高硬度、高耐磨性和耐腐蚀性能；适宜制造承受高耐磨、高负荷以及在腐蚀介质作用下的塑料模具。该钢属于莱氏体钢，容易形成不均匀的碳化物偏析而影响模具使用寿命，所以在热加工时必须严格控制热加工工艺，注意适当的锻造比。

9Cr18Mo 简介

9Cr18Mo 是一种高碳高铬马氏体不锈钢，它是在 9Cr18 钢的基础上加 Mo 而发展起来的，因此它具有较高的硬度、高耐磨性、抗回火稳定性和耐腐蚀性能，该钢还有较好的高温尺寸稳定性，适宜制造承受在腐蚀环境条件下又要求高负荷、高耐磨的塑料模具。

5.2.6.3 1Cr17Ni2 钢

（1）1Cr17Ni2 钢的力学性能

① 淬火温度的影响。淬火温度对 1Cr17Ni2 钢硬度的影响如图 5-19 所示。

② 回火温度的影响。回火温度对 1Cr17Ni2 钢的力学性能的影响如图 5-20 所示。

（2）1Cr17Ni2 钢的工艺性能

① 锻造性能。1Cr17Ni2 钢锻造工艺规范见表 5-40 所示。

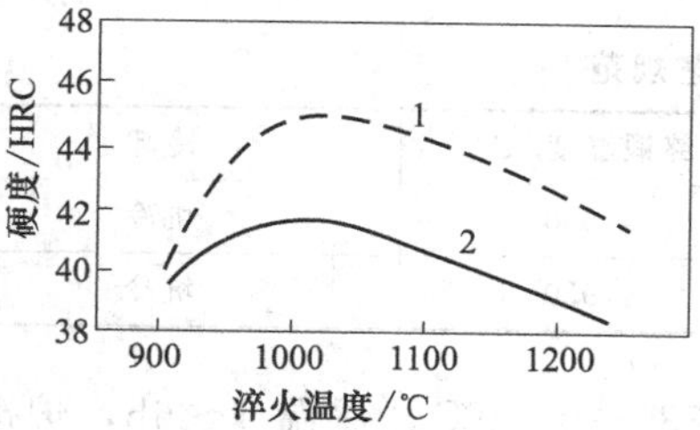

图 5-19 淬火温度对 1Cr17Ni2 钢硬度的影响

1—试验钢成分（质量分数）/%；

C 0.075，Cr 17.65，Ni 2.12

2—试验钢成分（质量分数）/%；

C 0.09，Cr 16.8，Ni 1.62

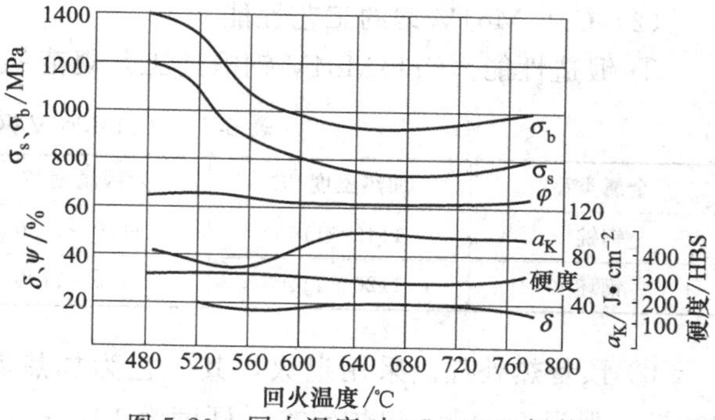

图 5-20 回火温度对 1Cr17Ni2 钢的力学性能的影响

表 5-40 1Cr17Ni2 钢锻造工艺规范

装炉炉温	始锻温度/℃	终锻温度/℃	冷却条件
冷装炉炉温＜800℃，热装炉不限	1100～1150	＞850	＞150℃于砂内缓冷

② 预备热处理。低温退火：加热温度为 660～680℃，炉冷，退火组织为珠光体。高温退火：加热温度为 850～870℃，炉冷，退火硬度≤250HBW。

③ 淬火工艺性。淬火温度为 980～1050℃，油冷或空冷，硬度为 44～51HRC。

④ 回火工艺。回火温度为 560～605℃，硬度为 26～34HRC。

(3) 1Cr17Ni2 钢的应用范围

1Cr17Ni2 钢属于马氏体型不锈耐酸钢，具有较高的强度和硬度。此钢对氧化性的酸类（一定温度、浓度的硝酸、大部分的有机酸），以及有机酸水溶液都具有良好的耐腐蚀性能，适宜制造在腐蚀介质作用下的塑料模具，透明塑料制品模具等。但该钢焊接性能差，易产生裂纹，制造模具时，不宜进行焊接。

5.2.6.4 Cr14Mo4V 钢

(1) Cr14Mo4V 钢的力学性能

① 淬火温度的影响。淬火温度对 Cr14Mo4V 钢的硬度的影响如图 5-21 所示。

② 回火温度的影响。Cr14Mo4V 钢的硬度与回火温度的关系如图 5-22 所示。

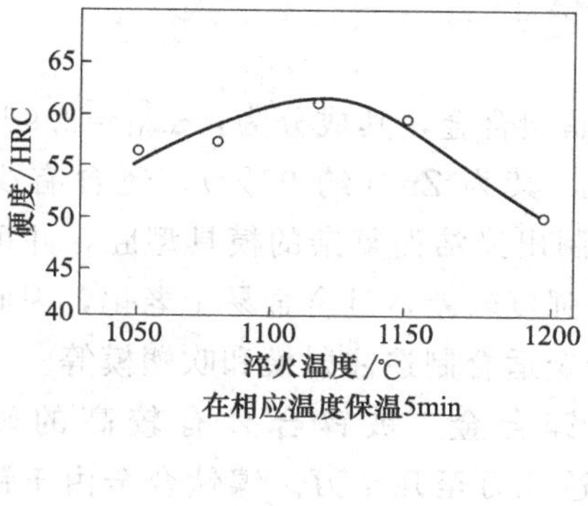

图 5-21 淬火温度对 Cr14Mo4V 钢的硬度的影响

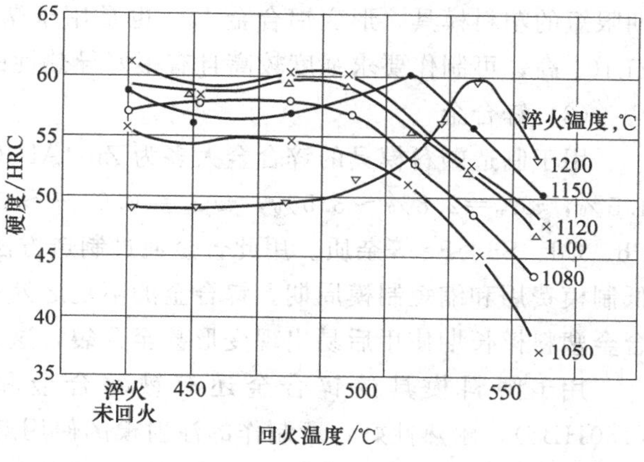

图 5-22 Cr14Mo4V 钢的硬度与回火温度的关系

(2) Cr14Mo4V 钢的工艺性能

① 锻造性能。Cr14Mo4V 钢锻造工艺规范见表 5-41。

表 5-41 Cr14Mo4V 钢锻造工艺规范

金属类型	加热温度/℃	始锻温度/℃	终锻温度/℃	冷却
钢锭	1140～1160	1130～1150	≥950	坑冷
钢坯	1120～1140	1110～1130	≥950	坑冷

② 预备热处理。采用退火，其工艺为加热温度为 880～1000℃，保温 4～6h，炉冷至 600℃，保温 2～5h，出炉空冷，硬度为 197～241HBW。

③ 淬火工艺性。淬火温度为 1100～1120℃，油冷，硬度≥58HRC。

④ 回火工艺。回火温度为 500～525℃，保温 2h，回火 4 次，硬度为 61～63HRC。

(3) Cr14Mo4V 钢的应用范围

Cr14Mo4V 钢是一种高碳高铬马氏体不锈钢，经热处理（淬火及回火）后具有高硬度、高耐磨性和良好的耐磨蚀性能，高温硬度也较高。该钢适宜制造在腐蚀介质作用下有要求高负荷、高耐磨的塑料模具。

5.2.7 其他塑料模具材料

(1) 铜合金

用于塑料模材料的铜合金主要是铍青铜，如 ZCuBe2、ZCuBe2.4 等。一般采用铸造方法制模，不仅成本低、周期短，而且还可以通过固溶-时效硬化，固溶后合金处于软化状态，塑性较好，便于机械加工。经时效处理后，合金的抗拉强度可达 1100～1300MPa，硬度可达 40～42HRC。铍青铜适用于制造吹塑模、注射模等，以及一些高导热性、高强度和高耐腐蚀性的塑料模。利用铍青铜铸造模具可以复制木纹和皮革纹，可以用样品复制人像或玩具等不规则的成型面。

(2) 铝合金

铝合金的密度小、熔点低，加工性能和导热性能都优于钢，其中铸造铝硅合金还具有优良的铸造性能，因此在有些场合可选用铸造铝合金来铸造塑料模具，以缩短制模周期，降低制模成本。常用的制造合金牌号有 ZL101 等，它适合制造要求高导热率，形状复杂和制造期限短的塑料模具。形变铝合金 Lcq 也是用于塑料模制造的铝合金之一，由于它的强度比 ZL101 高，可制作要求强度较高且有很好导热性的塑料模。

(3) 锌合金

用于制造塑料模具的锌合金大多为 Zn-4Al-3Cu 共晶型合金，其成分为：$w_{Al}=3.9\%\sim4.5\%$，$w_{Cu}=2.8\%\sim3.5\%$，$w_{Mg}=0.03\%\sim0.06\%$，其为 Zn（约 92%），还含有少量 Pb、Cd、Sn、Fe 等杂质。用此合金通过制造方法易于制出光洁而复杂的模具型腔，并可降低制模费用和缩短制模周期。锌合金的不足之处是高温强度较差，且合金易于老化，因此锌合金塑料模长期使用后易出现变形甚至开裂，这类锌合金适合制造注射模和吹塑模等。

用于塑料模具的锌合金还有铍锌合金和镍钛锌合金。铍锌合金有较高的硬度（150HBS），耐热性好，所制作的注射模的使用寿命可达几万至几十万。镍钛合金由于镍和钛的加入可使强度、硬度提高，从而使模具寿命成倍增长。

5.3 塑料模具材料的选用

5.3.1 塑料模具的工作条件及失效形式

5.3.1.1 塑料模具的工作条件

塑料模具可分为热固性塑料模和热塑性塑料模。前者主要用于压缩、传递和注塑成型制品零件，包括压缩模、传递模和注射模三种类型。注射模用于热固性塑料件成型较少。常用的热固性塑料有酚醛塑料（即胶木）氨基酸酯环氧树脂聚邻苯二甲酸二丙烯酯（PDAP）、有机硅塑料、硅酮塑料等。

后者主要用于热塑性塑料注射成型和挤出成型。热塑性塑料主要有聚醛胺、聚甲醛、聚乙烯、聚丙烯、聚碳酸酯等。这些塑料在一定压力下在模内成型冷却后可保持已成型的形状，如果再次加热又可软化熔融再次成型。

此类模具包括中空吹塑模具，真空成型模具。

热固性塑料压缩模的工作条件：这种塑料的工作温度一般在160～250℃，工作时模腔承受压力大，一般为160～200MPa，个别要达到600MPa。工作中型腔易磨损，并承受一点的冲击负荷和腐蚀作用。

热塑性塑料注射模的工作条件：这种塑料的工作温度在150℃以下，型腔承受工作压力（39～96MPa）并产生一定的磨损，但没有像压缩模那样严重。有部分塑料在加热的条件后熔融状态下能分解出氯化氢或氟化氢气体，对模具型腔面有较大的腐蚀性。

5.3.1.2 塑料模具的失效形式

塑料模具的基本失效形式是表面磨损、变形及断裂，但由于对塑料制品的表面粗糙度及精度要求较高，故因表面磨损造成的模具失效比例较大。主要失效形式有以下几种。

（1）磨损及腐蚀

① 磨损：因热固性塑料中一般是含有一定量固体填充剂，在加热软化、熔融的塑料中成为“硬质点”，冲入模具型腔后，与模具型腔表面摩擦较大，致使型腔表面拉毛，粗糙度变大；并且一旦出现这种现象，会使塑料与型腔之间加大摩擦，使被压制的塑料件表面粗糙度不合格而报废。因此，一经发现模具型腔表面有拉毛现象，应及时卸下抛光。而经过多次抛光后型腔扩大，对尺寸要求严格的塑料件即为超差，模具因此而报废。例如，淬硬的工具钢胶木模连续压1.5万～2.5万件之后，模具表面磨损厚度为0.01mm；还有的资料表明，模压8万次用玻璃纤维作填料的塑料，其模具型腔的磨损量是普通胶木粉磨损量的6.5倍，这说明，玻璃纤维对淬火钢磨损特别明显。因此，当在塑料中加云母粉、石英粉、玻璃纤维等这种无机物作填充剂时，要特别注意模具型腔的磨损问题。

② 腐蚀：因不少塑料中含有氯、氟等元素，加热至熔融状态后会分解出氯化氢（HCl）或氟化氢（HF）等腐蚀性气体，腐蚀模具型腔表面，这就加大了其表面粗糙度，也加剧了模具型腔的磨损，导致失效。

（2）塑性变形

模具在持续受热、受压条件下长期工作后，会发生局部塑性变形而失效。例如，生产中常用的渗碳钢或碳素工具钢制胶木模，在棱角处受负荷最大而产生塑性变形，出现表面起皱、凹陷、麻点甚至棱角塌歪等；或者分型面变形间隙扩大导致飞边增大而使塑件报废。如果是小型模具在大吨位压力机上超载使用，更容易出现这种失效形式。

产生这种失效的主要原因是模具型腔表面的硬化层太薄，且基体的硬度、抗压强度、变形抗力不足；或者是模具自身所用回火温度低，当工作温度超过回火温度，并且长时间反复升温、降温，发生多次再回火，致使内部组织转变，使模具早期失效。

生产实践证实，碳素工具钢、热处理后表面硬度在 52～56HRC；渗碳钢的渗层深在 0.8mm 以上时，即可获得足够的变形抗力，有效地防止塑性变形失效。

(3) 断裂

塑料模具一般有多处凹槽、薄边等，易造成应力集中，所以必须有足够韧性。为此，大中型复杂型腔的模具，应优先采用高韧性钢（渗碳钢或热作模具钢），一般不用碳素工具钢。

用高碳的合金工具钢制塑料模具，如果回火不充分，也容易发生断裂失效。这是因为模具采用内部加热法保温时，模具内部贴近加热器处温度可达到 250～300℃。有些高碳合金工具钢（例如 9CrMn2Mo 等）制模具淬火后存在较多的残留奥氏体，在回火时未能充分分解，则在使用中有可能继续转变为马氏体，引起局部体积膨胀，在模具内产生较大的组织应力而造成模具开裂。所以在模具的使用温度长期较高时，则不用这类合金工具钢。

5.3.2 塑料模具材料的选用

塑料模具的结构形状比较复杂，造价较高，选用塑料模具材料时必须全面分析，综合各种因素合理选用模具材料。选择塑料模具材料时，应遵循选用材料的基本原则，首先满足模具的使用性能，兼顾工艺性和经济性。在确定模具的使用性能时，应从模具结构，工作条件，塑件的材质、形状及尺寸，加工精度，生产批量等方面加以综合考虑。

(1) 根据塑料制品种类和质量要求选用

① 对型腔表面要求耐磨性好，心部韧性要好但形状并不复杂的塑料注射模，可选用低碳结构钢和低碳合金结构钢。这类钢在退火状态下塑性很好，硬度低，退火后硬度为 85～135HBS。其变形抗力小，可用冷挤压成形，大大减少了切削加工量。例如 20，20Cr 和工业纯铁 DT1、DT2 均属此类钢。对于大、中型且型腔较复杂的模具，可选用 LJ 钢和 12CrNi3A、12CrNi4A 等优质渗碳钢。这类钢渗碳、淬火、回火处理后，型腔表面有很好的耐磨性，模体又有较高的强度和韧性。

② 对聚氯乙烯或氟塑料及阻燃的 ABS 塑料制品，所用模具钢必须有较好的抗腐蚀性。因为这些塑料在熔融状态会分解出 HCl、HF 和 SO_2 等气体，对模具型腔面有一定腐蚀性。这类模具的成形件常用耐蚀性塑料模具钢，例如 PCR、AFC-77、18Ni 及 4Cr13 等。

③ 对生产以玻璃纤维作添加剂的热塑性塑料制品的注射模或热固性塑料制品的压缩模，要求模具有高硬度、高耐磨性、高的抗压强度和较高韧性，以防止塑料模具型腔面过早磨毛，或因模具受高压而局部变形。常用淬硬型模具钢制造，经淬火、回火后得到所需的模具性能，例如选用 T8A、T10A、Cr6WV、9Mn2V、9SiCr、GD、CrWMn、GCr15 等淬硬型模具钢。

④ 制造透明塑料的模具，要求模具钢材有良好的镜面抛光性能和高耐磨性。所以要采用时效硬化型钢制造，例如 18Ni 类，PMS、PCR 等。也可以用预硬型钢，如 P20 系列及 8Cr2S，5NiSCa 等。

用不同的塑料原材料制造大小及形状不同的塑料件时，应选用不同的塑料模具钢。表

5-42 给出了根据塑料制品的种类选用塑料模具材料的举例。

表 5-42 依据塑料品种选用模具钢

用途		代表的塑料及制品		模具要求	适用钢材
一般热塑性、热固性塑料	一般	ABS	电视机壳、音响设备	高强度、耐磨损	SM55、40Cr、P20、SM1、SM2、8Cr2S
		聚丙烯	电扇扇叶、容器		
	表面有花纹	ABS	汽车仪表盘、化妆品容器	高强度、耐磨损、光刻性	PMS、20CrNi3MoAl
	透明件	有机玻璃、AS	唱机罩、仪表罩、汽车灯罩	高强度、耐磨损、抛光性	5NiSCa、SM2、PMS、P20
增强塑料	热塑性	POM、PC	工程塑料制件、电动工具外壳、汽车仪表盘	高耐磨性	65Nb、8Cr2S、PMS、SM2
	热固性	酚醛、环氧	齿轮等		65Nb、8Cr2S、06NiTi2Cr、06Ni6CrMoVTiAl
阻燃型物件		ABS 加阻燃剂	电视机壳、收录机壳、显像管罩	耐腐蚀	PCR
聚氯乙烯		PVC	电话机、阀门管件门把手	强度及耐腐蚀	38CrMoAl、PCR
光学透镜		有机玻璃聚苯乙烯	照相机镜头、放大镜	抛光性及防锈性	PMS、8Cr2S、PCR

(2) 按型芯、型腔的形状选材

对于复杂型腔的塑料注射成型模，为减少模具热处理后产生的变形和裂纹，应选用加工性能好和热处理变形小的模具材料，如 40Cr，3Cr2Mo，SM2，4Cr5MoSiV 等钢。如果塑料件生产批量较小，可选用碳素结构钢经调质处理，使用效果也很好。对于形状复杂的型芯、型腔件多采用镶嵌结构。模具型腔、型芯等工作零件常用材料见表 5-43。

表 5-43 模具型腔、型芯等工作零件常用材料

钢种		基本特征	应用
优质碳素结构钢	20	经渗碳、淬火，可获得高的表面硬度	使用于冷挤压法制造形状复杂的型腔模
	45、SM45	具有较高的温度，经调质处理有较好的力学性能，可进行表面淬火以提高硬度	用于制造塑料和压铸模型腔
碳素工具钢	T7A、T8A、T10A	T7A、T8A 比 T10A 有较好的韧性，经淬火后有一定硬度，但淬透性较差，淬火变形较大	用于制造各种形状简单的模具型芯和型腔
合金结构钢	20Cr、12CrNi3A	具有良好塑性、焊接性和切削性，渗碳、淬火后有高硬度和耐磨性	用于制造冷挤型腔
	40Cr	调质后有良好的综合力学性能，淬透性好，淬火后有较好的疲劳强度和耐磨性	用于制造大批量压制时的塑料模型腔
低合金工具钢	9Mn2V、MnCrWV、CrWMn、9CrWMn	淬透性、耐磨性、淬火变形均比碳素工具钢好。CrWMn 钢为典型的低合金钢，它除易形成网状碳化物而使钢的韧性变坏外，基本具备了其低合金工具钢的独特优点，严格控制锻造和热处理工艺，则可改善钢的韧性	用于制造形状复杂的中等尺寸型腔和型芯
高合金工具钢	GD、Cr12、Cr12MoV	有高的淬透性、耐磨性，热处理变形小。但由于碳化物分布不均匀而降低强度，合理的热加工工艺可改善碳化物的不均匀性，Cr12MoV 较 Cr12 有所改善，强度和韧性都比较好	用于制造形状复杂的各种模具型腔

续表

钢种		基本特征	应用
新型模具钢种	8Cr2MnMoVS、4Cr5MoSiV、25CrNi3MoA	加工性能和镜面研磨性能好，8Cr2MnMoVS和4Cr5MoSiVS为预硬化钢，在预硬化硬度43～46HRC状态下能顺利地进行成形切削加工。25CrNi3MoA为时效硬化钢，经调质处理至30HRC左右进行加工，然后经520℃时效处理10h，硬度即可上升到40HRC以上	用于有镜面要求的精密塑料模成型零件
	SM1、SM2、5NiSCa	在预硬化硬度35～42HRC的状态下能顺利地进行成形切削加工，抛光性能甚佳，表面粗糙度 $Ra \leqslant 0.05\mu m$，还具有一定的抗腐蚀能力，模具寿命可达120万次	用于热塑性塑料和热固性塑料模的成型零件
	PMS (10Ni3CuAlVS)	具有优良的镜面加工性能、冷热加工性能和图案蚀刻性能，加工表面粗糙度 $Ra \leqslant 0.05\mu m$，热处理工艺简单，变形小	用于使用温度在300℃以下，硬度≤45HRC，有镜面、蚀刻性能要求的热塑性塑料精密模具或部分增强工程塑料模具成型零件
	PCR	具有优良的耐腐蚀性能和较高的强度，具有较好的表面抛光性能和较好的焊接修补性能，热处理工艺简便，渗透性好，热处理变形小	用于使用温度≤400℃，硬度37～42HRC的含氟、氯等腐蚀性气体的塑料模具和各类塑料添加阻燃剂的模具成型零件
	P20(3Cr2Mo)、P21、H13	在预硬化硬度36～38HRC的状态下能顺利地进行成形切削加工。P20可在机械加工后进行渗碳、淬火处理。P21在机械加工后，经低温时效硬度可达38～40HRC。H13也是一种广泛用于模具的高合金钢，它具有优良的耐磨性，易抛光，热处理时变形小	用于大型及复杂模具成型零件

(3) 按生产批量选材

选用模具材料品种也和塑件生产的批量大小有关。塑件生产批量小，对模具的耐磨性及使用寿命要求不高。为了降低模具造价，不必选用高级优质模具钢，而选用普通模具钢即可满足使用要求。模具成形件选用钢材和塑件生产批量参照表5-44。

表5-44 依据塑件生产批量选用模具钢

塑件生产批量(合格件)	选用钢材
10万～20万件	SM45、SM55、40Cr等
30万件	P20、50NiSCa、8Cr2S等
60万件	P20、50NiSCa、SM1等
80万件	8Cr2S、P20等
120万件	SM2、PMS等
150万件	PCR、LD、65Nb等
200万件以上	65Nb、06Ni7Ti2Cr、06Ni、012Al渗氮、25CrNiMoAl渗氮等

(4) 塑料模具成本的分析

塑料模成本构成见表5-45。从表中可以看出，在选用模具材料时，在满足使用性能和工艺性能的前提下，尽量选用价格低廉的材料。但有时不单是材料的价格因素，而是因模具合理的结构，精密的机械加工和合理的热处理工艺才能发挥出材料的全部优越性。这些优越性并不是所有的模具都需要，更不是模具上各零件都需要，反而因上述各种工艺致使模具造价昂贵。对于大型模具或选用贵重金属的型腔件材料，常采用镶嵌结构，以便于节约材料和热处理。各种常用塑料模具材料的加工工艺性能的比较见表 5-46，供选用时参考。

表 5-45　塑料模具成本构成

项　目	占成本比例/%	项　目	占成本比例/%
成形加工	30	抛光	30
材料	10	装配	5
热处理	10	合计	100
磨削	15		

表 5-46　常用塑料模具材料性能比较

钢号		使用硬度/HRC	耐磨性	抛光性	淬火变形倾向	淬透性	可加工性	脱碳敏感性	耐蚀性
类别	牌号								
渗碳型	20	30～45	差	较好	中等	浅	中等	较大	差
	20Cr	30～45	差	较好	较小	浅	中等	较大	较差
淬硬型	45	30～35	差	差	较大	浅	好	较小	差
	40Cr	30～35	差	差	中等	浅	较好	小	较差
	CrWMn	58～62	中等	差	中等	浅	中等	较大	较差
	9SiCr	58～62	中等	差	中等	中等	中等	较大	较差
	9Mn2V	58～62	中等	差	小	浅	较好	较大	尚可
预硬型	5NiSCa	40～45	中等	好	小	深	好	较小	中等
	3Cr2NiMnMo	32～40	中等	好	小	深	好	中等	中等
	3Cr2Mo	30～40	中等	好	较小	较深	好	较小	较好
	8Cr2S	40～45	较好	好	小	深	好	较小	中等
耐蚀性	2Cr13	30～40	较好	较好	小	深	中等	小	好
	1Cr18Ni9	30～40	较好	较好	小	深	中等	小	好

（5）塑料模具辅助零件材料的选用

表 5-47 为部分塑料模具辅助零件材料选用举例及热处理，供选用时参考。

表 5-47　部分塑料模具辅助零件选用钢材及热处理要求

模具零件类别	零件名称	主要性能要求	选用钢材,热处理及使用硬度		
导向零件	导柱	表面耐磨,心部有较好韧性	20、20Cr、20CrMnTi	渗碳、淬火＋回火	50～60HRC
	导套		T8A、T10A	淬火＋回火	50～55HRC
	限位导柱、推板导柱、推板导套		T8A、T10A	淬火＋回火	50～55HRC
浇注系统零件	主流道衬套	表面耐磨,有时还要耐腐蚀和热硬性	20	渗碳淬火	55HRC 以上
			T8A、T10A	淬火＋回火	55HRC 以上
			9Mn2V、CrWMn、9SiCr、Cr12	淬火＋低、中温回火	55HRC 以上
			3Cr2W8V、35CrMo	淬火＋高温回火并氮化	42～44HRC
推出机构零件	推杆、推管	有一定强度且比较耐磨	T10A、T8A	淬火回火,端部淬火杆部调质	52～55HRC,端部40HRC 以上,杆 225HBS 以上
	推板、推块、复位杆		45	淬火＋回火	43～48HRC
	推杆固定板		45、Q235A	—	—

续表

模具零件类别	零件名称	主要性能要求	选用钢材,热处理及使用硬度		
模板零件	支撑板、模套、锥模套	较好的综合力学性能	45	淬火+回火	43～48HRC
			45	调质处理	230～270HB
	动、定模座板，动、定座板，脱浇板、固定板		45、Q235A	—	230HB～270HB
	推件板		45	调质处理	230～270HB
抽芯机构零件	斜导柱、滑块、斜滑块、弯销	有一定强度和比较耐磨	T10A、T8A	淬火+回火	54～58HRC
	楔紧块		T10A、T8A		54～58HRC
			45		43～48HRC
定位零件	定位圈	—	45	—	
	定位螺钉、限位钉、限制块		45	淬火+回火	43～48HRC
其他零件	加料圈、柱塞	—	T10A、T8A	淬火+回火	50～55HRC
	手柄、套筒		Q235A	—	—
	喷嘴、水嘴		45、黄铜	—	—
	吊钩		45	—	—

5.4 塑料模具的热处理

5.4.1 塑料模具的制造工艺路线

选用不同品种钢材作塑料模具，其化学成分和力学性能各不相同，因此制造工艺路线亦不同；同样，不同类型塑料模具钢采用的热处理工艺也是不同的。下面主要介绍塑料模具的制造工艺路线。

(1) 低碳钢及低碳合金钢制模具

例如 20、20Cr、20CrMnTi 等钢的工艺路线为：下料→锻造模坯→退火→机械粗加工→冷挤压成形→再结晶退火→机械精加工→渗碳→淬火、回火→研磨抛光→装配。

(2) 高合金渗碳钢制模具

例如 12CrNi3A、2CrNi4A 钢的工艺路线为：下料→锻造模坯→正火并高温回火→机械粗加工→去应力退火→精加工→渗碳→淬火、回火→研磨抛光→装配。

(3) 调质钢制模具

例如 45、40Cr 等钢的工艺路线为：下料→锻造模坯→退火→机械粗加工→调质→机械精加工→修整、抛光→装配。

(4) 碳素工具钢及合金工具钢制模具

例如 T7A～T10A、CrWMn、9SiCr 等钢的工艺路线为：下料→锻成模坯→球化退火→机械粗加工→去应力退火→机械半精加工→机械精加工→淬火、回火→研磨抛光→装配。

(5) 预硬钢制模具

例如 5NiSCa、3Cr2Mo（P20）等钢。对于直接使用棒料加工的，因供货状态已进行了预硬化处理，可直接加工成形后抛光、装配。对于要改锻成坯料后再加工成形的，其工艺路线为：下料→改锻→球化退火→机械粗加工→预硬处理（34～42HRC）→机械半精加工→去应力退火→机械精加工→抛光→装配。而改锻后则必须进行预硬处理。

（6）时效硬化型钢制模具

时效硬化型钢制模具的工艺路线为：下料→锻造模坯→固溶处理→机械粗加工→时效处理→机械精加工→修整、抛光→装配。

了解模具的制造工艺路线之后，再了解各工序的内涵，特别是不同时段的热处理工艺，就能掌握模具的加工制造，能将相关专业知识连接起来。

5.4.2 塑料模具材料的热处理

（1）渗碳型塑料模具钢的热处理

为使塑料模成型件或其他摩擦件有高硬度、高耐磨性和高韧性，在工作中不致脆断，所以要选用渗碳钢制造，并进行渗碳、淬火和低温回火。渗碳钢塑料模的热处理特点如下。

① 对于有高硬度、高耐磨性和高韧性要求的塑料模具，要选用渗碳钢来制造，并把渗碳、淬火和低温回火作为最终热处理。

② 对渗碳层的要求，一般渗碳层的厚度为0.8～1.5mm，当压制含硬质填料的塑料时模具渗碳层厚度要求为1.3～1.5mm，压制软性塑料时渗碳层厚度为0.8～1.2mm。有些模具有尖齿、薄壁，渗碳层厚度可取0.6～0.8mm。若采用碳、氮共渗，则耐磨性、耐腐蚀性、抗氧化、防粘性就更好。渗碳层的含碳量为0.7%～1.0%为最好。碳含量过高就会使残余奥氏体量增加，抛光性能变差。渗碳组织中不应该有粗大的未溶碳化物、网状碳化物、晶界内氧化和过量残余奥氏体。

③ 渗碳温度一般在900～920℃，复杂型腔的小型模具可取840～860℃中温碳氮共渗。渗碳保温时间为5～10h，具体应根据对渗层厚度的要求来选择。渗碳工艺以采用分级渗碳工艺为宜，即高温阶段（900～920℃）以快速将碳渗入零件表层为主；中温阶段（820～840℃）以增加渗碳层厚度为主，这样在渗碳层内建立均匀合理的碳浓度梯度分布，便于直接淬火。渗碳层介质可选用固体渗碳剂，即外购质量分数为5%碳酸钡的低活性渗碳剂。固体渗碳开箱后直接淬火在高温下操作有困难，淬火温度也难控制，因此，多采用随渗碳层箱空冷后，重新加热。对于优质渗碳钢模具，也可采用气体分级渗碳，并且渗碳后，可直接空冷淬火。例如用12CrNi3A、12CrNi4A、18CrNi4WA等钢制作的模具，即可用此方法。但应注意此工艺会使型腔表面氧化，应在通入压缩氨气的“冷井”中空冷，以保护表面，防止氧化。用20Cr钢和工业纯铁、DT1、DT2等制作的小型精密模具，但用渗碳淬火处理硬度和耐磨性往往不够，但用中温碳、氮共渗后，直接淬入100～120℃的热油中冷却，则硬度提高，变形微小，（详见6.1.1）。

④ 渗碳后的淬火工艺按钢种不同，渗碳后可分别采用：重新加热淬火；分级渗碳后直接淬火（如合金渗碳钢）；中温碳氮共渗后直接淬火（如用工业纯铁或低碳钢冷挤压成形的小型精密模具）；渗碳后空冷淬火（如高合金渗碳钢制造的大、中型模具）。

（2）淬硬型塑料模具钢的热处理

型腔表面要求耐磨，抗拉、抗弯强度要求又高的塑料模具，热处理时要求考虑以下两点。

首先，形状比较复杂的模具，在粗加工以后即进行热处理，然后进行精密机械加工。因此要保证热处理时只有最小限度的变形，对于精密模具，变形应小于0.05%。

其次，注意保护型腔面的光洁程度，因此应力求通过热处理，使金属内部组织达到均匀。

为达到以上要求，在热处理时应采取适当的工艺措施。在淬火加热时，应保证型腔表面不氧化、不脱碳、不侵蚀、不增碳、不过热。如表面脱碳，淬火后硬度不足，耐磨性下降。如表面增碳，在抛光时出现橘皮状，既不易抛光，又不耐侵蚀。为防止出现上述弊病，应在保护气氛炉中或在严格脱氧后的盐浴炉中加热。考虑模具多是单件生产，若采用普遍箱式电阻炉加热，应在模腔面上涂保护剂，其保护效果也较理想。

在淬火加热时，为减小热应力，要控制加热速度。特别对于合金元素含量多，传热速度较慢的高合金钢和形状复杂、断面厚度变化大的模具零件一般要经过2～3级的阶段升温。

在淬火冷却时，为减小冷却变形，在控制冷却速度大于该钢的临界淬火冷却速度的前提下，应尽量缓冷。如对合金钢多采用热浴等温淬火，或者预冷淬火等。淬硬型塑料模具钢推荐的淬火加热温度见表5-48。

表5-48 塑料模具常用淬硬钢淬火加热温度 ℃

钢号	预热温度	加热温度	恒温预冷
T7A	未入盐浴加热前均应在箱式炉中经过250～300℃烘烤1～1.5h；若用箱式炉加热淬火，则加热温度普遍要提高10～20℃	780～800淬火 810～830碱浴	730～750
40Cr		820～860	760～780
T10A		780～880淬火 880～820碱浴	730～750
Cr2、GCr15		820～840	730～750
9Mn2V		780～880	730～750
9CrWMn、MnCrWV		800～820	730～750
5CrNiMo		840～860	730～750
5CrW2Si		860～880	
Cr12MoV	800～820(注意型腔保护)	960～980	830～850

塑料模具淬火冷却介质的选择见表5-49。

表5-49 塑料模淬火冷却介质

钢 种	硬度范围/HRC	冷却介质
Cr12MoV、Cr6WV、45Cr2NiMoVSi	50～60	二元硝盐，气冷
合金结构钢 合金工具钢	52～56	中温碱浴，加油 二元硝盐，气冷
碳素工具钢	45～50	三元硝盐
	52～56	低温碱浴

淬火后应及时回火，回火温度一定要高于模具的工作温度，并且要避开可能出现回火脆性的温度区间。回火时间应足够长，以免因回火不充分使模具工作时出现堆塌变形。回火时间长短由模具的材料和断面尺寸而定，但至少要在40～60min以上。

(3) 预硬型塑料模具钢的热处理

预硬钢是以预硬态供货的，一般不需要热处理直接加工使用。但有时需要对供材进行改锻，改锻后的模坯必须进行热处理。

预硬钢的预先热处理通常采用球化退火，目的是消除锻造应力，获得均匀的球状珠光体组织，降低硬度，提高塑性，改善模坯的切削加工性能或冷挤压成型性能。表 5-50 为部分预硬化钢的退火工艺，供参考。

表 5-50 部分预硬钢的退火工艺

钢 号	退火工艺规程	硬度/HBS
3Cr2Mo	760～790℃加热保温后以<8℃/h缓冷	183～217
3Cr2NiMo	750～780℃加热保温,650～700℃等温2～4h,炉冷至500℃出炉空冷	≤225
5NiSCa	760～780℃加热保温2～4h,炉冷至680～700℃等温4～6h,炉冷至550℃出炉	≤229
8Cr2MnWMoVS	790～810℃加热保温2h,炉冷至700℃等温4～6h,炉冷至550℃出炉空冷	≤229
SM1	800℃加热2h,炉冷至680℃等温3～4h,炉冷至550℃出炉空冷	≤200

预硬钢的预硬处理工艺简单，多数采用调质处理。由于这类钢的淬透性良好，淬火时可采用油冷、空冷或硝盐分级淬火。为满足模具的各种工作硬度要求，高温回火的温度范围很宽。调质后获得回火索氏体组织，硬度均匀。表 5-51 为部分预硬钢的预硬处理工艺，供参考。

表 5-51 部分预硬钢的预硬处理工艺

钢 号	加热温度/℃	冷 却 方 式	回火温度/℃	预硬硬度/HRC
3Cr2Mo	830～840	油冷或160～180℃硝盐分级	580～650	28～36
3Cr2NiMo	830～860	油冷或硝盐分级	550～650	35～41
5NiSCa	880～930	油冷	550～680	30～45
8CrMnWMoVS	860～900	油冷或空冷	550～620	42～48
SM1	830～850	油冷	620～660	36～42

（4）时效型塑料模具钢的热处理

时效硬化钢的热处理工艺分两步基本工序。首先进行固溶处理，即把钢加热到高温，使各种合金元素溶入奥氏体中，完成奥氏体后淬火获得马氏体组织。第二步进行时效处理，利用时效强化达到最后要求的力学性能。固溶处理加热一般在盐浴炉和箱式炉中进行，加热时间分别可取 1min/mm 和 2～2.5min/mm，淬火采用油冷，淬透性好的钢种也可空冷。如果锻造模坯时能准确控制终锻温度，锻造后可直接进行固溶淬火。

时效处理最好在真空炉中进行，若在箱式炉中进行，为防模腔表面氧化，炉内须通入保护气体，或者用氧化铝粉、石墨粉、铸铁屑，在装箱保护的条件下进行时效。装箱保护加热要适当延长保护时间，否则难以达到时效效果。

18Ni 类钢的固溶处理温度、时效处理温度可参考表 5-52，其他时效硬化型塑料模具钢的热处理规范可参照表 5-53。

表 5-52 18 Ni 类钢的热处理规范

钢号	固溶温度/℃	时效温度/℃	时效硬度/HRC	时效强度/MPa
18Ni(250)	815～830	480±5	50～52	1850
18Ni(300)	815～830	480±5	53～54	2060
18Ni(350)	815～830	510±5	57～60	2490

表 5-53 部分时效硬化钢的热处理规范

钢号	固溶处理工艺	时效处理工艺	时效硬度/HRC
06Ni	800～850℃油冷	(510～530℃)×(6～8h)	43～48
PMS	800～850℃空淬	(510～530℃)×(3～5h)	41～43
25CrNi3MoAl	880℃水淬或空冷	(520～540℃)×(6～8h)	39～42
SM2	900℃×2h 油冷＋700℃×2h	510℃×10h	39～40
PCR	1050℃固溶空冷	(460～480℃)×4h	42～44

5.4.3 塑料模具材料热处理实例

【实例 1】 12CrNi3A 钢制对开胶木模的热处理

该模具形状和最终热处理工艺如图 5-23 所示。模具采用 910℃恒温渗碳，保温后随炉（气体渗碳）或随箱（固体渗碳）降温到 800～850℃，取出悬挂或架空摆放，用风扇冷却至室温。对于模膛抛光性要求高的也可以悬挂于通有压缩氨气的冷却井中冷却。风冷淬火后在 200～250℃回火 2～4h，处理后硬度为 53～56HRC，变形轻微，对合面间隙小于 0.05mm。

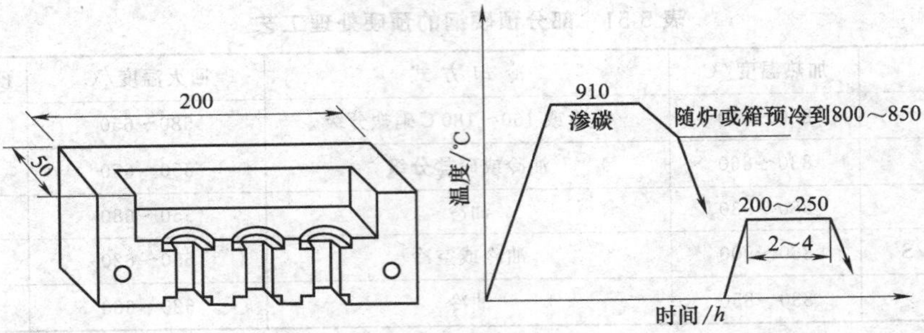

图 5-23 12CrNi3A 钢制胶木模及最终热处理工艺

【实例 2】 25CrNi3MoAl 钢制表面有光刻花纹的精密塑料模的热处理

25CrNi3MoAl 钢的热处理可分三部分。

(1) 第一次固溶处理（也叫淬火）

获得细小的板条状马氏体，提高钢的强韧性。奥氏体化温度愈高，保温时间愈长，固溶处理后的硬度愈低，板条状马氏体粗大。

(2) 第二次固溶处理（也叫回火）

目的是使马氏体分解又不使 NiAl 相脱溶析出。25CrNi3MoAl 钢经第二次固溶处理后，淬火马氏体分解转变成回火马氏体。第二次固溶处理温度取 650～680℃。随着回火温度的升高和回火时间的延长，硬度逐渐下降。在 680℃回火 4h，硬度降到 28HRC；680℃回火 6h，硬度降到 23HRC。此时极易切削加工。

(3) 时效处理

目的是使 NiAl 相析出而强化。时效工艺：510～538℃，20～24h。25CrNi3MoAl 钢时效变形率可控制在 0.05%以下（收缩），如果在机加工后加消除应力处理，变形还可进一步减少到 0.01%～0.02%。

时效硬化型钢制的模具零件还可通过渗氮处理进一步提高耐磨性、抗咬合能力和模具使用寿命。

25CrNi3MoAl 钢的渗氮温度可取与时效温度相同（510～525℃），渗氮时间 20～24h。渗氮结果：有效渗氮层深度约 0.15mm。

25CrNi3MoAl 钢如果也取渗氮温度与时效同一温度（520～540℃），同样可获得最佳硬度、强度和较高的韧性，渗氮层深度约 0.2mm。渗氮层表面硬度可高达 1100HV。

【实例 3】 P20＋Ni 钢的热处理

P20＋Ni 钢的供应硬度：280～325HBS，采用如下热处理工艺。

退火工艺：加热温度 710～740℃，炉冷，硬度≤265HBS。

淬火：奥氏体化温度 840～870℃，必须预热，预热温度约 650℃。形状复杂、尺寸厚薄不均者最好二次预热，第一次约 400℃预热，保温时间按 0.5～1.0min/mm 计算。经预热后的淬火保温时间按 0.5min/mm 计算。为使合金元素充分溶入奥氏体，保温时间应足够。

冷却：油冷或 180～220℃热浴分级淬火，以热浴为好。热浴冷却保温时间以模具整个截面温度均匀为度，然后出炉空冷到 80℃左右立即回火。

回火：回火温度根据硬度要求而定。不同温度回火后的硬度见表 5-54。

表 5-54　P20＋Ni 钢回火温度与硬度关系

回火温度/℃	100	200	300	400	500	600	700
硬度/HRC	51	50	48	46	42	36	28
抗拉强度 σ_b/MPa	1730	1670	1570	1480	1230	1140	920

回火加热时应缓慢升温，回火保温时间按壁厚 1h/20mm 计算，但不得小于 2h，空冷。

渗氮：可提高耐热疲劳强度，降低摩擦系数（抗咬合），延长模具使用寿命。以离子渗氮或气体渗氮为宜（干净）。有效渗氮层深度以 0.2～0.3mm 为宜。硬度 550～800HV，渗氮后不宜研磨，以免渗氮层磨掉。

焊接：焊接时须预热至 400～500℃后，进行焊接。焊接后及时消除应力退火，工艺为 600～650℃，充分保温后炉冷。

镀铬：该钢可以镀铬，镀铬后应立即进行去氢退火。去氢退火工艺：加热温度 180～200℃，保温时间 2～4h。

【实例 4】 PMS 钢制磁带内盒模及其热处理

PMS 钢的锻造加热温度为 1130～1160℃，始锻温度 1100～1150℃，终锻温度 850℃，锻后缓冷。固溶处理的加热温度为 840～860℃，用箱式电炉加热时加热系数为2.5min/mm，固溶后空冷至室温，硬度为 30～35HRC。在固溶状态下进行机械加工。刨削加工可采用常规的加工速度和切削量，可得到低的表面粗糙度和良好的光亮度，但由于 PMS 钢的韧性好，在大走刀量和吃刀深度较大时易烧刀。铣削可采用高速钢立铣刀加工。磨削加工和电加工性能亦较好。模具在加工成形后，在 490～500℃下进行时效处理，保温时间 6h。时效后硬度为 38～45HRC，变形率小于 0.05%。录音磁带内盒模具的表面粗糙度一般要求低于 Ra0.025～0.012μm，光亮度比 45 钢有明显提高，且抛光时间缩短一半以上。

5.5　塑料模具的表面处理

为了提高塑料模表面耐磨性和耐蚀性等，常对其进行适当的表面处理。塑料模镀铬是一种应用最多的表面处理方法。镀铬层在大气中具有强烈的钝化能力，能长久保持金属光泽，在多种酸性介质中均不发生化学反应。镀层硬度达到1000HV，因而具有优良的耐磨性。镀铬层还有较高的耐热性，在空气中加热到500℃时其外观和硬度仍无明显变化。

渗氮具有处理温度低（一般为550～570℃），模具变形甚微和渗层硬度高（可达1000～1200HV）等优点，因而也非常适合塑料模的表面处理。含有铬、钼、铝、钒和钛等合金元素的钢种比碳钢有更好的渗氮性能，用作塑料模具材料时进行渗氮处理可大大提高耐磨性。

适于塑料模的表面处理方法还有：渗氮共渗、化学镀镍、离子镀氮化钛、碳化钛或碳氮化钛，PCVD法沉积硬质膜或超硬膜等。

复习思考题

1. 各类塑料模具对所使用的材料应有哪些基本性能要求？
2. 常用的渗碳型塑料模具钢有哪些？它们的应用范围有什么不同？
3. 常用的调质型塑料模具钢有哪些？它们的应用范围有什么不同？
4. 常用的预硬型塑料模具钢有哪些？它们的应用范围有什么不同？
5. 时效型塑料模具钢的性能特点和热处理特点有哪些？
6. 简述PMS钢的工艺性能。
7. 选择塑料模材料的依据有哪些？请为下列工作条件下的塑料模选用材料：

① 形状简单，精度要求低、批量不大的塑料模；

② 高耐磨、高精度、型腔复杂的塑料模；

③ 大型、复杂、产品批量大的塑料注射模；

④ 耐蚀、高精度塑料模具。

8. 各类塑料模的工作条件如何？塑料模的失效形式主要有哪些？
9. 试述塑料模具的成本。
10. 今有一塑料制靠背椅（整体件），工作面要求光洁，无划痕，局部有细花皮纹，年产量45万件，试选用模具（型腔件）的钢材品种，并提出热处理工艺路线及其编制理由。

第6章

模具表面强化技术

表面强化是机械制造中常用的一种工艺方法，其目的在于使工件整个或部分表面获得较高的力学性能和物理性能，如硬度、耐磨性、耐疲劳性、导热性、耐热疲劳性与抗蚀性等，并能增加美观，而心部或其他部分仍具有良好的综合性能。对模具工作零件进行表面处理的目的是在基体材料原有性能的基础上再赋予新的性能。这些性能主要有：耐磨性、抗黏附性、抗热咬合性、耐热疲劳、耐疲劳强度、耐腐蚀性等。

表面强化按其处理温度范围，可分为低温、中温和高温处理三大类。镀铬、发黑、低温电解渗硫等属低温处理，处理温度低于300℃；渗氮、氮碳共渗、发蓝等属于中温处理，处理温度在450～600℃之间；渗铬、渗碳、渗硼、碳氮共渗、碳氮硼三元共渗、铬铝硅三元共渗、CVD和PVD处理、TD处理、电火花表面强化、堆焊等属于高温处理，处理温度高于750℃。

模具工作零件表面强化处理按其原理可以分为三种：第一种是改变表面化学成分的化学处理强化方法，如渗碳、渗氮、渗铬和渗硼以及多元共渗等；第二种是各种涂层的表面涂覆处理，如堆焊、镀硬铬、超硬化合物涂层等；第三种是不改变表面化学成分的强化处理，如火焰淬火、喷丸强化等。

模具种类很多，主要有冷作模具、热作模具和塑料模具。由于服役条件及被加工材料的性质、规格不同，因而对表面强化的要求也各有特点。

① 冷作模具表面强化的主要目的是提高耐磨性，常常采用氧化、磷化、渗硫和镀硬铬等表面化学处理工艺。

热作模具的表面强化层，除要求提高高温耐磨性外，还要求具备一定的热强性、耐热疲劳性、抗氧化性、抗蚀性和抗黏附性。热作模具钢的表面强化处理，并不要求得到过高的表面硬度。但希望获得强化层与基体有高的结合强度和相近的线胀系数，强化层本身也要有一定的强韧性和耐热性，而且层深也要求较厚。目前在热锻模方面，镀铬、碳氮共渗、气体软氮化、氧化、TiC沉积及TD法应用较多。

在压铸模方面，表面强化处理一般有硫氮共渗、离子氮化、气体软氮化、渗硫、渗铬、渗铝、渗硼、磷化和氧化等，其中以渗硼、磷化和氧化工艺较为成熟。

② 塑料模具的工作条件是受热（200～300℃）、受压力、受腐蚀性气体的腐蚀、摩擦等。塑料模具表面对强化的要求是耐腐蚀、耐磨损和容易抛光，并且适宜多次修整、抛光。一般的强化工艺有渗氮、镀铬、镀镍磷合金、在表面沉积碳化物或氮化物等。

6.1 表面热处理技术

6.1.1 渗碳

6.1.1.1 渗碳的基本原理

为了增加钢件表层的含碳量和一定的碳浓度梯度，将钢件在渗碳介质中加热并保温，使碳原子深入表层的化学热处理工艺称为渗碳。渗碳是将钢件加热到奥氏体状态，进行渗碳及扩散，其后经淬火＋低温回火得到具有高硬度和高耐磨性的表面渗碳层和高的强韧性的心部组织。生产上所采用的渗碳温度一般在 900～950℃间进行，渗碳深度一般在 0.5～1.5mm 范围内。大量的实验结果和工程实践表明，渗碳层中碳质量分数为 0.85％～1.10％时最好，渗碳层硬度不低于 56HRC，对于一些采用合金钢制造的工件，渗碳层表面硬度应不低于 60HRC。非渗碳层表面及工件心部硬度取决于工件的材料和热处理工艺。

渗碳是在具有增碳能力、含活性剂碳原子的介质中进行的。在一定的条件下，能使工件表面增碳的介质称为渗碳剂。按所用渗碳剂的不同，渗碳分为固体渗碳、液体渗碳和气体渗碳三种。

近年来，新发展了真空渗碳、离子渗碳和碳氮共渗等工艺，可以达到常规渗碳难以达到的质量效果，而且周期短、能耗低、无污染。

6.1.1.2 影响渗碳质量的因素

影响渗碳质量的因素主要有渗碳温度、保温时间、渗碳气氛碳势、钢的成分等。

① 渗碳温度。渗碳温度升高，铁原子的自扩散过程加剧，使钢的表面脱位原子和空位数量增加，有利于碳的吸收和扩散，使渗碳速度加快，因而获得一定渗碳层厚度所用的时间也越短。当温度超过一定值时，碳的扩散速度将大于在工件表面的吸收速度，这时渗碳层表面的碳浓度就要下降。此外渗碳温度过高会造成钢的晶粒长大、工件畸变增大、设备寿命降低等负面效应。

② 保温时间。渗碳层的厚度主要取决于渗碳温度和保温时间。随着时间的延长，渗碳层的厚度增加，渗碳速度也逐渐降低。

③ 渗碳气氛碳势。对于一定成分的钢，其表层中碳浓度开始下降的极限渗碳温度与渗碳剂的成分有关，渗碳剂活性强，表面层中碳浓度下降的极限温度越高。因此，在较高温度下渗碳时，为了保证表层碳浓度不致下降，必须采用活性较大的渗碳剂，或增减渗碳剂的供给量。

④ 钢的成分。工件中所含有的合金元素对渗碳层内碳的浓度、渗碳层的厚度、渗碳层的淬硬深度、表面硬度、渗层组织、渗层和工件心部的晶粒度等都有一定的影响。凡是能形成碳化物的元素，如铬、钨、钼等，都能增加渗碳层的含碳量；而不能形成碳化物的元素，如镍等，将使渗碳层的含碳量减少。

例如：铬可以提高渗碳层的碳浓度，并且在大多数情况下，能增大渗碳层的淬硬深度。但当钢在高温下停留时间过长时，铬会引起晶粒的急速长大。镍可使渗碳层中的含碳量降低，并使渗碳层厚度略微减小，但可以增加渗碳层淬硬的深度，阻止晶粒的长大，增加心部的韧性。锰能加速渗碳过程，并使渗碳层均匀，但是，渗碳时间过长时，将使中心晶粒易于长大，并略微增加渗碳后淬火时的过热敏感性。钼可以增加渗碳层的含碳量和渗碳层淬硬的深度，降低钢的过热敏感性，但易于使渗碳层出现反常组织。钨能减小渗碳层的厚度，增加渗碳层中的含碳量，降低钢的过热敏感性，但易于使钢出现反常组织。钒能略微增加渗碳层中的含碳量而减小渗碳层的厚度。

6.1.1.3 渗碳方法

常用的渗碳方法有气体渗碳、真空渗碳和离子渗碳等。

(1) 气体渗碳

将气体渗碳剂通入或滴入高温的渗碳炉中，进行裂化分解，产生活性碳原子，然后渗入工件的表面，这种在能够产生活性碳原子的气体介质中进行的加热渗碳称为气体渗碳。

常用的气体渗碳剂有两大类：一类是碳氢化合物的有机液体，如煤油、苯、甲苯、丙酮等，使用时采用滴入法；另一类是气体，可以直接通入渗碳炉，如天然气、丙烷和吸热式可控气氛等。

为了保证渗碳零件的质量和工艺的高效率和效益，必须正确选择和控制渗碳工艺参数。主要工艺参数有渗碳温度和保温时间、炉气的换气次数和碳势的选定与控制等。

① 渗碳温度。气体的渗碳温度一般为880～930℃，而以采用920～930℃居多。较低渗碳温度有利于减小渗碳零件的变形和浅层渗碳时渗碳层深度和碳浓度的控制；较高的渗碳温度可以加快渗碳速度，缩短渗碳周期，节约能源。但渗碳温度过高容易使碳化物呈网状，并使晶粒长大，降低力学性能。因此，多数零件的渗碳温度为920℃左右。

② 保温时间。气体渗碳的保温时间主要取决于渗碳温度和要求渗碳层的厚度。当温度一定时，渗层深度δ与保温时间t的平方根成正比

$$\delta = K\sqrt{Dt} \tag{6-1}$$

式中，D为扩散系数，K为常数，须由实验确定。由式（6-1）计算出的渗碳时间只能供操作时参考，工件何时出炉需要采用在渗碳过程中抽样检查的方法来确定。在渗碳时，应随零件装入若干个试样，定时抽取试样，检测渗碳层深度和渗层含碳的质量分数，并与零件渗碳要求的技术指标比较，确定出炉时间或调整工艺参数。

③ 炉气的换气次数。炉内的渗碳气氛要不断更换，以保持炉气的活性。换气次数等于单位时间送入炉内渗碳气体的量除以炉膛的容积。换气次数多，炉气活性大，但是渗碳剂量和电耗增大。通常炉气的换气次数≥2，同时要保证炉内气压为正压，以防炉外空气窜入炉内，破坏渗碳气氛。

④ 碳势的选定与控制。渗碳过程中，炉气碳势高，则渗碳件表面含碳量的质量分数高，碳浓度梯度大，因而可以提高渗碳速度。但是，过高的碳势会在渗碳层出现网状碳化物，使渗碳层脆性增大。为此，在渗碳工艺上采用分段控制碳势的工艺方法，把渗碳时间分为两段：第一阶段采用较高的碳势进行强渗，称为强渗期；第二阶段选择较低的碳势，碳原子由渗层表面向内扩散。以降低渗层表面含碳量并增加渗层深度，称为扩散期。有时不仅在强渗期和扩散期采用不同的碳势，而且还采用不同的温度，通常是强渗期选用较低温度，而扩散期采用较高温度，这更有利于把渗碳速度和渗碳质量结合起来。

在渗碳过程中可以通过观察炉中排出废气燃烧的火苗来判断渗碳过程进行的是否正常。在正常情况下，废气火苗呈杏黄色，没有黑烟或火星，火苗长约100～150mm。火苗中出现火星，是因为炉内炭黑过多；火苗过长，尖端外缘出现火星，是因为渗碳剂供给量太多；火苗过短，外缘呈浅蓝色并有透明感，则是因为渗碳剂供给不足或炉子漏气。

气体渗碳后，对一般的工件可以随炉冷却到850℃左右后吊出，直接在油中淬火。对于

要求较高的工件，则应到冷却箱进行冷却或在空气中冷却。

模具的凸模、凹模等工作零件，在渗碳前需将不需要渗碳的部位保护起来，常有的保护方法有镀铜法、填塞法、涂料法等。

(2) 真空渗碳

真空渗碳时被处理的工件在真空中被加热到奥氏体化，并在渗碳气氛中渗碳，然后扩散、淬火。真空渗碳也是由分解、吸收和扩散三个阶段组成。由于渗碳前是在真空下加热，钢材表面很干净，非常有利于碳原子的吸附和扩散。它是在高温渗碳的基础上发展起来的。与气体渗碳相比，真空渗碳具有工艺周期短、气体消耗量小、渗层质量好、工件质量好、工件变形小、对环境污染小、自动化程度高、劳动条件好等优点。

真空渗碳的主要工艺参数包括：渗碳温度、真空度、渗碳时间、扩散时间以及周期数等。

① 渗碳温度。真空渗碳温度可以较高，一般在900～1100℃之间，这是因为真空加热可以不考虑工件的氧化问题。高的渗碳温度，可以提高渗碳速度，缩短渗碳时间。当零件外形简单、要求渗层较深且变形量要求不严格时，可采用高温渗碳（1040℃）。当零件外形复杂、变形要求严格、渗层深度要求均匀时，则采用较低的渗碳温度（980℃以下）。

② 真空度。真空度的选择包括起始真空度、渗碳时炉内气氛真空度、扩散阶段的真空度等。装炉后，以防止工件加热氧化并活化零件表面，故宜采用较高的真空度（1.33～0.33Pa）。零件渗碳时，炉内真空度低，则碳势高，渗碳能力强，通常选定在4×10^4Pa。扩散阶段的真空度通常定在13.3Pa，其目的是排除炉内渗碳气氛，降低碳势，并借助碳原子由渗层表面向里扩散，降低渗碳层的碳浓度梯度，增大渗层厚度。

③ 渗碳时间。真空渗碳时间与气体渗碳的保温时间一样，取决于渗碳温度和要求渗碳层的深度。

④ 扩散时间。渗碳时间和扩散时间的比值称为渗扩比。它是真空渗碳调整渗碳层的碳浓度和碳浓度梯度的主要工艺参数。在炉气真空度一定的条件下，渗扩比大，则渗碳层的碳浓度高，碳浓度梯度大，渗碳层性能过渡不均匀，但是渗碳速度快。

(3) 离子渗碳

离子渗碳的工艺原理是在压力低于10^5Pa的渗碳气氛中，利用工件（阴极）和阳极间产生的辉光放电进行渗碳的工艺。当阴极（工件）与阳极（炉体）之间加上高压直流电时，炉体内的低压渗碳气体在高压电场的作用下发生电离，电离成带正电的C^+、H^+离子和电子。在高压电场的作用下定向移动，以极快的速度轰击阴极（工件）并吸附于工件表面，并在工件表面发生一系列的物理化学现象，形成渗层。

离子渗碳具有高浓度渗碳、深渗层渗碳以及对于烧结和不锈钢等难渗碳件进行渗碳的能力，且渗碳速度快，渗层碳浓度和深度容易控制，渗层致密性好，无晶界氧化，表面清洁光亮，畸变小，处理后的工件耐磨性和疲劳强度比常规渗碳件高。

离子渗碳的一半介质为高纯度甲烷或丙烷。其主要工艺参数有渗碳温度、渗碳时间、渗碳介质、炉内气压、辉光放电电压与电流密度等。

6.1.1.4 渗碳实例

模具采用渗碳工艺进行表面强化主要体现在两个方面：一方面用于低、中碳钢的渗碳。例如，塑料制品模具的形状复杂，表面光洁度要求高，常用冷塑性变形性能比较好的塑料模具钢（20、20Cr、12CrNi3A等）通过冷挤压反印法来制造模具的型腔，再进行渗碳处理。

另一方面应用于热作模具及冷作模具的渗碳。

【实例】 基体钢 65Nb 制冷作模具时的真空渗碳

高碳合金冷作模具钢，如 Cr12MoV 的硬度高、耐磨性好，但韧性差。而基体钢的强韧性好，但耐磨性差，渗碳可使基体钢保持高强韧性的同时具有高的耐磨性，是提高基体钢冷作模具寿命的重要工艺方法之一。

模具材料选用基体钢 65Nb。按模具承受冲击力的大小，选择渗碳层的质量分数≤0.95%、≤1.25%和≤1.6%三者之一，不允许存在网状和块状碳化物。渗碳层厚度为 0.6mm 左右。渗碳设备为内热式小型真空渗碳炉。65Nb 钢制连杆挤压模真空渗碳工艺如图 6-1 所示。

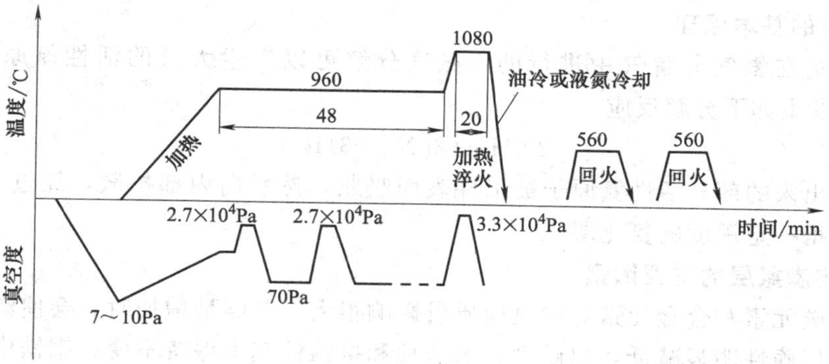

图 6-1 65Nb 钢制连杆挤压模的真空渗碳工艺

真空渗碳工艺要点：渗碳介质采用体积分数为 70%甲烷＋30% H_2 作为稀释气。起始真空度低，有利于防止零件加热时氧化和较快提高炉气碳势，其值通常为 1.33Pa。炉内充入渗碳介质后其真空度下降，真空度低，则炉气碳势高，故应依据碳势要求确定强渗期内炉内真空度的大小，通常为 $(2.7\sim4)\times10^4$Pa。强渗时，炉压一定，强渗和扩散时间的比值决定渗碳层碳浓度的高低。渗扩比高，则渗碳层碳浓度也高。低浓度渗碳（渗碳层的质量分数≤0.95%）时，渗扩比为 1∶4～1∶5；中碳浓度渗碳（渗碳层的质量分数≤1.25%）时，渗扩比为 1∶2～1∶3 等。基体钢渗碳时，一般不会产生晶粒粗化，因此常常采用渗碳后直接淬火，为获得钢的红硬性，宜采用常规温度淬火、回火和回火次数。

65Nb 钢制模具，经渗碳、淬火、回火处理后的寿命，比不渗碳的约高 2.5 倍，比 Cr12MoV 钢制模具提高 7.5 倍。

渗碳主要用于承受很大冲击载荷、高的强度、好的抗脆裂性能和小型冷作模具和冷挤压成型的各类塑料模具。模具的使用硬度一般为 58～62HRC。

6.1.2 渗氮

渗氮是把钢件置入含有活性氮原子的气氛中，加热到一定的温度（一般是在 A_{c1} 以下），保温一定时间，使氮原子渗入工件表面的化学热处理工艺。渗氮的目的是提高工件的表面硬度、耐磨性、疲劳强度和耐腐蚀性能。按渗氮目的的不同分为强化渗氮和抗蚀渗氮。抗蚀渗氮是为了提高模具工作零件表面抗蚀性能；强化渗氮是为了提高模具工作零件表面的硬度、耐磨性和疲劳强度，同时还具有一定的抗蚀性能。

渗氮往往是工件加工工艺路线中的最后一道工序，渗氮后的工件至多再进行精磨或研磨。为了使渗氮工件心部具有良好的力学性能，在渗氮前须将工件进行调质处理，以获得回火索氏体组织。为了不影响模具的整体性能，渗氮温度一般不超过调质处理的回火温度，一般为 500～570℃。

渗氮处理温度低、变形小。模具渗氮后凹模与凸模的变形小，具有比渗碳更高的硬度，其硬度可达 1000～1200HV，具有较好的耐磨性、疲劳强度和抗蚀性，不需要再淬火，这是因为渗氮层表面形成了一层坚硬的氮化物。

渗氮的缺点主要是周期太长（一般气体渗氮的时间长达数十小时到几百小时）、生产率低、成本较高、渗氮层较薄（一般为 0.5mm 左右），且脆性大，不宜承受太大的接触应力和高的冲击载荷。此外，气体渗氮层要获得较高硬度、高耐磨性，还要求选用含合金元素铬、钼、铝的合金钢制造零件。

6.1.2.1 渗氮的基本原理

渗氮通常是在氨气分解气中进行的，氨气分解可以产生大量的活性氮原子。氨气在 400℃ 以上将发生如下分解反应：

$$2NH_3 \rightarrow 2[N] + 3H_2$$

氨气分解出来的部分活性氮原子被工件表面吸收，然后向内部扩散，经过一段时间后，工件表面即获得一定深度的氮化层。

6.1.2.2 影响渗氮层的主要因素

钢铁中的碳元素和合金元素对渗氮层质量影响很大。含碳量增加时，会使渗氮层含氮量下降，使渗氮层脆性明显减低，但硬度、耐磨性和抗蚀性基本保持不变。钢铁中的多数合金元素如 Al、Cr、Mo、Ti、V 等均可与氮形成硬度高、稳定性好的氮化物，具有更高的硬度和耐磨性。例如，碳钢渗氮层硬度大约为 600HV，而含铝合金钢 38CrMoAl 渗氮层硬度可达 1050HV。

渗氮温度是影响渗氮层质量的主要因素。渗氮温度低，氮原子在钢中扩散困难，容易形成一层很薄的高浓度、高硬度、高脆性的渗氮层。提高渗氮温度可以加速渗氮过程，但温度过高（大于 560℃时），渗氮层组织粗大，硬度降低，还将使心部组织变粗，硬度下降。渗氮温度升高使氨气分解率超过一定范围时，分解的大量氮原子迅速结合成氮分子，而不能被吸收，导致工件表面氮浓度、硬度降低。

6.1.2.3 渗氮方法

工件表面经渗氮处理，可以提高耐磨性和疲劳强度。常用的渗氮方法有气体渗氮、离子渗氮和真空渗氮等。

(1) 气体渗氮

气体渗氮工艺过程包括升温、保温渗氮和冷却三个阶段。

第一阶段为排气升温。通常采用先通氨气，排除渗氮箱中的空气后再升温，以防止零件升温时发生氧化。当测量的氨气分解率为零时，即表示箱内的空气已被排尽。

第二阶段保温。当渗氮箱内的温度达到要求的渗氮温度时，进入保温渗氮阶段。在保温渗氮阶段，应按工艺要求正确地调节、控制渗氮速度、氨气流量或氨的分解率，保持炉内压力的正确和稳定，并每隔半小时检测一次氨的分解率，保证炉内的氮势符合要求，使渗氮工艺正常进行。加热保温阶段应保持炉内正压为 20～40mm 油柱，以防止空气窜入炉内使工件氧化和破坏正常炉气。

第三阶段冷却。渗氮结束时，渗氮箱进入冷却降温阶段，但是仍应保持一定的氨流量并维持炉内正压，以预防零件氧化。当渗氮箱内的温度降低至低于 200℃时，即可停止供给氨气，开箱取出工件。

模具工作零件的气体渗氮多属于强化渗氮。强化渗氮按其加热方法可分为一段渗氮法、两段渗氮法和三段渗氮法。常见模具钢渗氮工艺规范见表 6-1。

表 6-1 部分模具钢的渗氮工艺规范

钢号	处理方法	渗氮工艺规范				渗氮层深度/mm	表面硬度
		阶段	渗氮温度/℃	时间/h	氨分解率/%		
30CrMnSiA	一段		500±5	25～30	20～30	0.2～0.3	>58HRC
Cr12MoV	两段	Ⅰ	480	18	14～27	≤0.2	720～860HV
		Ⅱ	530	25	36～60		
40Cr	一段		490	24	15～35	0.2～0.3	≥600HV
	两段	Ⅰ	480±10	20	20～30	0.3～0.5	≥600HV
		Ⅱ	500±10	15～20	50～60		
4Cr5MoV1Si	一段		530～550	12	30～60	0.15～0.2	760～800HV

（2）离子渗氮

离子渗氮是在一定的真空度下，利用工件（阴极）和阳极间产生的辉光放电现象进行的，所以又叫辉光离子渗氮。

① 离子渗氮的原理。在进行离子渗氮时，将经过严格清洗的工件置于真空容器即离子渗氮炉内的阴极盘上，真空度达到 6Pa 左右时，充入氨气（或一定比例的氮、氢混合气体），调节氨气的流量，使炉体内的压强保持在 1.3×10^2～1.3×10^3Pa 的范围内。当气压在 70Pa 左右时，以工件为阴极，以炉壁为阳极，也可在真空容器内相对一定的距离设置阳极，通入 400～1000V 的直流电，在高压电场作用下，氨气被电离成电子和氮和氢的正离子，具有高能量的氮离子以很大速度轰击工件表面，离子的动能转变为热能，使工件表面温度升高到 450～650℃；同时氮离子在阴极上获得电子后，还原成氮原子而渗入到工件表面，并向内扩散形成渗氮层。

② 影响离子渗氮的因素。

a. 渗氮介质。常用的离子渗氮介质有：NH_3、N_2+H_2、热分解氨等。NH_3 价格低廉，来源广泛，使用方便。但是利用氨气作为渗氮介质进行离子渗氮时，氨所分解的产物 N_2、H_2 的比例是一定的，氮势不能控制，因此不易控制渗氮层的组织。而且，氨气在炉内各处的分解情况不同，在靠近进气口分解率最低，进入抽气口时分解率最高，因此炉内各处的气体成分各不相同，会造成零件表面电流密度不均匀，使零件温度不均匀，最终导致渗氮层不均匀。热分解氨气是先将氨气高温分解为 1∶3 的氮氢混合气体，再通入离子渗氮炉内，这样可以避免直接用氨气作渗氮介质的缺点。N_2+H_2 作为渗氮介质的最大优点在于可以控制氮氢比，以调节渗氮气氛的氮势，容易控制渗氮层的组织。

b. 渗氮温度。一般随着渗氮温度的升高，无论是化合物层的厚度还是扩散层的厚度均会增加。但是这一规律仅在一定温度范围内是适用的，温度高于一定的温度后，化合物层会减薄。而且渗氮温度过高，工件变形增大。此外，渗氮温度还对深层表面硬度、化合物层的金相结构也有一定的影响。因此，渗氮温度一般选择在 450～650℃范围之内。

c. 渗氮时间。渗氮时间主要根据零件所要求的渗层深度、渗氮温度来确定，可以从几分钟到几十小时。一般工件要求渗层薄，时间短（10min～1h）。而结构件、模具要求渗层较深（0.3～0.6mm），时间较长（8～30h）。

d. 气体压力。离子渗氮时，气体压力影响辉光放电特性。气体压力高时，辉光收缩集中；气体压力低时，辉光漫散。气压范围一般为133～666Pa，生产常用266～532Pa处理机械零件，用133Pa处理高速工具钢。

e. 电压及电流密度。离子渗氮时的电压及电流密度主要决定于渗氮温度、工作气压、阴阳极距离等。一般在保温阶段，取电流密度为0.5～15mA·cm^{-2}，电压为500～700V。

③ 离子渗氮的特点。

离子渗氮的优点是：

a. 氮化速度快，生产周期短，一般只需几小时到20h左右；

b. 工件的变形比气体渗氮小；

c. 渗氮层质量高。离子渗氮能明显提高渗氮层的韧性和疲劳极限，所形成的化合物非常致密，抗蚀性、耐磨性、疲劳强度和其他机械性能均优于气体渗氮；

d. 氨气消耗量小，仅为气体渗氮的1/5～1/2；

e. 工件表面的氧化膜在处理时可通过溅射清洗除去，无需事先清洗，并且在不需要渗氮的部位用软钢板遮盖即可，方法简单。

缺点：设备比较复杂，成本高，对模具表面有小孔或沟槽的区域渗氮效果不好。

(3) 真空渗氮

真空渗氮是在压力为10～1.3×10^{-2}Pa的真空容器中，将零件加热到渗氮温度500～560℃之间，向炉内通入氨气，压力回升到9.1×10^{3}～6.5×10^{4}Pa，然后在该温度下保温，保温时间可根据工艺要求而定，保温时保持真空度在9.1×10^{3}～3.9×10^{4}Pa，保温结束，停止加热，再抽真空到65～1.3Pa，使零件在分解的氨气中冷却至200℃以下出炉。利用该方法对模具钢进行渗氮处理，可得到厚度为0.12mm的均匀渗氮层，显微硬度为1000～1100HV。真空渗氮与普通气体渗氮工艺相比，渗氮在真空条件下进行，可以改善渗氮层的质量，得到硬而不脆的渗层，缩短工艺时间，提高产品质量；与离子渗氮相比，真空渗氮无需复杂的电源。

6.1.2.4 渗氮实例

【实例】 Cr12MoV钢拉深模的离子渗氮

加工工件为蜗壳，材料是1mm厚的1Cr18Ni9Ti不锈钢板，采用Cr12MoV钢制造拉深的凸、凹模，寿命低，主要失效形式是咬合和磨损。采用在凹模表面涂润滑剂的方法，虽产品的表面质量有所改善，但不能明显减缓凹模表面的黏着磨损，后来对凹模进行了离子渗氮的表面强化处理，产品质量和模具寿命得到大幅度的提高。Cr12MoV钢凹模的工艺路线如下：锻造→球化退火→机加工→淬火、回火→精加工→离子渗氮→装配。

(1) 凹模的预先热处理

球化退火的作用是消除锻造残余内应力，改善组织，降低硬度，便于切削加工。其退火工艺是：860℃加热3h，在740℃保温4h进行退火。淬火和回火的操作是：淬火前在模具工作零件表面涂WAC-1型防氧化脱碳涂料，550℃预热40min，再加热到1030℃，保温30min，在油中淬火，然后在520℃回火1h。此时模具硬度为61HRC。

(2) 离子渗氮处理

离子渗氮在LD-60炉中进行，通入氨分解气，气压保持在(5～8)×10^{2}Pa的范围内，辉光放电电压为500～600V，电流密度为1mA·cm^{-2}。在500℃温度下，经5h渗氮，得到渗氮层总深度 0.12mm，渗氮硬度为 1200HV。

拉深凹模经淬火、回火、离子渗氮处理后，拉深工件质量大大提高，凹模表面不再有拉毛现象。凹模失效形式由原来的咬合、刮伤变为正常磨损，模具寿命由每件加工蜗壳 2000 件提高到 50000 件。

离子渗氮处理显著提高了拉深模的寿命，分析其原因，一方面是模具工作零件表面渗氮层有很高的硬度和耐磨性，更重要的是渗氮处理在凹模表面形成了一层化合物保护膜，大大降低了凹模表面与材料之间的摩擦系数；另一方面是化合物层降低了摩擦副之间的互溶性，避免了咬合的出现。

对于拉深凸模没有进行渗氮处理。凹模侧壁与板材之间的摩擦力不仅增大了拉深件传力区的拉应力，而且是产生咬合的原因之一，因此，应尽量降低。而凸模侧壁与板料之间的摩擦力可阻止板料在危险截面的变薄过程，有利于拉深的进行，不宜降低，况且原凸模的耐磨性明显高于凹模。

离子渗氮已逐渐取代气体渗氮，现广泛用于热锻模、冷挤压模、压铸模、冷冲模等。

6.1.3 渗硫

钢铁工件经渗硫处理后，可获得良好的减磨抗咬合性能。渗硫层实际上是铁与硫反应形成的硫铁化合物覆层。

低温电解渗硫应用较多。常见低温电解渗硫熔盐成分及工艺参数见表 6-2。

表 6-2 低温电解渗硫熔盐成分及工艺参数

序号	熔盐成分(质量分数)	工艺参数		
		温度/℃	时间/min	电流密度/A·dm^{-2}
1	75%KCNS,25%NaCNS	180～200	10～20	1.5～3.5
2	序号 1 盐,再加 0.1%$K_4Fe(CN)_6$,0.9%$K_3Fe(CN)_6$	180～200	0～20	1.5～2.5
3	73%KCNS,24% NaCNS,2% $K_4Fe(CN)_6$,0.07%KCN,0.03%NaCN; 通氮气搅拌,氮气流量 59m^3/h	180～200	10～20	2.5～4.5
4	60%～80%KCNS,20%～40%NaCNS,1%～4%K4Fe(CN)6SX 添加剂	180～200	10～20	2.5～4.5
5	30%～70%NH4CNS,30%～70%KCNS	180～200	10～20	2.5～4.5

电解渗硫的工艺过程为：工件→脱脂→热水洗→冷水洗→酸洗→水洗→热水煮→烘干→渗硫→冷水洗→热水洗→烘干→浸油。

电解渗硫所用盐浴各组分易与空气中的 CO_2 之间等反应形成沉渣而老化。一般盐溶中沉渣量为 3%～4%（质量分数）时，渗流层质量即显著降低。

电解渗硫前，工件必须除油，否则不仅会影响渗硫质量，而且还会污染盐浴。渗硫盐浴含水时，渗硫层的耐磨和抗咬合性能都将明显下降。所以工件渗硫前应烘干。新配制的盐浴或放置时间较长的盐浴也应空载加热 4～24h 充分脱水。

老化的旧盐回收后可与新盐按 1∶1 比例配制使用。旧盐按下述工艺回收：

旧盐→溶解于蒸馏水→过滤除渣→二次过滤除渣→加热（≤200℃，蒸发水分）→回收盐。

渗硫层是一种以 FeS 为主的硫铁化学反应覆层。在 250℃ 以下渗硫时，渗流层为 5～

$15\mu m$；500℃以上的盐浴渗硫，气相渗硫或离子渗硫层可达 $25\sim50\mu m$ 厚。渗硫层中有许多平均孔径为17nm的微孔，能吸附润滑油，使渗硫层具有良好的润滑减摩作用。易于变形的渗硫层还可在工件与工件之间起隔绝作用，避免金属与金属接触摩擦发热而造成咬死。

6.1.4 渗硼

渗硼是近代发展起来的一种新型热处理工艺，是指向钢或其他合金扩散渗入硼元素，以获得铁的硼化物的化学热处理工艺。该工艺已经逐渐成为广泛应用的表面扩散渗入处理工艺，在模具表面强化上的应用日渐增多。

6.1.4.1 渗硼原理

钢铁渗硼后，在表层获得FeB或FeB+Fe_2B构成的硼化物层。FeB和Fe_2B是十分稳定的化合物，具有高的硬度和良好的热硬性。钢铁材料渗硼后表面硬度很高，可达1300～2300HV，一般在800℃以下能保持高硬度，能可靠的工作，在冲击不大的情况下，其耐磨性优于渗碳和渗氮。在高温下，工件表面的铁硼化合物与氧反应，生产B_2O_3，使工件受到保护，经渗硼的工件在600℃以下抗氧化性好。渗硼层对盐酸、硫酸、磷酸、醋酸、氢氧化钠水溶液都具有较高的抗蚀性。另外，渗硼层对熔融铝、锌也具有一定的抗侵蚀性。

渗硼层的缺点是脆性较大，因为铁硼化合物本身是硬而脆的金属化合物，而且，硼化物很薄，与基体的结合方式只要是机械楔合，这种楔合方式很不牢固，加之不同硼化物之间与基体之间的比容、膨胀系数不同，在受力与温度变化的情况下，产生不利的残余应力，在承受较大冲击力时，容易剥落和开裂。

6.1.4.2 影响渗硼层质量的主要因素

钢材的化学成分、工艺参数以及工艺操作过程等对渗硼层质量都有重要的影响。

钢材的化学成分对渗硼层的厚度有很大的影响，低碳钢的渗硼速度最快，增加钢的碳含量或合金元素的含量，使渗硼速度减慢。钢中含有铬、锰、矾、钨等元素，还使渗硼层富硼化合物相对量增多。此外，钢材渗硼时，硼化物呈针状晶体而楔入基体材料中，与基体间保持较广的接触区域，使硼化物不易剥落。但随钢材中碳含量和合金元素的增多，不仅使渗硼层减薄，而且硼化物针楔入程度也减弱，渗硼层与基体的接触面因而平坦，结合力变差了。一般认为含硅的钢不宜用来制作渗硼的模具。原因是渗硼后，在渗层与基体的过渡区存在明显的软带区，其硬度低至200～300HV，使渗层在使用中极易剥落。

此外，渗硼温度过低或保温时间过短、渗硼介质活性不够、固体渗硼箱密封不好等都会导致渗硼层太薄；介质活性差、固体渗剂混合不均匀、渗硼盐浴流动性差或成分偏析等会造成渗硼层厚度不均匀，甚至不连续时渗层容易剥落，而且耐磨性、抗蚀性都很差；通常渗硼温度过高，易形成孔洞；渗剂成分中增加氧化性气氛的组分，如Na_2CO_3以及H_2O等也易导致形成孔洞。

由于FeB、Fe_2B基体的膨胀系数各不相同，在相界面上存在较大应力，在硼化物相界面或硼化物与过渡层之间出现裂纹的可能性较大。因此，一般都希望获得单相Fe_2B。

模具的使用寿命与渗硼厚度有一定的关系。当渗硼层厚度超过一定值后，模具使用寿命反而降低，故应根据基体材料及模具使用情况，确定适当的渗硼层厚度。模具不仅要求表面有高的硬度和耐磨性，并且要求基体有足够的强度和韧性，故模具在渗硼后还必须进行淬火、回火处理，以改善基体的性能。由于FeB、Fe_2B和基体的膨胀系数不同，因此在淬火加热时要进行充分预热，冷却时按照基体材料的不同采用尽可能低的冷却速度，以免渗硼层开裂和脱落。对高合金钢模具的加热温度还必须严格控制，因为 Fe-Fe_2B 在 1149℃发生共晶转变，因此淬火加热温度不得超过 1149℃，否则渗硼层会出现熔化现象。对一些基体性能要求不高的模具，渗硼后可直接转入加热，保温一定时间后，进行淬火。

6.1.4.3　渗硼方法

渗硼可使模具表面获得很高的硬度，因而能显著提高模具的表面硬度、耐磨性和耐蚀能力，是一种提高模具寿命的有效方法。钢铁材料渗硼后，渗硼区主要由两种不同的硼化物（FeB 和 Fe_2B）组成。FeB 中的含硼量高，具有较高的硬度，但其脆性大，易剥落；Fe_2B 的硬度较低，但脆性较小。通常希望渗硼区中的 Fe_2B 较多，甚至得到单相的 Fe_2B 层。渗硼过程分为分解→吸收→扩散三个阶段。

渗硼的工艺方法有很多种，按渗剂物理状态的不同，可以分为气体法、液体（盐浴）法和固体法三大类。生产上应用较多的是固体渗硼法，其次是盐浴渗硼法。

（1）固体渗硼法

① 固体渗硼特点。粉末固体渗硼是将工件埋入含硼的粉末或颗粒介质中，装箱密封，加热保温的渗硼工艺。固体渗硼不需要专用设备啊，操作方便，适应性强，尤其适于处理大型模具。但固体渗硼劳动强度大，工作条件差，成本较高。模具多是单件生产，一般渗硼批量不大。在模具制造中采用固体渗硼还是较为多见的。固体渗硼的缺点是：渗硼速度慢；碳化硼、硼铁粉等价格昂贵；热扩散时间较长，且温度高、渗层浅等。

② 固体渗硼工艺。渗硼剂的工艺过程为：配制渗硼剂→装箱→热炉装箱→加热保温→冷却。

渗硼剂一般由供硼剂、活化剂和填充剂组成，国内已有粉末固体渗硼剂生产厂提供配置好的渗硼剂商品。供硼剂是渗硼的硼源，其作用是在渗入过程中，通过化学反应连续不断地，稳定地提供足够的活性硼原子。活化剂的主要作用是提高渗剂的活性，产生气态化合物，促进和加速渗硼的过程。

选择渗硼剂要根据工件的失效形式和受力状态来确定。对工作中受静压，以磨损为主要失效形式的工件可选用活性大的渗硼剂。这类渗硼剂中供硼剂所占比例大，渗速快而易获得高硬度的 FeB+Fe_2B 渗硼组织。这种组织表面硬度高，耐磨性好，但脆性大，容易剥落。对于表面要求高硬度，承受较大冲击载荷或强大挤压力的渗硼件，应选用活性适中的渗硼剂。这类渗硼剂中供硼剂所占的比例较小，渗速缓慢，但易获得 Fe_2B 渗硼层。这种组织渗硼层韧性好，使用中不易剥落。当然，渗硼层的相组成还受工件钢种、渗硼温度等因素影响。

渗硼工艺参数主要是工艺温度和保温时间。粉末渗硼温度一般为 850～950℃。若温度在 950～1000℃之间，渗硼时间可以缩短，但会造成晶粒粗大，影响基本的化学性能。渗硼保温时间一般为 3～5h，最长不超过 6h，渗硼层厚度为 0.07～0.15mm，过长的保温时间也不再明显增加渗层厚度，而易使基本材料的晶粒过分长大。渗硼时间的计算，应以渗箱温度达到炉温时算起。工件经固体渗硼后，最好采用渗箱出炉空冷，至 300～400℃以下开箱取出工件，渗硼表面呈光亮的银灰色。对于需淬火及回火处理的渗硼件，也可在渗箱出炉后，立即开箱进行直接淬火，这种操作劳动条件差，废气对环境也有污染。

（2）盐浴渗硼法

① 盐浴渗硼特点。盐浴渗硼是将工件置于熔融盐浴中的扩散渗硼方法。相对固体（粉

末）渗硼方法的拆装劳动量大，粉末导热性差，加热时间长等缺点而言，熔盐法渗硼的优点是：设备简单、操作方便；可通过调整渗硼盐浴的配比来调整渗硼层的组织结构、深度和硬度；渗层与基体结合较牢，模具表面粗糙度不受影响；工艺温度较低；加热均匀且渗硼速度快；渗后可直接淬火。此法的缺点为盐浴流动性较差，熔盐渗硼后黏附在模具表面的残盐较难清洗，熔盐对坩埚腐蚀较严重。

② 盐浴渗硼工艺。渗硼盐浴的成分可分为供硼剂、还原剂和活化剂三部分。硼砂作为供硼剂时盐浴配方的主要成分，硼砂熔点 740℃，加入还原剂和活化剂后熔点降低到 650℃左右，熔融硼砂具有溶解铁等金属氧化物的能力，工件进入盐浴后表面的氧化膜迅速被溶解，使工件表面洁净，有利于渗入元素的吸附与扩散。经硼砂熔盐渗硼的工件表面光洁程度好，渗层较致密，无严重空洞与疏松，通过加入不同的还原剂可控制硼化物的相结构，获得单相层 Fe_2B 或双相层（$FeB+Fe_2B$）。

还原剂的作用是从硼砂熔融分解产物硼酐（B_2O_3）中还原出硼，得到活性硼离子。通常的还原剂有碳化硅、铝和稀土。以碳化硅作还原剂的盐浴渗硼，一般得到单相（Fe_2B）硼化物层。考虑盐浴的流动性，碳化硅的加入量以不超过质量分数 30% 为宜。选用稀土元素或铝作为还原剂，盐浴的流动性好，活性强，一般得到双相（$FeB+Fe_2B$）硼化物层。这类盐浴成分偏析大，使用时需搅拌，且熔融的铝对钢铁零件及坩埚有腐蚀作用。

活化剂的主要作用与固体渗硼剂中的相同，可促进活性硼原子的产生。同时还可以降低盐浴熔点、改善流动性，并使渗硼后黏附在工件表面的残盐容易清洗掉。

常用盐浴成分的组合：无水硼砂和碳化硼或硼化铁组成，在 900～1000℃保温 1～5h，可得到 0.06～0.35mm 厚的渗层；由无水硼砂、氯化钠、碳酸钠或碳酸钾组成，在 700～850℃保温 1～4h，可得到 0.08～0.15mm 厚的渗层；由氯化钠、氯化钡和硼铁或碳化硼组成，在 900～1000℃保温 1～4h，可得到 0.06～0.25mm 的渗层；由硼砂和碳化硅或硅化钙组成，在 900～1100℃保温 2～6h，可得到 0.04～1.2mm 厚的渗层。

（3）真空渗硼

真空渗硼也称真空硼化。与普通的渗硼方法比较，真空渗硼渗速快，渗层质量好。真空渗硼方法有真空气相渗硼、真空固相渗硼两种。

真空气相渗硼采用冷壁式电阻真空炉，以三氯化硼和氢气的 1∶15（体积比）混合气体作为渗剂，气体流量为 40L/h（与炉子大小、装料量有关）。真空度控制在 2.6×10^4Pa 左右。在 2.6×10^4Pa 以下，随压力升高，渗层厚度增加。当渗硼温度为 850～900℃时，保温 2h，渗层厚度为 0.08mm，保温 6h，渗层厚度可达 0.18mm。

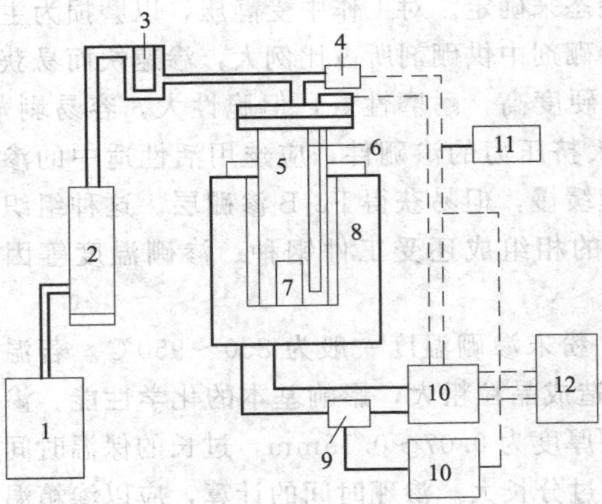

图 6-2 真空固相渗硼设备

1,2—真空泵；3—分离器；4—真空规管；5—真空马弗炉；6—热电偶；7—试样及渗剂杯；8—电阻炉；9—磁力启动器；10—真空电位计；11—真空压力表；12—电源

真空固相渗硼设备如图 6-2 所示，通常以非结晶硼粉（纯度＞99.5%），以及硼砂（质量分数为 16%～18%）和碳化物（12%～14%）的粉末为渗硼剂。

6.1.4.4 渗硼实例

【实例】 Cr12MoV钢磁性材料成形模具的粉末渗硼块状磁性材料由粉末经压制、烧结成形。粉末的硬度高达600～700HV，生产中模具的损耗很大。例如采用Cr12MoV钢制造的偏转凹模，经常规淬火、回火处理或硬度为740～790HV，使用仅半个月，型腔内壁就出现压坑，使压出的半成品容易产生开裂而报废。采用图6-3所示，粉末渗硼及淬火、回火工艺处理后，模具使用寿命可提高14倍。

渗硼剂原料选用化学纯的氟硼酸钾和碳化硅。渗剂配比质量分数为7% KBF_4 +93% SiC。旧渗剂在添加20%的新渗剂后，可重复使用。模具渗硼后表面为银灰色，硬度为1648HV0.05，渗层深度为0.09～0.11mm，渗层金相组织为单相 Fe_2B。

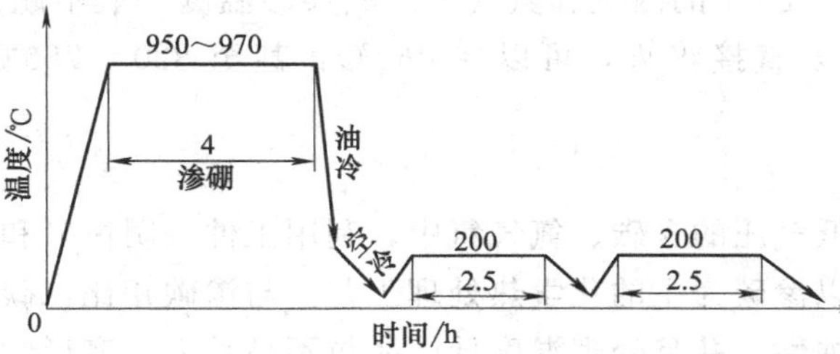

图6-3 Cr12MoV钢的粉末渗硼及淬火回火工艺

渗硼适用于各种成分的钢，可用于各种冷作模具和热作模具。

6.1.5 多元共渗

为了保持单元渗的优点而克服其缺点，以得到综合性能更优良的渗层，提高零件的使用寿命或提高工艺效率，再同一工作条件下，有两种以上的元素掺入零件内并形成含多种渗入元素的渗层的工艺方法为多元共渗。例如，生产中广泛使用的碳氮共渗、氮碳共渗、铬铝共渗、铬钒共渗、硼钒共渗、稀土钒硼共渗等。

保证共渗工艺获得理想效果的关键，首先是依据零件使用性能的要求，配制成分合理的渗剂和选择工艺参数。对于提高零件表面硬度和耐磨性的共渗工艺，通常在完成共渗工艺之后，还必须正确地选择热处理方法及其工艺参数。

6.1.5.1 碳氮共渗

碳氮共渗是在一定的温度（高于 A_{c1} 或 A_{c3}）下，同时将碳氮原子渗入钢件表层并以渗碳为主的化学热处理工艺。由于早期的碳氮共渗采用含氰根的盐浴作为渗剂，所以也称为“氰化”。

碳氮共渗兼有渗碳和渗氮的优点，其主要特点如下。

① 碳氮共渗速度高于渗碳和渗氮的速度。由于碳氮共渗时氨气与渗碳气体中的甲烷、CO的相互作用，提高了共渗介质的活性，而且溶于γ-Fe中的氮对奥氏体区扩大的影响，使其共渗速度提高。

② 碳氮共渗层性能好。一般情况下，碳氮共渗层比渗氮层厚，并且在一定温度下不形成化合物白层，故与渗氮层相比，抗压强度高，而脆性较低。虽然碳氮共渗层的硬度与渗碳层的硬度差别不大，但其耐磨性、抗腐蚀性及疲劳强度比渗碳层高。

③ 碳氮共渗工件变形小，且不受钢种限制。碳氮共渗温度一般低于渗碳温度，共渗后的工件可以直接淬火。由于氮的渗入使淬透性得到提高。

根据操作时温度不同，碳氮共渗可分为低温（500～600℃）、中温（700～800℃）、高温（900～950℃）三种。低温碳氮共渗以渗氮为主，用于提高模具的耐磨性和抗咬合性；中温碳氮共渗主要用于提高结构钢工件表面硬度、耐磨性和抗疲劳性能；高温碳氮共渗以渗碳为主，应用较少。

根据共渗介质的不同，碳氮共渗又分为固体、液体、气体三种。应用较广泛的是中温气体碳氮共渗。

（1）真空碳氮共渗

向真空炉内通入氨和丙烷或甲烷的混合气体，压力为 $1.33\times10^4\sim3.33\times10^4$ Pa。与真空渗碳一样，它比常规碳氮共渗工艺的渗速快，渗层质量好。渗剂为体积比 1∶1 的甲烷和氨气，或体积比为 1∶3～1∶1 的丙烷和氨气。碳氮共渗温度一般不超过 950℃，有时为了减小工件变形和渗后可以直接淬火，可以在 860℃，甚至 820～780℃的温度下进行碳氮共渗。

（2）离子碳氮共渗

离子碳氮共渗是在低气压的含碳、氮气氛中，利用工件（阴极）和阳极之间产生辉光放电同时渗入碳和氮，并以渗碳为主的化学热处理工艺。与渗碳相比，碳氮共渗层具有更高的耐磨性、疲劳强度和耐蚀性，并且处理温度低，晶粒不易长大，变形倾向小，延长炉子、工具的使用寿命。与渗氮相比，碳氮共渗层有较高的抗压强度和较低的脆性，而且生产周期短、渗速快。

离子碳氮共渗的原理与离子渗碳相似，只是在通入的气体中加入含氮气氛，通常离子碳氮共渗介质中，除了供碳剂（如甲烷、丙烷或丙酮），以外，还有起渗氮作用的体积分数为 30%以上的氮气或 14%的氨气，起还原和稀释作用的氢气。若只用氮气稀释渗碳气体，为了减小形成炭黑的倾向，氮的加入量（体积分数）可达 85%以上。

离子碳氮共渗的温度一般为 780～880℃，共渗温度越高，渗入速度越快，钢表面的含氮量越低，其原因是高温条件下，在放电阶段之后进行的扩散阶段，氮从工件表面逸出，所以通常的操作方法是将工件从高温降至 600℃（氮呈稳定状态的温度）以前，始终维持着含氮的等离子体，或者直至淬火温度才停止辉光放电。

6.1.5.2 氮碳共渗

在钢铁工件表面同时渗入氮、碳并以渗氮为主的化学热处理，称为氮碳共渗。氮碳共渗的工艺、设备与组织特征与渗氮相似，氮碳共渗与渗氮相比具有以下优点。

① 氮碳共渗速度快，生产率高。由于碳的加入，渗层形成速度明显提高。形成 0.3～0.5mm 的共渗层只需 3～4h，但渗氮则需几十小时。

② 氮碳共渗化合物层韧性高。氮碳共渗化合物层基本为单相层，不会出现由两相失配而引起的脆性。

③ 适用的材料面广。由于氮碳共渗的目的是形成表面化合物层，以提高钢铁材料的抗咬合性能，而化合物层的形成与性能基本上不随材料合金元素种类和质量分数而变，因此氮碳共渗基本适用所有的钢铁材料。

④ 高耐磨性。氮碳共渗的化合物层不仅韧性高，而且在边界润滑条件下，由于化合物层中的微小空洞的贮油作用而改善润滑。

氮碳共渗的主要工艺有盐浴氮碳共渗、气体氮碳共渗。

（1）盐浴氮碳共渗

盐浴氮碳共渗有液态氰化演变而成，由于该工艺可在工件表面形成韧性好的碳氮化合物，因此也称为“软氮化”。所用盐浴一般是（40%～50%）Na_2CO_3和（20%～25%）的KCl；或者是（55%～65%）NaNC和（35%～45%）KNC。通过向盐浴中通入干燥空气或氧气可以加快共渗速度。

盐浴处理工艺为：预热到300～400℃的工件转移到570℃的盐浴中处理1～3h。

由于氰化物对环境的不利影响，一些国家对氰盐浴实现严格控制，20世纪70年代后一些低质量分数或无氰化物的盐浴技术得到了发展。

(2) 气体氮碳共渗

基于环境的考虑及密封式淬火炉技术的发展及其优势，气体氮碳共渗技术得到了较快的发展。目前，气体氮碳共渗技术已成为最重要的氮碳共渗技术并得到了广泛的应用。

任何气体氮碳共渗处理应该包含至少两个同时进行的反应：渗氮与渗碳。因此，任何气体氮碳共渗介质都应该具备同时提供活性氮或碳原子的能力，根据产生活性渗入原子的原理与过程特点可将其分成两大类。

① 含C-N的滴入渗剂。此类渗剂主要包括甲酰胺、三乙醇胺及尿素。当滴入共渗炉后(一般为井式渗碳炉)，直接分解出活性氮、碳原子。此类共渗气氛的可控性比较差，但设备要求不高，适用于小批量生产。

② 氨气、渗碳气体混合气体。气体氮碳共渗在密封式淬火炉中进行。适宜的渗碳气体主要包括吸热式气氛、防热式气氛、烷类气体等。共渗剂中的氨气在钢表面经催化分解出活性氮原子，渗氮气体中CO或CH_4在共渗温度分解出活性碳原子。该类共渗剂具有良好可控性，产品质量稳定。

气体碳氮共渗温度一般为570℃，时间为1～3h。

6.1.5.3 硼砂盐浴铬钒共渗

高碳钢渗钒层具有高硬度和耐磨性，但渗层浅，承载能力较低，抗氧化性能不好。而渗铬层的硬度和耐磨性较低，但抗氧化性能优良。铬钒共渗可以实现优良性能互补。

共渗剂配方（质量分数）为（10%～15%）Cr_2O_3＋(5%～8%)V_2O_3＋(60%～70%)$Na_2B_4O_7$＋(1%～3%)NaF ＋ Al。其中，铝是还原金属氧化物的还原剂，其添加量应根据Cr_2O_3和V_2O_3的添加量，按它们和铝的化学反应方程式计算确定。铝的添加量应小于或等于计算值，否则会成为铬钒铝三元共渗。

常用的铬钒共渗温度为910～950℃，共渗时间为4h左右，共渗期间宜搅拌1～2次盐浴。

若共渗后的零件要求淬火，较好的方法是把零件从共渗盐浴中取出，并放入预先升温到零件淬火温度的中性盐浴内，加热或降温到淬火温度保温后在要求的淬火介质（例如热油）内冷却。通过中性盐浴加热保温，可以去除零件表面黏附的硼砂盐浴渗剂，改善零件的淬火性能和清洗性能。

6.1.5.4 铬铝共渗

渗铬和渗铝均可有效地提高钢制零件的抗氧化性能和在某些腐蚀介质中的抗蚀性能。渗铬层的抗氧化性能和抗蚀性能更好一些，对于中、高碳钢来说还具有比淬火＋回火的高碳钢更好的耐磨性，渗层与基体结合牢固，零件有良好的强韧性等，但是渗铬温度高、渗速低和渗层薄。而渗铝温度低、渗速快和渗层厚，但是渗铝不能提高耐磨性和渗层脆性大，同时零件的塑性也会降低。铬铝共渗的目的，主要是提高零件的抗氧化性能，抗腐蚀性能和耐磨性能。而渗铬为主的铬铝共渗工艺，则能保持渗铬层优良性能，同时在较低共渗温度和较短时间内获得较厚渗层，甚至更好的抗氧化性能。

铬铝共渗剂的主要成分有：提供铬的铬粉、铬的质量分数大于75%的铬铁合金粉和Cr_2O_3粉。提供铝的材料有铝粉、铝的质量分数大于50%～60%的铝铁合金粉。固体粉末铬铝共渗剂，除提供铬和铝材料外，还包括填充剂（Al_2O_3、SiO_2和石墨等）、活化剂（各种卤化物）、组成盐浴的无水硼砂、提高硼砂盐流动性的氯盐或氟盐等。

研究表明，铬铝共渗的渗速或共渗层的厚度明显高于渗铬的而低于渗铝的。所以在同样渗层厚度时，铬铝共渗与渗铬比较，可选择较短的共渗时间或较低的共渗温度。降低温度有利于提高设备的使用寿命和防止钢的晶粒粗大。常用的共渗温度为900～1000℃，碳素钢和一般合金钢选用较低共渗温度，而高合金钢选用较高共渗温度。常用共渗温度保温时间为4～6h。

6.1.5.5 多元共渗实例

【实例】 H13模具钢低温盐浴碳氮钒共渗工艺

H13钢低温盐浴碳氮钒共渗是在低温盐浴碳氮钒盐浴成分中加入适当的含钒剂与还原剂及活性剂等，进行钒与氮、碳共渗的。在以尿素和碳酸盐为主的盐浴中，主要反应如下。

$$2(NH_2)_2CO + Na_2CO_3 = 2NaCNO + 2NH_3 + CO_2 + H_2O$$

$$2NaCNO + O_2 = Na_2CO_3 + CO + 2[N]$$

$$2CO = CO_2 + [C]$$

$$3V_2O_5 + 10Al = 5Al_2O_3 + 6[V]$$

铝型材的热挤压模具（H13钢），原来采用气体低温碳氮共渗处理，每共渗一次后可挤压铝锭：1.5～2.5t。采用碳氮钒共渗处理后（温度550～560℃，保温时间2～4h），模具分别挤压4.9t、5.6t铝锭（型材厚度分别为0.82mm、0.86mm），寿命提高了1倍多。

6.2 涂镀技术

6.2.1 电镀

电镀是利用电解的方法从一定的电解质溶液中，在经过处理的基体金属表面沉积各种所需性能或尺寸的连续、均匀沉积层的一种电化学过程的总称。电镀的历史较早，电镀技术的产生最初主要是为满足防腐和装饰的需要。随着现代工业和科学技术的发展，人们不断地开发出新的工艺技术方法，尤其是一些新的镀层材料和复合镀技术的出现极大地拓展了这项表面处理技术的应用领域，使其成为现代表面工程技术的重要组成部分。

电镀可以镀各种金属镀层。在进行电镀时，将被镀的工件与直流电源的负极相连，要镀覆的金属（镀铬除外）与直流电源的正极相连，并放在渡槽中。渡槽中含有欲镀覆金属离子的溶液及其他的一些添加剂。当电源与渡槽接通时，在阴极上析出欲镀的金属层。电镀装置示意图如图6-4所示。

6.2.1.1 电镀的基本原理

电镀是通过电解方法在固体表面上获得金属沉积层的电沉积过程，目的在于改变固体材料的表面特性，改善外观，提高耐蚀、抗磨损、减摩性能，或制取特定成分和性能的金属层，提供特殊的电、磁、光、热等表面特性和其他物理性能等。一般来说，阴极上金属电沉积的过程是由下列步骤组成的。

① 传质步骤。在电解液中预镀金属的离子或它们的络离子由于浓度差而向阴极（工件）表面附近迁移。

② 表面转化步骤。金属离子或其络离子在电极表面上或表面附近的液层中发生还原反应的步骤，如络离子配位体的变换或配位数的降低。

③ 电化学步骤。金属离子或络离子在阴极上得到电子，还原成金属离子。

④ 新相生成步骤。即生成新相，如生成金属或铝合金。

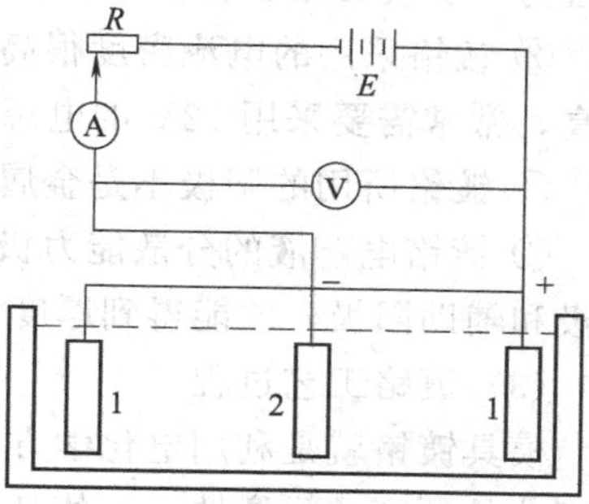

图 6-4 电镀装置示意图

1—阳极；2—阴极

电镀槽中有两个电极，一般工件作为阴极，接通电源在两极间建立起电场，金属离子或络离子在电场作用下向阴极迁移，并在靠近阴极表面处形成双电层，此时阴极附近离子浓度低于远离阴极区域的离子浓度，从而导致离子的远距离迁移。金属离子或络离子释放掉络合物，通过双电层而到达阴极表面，并放电发生还原反应生成金属原子。离子在阴极表面上的各点的放电的难易程度是不同的，在晶体的结点、楞边处，电流密度和静电引力比晶体的其他部位大得多，同时位于晶体结点和楞边处的原子最不饱和，有较高的吸附能力，因而到达阴极表面的离子会沿着表面扩散到结点、楞边等位置，并在这些位置放电生成原子，从而进入金属的晶格，这些离子优先放电的位置即是镀层金属晶体的生长点。当这些生长点沿着晶面扩展时，就生成了由微观台阶连接的单原子生长层。由于阴极金属的晶格表面存在一个由晶格力延伸而成的应力场，开始沉积在阴极表面的原子只能占据与基体金属（阴极）晶体结构相连续的位置，不论基体金属与镀层金属的晶格几何形态和尺寸的差异如何。如果镀层金属的晶体结构和基体相差甚远，则生长的晶体在开始的时候和基体的晶体结构一样，而后逐渐向自身稳定的晶体结构转变。电沉积的晶体结构取决于沉积金属本身的晶体学特性，而其组织形态在很大程度上取决于电结晶过程的条件，沉积层的致密度主要取决于高的浓度、交换电流及表面活性剂，电结晶晶粒的尺寸则在很大程度上取决于表面活性剂的浓度。

6.2.1.2 电镀铬

铬是稍带蓝色的银白色金属，在大气中具有强烈的钝化能力，能长久保持光泽，与碱液、硝酸、硫酸、硫化物及许多有机酸均不发生作用。镀铬层有很高的硬度和优良的耐磨性，较低的摩擦系数，可延长零件（如工具、模具、量具、切削刀具等）的使用寿命。

(1) 镀铬溶液的配方和配制

镀铬液的配方为：铬酐（CrO_3）160～180g・L^{-1}；硫酸 1.6～1.8g・L^{-1}（与铬酐含量之比为 1∶100）；加蒸馏水至 1L。其配置过程为：首先，按镀槽容积计算出所需铬酐及硫酸的质量，将铬酐中含硫酸量（一般按 4%计）计算在内；放水入槽至槽的容积 2/3 左右，加热至 50～60℃；将所需铬酐放入水中，并缓慢搅拌，使之溶解；在搅拌下将所需硫酸缓慢加入；加水稀释至规定容量；取样分析，并调整工艺规定要求；通电处理三价铬（Cr_2O_3），通电时间按三价铬含量为 5～10g・L^{-1}计，通常为 4～8h。

(2) 镀铬过程的特点

① 镀铬电解液的主要成分不是金属铬盐，而是铬酸，其阴极电流效率低，绝大部分电能都消耗在氢气的析出等副反应上。同时，在铬酸电解液中，阴极上同时进行着多个反应，

而且为了实现镀铬过程，还必须添加一定量的局外离子 SO_4^{2-} 或 SiF_6^{2-}、F^- 和 Cr^{3+} 离子。

② 镀铬采用的电流密度很高，比一般镀种的电流密度高几十倍。镀铬过程的槽电压也很高，常常需要采用12V的电源，而其他镀种6V的电源就可以满足工艺要求。

③ 镀铬所用的阳极不是金属铬，而是用铅锑合金阳极。

④ 镀铬电解液的分散能力极低，对于形状比较复杂的零件，必须采用象形阳极、防护阴极和辅助阳极，才能得到厚度均匀的镀层。

(3) 镀铬工艺过程

模具镀铬就是利用电化学方法给模具型腔、型芯镀上一层硬铬层。这样既增加了模具工作部分的硬度及耐磨性，又使其粗糙度下降；既延长了模具的使用寿命，又使生产出的产品光亮美观。

镀铬包括三大步骤，即镀前处理、镀铬、镀后处理。镀前处理包括机械处理、化学处理、电化学处理、脱脂、酸洗、水洗。镀后处理包括冷热水洗、干燥。

镀铬的工艺过程为：清理→磨光→抛光→装挂→电解脱脂→热水清洗→冷水清洗→弱腐蚀→冷水清洗→预热→阳极处理→镀铬→回收槽→冷水清洗→卸镀件→水洗→干燥→检查。在金属制品进行电镀之前，必须仔细地清除掉其表面上黏附的污物。因为只有金属基体具有平整光滑的良好外观，才能使渡层与基体牢固地结合。所以，镀层的平整程度、结合力、抗腐蚀能力等性能的好坏，与镀前处理质量的优劣更是密切相关。

虽然金属渡层也能在粗糙不平的制品表面上沉积出来，但它却不会是光滑平整，而是粗糙不平的。这与我们要求的模具工作表面平整、光滑、坚硬是不相适应的。可采用喷砂、刷光、抛光、磨光等机械处理整平制品表面，除去一些明显的缺陷（如严重的划痕、毛刺、锈斑等）。

尽管金属镀层也能沉积在有点赃物的金属制品表面，但沉积出来的镀层与基体的结合力十分不结实。零件表面的油污会在零件表面形成油膜，影响表面覆盖层与基体金属的结合力。特别是对电镀覆盖层影响更大，微量的油污也能造成镀层结合不牢，起皮、起泡等。同时，油污还会污染电解液，影响镀层的结构，因此，需表面处理的零件，必须进行脱脂。

6.2.1.3 模具表面电镀实例

【实例】 锌基合金模具的表面强化

锌基合金广泛地用于制造金属板材拉深模的工作零件，也可用于制造塑料中的吹塑和吸塑模具，可以满足常年生产的要求，但其寿命还较短。其原因为：锌基合金本身防腐性较差。锌基合金的主要化学成分（质量分数）：锌93%左右、铝4%、铜3%、镁0.05%。由于锌和铝均属两性金属，化学活性很强，在有腐蚀介质存在的情况下很容易遭到腐蚀。锌基合金硬度较低，其硬度为120～130HBS，所以耐磨性较差。由于塑料注射模腔压力一般为10～60MPa，温度为35～90℃，在这样苛刻的情况下，模具型面很容易损坏，因此，不能用此法制造塑料注射模型面。

(1) 锌基合金模具表面镀硬铬分析

如果在锌基模具表面镀一层硬铬，其表面将得到强化，性能会得到改善，这主要是镀铬层硬度高（800～1000HV），摩擦系数低，耐磨、耐腐蚀，还具有不浸润、不黏附的特性。因此，电镀硬铬是提高模具寿命、改善模具使用性能的理想方法。

但在锌基合金模具上电镀硬铬是很困难的，锌基合金模具一般是铸造成形的，其表面粗糙度值较大，有时还有缩孔、疏松等铸造缺陷。在这种状态进行电镀，其结合强度很难保证，还容易出现起泡等质量问题。电镀过程中，带有腐蚀性的液体残存在模具表面的凹坑或缝隙中，这些酸碱电解液必然会造成合金缺陷部位的腐蚀。

因此，在锌基合金模具型面上镀铬不宜采用中间镀层，以避免增大其表面粗糙度值和降低结合力，而应当采取直接电镀硬铬工艺。

(2) 锌基合金模具表面镀硬铬工艺

提高镀层的结合强度，关键在于改进镀前处理工艺。常规的化学活化不适用于锌基合金的镀前处理，改为物理活化，使表面粗糙度值明显下降，镀层结合强度提高，其电镀工艺如下：

① 机械抛光模具型腔表面；

② 用有机溶剂脱脂；

③ 物理活化使之露出新鲜基体；

④ 清洗，预热；

⑤ 下渡槽，采用如下镀铬配方和工艺参数：

CrO_3：200g·L^{-1}　　H_2SO_4：2.1g·L^{-1}　　$Cr3^+$：4.5g·L^{-1}

温度：57℃　　电流密度：55A·dm^{-2}

⑥ 待镀到所需厚度（一般10～20μm）时出槽清洗。电镀时如果模具的初始温度与镀液的温度相差过大，必然会造成镀层与基体结合处的应力叠加，从而影响镀层的结合力。为了减少这一影响，模具镀前必须充分预热。

由于锌基合金的化学性强，因此不能在镀铬电解液中浸泡。铬酸是强氧化性酸，很容易与锌铝合金作用形成钝化膜，因此镀铬操作必须动作迅速，模具必须带电下槽，初始电流不宜过大，对于型腔复杂的模具可以给短暂的阴极冲击电流。

一般钢制模具电镀后，其寿命可提高3～5倍，对于锌基合金电镀后表面质量提高得更多，其寿命也可提高更多。在塑料注射模上做了试验，未镀铬时生产产品10万多件，表面划伤严重，经电镀后，在几十万次内无明显划痕。

6.2.2 电刷镀

电刷镀技术是从镀槽技术上发展起来的，其原理与电镀基本相同。电刷镀时被镀工件不需要进入镀槽，而是必须与裹有浸满电刷镀液的镀笔（阳极）良好接触，以便形成局部的“槽”，并在适当的压力下进行相对运动。由于刷镀设备比较简单，携带方便，且镀层性能好，结合牢固，沉积速度快，成本低廉，所以对一些大型模具可到现场作业。

电刷镀技术广泛应用于模具制造及失效修复，尤其适用于一些大型、不易搬动的模具。对于模具型腔局部缺陷，或使用后有磨损的部位也可采用表面刷镀进行修补。电镀刷技术修复周期短，经济效益大，修复费一般只占工件成本的0.5%～2%，而且修复后表面的耐磨性、硬度、表面粗糙度等都能达到原来的性能指标，因此起到表面强化的目的。

6.2.2.1 电刷镀基本原理

刷镀是在常温、无槽条件下进行的，其基本原理和电镀相同，由于镀覆速度快，故要求具有很大的阴极电流密度，通常为100～300A·dm^{-2}，而普通电镀的阴极电流密度通常为6～12A·dm^{-2}。其基本原理为：将表面预处理好的模具工作零件接电源的负极，镀笔接电源正极，不溶性阳极的包套浸满金属溶液，并在操作过程中不断地加液，通过镀笔在工件修复表面上的相对擦拭运动，电镀液中的金属阳离子在电场作用下迁移到阴极表面，发生还原反应，被还原为金属原子，形成金属镀层，随着时间增长，镀层逐渐加厚，从而达到镀覆及修

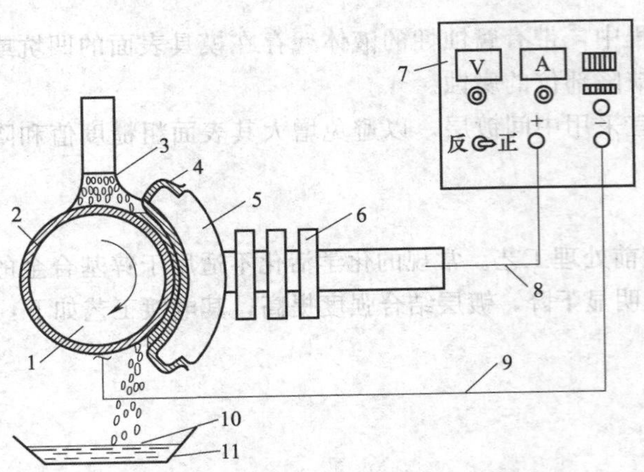

图 6-5 电刷镀原理

1—工件；2—镀层；3—镀液；4—包套；5—阳极；6—导电柄；7—电镀刷电源；8—阳极电缆；9—阴极电缆；10—循环使用溶液；11—积液盘

复的目的，其原理如图 6-5 所示。

6.2.2.2 **电刷镀的特点**

电刷镀技术的基本原理与槽镀相同，但它却有着不同于槽镀的许多特点，可以从设备特点、镀液特点、工艺特点三个方面叙述。

① 电刷镀设备多为便携式或可移动式，体积小、质量轻，便于拿到现场使用或进行野外抢修。不需要镀槽，也不需要挂具，设备数量大大减少，占用场地少，设备对场地设施的要求大大降低。一套设备可以完成多种镀层的刷镀。镀笔材料主要采用高纯系石墨，是不溶性阳极。石墨的形状可根据需要制成各种样式，以适应被镀工件表面形状。刷镀某些镀液时，也可以采用金属材料作阳极。设备的用电量、用水量比槽镀少的多。

② 电刷镀溶液大多数是金属有机络合物水溶液。络合物在水中有相当大的溶解度，并且有很好的稳定性。因而镀液中金属离子含量通常比槽镀高几倍到几十倍。电刷镀溶液能在较宽的电流密度和温度范围内使用，使用过程中不必调整金属离子浓度。大多数镀液接近中性，腐蚀性小，不燃、不爆、无毒性，因而能保证手工操作的安全，也便于运输和储存。除金、银等个别镀液外均不采用有毒的络合剂和添加剂。现无氰金镀液已经研制出来，利于环保。另外，镀液固化技术和固体制剂的研制成功，给镀液运输、保管带来了极大的方便。

③ 电刷镀区别于槽镀的最大工艺特点是镀笔与工件必须保持一定的相对运动速度。正是由于这一特点，带来了电刷镀一系列优点。由于镀笔与工件有相对运动，散热条件好，在使用大电流密度刷镀时，不易使工件过热。其镀层的形成是一个断续结晶过程，镀液中的金属离子只是在镀笔与工件接触的那些部位放电还原结晶。镀笔的移动限制了晶粒的长大和排列，因而镀层中存在大量的超细晶粒和高密度的位错，这是镀层强化的重要原因。镀液能随镀笔及时供送到工件表面，大大缩短了金属离子扩散过程，不易产生金属离子贫乏现象。加上镀液中金属离子含量高，允许使用比槽镀大得多的电流密度，因而镀层的沉积速度快。使用手工操作，方便灵活。尤其对于复杂型面，凡是镀笔能触及到的地方均可镀上，非常适用于大型设备的现场修理。

6.2.2.3 **电刷镀的表面准备及温度控制**

(1) 表面准备

零件在刷镀前均需进行表面准备，使待镀的零件显露出新鲜、洁净的基体，以便与镀层的结合足够牢靠。表面准备包括镀前表面加工、表面脱脂及表面除锈等，但在刷镀填补模具凹槽型腔面上的划痕、沟槽和凹坑等缺陷时，应先进行整形。对于尖锐的凹槽应将其根部和表面适当加宽，修整后的宽度大于深度的 2 倍，修整后的凹槽呈圆滑过渡状态。如果表面缺陷为密集的小坑和划痕，应将缺陷全部清除使其平滑，然后再刷镀。如图 6-6 所示。

(2) 温度控制

在刷镀的整个过程中，模具和镀液都应在 40～50℃下进行操作。若环境温度在 20℃以

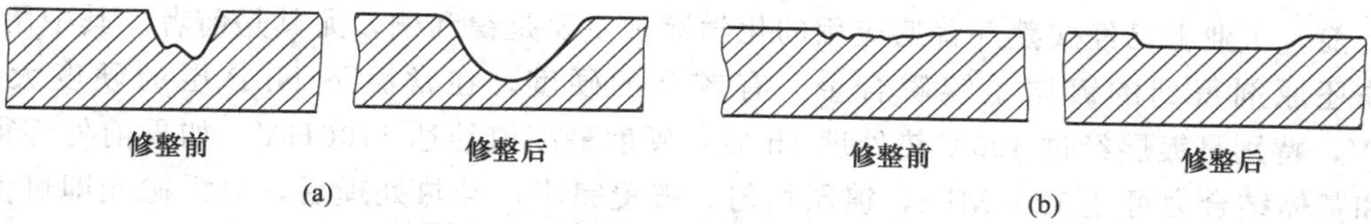

图 6-6 尖锐凹槽和密集小坑的修整

上时，工件和镀液可以不必预热。在冬天，低于 10℃直接刷镀，则镀层质量不易保证，镀层易剥落。镀液温度高，沉积速度快，镀层内应力小，不易剥落。若镀液和模具温度低，只能在低的电压和低的相对运动速度下起镀。模具不大，可放在 40～50℃的热水中浴热，镀液也可水浴预热加温。模具大，可用热水或蒸汽冲洗，或用电热器烘烤。

在刷镀过程中，由于电阻热及电极反应会使镀笔发热处于过热状态，影响镀层质量，因此需要准备几支镀笔交替使用，并定时将镀笔放入冷镀液中浸泡，使温度降低。

6.2.2.4 电刷镀应用实例

【实例】 电动机轴孔冲模的修复

冲模下模刃口加工超差 0.1mm，材料为 Cr12，淬火后进行尺寸修复。首先用特殊镍镀打底层，然后镀镍钨 D 合金为工作层。其操作工艺如下。

① 用有机溶剂丙酮脱脂。

② 用电净液脱脂，电源正接，工作电压 12～15V，时间 15～30s，刃口处表面水膜均匀摊开，不呈珠状。

③ 用清水彻底冲洗。

④ 用铬活化液活化，电源反接，工作电压 12～15V，时间 10～30s；电源再正接，工作电压 10～12V，时间 10～20s，使表面呈银灰色。

⑤ 用特殊镍镀液镀底层，无电擦拭 3～5s，电源正接，工作电压 18～20V，闪镀 3～5s，然后工作电压降至 15V，阴阳极相对运动速度 10～15m・min^{-1}，镀层厚度 2μm。

⑥ 用镍钨 D 镀液镀工作层，工作电压 10～15V，阴阳极相对运动速度 6～20m・min^{-1}。镀层厚度直到规定尺寸。工作前，镀液温度加热到 30～50℃。经生产验证，镀层质量合格，无损伤。

6.2.3 化学镀

电镀是利用外电流将电镀液中的金属离子在阴极上还原成金属的过程。而化学镀是不加外电流，在金属表面的催化作用下经控制化学还原法进行的金属还原过程。

化学镀与电镀相比较有如下特点。

① 镀层厚度非常均匀，由于化学镀是在无电源的条件下形成镀层，不会出现因尖端电流密度过大而导致尖角、边缘等突出部分过分增厚现象。甚至对于不通孔沟槽、螺纹等均可获得均匀的镀层。化学镀层有良好的“仿形性”，任何形状复杂的零件都很适用，可广泛应用于各种模具的表面处理中，如塑料注塑模、挤塑模、锻模、冷冲模、挤压模及拉深模等。

② 通过敏化、活化等前处理，化学镀可以在非金属材料表面上进行。而电镀法只能在导体表面施镀。

③ 工艺设备简单，不需要电源、输电系统及辅助电极，操作时只需把工件正确悬挂在镀液中即可。

④ 化学镀是靠基体的自催化活性才能起镀，其结合力一般优于电镀。

目前，工业上已经成熟并普遍应用的化学镀种主要是镍和铜，尤其是前者。其中用次磷酸盐作还原剂得到的镀层是镍磷合金，有较高的硬度，在常温下Ni-P层的硬度大约为600HV，特别是镀层经过400℃热处理1h后，硬度最高值约达1100HV。如果前处理得当，镀层和基体结合力可达1200MPa，镀层均匀。镀覆完毕，经热处理后，只需抛光即可使用，其形状也不会发生变化。含磷的镍磷合金镀层提供了自然的平滑性、高的耐磨性和小的摩擦系数，与镀铬相比，脱模更加顺利，极少发生粘模、拉伤等现象，抗腐蚀性能好。镀层在各种腐蚀介质中耐腐蚀能力优于不锈钢，适用与有腐蚀性气体放出的塑料模。模具钢表面Ni-P合金化学镀层不仅降低了模具的制造成本，而且对于提高模具的生产效率、使用寿命、改善产品质量都有好处，是各种模具表面强化的新途径。

6.2.3.1 化学镀镍磷的原理

化学镀镍磷的镀液配方中都含有镍离子、还原剂（次磷酸盐）、络合剂、pH调整试剂，还含有加速剂、稳定剂、缓冲剂、湿润剂等，以保证最佳的镀速和镀液稳定性。其反应过程是利用镍盐溶液在强还原剂次磷酸盐的作用下，使镍离子还原成镍金属，同时次磷酸盐分解析出磷，因而在具有催化表面的镀件上形成的镀层，不是镍金属层，而是镍和磷的合金层，它具有很高的硬度、耐磨性、抗蚀性、低的摩擦系数。

镍盐中的镍离子作为金属的来源，通常用氯化镍、硫酸镍和醋酸镍。

次磷酸盐作为强的还原剂，常用次磷酸钠、次磷酸钾和次磷酸钙。

络合剂的目的是为形成镍的络合物，防止游离镍离子浓度过量，从而稳定溶液，阻止亚磷酸镍沉淀，还起pH缓冲作用。常用的络合剂有单羧酸、二羧酸、羟基羧酸、氨水链烷醇胺。

加速剂可活化次磷酸盐离子，加速沉淀反应，作用方式与稳定剂、络合剂相反，可用某些单羧酸和二羧酸阴离子、氟化物、硼酸盐。

6.2.3.2 化学镀镍磷溶液的配制

化学镀镍磷溶液的种类繁多，金属表面处理大约有200种不同的化学镀镍磷配方，其槽液分为酸性和碱性两种。由于碱性溶液适用于半导体施镀，且所得镀层的质量也不如酸性槽液。这里只介绍酸性槽液配方，见表6-3。

表6-3 化学镀镍磷溶液配方 $g \cdot L^{-1}$

成分	配方1	配方2	配方3	配方4	配方5
硫酸镍	21	20～25	30	—	20
氯化镍	—	—	—	26	—
次磷酸镍	24	25～30	24	12～48	18
醋酸钠	—	10～12	—	—	20
柠檬酸钠	—	—	—	—	10
醋酸	—	7～10	—	—	—
氟化钠	2.2	—	—	—	—
醋酸铵	12	—	—	—	—
乳酸	30ml·L^{-1}	—	27	27	—
丙酸	2.2	—	2	2.2	—

续表

成分	配方1	配方2	配方3	配方4	配方5
稳定剂	$2mg \cdot L^{-1}$(Pb)	—	—	$50mg \cdot L^{-1}$(MoS_2)	—
硫脲	—	0.002～0.003	—	—	—
温度/℃	93	80～90	90～93	—	85～90
pH	4.5	5～6	4.5～4.7	2～5	4.2～5.6
磷的质量分数	9.1～9.8	10	—	—	10

往槽液中加入粒径为0.1～1.0μm的二氧化钛质点所组成分散相，其在溶液中浓度为$5\sim75g \cdot L^{-1}$之间，使之成为悬浮物，采用机械或空气流搅拌。TiO_2通过沉积分布得相当均匀，其硬度和抗磨性都较高。特别是这种镀层经过400℃、1h的热处理后，其硬度从700HV增加到1000HV。

化学镀镍磷溶液的配制通常基于一种或两种溶液，然后用纯水混合，稀释到要求的浓度。这期间要不断搅拌或使工件运动，然后将镀液加热到配方所要求的温度，测量pH值，可以酸碱度调整到所需要的值。除了镀液的主要成分外，镀液中还有其他成分，如缓冲剂、络合剂、加速剂、稳定剂等，这样可以保证最佳的镀速和镀液的稳定性。

6.2.3.3 化学镀应用实例

【实例】 拉深模化学镀镍磷合金

(1) 拉深模的预处理

① 工件材料。退火状态的20钢。

② 模具材料。圆筒拉深件模具材料采用Cr12MoV钢。

③ 模具的基本情况：模具材料锻造加工处理后进行球化退火处理，热处理工艺如图6-7所示；淬火、回火工艺如图6-8所示，凸凹模经淬火、低温回火后硬度为60～63HRC，随后用线切割机床加工成形。

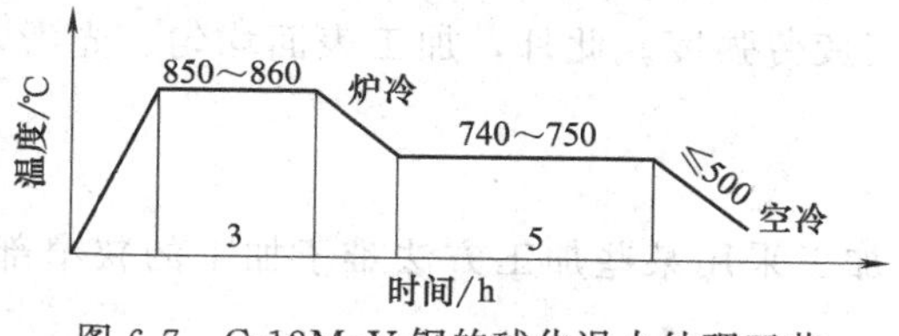

图6-7 Cr12MoV钢的球化退火处理工艺

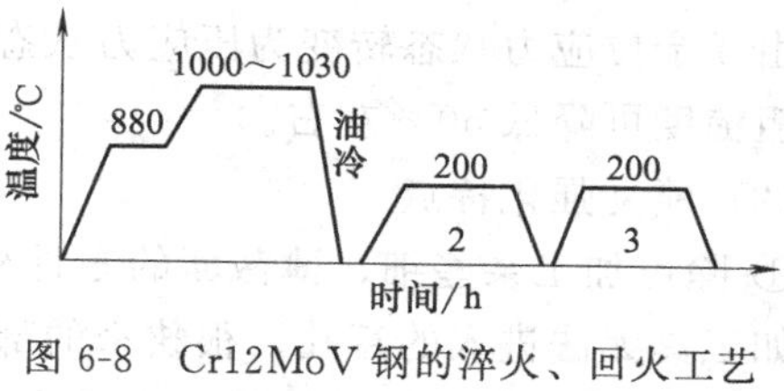

图6-8 Cr12MoV钢的淬火、回火工艺

(2) 化学镀镍磷合金强化处理

拉深模化学镀镍磷合金层的镀覆在酸性镀液中进行，其基本成分及参数如下：

氯化镍	$28g \cdot L^{-1}$	次磷酸钠	$10g \cdot L^{-1}$
pH值	5.5	沉积时间	6h
醋酸钠	$5g \cdot L^{-1}$	柠檬酸钠	$12g \cdot L^{-1}$
镀液温度	85℃		

镀后在380～400℃加热保温2～3h进行实效处理。

(3) 镀层摩擦与磨损试验

在MM-200型磨损试验机上进行滑动与磨损试验，上试件固定，下试件转速$400r \cdot min^{-1}$，间隔适当时间滴油润滑。在TG-328A型电光分析天平上称量磨损量。

（4）试验结果

拉深模的凸凹模化学镀镍磷合金层满足设计要求，硬度为60～64HRC。未实施化学镀镍磷模具寿命为2万次，而实施化学镀镍磷合金强化处理工艺的模具寿命为9万次。

6.3 其他表面强化技术

6.3.1 喷丸表面强化

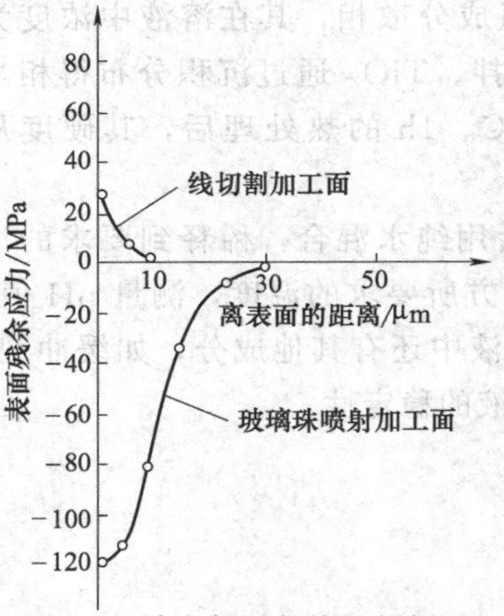

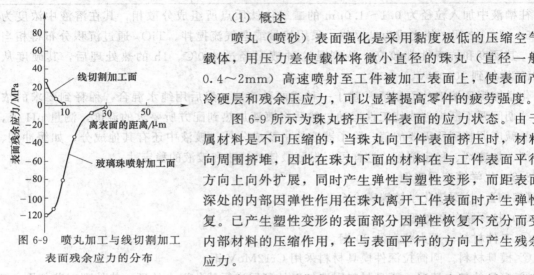

图 6-9 喷丸加工与线切割加工表面残余应力的分布

（1）概述

喷丸（喷砂）表面强化是采用黏度极低的压缩空气作载体，用压力差使载体将微小直径的珠丸（直径一般为0.4～2mm）高速喷射至工件被加工表面上，使表面产生冷硬层和残余压应力，可以显著提高零件的疲劳强度。

图6-9所示为珠丸挤压工件表面的应力状态。由于金属材料是不可压缩的，当珠丸向工件表面挤压时，材料就向周围挤堆，因此在珠丸下面的材料在与工件表面平行的方向上向外扩展，同时产生弹性与塑性变形，而距表面稍深处的内部因弹性作用在珠丸离开工件表面时产生弹性恢复。已产生塑性变形的表面部分因弹性恢复不充分而受到内部材料的压缩作用，在与表面平行的方向上产生残余压应力。

喷丸表面强化大量用于去除毛刺、除锈、刻蚀及抛光加工中，尤其是电火花切割加工模具表面的抛光。这是由于经喷丸强化后，可去除一部分电火花线切割加工过程中产生的表面软化层，使模具成形件表面硬度有所提高，使其表面应力状态由残余拉应力状态转变为压应力状态，提高其疲劳强度。此外，加工表面均匀、光滑，表面粗糙度可降低50%左右。

（2）喷丸强化特点

① 除可加工某些细、薄截面的零件外，还可加工采用某些加工方法难于加工的狭窄部位，如工具无法进入的盲孔、很狭窄的部位等。

② 很少或不产生加工热量，且工件表面无显著的操作。

③ 成本较低，功率消耗也小。

（3）喷丸表面强化原理

喷丸表面强化：按磨料喷射原理的不同，分为射吸式喷丸、压力式喷丸和离心式喷丸。

射吸式（又称吸入式）喷丸是利用压缩空气在喷砂枪的射吸室内造成负压，通过砂管吸入砂粒，原理如图6-10所示。这种喷砂方法设备简单，使用方便，砂粒破碎率较低，但由于砂粒的吸入量受到限制，并且砂粒的喷砂速度不高，因而喷砂效率较低，表面粗糙度不如压力式喷砂，通常用于小面积或薄壁零件的喷砂处理。

压力式喷砂是利用压缩空气的压力和砂粒自重，将压力罐中的砂粒压入喷砂管，由压缩空气推动，以高速从喷嘴喷出，原理如图6-11所示。喷砂系统由压缩空气供给设备、压力罐、砂管和喷砂枪组成。压力喷砂可以选用粗颗粒磨料，得到粗糙度较高的表面，是高效率的喷砂方法。因此，适用于大型钢铁构件或大型厚壁工件的处理。在使用细砂或在较小、较薄零件喷砂时，压力应酌情降低，以防止工件变形。

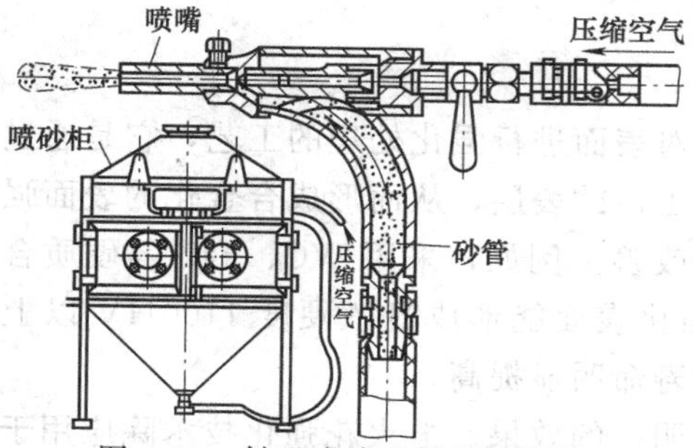

图 6-10 射吸式喷砂结构示意图

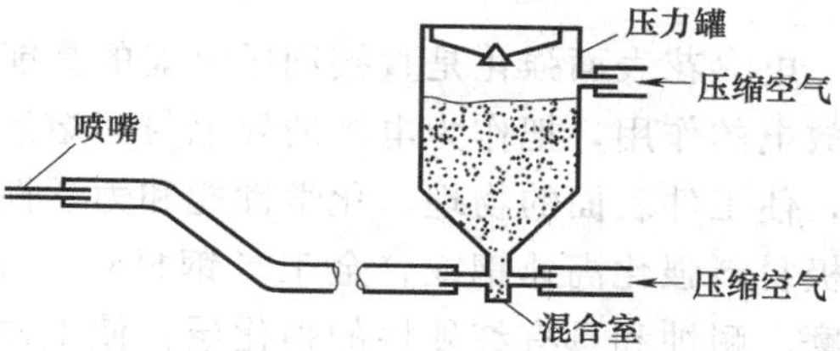

图 6-11 压力式喷砂原理示意图

离心式喷砂通过向罩壳中高速旋转的叶轮连续地输送磨料，磨料沿叶轮流转，在离心力作用下从叶轮边缘高速喷射。该方法喷砂效率高，而且经济。但喷砂装置大，造价较高，一般只用在成批量加工的生产线上。

(4) 喷丸强化加工质量和效率的影响因素

喷丸表面强化的表面质量和效率主要受砂粒粒度、喷嘴到工件加工表面的距离、喷嘴压力、喷射时间等因素的影响。

① 砂粒粒度及流量。砂粒粒度过大时，不能保证砂粒在载体中呈均匀悬浮态，加工速度不均匀；砂粒粒度过小时，由于基本颗粒尺寸太小，加工速度低。加工速度先随砂粒流量的增加而增加，但当达到某一值后，若砂粒流量继续增加，加工速度反而有所下降，这是由于后面喷射来的砂粒与刚从工件表面反弹出的砂粒碰撞概率增大，使直接撞到工件上的砂粒数量变少。

② 喷嘴到工件加工表面的距离。研究表明，载体流速在喷嘴出口处最大，随后迅速衰减并逐渐散开，而砂粒的最大流速及其衰减情况滞后于载体。加工速度不仅与砂粒冲击速度有关，还与砂粒冲击面积有关。砂粒冲击速度与喷嘴到工件被加工表面距离成反比，而砂粒冲击面积与喷嘴长度成正比，因此，考虑两者的综合影响后存在一最佳距离值。

③ 喷射角。喷射角 ϕ 是指喷嘴轴线与工件被加工表面切线间的夹角。若喷射角过大，则砂粒与工件容易碰撞并黏附于工件表面，有些甚至嵌入工件表层（特别是软工件），反之，若喷射角过小，则砂粒又会在工件表面上打滑，达不到加工的目的。最佳喷射角因工件材料而异。一般情况下，随着工件材料硬度、脆性提高，最佳喷射角也相应增大。

④ 喷射压力。在一定范围内加工速度随着喷嘴压力增加而增加，但喷嘴压力超过某一值后，增加趋势较平缓。表面粗糙度先随喷射压力增加而减少，但喷射压力超过某一值后，减少趋势较平缓。对电火花切割加工工件，若其表面粗糙度较大，采用较高的喷射压力效果较好；若其原始表面粗糙度较小，喷射压力对抛光效果的影响不大。

⑤ 喷射时间。在最初喷射的几秒内，工件表面粗糙度急剧减小，但随着时间推移，表面粗糙度几乎没有什么变化。对表面粗糙度要求较小的工件，喷射时间过长，反而使表面趋于粗糙。因此，砂粒对表面粗糙度的改善表现在最初的短时间内。

(5) 喷丸强化实例

3Cr2W8V 钢制活扳手热锻模，经常规处理后，一次刃磨的寿命为 1750 件左右；经喷丸处理后，使用寿命为 2634 件，寿命提高 50%。Cr12 钢制洗衣机电机定转子落料冲裁模，经淬火、回火后，一次刃磨寿命为1.2万～3.2万次，经喷丸强化后，一次刃磨的使用寿命为11.49万次，提高倍数为3.5～9.5。

6.3.2 电火花表面强化

电火花表面强化是直接利用电能的高能量密度对表面进行强化处理的工艺，它是通过火花放电的作用，把作为电极的导电材料熔渗进金属工件的表层，从而形成合金化的表面强化层，使工件表面的物理、化学性能和力学性能得到改善。例如，采用WC、TiC等硬质合金电极材料强化高速钢或合金工具钢材料的工件，强化表面能形成显微硬度1100HV以上的耐磨、耐蚀和具有红硬性的强化层，使工件的使用寿命明显提高。

电火花强化工艺在刀具、模具上的应用取得了明显的效果。电火花强化技术除应用于模具、量具和机械零件的强化之外，还被大量地应用于以磨损为主的模具、量具和机械零件的，以微量修补及淬火工件上打孔、去除工具的折断部分。

6.3.2.1 电火花表面处理的基本原理和特点

电火花强化是以直接放电的方式向工件表面提供电能，并使它转化为热能和其他形式的能量，达到改变表层的元素成分和组织结构的目的，从而使表面性能得到改善。

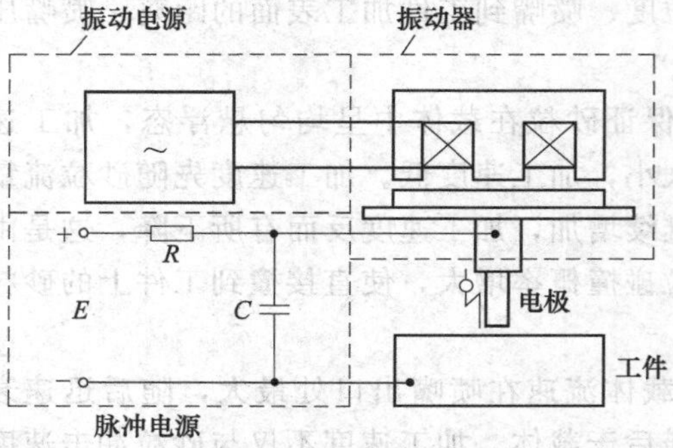

图6-12 设备原理结构

(1) 电火花强化设备的工作过程

组成电火花强化设备的最基本部件是脉冲电源和振动器，前者供给瞬时放电能量，后者使电极振动并周期地接触工件。它的原理结构如图6-12所示，通常电极接电源正极，而工件接负极。电极与振动器的运动部分相连接，振动的频率由振动器的振动电源频率来决定。振动电源和脉冲电源组成一体而成为设备的电源部分。

在工作时，电极随振动器作上下振动。当电极还没有接触到工件的时候，电源E通过限流电阻向电容器C充电，电极与工件之间的状态如图6-13(a)所示，其中箭头表示该时刻电极振动的方向。接着因为电极向工件运动而无限接近工件，使放电回路形成通路，在火花放电的通路和相互接触的微小区域内将瞬时地流过放电电流，电流密度可达到$10^5 \sim 10^6 A \cdot cm^{-2}$，而放电时间仅几微秒至几毫秒。由于放电能量在时间上和空间上的高度集中，在放电微小区域内产生的压力使部分材料抛离工件或电极的基体，向周围介质中溅射。这种情况如图6-13(b)所示。此时电极继续向下运动，使电极和工件上熔化了的材料挤压在一起，如图6-13(c)所示。由于接触面积扩大和放电电流减小，使接触区域的电流密度急剧下降，同时接触电阻也明显减小，因此电能不能使接触部分发热。相反，由于空气介质和金属工件基体的冷却作用，熔融的材料被迅速冷却而凝固。接着，振动器带动电极向上运动而离开工件，如图6-13(d)所示。冷凝的材料脱离电极而黏结在工件上，成为工件表面上强化点。同时，因放电回路被断开，电源重新对电容C充电。这就是电火花强化设备的一次充放电过程。重复这个冲放电过程并移动电极的位置，强化点就相互重叠和融合，在工件表面形成一层强化层。

(2) 电火花强化的原理

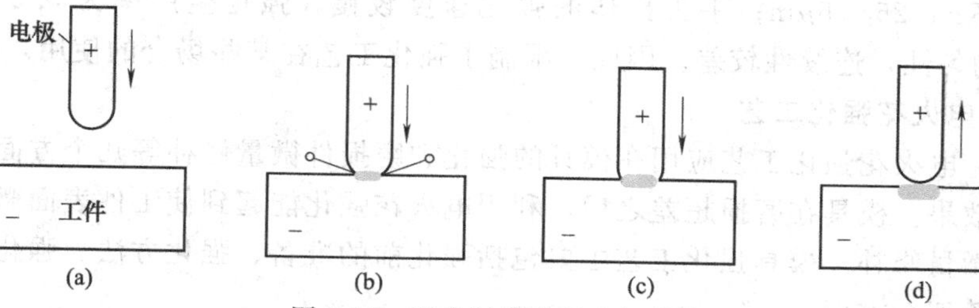

图 6-13 强化过程中的电极状态

电火花强化工艺之所以能提高工件表面的性能，不仅仅是由于能够形成强化层，更重要的是形成的强化层具有合金化的特性。当使用 WC 硬质合金材料作电极强化合金工具钢时，强化层是由电极和工件材料形成的具有特殊结构的新合金层，它的显微硬度高达 1100HV 以上，在 700～800℃的高温下，强化层仍然具有高的硬度，耐磨性也得到明显的提高。

因此，电火花强化的原理是直接利用放电的能量，使电极材料在工件表面形成特殊性质的合金层。

此外，电火花强化改善工件表面性能还有另外一些原因，比如，火花放电的骤热骤冷作用具有表面淬火的效果，用石墨电极强化则有表面渗碳的效果等。

(3) 电火花强化的工艺特点

根据电火花强化的工作过程和强化原理，电火花强化工艺与常规热处理、离子氮化、等离子喷涂、激光淬火等表面处理工艺相比具有许多特点。

① 电火花强化是在空气中进行，不需要特殊，复杂的处理装置和设施，工艺设备简单，携带方便，使用灵活，设备投资和运作费用低，操作方法容易掌握，不需要技术等级高的操作人员。

② 可对模具表面进行局部强化，一般几何形状的平面或曲面均可进行。

③ 不会使工件退火或热变形。电火花强化时虽然在放电瞬间能产生使电极材料熔化以至汽化的高温，但是，由于放电的时间很短，约 1～10000μs，放电脉冲间隔较长，约 3～5 倍于放电时间；放电点的面积又很小，因此放电的热作用只发生在工件表面的微小区域，就整个工件来说，仍处于常温状态或温升较低，工件不会退火或热处理，常常作为终道工序来采用。但对于细小，特别是宽而薄的零件必须注意到变形的可能性。

④ 强化层与基体的结合非常牢固，不会发生剥落。因为该强化层是电极材料在放电时的瞬间高温高压条件下重新合金化而形成的新合金层，而不是电极材料简单的涂覆和堆积，而且合金层与基体之间具有氮元素等的扩散层。

⑤ 电极材料可以根据用途自由选择。模具强化是以提高耐磨性为目的，可以选用 YG，YT 或 YW 类硬质合金。用 YG8 硬质合金强化 Cr12、3CrW8V 等合金钢，能形成高硬度，高耐磨，抗腐蚀的强化层，可使模具使用寿命提高 1～3 倍。

⑥ 强化层厚度和表面粗糙度与脉冲电源的电压、电容器容量等电气参数以及强化时间等操作因素有关，因此可通过对电气量的调节和强化时间的控制来获得不同的工艺效果。

⑦ 经强化处理的工件表面将有微量增厚，增厚量与强化层内的白亮度层厚度相当，所以强化工艺除了能改善工件表面性能之外，还可以用于已磨损的冲裁模，量具以及轴类零件的微量修复。

电火花强化工艺存在的缺点：通常使用的设备的强化层厚度仅 0.02～0.05mm，表面粗

糙度一般仅为 $Ra1.25\sim5\mu m$；手工操作的强化速度较慢，强化生产率为 $0.2\sim0.3cm^2 \cdot min^{-1}$；强化均匀性，连续性较差。因此，限制了强化工艺在某些场合的使用。

6.3.2.2 模具电火花强化工艺

应用表明，电火花强化工艺应用在模具的强化和磨损件微量修补等几个方面能够取得明显的技术经济效果。模具在磨损超差之后，利用电火花强化能起到使工件表面微量增厚的作用，可以经行微量修补。模具强化工艺主要包括强化前的准备、强化方法、强化后处理和强化工件的使用等四个方面。

(1) 强化前的准备

强化前的准备包括了解工件的性质和要求、清洁强化部位、选择电极材料和强化设备规准、进行强化试验等。

① 了解工件的工作性质和强化后希望达到的技术要求，以便确定是否可以采用电火花强化工艺。就材料来说，一般碳钢、合金工具钢、铸铁等黑色金属材料通常是可以强化的，但其强化层的厚度是有差异的，合金钢比较厚，碳钢次之，铸铁最薄。而有色金属，如铝、铜等是很难强化的。对于模具来讲，本身要经过淬火处理使其具有合格的硬度，电火花强化不可能代替热处理。凡强化的模具必须经过热处理（淬火、回火），使模具达到需要的硬度。强化层虽然比较薄，但在许多情况下，$10\sim20\mu m$，甚至几微米就能起良好的作用。然而需要强化的表面如果已经严重缺损，就无法采用强化方法进行强化和修复。比如，冷冲模具的间隙配合如果超差已达 0.1mm 以上或磨损量在 0.06mm 以上的零件，即使强化也很难修复。此外，粗糙度要求很高的工件，例如，薄片材料的冲模粗糙度要求在 $Ra0.4\mu m$ 以下，而且配合精度要求高，这时就要根据情况仔细考虑，否则，将适得其反。总之，电火花强化工艺是有一定的适用范围，必须根据工件的技术要求慎重选用。

② 按模具要求确定型腔表面的强化部位与面积，清洁强化部位。电火花强化的目的是提高模具工件表面的硬度和耐磨性。所以对于各类模具，磨损通常是局部的，易磨损的部分都可以作为强化的部位。因此，利用电火花强化工艺的局部处理特性，对提高模具的使用寿命效果显著。

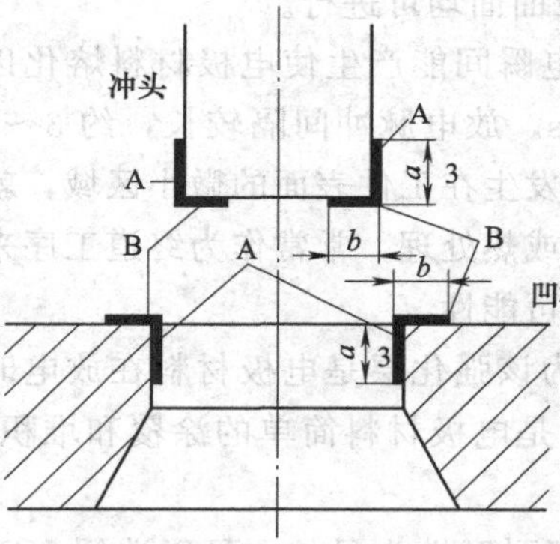

图 6-14 冷冲模强化部位

例如，冷冲模具子冲裁过程中受到冲件的反作用力和卸料、顶料时的摩擦力，在这些力的作用下，使凹凸模的刃口附近产生磨损。所以，冷冲模的主要强化部位是包围刃口的侧面 A 和端面 B。如图 6-14 所示，通常 a 取 $3\sim5mm$，b 取 3mm 左右。强化侧面的模具间隙将比原来的缩小，这一点必须时刻留意。

根据不同的模具型腔和要求，又有三种不同的强化方式。

第一种方法是 A、B 两面都强化，一般的薄板材落料模均采用这种方法。

第二种方法是只能强化 A 面，强化之后将端面平面刃磨一次，磨削量约 0.2mm，以保持刃口锋利。当刃口变钝后，经第二次刃磨即可继续使用，而无需再强化 A 面。

第三种方法是只强化 B 面而不强化 A 面，因此不影响模具配合间隙，适用于窄槽等一些无法强化侧面的型腔，或者配合间隙已经很小、不允许再强化的模具。

工件表面的油污和锈斑会影响强化的质量，应该用酒精、丙酮等溶剂去除油污，并用砂纸、油石等工具擦去锈斑。已使用过的模具还可以使用微型砂轮磨平待强化表面上的伤痕或黏着物。对于细小的零件，为减小强化时的热影响和变形，可以将零件与导热良好的衬物连接，零件和衬物相接的部分同样要进行清洁处理。

③ 按模具要求选择电极材料、设备和工艺参数。以提高工件使用寿命为目的的强化，可以采用 YG、YT、YW 类的硬质合金作电极，经这类材料强化后的表面具有硬度高、红硬性好和耐蚀等特点。目前最常用的是 YG8 硬质合金，这是因为这种材料的电火花性能较好，强化也比较均匀。

以修复已经磨损的表面为目的的强化，则可以根据工件对硬度、厚度等的要求采用硬质合金或碳钢、合金钢、铜等材料作电极。

选择放电电容量的原则：达到较理想的强化层厚度、硬度和粗糙度。如果对模具表面有较高要求，则可以采取多次电火花强化的工艺，即第一次电容量选大些，相当于粗加工，然后第二次用小电容量（相当于精加工）。

强化规准的选择也要根据工件对粗糙度和强化层厚度的要求来决定。为了同时保证厚度和粗糙度，往往采取多规准强化的方法。例如，先用强规准强化，使表面有较大的增后量；然后使用中规准强化，使表面平整；最后使用弱规准强化，以降低粗糙度。或者先用中规准强化，在表面形成一层保护层；再用强规准使强化层增厚；最后使用弱规准精修。也可以使用一种或两种规准强化，只要能满足技术要求即可。冲裁模有配合间隙的要求。对于冲厚料的模具，因为原来的配合间隙较大，强化层的影响较小。但对于小间隙的模具，强化层厚度就不能忽视。因此在选择规准时应该考虑到这一点。

(2) 强化试验及强化操作过程

在有条件的时候，或者当强化的工件材料比较特殊的情况下，最好用同样的材料做成的试块进行强化试验，以便检验所确定的电规程、电极材料和强化时间是否恰当。如果试验的表面粗糙度、强化厚度等未达到技术要求，就应该重新修订强化条件。

强化操作的步骤如下。

① 安装设备、电极和工件。

② 调整电极与工件强化表面的夹角。在操作中，电极与工件强化表面间形成夹角 β（见图 6-15），这个夹角的大小要根据加工的条件、振动器的性能和工件的型面形状随时予以调整，以期获得稳定的火花放电和均匀的强化层。

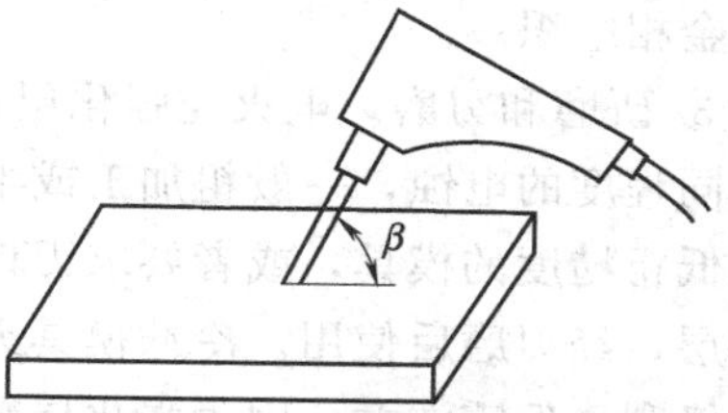

图 6-15 电极与工件强化表面的夹角

③ 电极移动方式和速度。电极移动方式可以多种多样，图 6-16 中所示的是其中的几种。图（a）是电极沿强化表面来回移动，相邻两条强化带应该紧密相接。需注意在转向的地方电极不要停留太久，以免烧伤。图（b）是单方向移动，同样要求相邻强化带紧靠在一起。图（c）是电极做螺旋运动，每个螺旋之间也要相互靠近。表面强化过一次之后可换一个方向再强化，直到强化层均匀、细致为止。

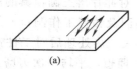

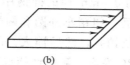

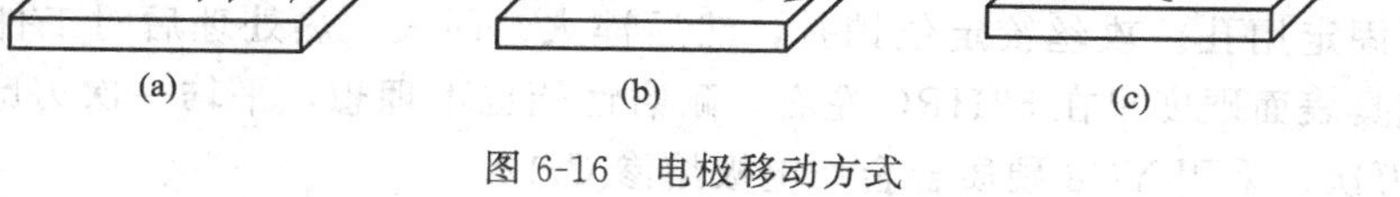

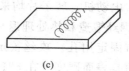

图 6-16 电极移动方式

④ 手持振动器与模具非刃口部位接触，查看放电电流大小。如振动弱、电容器放电间隔与电极移动不匹配，强化层质量会降低。操作时用力太大，将振动器上电极压紧在模具上，电容器只能不连续的放电，也影响强化层质量。

⑤ 掌握强化时间。强化时间要合适。时间过短，强化层薄而不均匀；过长不但强化层不能增厚，相反由于过多的黏附、迁移，而使强化层变得松脆，内层回火现象严重。

⑥ 刃口的保护。强化冷冲模时必须保护好刃口。由于电火花放电使刃口形成月牙形的放电凹坑，它将影响刃口的直线度和锋利性。放电能量越集中，形成的放电凹坑也越大，使刃口的切削性能明显降低，从而降低模具的使用寿命和工件加工质量。强化刃口时，不要使电极正对刃口放电。

(3) 模具强化的后处理

① 表面清理。强化结束之后，要用干净的棉纱轻轻揩拭强化表面，去掉电蚀产物和沾着的污物，个别污垢严重的地方可以用橡皮擦拭，使强化层清晰显现，以便观察。

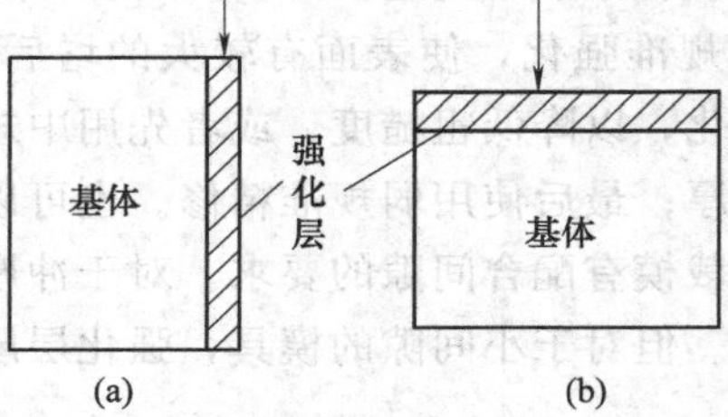

图 6-17　测量显微硬度时的加载方向

② 表面质量检查。首先用肉眼观察强化表面的粗糙度和均匀程度。如在未强化到的原机加工表面或个别突出的高点，就应及时修整。如果用25倍左右的放大镜观察，就能清晰地看出表面放电凹坑分布是否均匀。然后，用千分尺等量具检测强化层的厚度，特别是对有配合要求的工件，比如冷冲模具，要仔细检测配合间隙。当需要了解强化层的厚度时，通常是用同种材料强化后做成金相试样，用显微硬度计测量强化层的横截面，如图 6-17 (a) 所示。因为强化层很薄，不能用大载荷，尤其是图 6-17 (b) 所示的测量方法，不能获得正确的结果。在批量强化的情况下，也可用抽检的方法检测强化层的硬度、厚度和金相组织。

③ 研磨和刃磨。电火花强化层的表面粗糙度通常是 $Ra3.2 \sim 1.6\mu m$，同时刃口部分也有不同程度的电蚀，一般粗加工或半精加工的冷冲模，电火花强化后即可使用。对于各类需要更低粗糙度的模具，或者要求刃口锋利的模具，可以用金刚石、油石或金相砂纸轻轻研磨强化层，经刃磨后使用。冷冲模具刃口侧面强化之后，可以先刃磨一次，这样刃口能保持更好的锋利。但需注意，因为强化层较薄，研磨余量是很有限的。

④ 回火。一般放电后由于急热急冷，在模具强化部位有较大的拉应力，对模具的耐磨性有影响。电火花强化后的模具进行去应力处理对提高模具使用寿命有明显效果。去应力温度比材料通常回火温度低 30～50℃。

经强化的模具使用到强化层未完全磨损之前即行再强化，能对模具工作表面起保护作用，并延长使用寿命。

6.3.2.3　电火花表面强化实例

【实例】 电动机、转子片均采用 0.5mm 厚的硅钢片。对冲片落三圆模具的原始加工方法是：Cr12 钢经锻造和热处理退火后，粗精车外圆和两端面及钻镗工作洞口，划线并在钻床上钻出所有固定用孔。攻丝铰定位销孔，然后淬火、回火。热处理后对工件部分进行磨削。所得到模具表面硬度只在 52HRC 左右，耐磨性能也不理想，平均一次刃磨只有 2.2 万次。寿命 66 万次。采用 YG8 硬质合金作电极熔渗 Cr12。

钢制的落圆模，平均一次刃磨为 5.5 万冲次，寿命可达到 165 万冲次，表面粗糙度为 $Ra1.6\mu m$，轻微研磨渗面，表面粗糙度可达到 $Ra0.8\mu m$。

冲模熔渗部位如图 6-18 所示。工件处理前，去除表面氧化层和油污。处理时，加工速度一般控制在 $10min/cm^2$，要求均匀。冲模的处理部位如图 6-18 所示，通常 $a=0.75mm$，$b=1mm$。

实践表明，经过熔渗硬质合金后模具表面形成一层硬而耐磨的硬质合金层，熔渗厚度为 5～20μm，硬度达 72HRC，用于硅钢片冷冲模具，其寿命是未经处理的 Cr12 钢质模具的 2.5 倍。

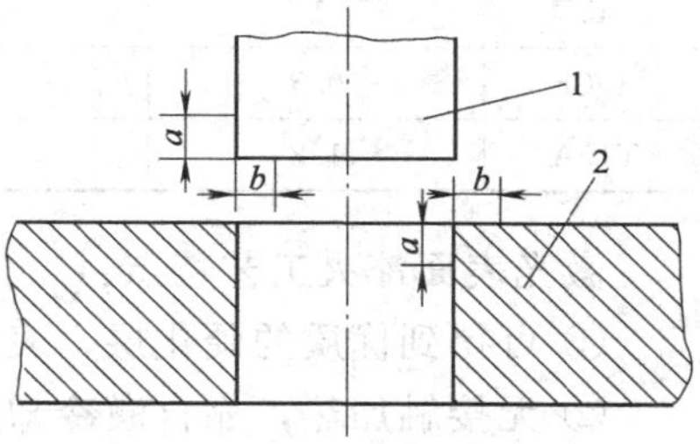

图 6-18 冲模熔渗部位
1—冲头；2—凹模

6.3.3 激光表面强化

(1) 激光表面强化的原理

激光束照射到金属表面时，由于激光束具有高能量密度，工件被照射部位的表面薄层被快速加热到相变温度以上，加热速度可达 $10^4 \sim 10^6 ℃ \cdot s^{-1}$，加热时间极短，表面薄层以下及未被照射的部位仍保持冷态。激光束光斑移动后加热停止，被加热表层的热量迅速向四周围冷态金属传递，使表层急剧冷却，达到改变表面组织结构和相变强化的目的。对钢铁材料而言，与普通表面淬火相同，属于相变马氏体强化。碳钢表面薄层在 $10^{-3} \sim 10^{-7}s$ 内，温度即可升到 Ac_3 以上并转变为奥氏体，在冷态基体自冷作用下淬火，自激冷却速度在 $10^4 ℃ \cdot s^{-1}$ 以上，远超过普通表面淬火冷却速度，可获得极细的马氏体组织。

与普通淬火相比，具有加热、冷却速度快，工艺简单，无须外加淬火介质，不受工作形状几何尺寸影响等特点，具有比普通淬火更高的硬度与耐磨性能。激光功率密度 $10^3 \sim 10^5 W \cdot cm^{-2}$，冷却速度 $10^4 \sim 10^5 ℃ \cdot s^{-1}$，处理深度 0.2～0.35mm，适用钢和铸铁表面强化，提高工件表面疲劳强度和抗磨损性能。

(2) 激光相变硬化工艺及特点

激光加热通过激光束在工作表面的扫描运动来实现。采用 CO_2 连续激光加热，为了保证工件表面加热到相变温度，并达到一定得穿透深度（及保证一定得淬硬深度，对于钢件，一般要求 900℃时深度为 0.3～0.5mm)，需要控制的主要工艺参数有：激光输出功率、光斑尺寸和扫描速度。激光输出功率和光斑尺寸决定了功率密度（单位光斑面积上的激光功率）。功率密度确定后，控制扫描速度，即可控制加热温度和穿透深度。

激光功率对激光处理带的强化深度和宽度的影响：功率密度过小，加热速度慢或不能达到要求的加热温度；在保证表面不融化的前提下，尽可能采用较大的功率密度已获得加热速度，但此时穿透深度比较小。扫描速度应与功率密度适当配合，一定的功率密度下，扫面速度太慢，可能造成表面融化，或热量穿透过深，不能自激冷却淬火；钢件表面淬火，一般要保证光斑接触时间不超过 0.2s，但扫描速度太快，则不能达到要求的加热温度或穿透深度太浅。实验表明，激光输出功率、扫描速度、光斑尺寸三个工艺参数，对淬硬层深度的影响程度依次减弱；而对硬化层硬度峰值大小的影响，则按激光扫描、激光输出功率、光斑尺寸顺序依次增强。

不同工件要求的表面硬度、硬化层深度、硬化带宽度及形状（直线、螺旋线等），视其服役条件而各不相同。具体工艺参数要根据工艺试验确定。一般条件下，常用材料的激光表面淬火工艺参数和硬度见表 6-4。

表 6-4 激光加热表面淬火工艺参数和硬度

材料	激光功率/kW	功率密度/kW·cm^{-2}	扫描速度/mm·s^{-1}	硬化层深度/mm	显微硬度/HV
20	0.7	4.4	19	0.3	477
45	1	2.0	14.7	0.45	770
40Cr	0.5	3.2	18	0.28～0.6	770～776
T10A	1.2	3.4	10.9	0.38	926

激光表面淬火工艺特点：

① 可得到优质的硬化层，表面光亮，工件变形极小，不需要在进行表面精加工；

② 无接触加热，靠自激冷却淬火，无须淬火介质，对工件和环境无污染；

③ 可实现表面薄层或选择性局部表面淬火，可硬化极小部位及深孔底部、沟槽侧面；

④ 扫描照射加热，可在大气中进行，易于控制，易于实现自动化。

(3) 激光表面强化实例

自 1974 年美国通用汽车公司将激光表面淬火用于换向器箱体的热处理以来，激光表面强化发展至今已成为比较成熟的工艺。国内外应用实例较多，激光表面强化的材料一般为中碳钢、刃具钢、模具钢和铸铁。模具工作零件的激光强化宜作为最后工序进行。

【实例】 轴承保持架冲孔凹模激光表面强化处理

轴承保存架冲孔用的冲孔凹模，生产中使用寿命不高，失效形式为崩刃或刃边磨损。把冲孔模硬度由 52～62HRC 降至 45～50HRC，并用激光进行强化处理后，模具寿命由 1.12 万次提高到 2.8 万次。

6.3.4 气相沉积技术

气相沉积是通过化学反应或热蒸发等物理过程，使沉积材料汽化并在基体（工件）表面形成固体膜层的方法。沉积层也称为镀层或覆层。气相沉积是表面技术中发展迅速、类型较丰富的一种表面覆层技术。气相沉积可在各种材料和制品的表面沉积单层或多层薄膜，从而获得需要的各种性能。

根据成膜过程机理的不同，气相层分为物理气相沉积（Physical Vapor Deposition，简称 PVD）和化学气相沉积（Chemical Vapor Deposotion，简称 CVD）两大类，物理气相沉积与化学气相沉积的主要差别在于获得沉积物粒子（分子、原子、离子）的方法及成膜过程不同。化学气相沉积主要通过化学反应获得沉积物粒子并形成膜层。物理气相沉积主要通过物理方法获得沉积物粒子并形成膜层。

6.3.4.1 物理气相沉积

(1) 物理气相沉积的基本特点

物理气相沉积与普通化学气相沉积比较，其主要区别如下：

① 主要靠物理方法（蒸发，溅射，气体放电）获得沉积物（镀料）粒子；

② 需要真空室，设备较复杂；

③ 除蒸镀外，均在气体放电等离子体中进行，工件（基板）带电；

④ 沉积温度低，工件不易变形和变性，使用基材范围广。

(2) 物理气相沉积及其分类

物理气相沉积（简称 PVD）是在真空中利用热蒸发、阴极溅射、低压气体放电等物理过程，使沉积物材料汽化为原子、分子或离化为离子，在基体表面形成固体膜层的方法。

按获得沉积物粒子的物理过程不同，物理气相沉积包括三大基本类型，共十几种方法，见表 6-5。其基本过程包括：加热蒸发或其他物理过程使沉积物材料（镀料）汽化（或离子化）；气相镀料在真空中向待镀基体输送；气相镀料在基体材料表面凝聚，沉积成膜。

表 6-5　物理气相沉积工艺方法分类

分　类	工艺方法	分　类		工艺方法
真空蒸镀	电阻加热蒸镀	离子镀	辉光放电型	直流二极型离子镀
真空蒸镀	电子束加热蒸镀	离子镀	辉光放电型	直流三极型离子镀
真空蒸镀	高频感应加热蒸镀	离子镀	辉光放电型	热阴离子镀
真空蒸镀	激光束加热蒸镀	离子镀	辉光放电型	射频离子镀
溅射镀	磁控溅射镀	离子镀	辉光放电型	活性反应离子镀
溅射镀	二极溅射镀	离子镀	辉光放电型	热灯丝离子枪离子镀
溅射镀	三极与四极溅射镀	离子镀	弧光放电型	空心阴极放电离子镀
溅射镀	离子束溅射镀	离子镀	弧光放电型	冷电弧阴极离子镀
溅射镀	反应溅射镀	离子镀	弧光放电型	多弧离子镀
溅射镀	射频溅射镀	离子镀	弧光放电型	

真空蒸镀过程，由镀料物质（源物质，膜层材料）蒸发，蒸发原子传输到达基板（工件）表面和蒸发原子在基板表面形核，成长成膜三个基本过程组成。真空蒸镀装置主要包括真空室及抽真空系统、蒸发源和基板（即工件，包括基板架或卡具）。图 6-19 所示为采用电阻蒸发源的真空蒸镀装置原理。

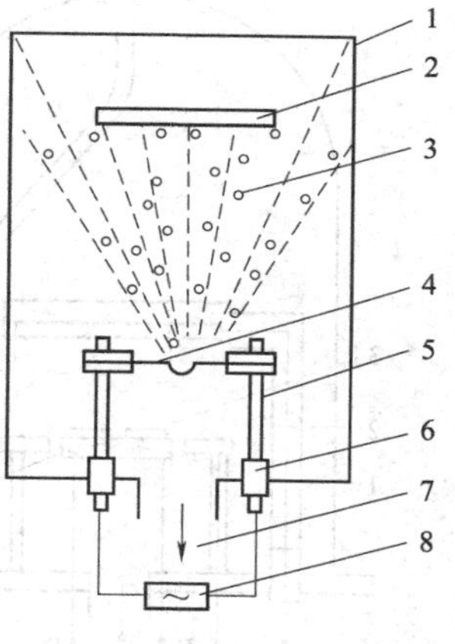

图 6-19　真空蒸镀原理

1—电镀室；2—基板（工件）；3—金属蒸气流线；4—电阻蒸发源；5—电极；6—电极密封绝缘件；7—排气系统；8—交流电源

① 真空室。真空室即镀膜室，提供蒸发所需要的真空环境通常抽真空达到 $10^{-2}\sim10^{-3}$Pa。在真空条件下，金属材料或非金属材料蒸发与在标准大气压条件下相比，所需要的沸腾温度大幅下降，融化蒸发过程大大缩短，蒸发效率提高，蒸气气体分子运动的自由程大，这些分子或原子几乎不经碰撞地径直飞散，当达到表面温度相对低的基板表面时，凝结而形成薄膜。

② 基板。基板夹持在基板架上，处于蒸发源和源物质的对面。

③ 蒸发源。蒸发源是使蒸镀材料（镀料，源物质）蒸发汽化的热源。除热损失以外，蒸发源提供的能量应为镀料蒸发汽化所需要的能量，即汽化热。汽化热的绝大部分消耗于克服镀材原子间的引力，只有很少一部分转化为原子逸出后的动能。一般蒸发镀条件下，蒸气粒子（分子或原子）的动能大约只有 0.2eV。真空蒸镀中采用的蒸发源主要有电阻加热源，电子束加热源，高频感应加热源，激光加热源等。电阻蒸发源结构简单，操作方便，但不适于蒸发高熔点材料。蒸发高熔点材料需要采用高能量密度能源，如电子束，激光束等作为蒸发源。

溅射镀膜是在真空条件下，利用荷能粒子（一般为离子）轰击某种靶材（膜材，一般为阴极），使靶材原子（或分子）以一定能量逸出，然后在基板（工件）表面沉积成膜的工艺方法。其原理示意如图 6-20 所示。

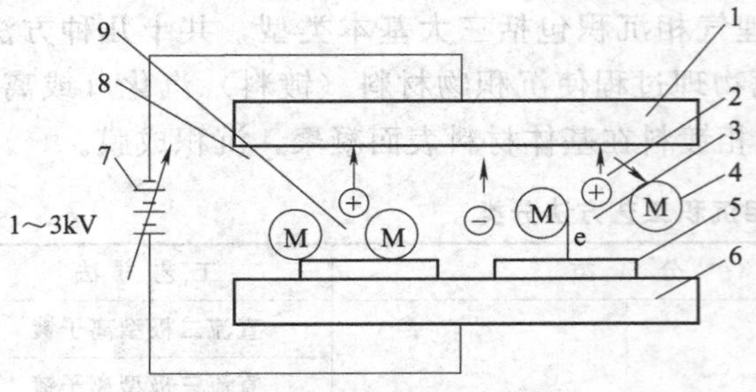

图 6-20 直流二级溅射原理

1—靶阴极；2—氩离子；3—电子；4—金属原子；5—工件；6—工件架；7—靶电源；8—阴极暗区；9—等离子区

溅射镀膜过程包括靶材原子溅射，溅射原子向基板迁移和入射粒子在基板表面成膜等三个基本过程，其中最主要的过程是溅射。

溅射是指荷能离子轰击靶材时，其表面原子获得足够能量而溅出，散射的现象。荷能粒子对阴极表面的轰击，使阴极表面的某些局部被剧烈加热，同时由于弹性碰撞，高能粒子的部分能量转变为阴极材料中某些原子的逸出功和逸出后的动能，引起阴极材料的原子向外飞散。

图 6-21 所示为直流二级溅射装置示意图。以膜层材料为阴极，接 1～3V 直流负偏压，基板为阳极，靶与基板距 6cm 左右。工作时先将真空室抽真空至 10^{-2}～10^{-3}Pa，然后通入氩气直至真空度 1～10Pa 时接通高压直流电源，产生辉光放电，并在两极间建立一个等离子区，其中带正电的氩离子轰击阴极靶材，使靶物质表面溅射，并以原子或分子状态沉积在基板表面，形成靶材的薄膜。

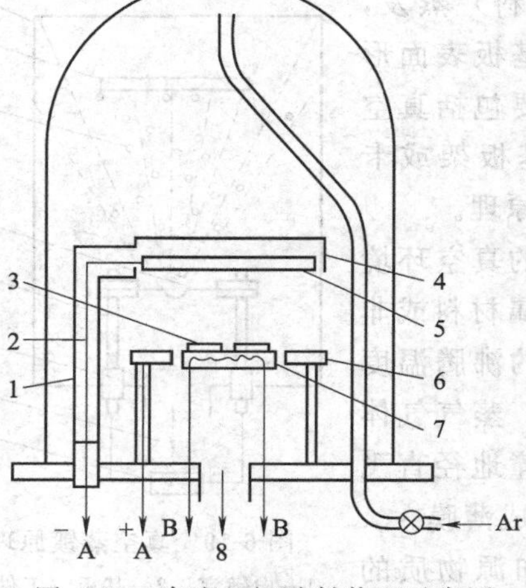

图 6-21 直流二级溅射装置示意图

A—溅射电源；B—基板加热电源

1—高压屏蔽；2—高压引线；3—基片；4—阴极屏蔽；5—阴极（靶）；6—阳极；7—加热器；8—真空系统

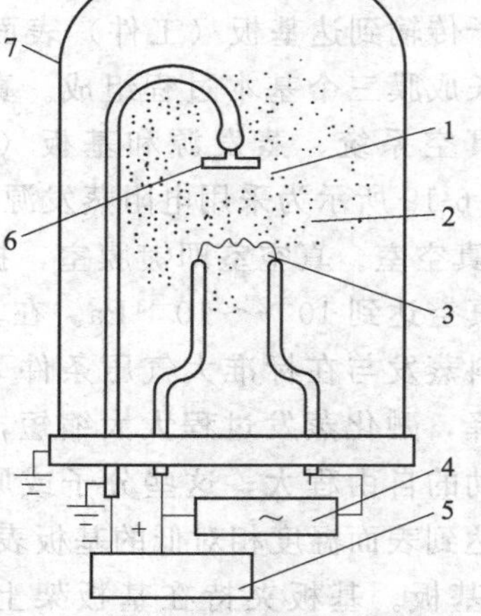

图 6-22 电阻蒸发源离子镀装置示意图

1—阴极暗区；2—等离子体区；3—电阻蒸发源；4—蒸发电源；5—基板偏压电源；6—基板；7—真空室

离子镀是在真空条件下，利用低压气体的放电现象，使金属或化合物蒸气的原子（或分子）电离激活，然后在工件表面沉积成膜。图 6-22 所示为离子镀膜装置示意图。

6.3.4.2 化学气相沉积

（1）化学气相沉积原理

化学气相沉积（简称 CVD）是在相当高的温度下，混合气体与基体的表面相互作用，使混合气体中的某些成分分解，并在基体上形成一种金属或化合物的固态膜层或镀层的工艺方法。

化学气相沉积工艺原理是通入化学气相沉积反应罐（炉膛）中的反应气体到达基体（工件）表面并被基体表面吸附，在基体表面发生化学反应，生成沉积物粒子，成核，长大成膜。

（2）化学气相沉积的特点

① 通过气态物质在工件表面的化学反应，获得沉积物粒子并成膜。

② 可在常压或低于标准大气压下进行。设备简单，适于大批量生产，灵活性强（改变反应气，可以获得不同的镀层。）

③ 膜层的化学成分容易控制，膜层纯度高、致密性好，可以获得梯度覆层或混合覆层。

④ 沉积温度高，通常在850～1100℃进行，膜层与基体的结合强度高。但温度高，可能会导致工件发生变形和材料组织结构改变。

⑤ 绕镀性好（成膜方向性的影响小），形状复杂工件的各个面，能同时获得均匀的涂覆。

⑥ 由化学反应得到的可沉积的元素和化合物种类很多，可获得许多种金属、合金、陶瓷和其他化学物覆层。

⑦ 采用等离子和激光辅助技术可以显著强化化学反应，使其在较低的温度下进行沉积。

⑧ 为使沉积层达到所要求的性能，对气相反应必须精确控制。

普通化学气相沉积的主要缺点是反应温度高，采用氯化物原料时，气体副产品中的HCl有腐蚀作用。

（3）化学气相沉积的设备及工艺过程

① 化学气相沉积的设备。图6-23所示为最常用化学气相沉积装置示意图，它由反应器、加热系统、原料气供给及进气系统、抽真空系统四个部分组成。

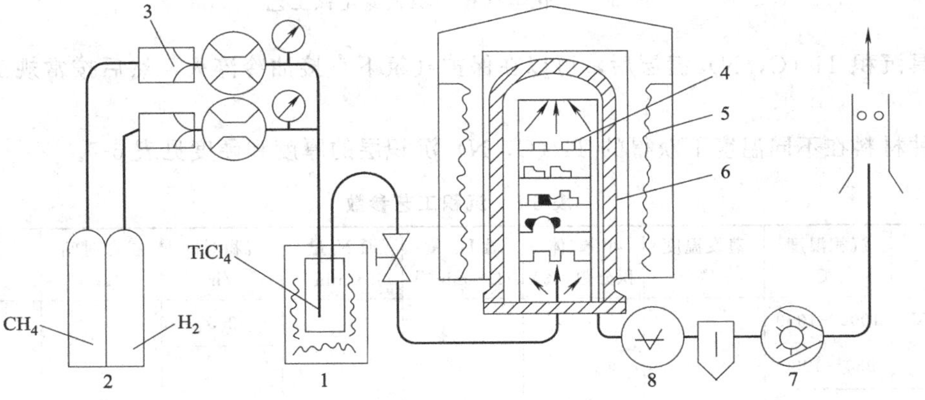

图6-23 化学气相沉积装置示意图

1—汽化器；2—高压气瓶；3—净化装置；4—工件；5—炉子；6—反应器；7—真空泵；8—真空计

反应器是化学气相沉积装置最基本的部件，沉积反应在反应器中进行。

加热系统包括炉体及发热元件，通常是电阻加热炉或感应加热炉。普通化学气相沉积装置中均有加热系统，其作用是将反应器和工件加热到沉积所需的温度（1000℃左右）。

原料气供给及进气系统包括反应气气瓶或源物质气化器、气体净化、测量及控制装置等，其作用是将成分符合要求的反应气以一定的流量、压力送入反应器。

抽真空系统包括真空泵及真空测量仪表等，可将反应器抽到一定的真空度及工件时抽气排气。

② 化学气相沉积的工艺过程。以沉积 TiC 为例，化学气相沉积工艺过程如下。

装炉：将工件清洗干净、干燥后装入反应器内的夹具上。

加热：将反应室抽真空或通入 H_2 保护加热。

通入反应气、沉积：沉积过程中真空泵运转，使反应器内保持一定真空度，同时抽气排气。

降温、出炉：工件达到预定的覆层厚度后，随炉温降至 150℃出炉。

6.3.4.3 气相沉积应用实例

【实例】 模具表面化学气相沉积 Ti（C，N）镀层

将待沉积的模具表面清洗干净，置入 880～1050℃的沉积炉中，通入高纯氮气、氢气混合气体，使工件在保护气氛下加热到沉积温度，同时利用氢的还原作用使工件表面活化。待工件加热到沉积温度后，再以适量的流量通入氮气、氢气，其中氢气起载体气的作用，把四氯化钛和甲苯的蒸气带入炉中，保温一定时间，通过化学反应，即可在工件表面获得一定厚度的沉积层。沉积工艺曲线如图 6-24 所示，沉积参数见表 6-6。其中，氢气和氮气的纯度均在 99.999%以上，四氯化钛和甲苯均为化学纯。四氯化钛和甲苯混合液中，甲苯的体积分数为 4%～7%。控制汽化器恒温水浴的温度（蒸发温度），可以控制四氯化钛和甲苯蒸气的流量。

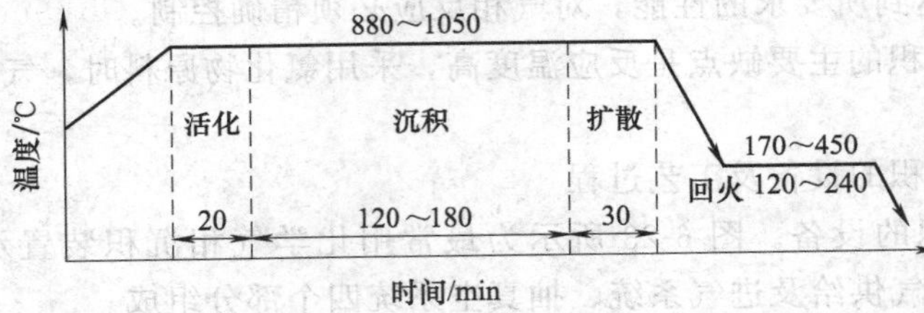

图 6-24 化学气相沉积碳氮化钛工艺

模具沉积 Ti（C，N）镀层后，可以在保护气氛下直接油冷淬火，然后按常规工艺进行回火。

几种材料在不同温度下获得的 Ti（C，N）沉积层的厚度和硬度见表 6-7。

表 6-6 沉积工艺参数

钢号	沉积温度/℃	蒸发温度/℃	甲苯(体积分数,%)	通 H_2 量/$L\cdot min^{-1}$	通 N_2 量/$L\cdot min^{-1}$	沉积时间/h	扩散时间/min	活化时间/min
Cr12MoV	1000～1050					2.5		
Cr12	960～1020							
9Cr18	1020～1050							
3Cr2W8V	1020～1050	40～60	4～7	9～15	4～8	2～3	30	20
GGr15	880～900							
T10	880							
40Cr	880							

表 6-7 几种材料 Ti（C，N）沉积层的厚度和硬度

钢号	沉积温度/℃	硬度/HV	沉积层厚度/μm	钢号	沉积温度/℃	硬度/HV	沉积层厚度/μm
Cr12MoV	1020	1931～2055	4～6	T10	900	1892～2144	6.2～7.5
Cr12	1020	2290～2898	5.3～7.3	GCr15	900	1892～2030	4.5～5.5
9Cr18	1020	1480～1532	2.5～3	40Cr	900	1740～1892	2～3
Cr12MoV	1000	1985～2155	4～5.6	Cr12MoV	880	1740～1834	3～4.4
Cr12	900	2015～2855	4～6	Cr12	880	1854～1897	1.8～2.2
Cr12MoV	900	1682～1855	4.3～5.6	T10	880	2130～2670	1.0～2.4

模具沉积 Ti（C，N）镀层后，其使用寿命与未沉积的比较，提高了 2～6 倍。其中，Cr12 钢制自行车轴碗冲模（下模）使用寿命提高了 5 倍。生产实践证明，当模具有效尺寸小于 100mm 时，Cr12 钢和 Cr12MoV 钢制模具，经沉淀 Ti（C，N）、淬火处理、然后在 170～200℃回火后，其尺寸变化均能控制在±(0.02～0.03)mm，满足了模具设计要求。

复习思考题

1. 模具表面强化处理的目的是什么？目前模具工业生产中用于模具表面强化的方法有哪些？
2. 渗碳的目的是什么？常用的渗碳方法有哪些？
3. 渗氮的目的是什么？常用的渗氮方法有哪些？
4. 模具生产中渗硼的方法有哪几种？
5. 渗硫有哪些作用？工业上常用的渗硫方法有哪些？低温电解渗硫的工艺流程是怎样的？
6. 碳氮共渗的原理是什么？碳氮共渗与渗氮相比有哪些特点？它们二者常用于什么样的场合？
7. 氮碳共渗与渗氮有何区别？常用的氮碳共渗方法有哪些？
8. 电镀的机理是什么？
9. 刷镀有何特点？它与电镀有何区别？
10. 化学镀有何特点？化学镀的原理是什么？
11. 气相沉积分为哪几类方法？CVD 法和 PVD 法各自的原理是什么？

附 录

附表Ⅰ 国内外常用模具钢钢号对照表

序号	中国 GB	美国 AISI	前苏联 ГОСТ	日本 JIS	德国 DIN	英国 BS	法国 NF
1	20	1020	20	S20C	X22	En2C	C20
2	20Cr	5120	20X	SCк22	20Cr4	En207	18C3
3	12CrNi3	E3310	12XH3A	SNC22H	14NiCr14	655A12	14NC12
4	T7	W1 和 W2	Y7	SK6	C70w1		
5	9Mn2V	O2	9г2Φ	SKT6	90MnV8	B02	80M8
6	GCr15	L3	ШX15		105Cr5	BL3	100C2
7	7CrSiMnMoV			SX105			
8	4Cr13		4X13	SUN420J2	X40Cr13	En56D	240Cr13
9	06Ni6CrMoVTiAl						
10	25CrNi3MoAl						
11	Cr12Mn5Ni4Mo3Al						
12	3Cr2Mo	P20					
13	38CrMoAl		38XMюA				
14	40Cr	5140	40X	SCr4H	41Cr4	530A40	38Cr4
15	5CrNiMnMoVSCa						
16	8Cr2MnWMoVS						
17	T10	W1 和 W2	Y10	SKS94	100V1	BW1B	Y2105
18	CrWMn	O7	XBr	SKS31	105WCr6		
19	Cr5MoV	A2				～BA2	2100CDV5
20	Cr12MoV		X12M				
21	Cr12Mo1V1	D2		SKD11	X165CrMoV12	BD2	Z200C12
22	Cr12	D3	X12	SKD1	X210Cr12	BD3	Z200C12
23	Cr4W2MoV						
24	W6Mo5Cr4V2	M2	P6M5	SKH9	S6-5-2	BM2	285WD06-06
25	W12Cr4Mo3V3N						
26	5CrW2S1	S1	5XB2C	SKS41	45WCrV7		
27	6W6Mo5Cr4V	H42					
28	6Cr4W3Mo2VNb						
29	7Cr7Mo3V2Si						
30	5CrMnMo	VIG(ASM)	5XГM	SKT5	～40CrMnMo7		
31	5CrNiMo	L6	5XHM	～SKT4	55NiCrMoV6	PLMB/1(ESC)	60NCDV06-02
32	5Cr2NiMoVSi		5X2MHΦ				
33	4Cr5MoSiV	H11	4X5MΦC	SKD6	X38CrMoV51	BH11	Z35CD05
34	4Cr5MoSiV1	H13	4X5MΦ1C	SKD61	X40CrMoV51	BH13	
35	4Cr5W2SiV	H11	4X5B2ΦC				
36	3Cr2W8V	H21	3X2B8Φ	SKD5	X30WCrV93	BH21A	Z30WCV9
37	3Cr3Mo3W2V	H10			X32CrMoV33	BH10	320CV28
38	4Cr3Mo3SiV	H10					
39	5Cr4W5Mo2V	VascoMA					
40	8Cr3		8X3				

附表Ⅱ　黑色金属硬度及强度换算表

洛氏硬度		布氏硬度	维氏硬度	近似强度值	洛氏硬度		布氏硬度	维氏硬度	近似强度值
/HRC	/HRA	/HB30D²	/HV	σ_b/MPa	/HRC	/HRA	/HB30D²	/HV	σ_b/MPa
70	(86.6)		(1037)		43	72.1	401	411	1389
69	(86.1)		997		42	71.6	391	399	1347
68	(85.5)		959		41	71.1	380	388	1307
67	85.0		923		40	70.5	370	377	1268
66	84.4		889		39	70.0	360	367	1232
65	83.9		856		38		350	357	1197
64	83.3		825		37		341	347	1163
63	82.8		795		36		332	338	1131
62	82.2		766		35		323	329	1100
61	81.7		739		34		314	320	1070
60	81.2		713	2607	33		306	312	1042
59	80.6		688	2496	32		298	304	1015
58	80.1		664	2391	31		291	296	989
57	79.5		642	2293	30		283	289	964
56	79.0		620	2201	29		276	281	940
55	78.5		599	2115	28		269	274	917
54	77.9		579	2034	27		263	268	895
53	77.4		561	1957	26		257	261	874
52	76.9		543	1885	25		251	255	854
51	76.3	(501)	525	1817	24		245	249	835
50	75.8	(488)	509	1753	23		240	243	816
49	75.3	(474)	493	1692	22		234	237	799
48	74.7	(461)	478	1635	21		229	231	782
47	74.2	449	463	1581	20		225	226	767
46	73.7	436	449	1529	19		220	221	752
45	73.2	424	436	1480	18		216	216	737
44	72.6	413	423	1434	17		211	211	724

洛氏硬度 /HRB	布氏硬度 /HB30D²	维氏硬度 /HV	近似强度值 σ_b/MPa	洛氏硬度 /HRB	布氏硬度 /HB30D²	维氏硬度 /HV	近似强度值 σ_b/MPa
100		233	803	90		183	629
99		227	783	89		178	614
98		222	763	88		174	601
97		216	744	87		170	587
96		211	726	86		166	575
95		206	708	85		163	562
94		201	691	84		159	550
93		196	675	83		156	539
92		191	659	82	138	152	528
91		187	644	81	136	149	518

续表

洛氏硬度 /HRB	布氏硬度 /HB30D²	维氏硬度 /HV	近似强度值 σ_b/MPa	洛氏硬度 /HRB	布氏硬度 /HB30D²	维氏硬度 /HV	近似强度值 σ_b/MPa
80	133	146	508	69	112	119	423
79	130	143	498	68	110	117	418
78	128	140	489	67	109	115	412
77	126	138	480	66	108	114	407
76	124	135	472	65	107	112	403
75	122	132	464	64	106	110	398
74	120	130	456	63	105	109	394
73	118	128	449	62	104	108	390
72	116	125	442	61	103	106	386
71	115	123	435	60	102	105	383
70	113	121	429				

注：1. 表中所给出的强度值，是指当换算精度要求不高时，适用于一般钢中。对于铸铁则不适用。
2. 表中括号内的硬度数值，分别超出它们的试验方法所规定的范围，仅供参考使用。

参考文献

[1] 王邦杰. 实用模具材料与热处理速查手册. 北京：机械工业出版社，2014.

[2] 陈炎嗣. 冲压模具设计手册. 北京：化学工业出版社，2013.

[3] 赵龙志，赵明娟，付伟. 现代注塑模具设计实用技术手册. 北京：机械工业出版社，2013.

[4] 吴兆祥. 模具材料及表面处理（第 2 版）. 北京：高等教育出版社，2010.

[5] 陈再技. 塑料模具钢应用手册. 北京：化学工业出版社，2005.

[6] 钟良. 模具材料及表面处理技术. 成都：西南交通大学出版社，2016.

[7] 中国机械工程学会热处理学会. 热处理手册. 北京：机械工业出版社，2013.

[8] 王欣，郭砚荣. 机械制造基础. 北京：化学工业出版社，2017.

[9] 姜银方，王宏宇. 现代表面工程技术（第二版）. 北京：化学工业出版社，2014.

[10] 刘骏曦，邓莉萍，夏凌去，程志永. Cr12MoV 钢的热处理及组织、性能研究. 热加工工艺，2012 (14).

[11] 冷艳，黄维刚. 热处理工艺对 Cr12MoV 钢组织、硬度及耐磨性的影响. 四川冶金，2010 (1).

[12] 陈克飞，刚祥智，向思考，陈清泉，王嘉诚. 提高冲裁模 Cr12MoV 凹模使用寿命的工艺研究与实践. 机械工程师，2016 (1).

[13] 孟显娜，张道达，尧登灿，陈汪林. Cr12MoV 模具钢冲头失效原因及改进措施. 金属热处理. 2016 (11).

[14] 余际星. 倪晓臣，程远存，卢星星. 高速钢 W6Mo5Cr4V2 回火温度与硬度的曲线拟合分析. 热加工工艺. 2010 (4).